新疆机采棉

提质增效关键技术
效益评价及体系构建

刘景德　陈　兵　余　渝◎主　编
王　力　王　静　李　斌◎副主编

中国农业出版社
北京

编　委　会

刘景德，男，研究员。现任新疆农垦科学院院长，曾任新疆生产建设兵团（以下简称新疆兵团或兵团）科技局副局长，第五师副师长，新疆农垦科学院作物所所长等行政职务。曾担任中国百名专家服务团成员，新疆兵团第五师技术顾问，新疆兵团科学技术奖励委员会委员，新疆兵团棉花咨询专家组组长等学术职务。主要从事作物栽培生理与产业政策研究，并长期在新疆兵团南北疆团场一线开展技术推广和技术服务工作，在兵团第五师工作期间开创了棉花苗期化调技术，示范推广了棉花膜下滴灌技术、机械采收技术等，在兵团农业局任职期间组建了新疆兵团气象联动体系，在新疆农垦科学院工作期间参与选育了作物品

种6个，首次在国内提出了棉花全产业链一个利益主体的思想，具有丰富的农业生产管理和生产技术推广经验，为新疆乃至全国的棉花产业发展作出了巨大贡献。主持和参与国家级、省部级等科研项目10余项。获国家专利3项，发表论文50余篇。出版专著3本。获新疆兵团科技进步一等奖1项、二等奖2项、三等奖2项，新疆兵团第五师科技进步一等奖1项、二等奖1项，自治区青年科技创新奖1项。曾获得"全国先进工作者""全国普查先进个人""自治区访惠聚先进个人""兵团先进工作者""兵团优秀党员""兵团杰出青年科技创业奖"等荣誉称号。

　　陈兵，男，博士，研究员，硕士生导师。现任新疆农垦科学院棉花所栽培研究室副主任，新疆兵团第八师农业农村局副局长（挂职），新疆兵团棉花咨询专家组成员，新疆兵团棉花工程技术研究中心副秘书长，新疆兵团棉花产业技术创新战略联盟副秘书长等职务。获得"兵团英才""兵团领军人才""兵团组织部党员教育专业技术培训师""兵团无人机协会特聘岗位专家"等称号。现任石河子大学和塔里木大学研究生导师，曾任中国农业大学研究生导师。主要从事作物栽培生理与农业信息技术研究，并长期在新疆兵团南北疆团场一线开展技术推

广和技术服务工作。主持国家级、省部级等科研项目10余项。发表学术论文70多篇，其中SCI论文13篇，EI论文3篇，编写专著3本。授权发明专利6项，实用新型专利13项，软件登记权3项，各项标准5项。曾获"新疆兵团科技进步二等奖"2项，"新疆兵团第十师科技进步二等奖"1项，中国棉花学会"优秀论文二等奖"1项，荣获"中国市场协会金桥奖先进个人""兵团三佳科技特派员""兵团优秀科技特派员"等奖励。曾获"全国遥感信息处理工程师"，新疆农垦科学院"优秀科技工作者""脱贫攻坚先进个人""2021年全国最美科技工作者候选人"等荣誉称号。

余渝，博士，研究员，硕士生导师。曾任新疆农垦科学院棉花所所长，现任兵团青年工作者协会副理事长，中国农学会棉花分会副秘书长，兵团棉花学会秘书长，新疆棉花学会副秘书长，中国棉花产业联盟副秘书长。主要研究方向为棉花高产栽培技术、棉花杂种优势利用、转基因技术和分子标记辅助育种技术研究。一直从事棉花育种、栽培、良繁与科技服务扶贫工作。主持选育出早熟陆地棉新陆早22、新陆早44、新陆早67、金垦108、金垦1261、金垦1161、金垦杂1062等7个品种。主持国家科技支撑计划、国家自然科学基金项目、兵团重大专项课题10余项。先后在第四师六十七团、第六师红旗农场、第七师一二九团、第八师一四八团、第十师一八四团、第六师芳草湖农场等团场参加棉花科技扶贫服务、科技特派工作。曾获得省部级科技进步奖13项，多次获兵团科技服务先进个人称号，获兵团优秀科技特派员称号，兵团优秀专业技术人才称号，新疆青年五四奖章、兵团青年五四奖章和兵团青年科技奖，中国技术市场金桥奖，获开发建设新疆奖章。参加《新疆棉花苗情诊断图谱》和《新疆棉花苗情诊断图谱续集》等书的编写；先后在 BMC Genomics、《作物学报》《棉花学报》等刊物上发表论文40余篇。

前　言

　　机采棉是一项包含品种选择、种植模式、田间管理和加工检测等，并通过使用机械设备取代人工，实现高效采收棉花的综合技术。机采棉是我国棉花生产未来的发展方向，在我国推广机采棉技术，尽管会对棉花传统种植及采摘加工模式产生重大挑战，但是机采棉技术是适应棉花产业转方式、调结构、提质增效、转型升级的需要，同时也是我国棉花产业最终实现"种植规模化、生产标准化、服务社会化、采摘机械化、加工智能化、检测快速化、储运信息化和配送精准化"的必由之路。在新疆生产建设兵团棉花产业几十年的发展历程中，曾经遇到过许多限制其发展的技术瓶颈。品种选育、地膜覆盖、铺膜播种机具、综合植保、高新节水、机采棉等技术都为突破当年的技术问题做出过重要贡献，可见，技术创新能够解决生产中出现的各种问题。

　　近年来，虽然兵团机采棉种植面积迅猛的增加，但棉花质量直线下降，兵团棉花已从享誉国内的优质棉花陷入到质量最差的境地。棉花品质五大指标不仅远低于全国平均水平，甚至低于自治区地方水平。前些年，国家对新疆棉花采取收储保护政策，收储标准定为4级以上，这也造成了机采棉生产单位只重视增加产量和降低劳动力成本，而忽视了质量。现在，国家对新疆棉花由收储保护政策改为目标价格保护政策，经济效益已远不如从前。由于拾花劳动力价格居高不下，也无法返回到手采棉时代。因此，兵团棉花必须依靠质量优势来提高自身的市场竞争力，提升机采棉质量已是当前兵团棉花产业生死攸关的重大课题。

　　本书主要内容围绕棉花品种选择、栽培技术应用、机械采收过程控制、加工参数优化、技术工程的制定等，对新疆兵团机采棉提质增效关键技术应用效益进行评价，根据评价结果进行体系构建。全书分为十章和附录，第一章全面概述了兵团机采棉提质增效背景和意义，兵团机采棉发展现状，面临的问题和挑战以及机采棉提质增效相关概念和理论基础；第二章对兵团机采棉新品种推广应用适应性与经济效益进行了分析；第三、四章对兵团机采棉田间技术应用效果与经济效益进行了分析；第五、六章对兵团机采棉因花配车后质量变化和机采棉清理、加工技术工艺优化后效益进行了分析；第七章对兵团机采棉与手采棉经济效益进行了对比分析；第八章对兵团机采棉购销政策转变对新疆棉农种植行为的影响进行了研究；第九章对兵团机采棉提质增效技术质量管控体系进行了优化；第十章对兵团机采棉提质增效技术集成体系进行了构建与优化。附录1～10分别列出了机采棉提质增效调查问卷和作业指南。本书编写分工如下：第一章、第二章和第三章由刘景德（新疆农垦科学院）和余渝（新疆农垦科学院）负责编写；第四章、第五章、第六章和第七章由陈兵（新疆农垦科学院棉花所）和王静（石河子职业技术学院水利建筑学院）负责编写；第八章、第九章和第十章由王力（石河子大学）和李斌（新疆农垦科学院机械装备研究所）负责编写；附录1～10由陈兵、刘景德、余渝、李斌和王静负责编写，参加本书撰写的科技专家和一线科技人员有40多人，主要来自课题参加单位和技术实施单位，包括新疆农垦科学院，石河子大学，塔里木大学，石河子职业技术学院水利建筑学院，第一师八团、十团，第二师二十九团、三十团，第六师芳草湖农场、新湖农场，第七师一二五团、第八师一四九团、一二一团，新疆天鹅现代农业机械装备有限公司、石河子农业科学研究院、第一师农业科学研究所、第六师农业科学研究所、第七师农业科学研究所等。

本书的编写和出版获得新疆兵团重大科技专项"兵团机采棉提质增效关键技术研究与集成示范 04-机采棉提质增效关键技术集成示范与效益评价（2016AA001-4)》"的重点支持，同时新疆生产建设兵团棉花学会、兵团棉花工程技术研究中心项目（2016BA001）、国家自然基金项目"黄萎病胁迫下棉花产量损失的遥感监测及其应用（41961054）"、兵团科技创新人才计划（领军人才计划）"基于无人机的棉花主要病虫害遥感监控及生长调控关键技术研究（2019CB018）"等也给予了支持，特此感谢。

本书材料的组织和撰写工作还得到了兵团农业局、中国棉花学会的大力支持，尤其是兵团农业局领导谢强、胡建国等在调研工作中给予了极大的支持，中国棉花学会理事长喻树迅院士每年协同多名国内外知名棉花专家来新疆考察指导。课题组部分成员有幸参加调研活动，从中学习和总结了很多技术，使得技术得以大面积推广。中国农业科学院棉花所的李付广院士和毛树春研究员多次与本书编委进行交流，并提出了宝贵的意见，使得本书的内容更接近时代前沿。对以上单位和专家为本书做出的贡献表示衷心感谢。

本书由中国农业出版社编辑出版，编辑给予了精心策划，细心指导，对其付出的辛勤劳动表示诚挚的谢意。

本书查明的机采棉提质增效关键技术及效益分析，体系构建均来自研究实践，书中内容可供棉花相关的科技工作者和一线技术人员参考，也可作为研究生参考用书。由于本书研究内容受新疆地域限制，是否可以在新疆以外的地区和全国范围应用需要进一步的研究验证。尽管本书编者十分努力，但因学术水平有限，书中难免存在不足之处，恳请读者不吝赐教，批评指正。

编　者

2021 年 4 月

目　录

第一章
概　论

第一节　新疆机采棉提质增效的背景和意义

　　新疆地处亚欧大陆腹地，属于典型的大陆性干旱气候，干燥少雨，光照充足，热量丰富，为棉花的生产提供了优越的自然生态条件。2014 年全国棉花播种面积为 6 328.6 万亩*（421.91 万公顷），总产量为 616.1 万吨，单产 97.4 千克/亩（1 460.3 千克/公顷）。新疆棉花种植面积 3 631.99 万亩（242.13 万公顷），单产 124.17 千克/亩（1 862.6 千克/公顷），总产量为 451 万吨。新疆生产建设兵团（以下简称兵团）棉花种植面积为 1 050.9 万亩（70.06 万公顷），总产量为 163.60 万吨，单产 155.7 千克/亩（2 335 千克/公顷）。皮棉年产量占全国的 1/4 以上，2018 年 12 月 29 日，国家统计局发布了 2018 年全国棉花产量公告：2018 年全国棉花种植面积为 3 352.3 千公顷，总产量达到 609.6 万吨，其中，新疆棉花种植面积为 2 491.3 千公顷，总产量达到 511.1 万吨，新疆棉花面积和产量分别占到了全国的 72.7% 和 83.8%。2019 年全国棉花种植面积为 3 339.2 千公顷，总产量为 588.9 万吨。其中，新疆棉花种植面积为 2 540.5 千公顷，总产量为 500.2 万吨，新疆棉花面积和产量分别占全国的 76.1% 和 84.9%，新疆棉花在种植面积、总产量、单产等方面已连续 25 年位居全国第一。2019 年中央 1 号文件发布，恢复启动新疆优质棉生产基地建设。为落实中央 1 号文件部署，全面推进种植业高质量发展，农业农村部制定了《2019 年种植业工作要点》，明确提出保证棉花自给水平，完善棉花扶持政策，促进棉花生产向优势产区集中，鼓励规模化生产，力争将棉花面积稳定在 5 000 万亩左右，保证必要的自给水平。这是农业农村部挂牌成立以来，首次对国内棉花种植面积提出的明确目标。可见，兵团已成为我国最主要的棉花生产区之一。近年兵团棉花生产发展迅速，棉花面积已占作物总播种面积的 84% 以上，已成为兵团最大宗的经济作物，是兵团农业乃至整个兵团经济的重要支柱。

　　机采棉是一项包含品种选择、种植模式、田间管理和加工检测的，并通过使用机械设备取代人工，实现高效采收棉花的综合技术。美国、澳大利亚、巴西等国家在棉花产业发展过程中，通过机采棉技术实现了棉花的规模化种植、标准化生产、专业化服务、机械化采摘和智能化加工。机采棉技术不仅解决了劳动力缺乏和人工成本高的问题，而且还使得

---

　　* 亩为非法定计量单位，1 亩＝1/15 公顷。——编者注

棉花生产取得了较好的经济效益，满足了纺织工业的需求。近几年推广及产品技术的实践经验证明，机采棉不是简单的机器采摘技术的应用，它作为棉花集约化、专业化生产的综合技术，涉及土地配套、品种选择、种植模式、田间管理技术、采收技术、加工工艺和检测手段等，是一项技术系统工程，随着机采棉技术推广的不断深入，也引发了棉花全产业链的技术变革和协同创新，机采棉发展中出现了新的难题，需要加以规范和引导。因此，在充分总结业务经验和技术体系的基础上，借鉴吸收国外先进经验，结合我国实际情况，提出了一套整体解决方案，以此来解决我国机采棉发展中遇到的难题，促进棉花产业健康发展。

机采棉是我国棉花生产未来的发展方向，在我国推广机采棉技术，尽管会对棉花传统种植及采摘加工模式产生重大挑战，但是机采棉技术是适应棉花产业转方式、调结构、提质增效和转型升级的需要，同时也是我国棉花产业最终实现"种植规模化、生产标准化、服务社会化、采摘机械化、加工智能化、检测快速化、储运信息化和配送精准化"的必由之路。

在兵团棉花产业几十年的发展历程中，曾经遇到过许多限制其发展的技术瓶颈。品种选育、地膜覆盖、铺膜播种机具、综合植保、高新节水、机采棉等技术都为突破当年的技术问题做出过重要贡献，可见，技术创新能够解决生产中出现的各种问题。

近年来，虽然兵团机采棉种植面积有了迅猛的发展，但棉花质量直线下降，兵团棉花已从享誉国内的优质棉花陷入到质量最差的境地。棉花品质五大指标不仅远低于全国平均水平，甚至低于自治区地方水平。前些年，国家对新疆棉花采取收储保护政策，收储标准定为4级以上，这也造成了机采棉生产单位只重视增加产量和降低劳动力成本，而忽视了质量。现在，国家对新疆棉花由收储保护政策改为目标价格保护政策，经济效益已远不如从前。由于拾花劳动力价格居高不下，也无法返回到手采棉时代。因此，兵团棉花必须依靠质量优势来提高自身的市场竞争力，提升机采棉质量已是当前兵团棉花产业生死攸关的重大课题。

当今形势下，兵团一方面从战略上加大农业产业结构调整力度，退出低产棉田，发展饲草业、畜牧业和林果业；另一方面从战术上也在千方百计地提高机采棉质量和效益，各师、团农业部门和科研单位都为此付出了许多卓有成效的努力。从长远发展和现实条件看，兵团需要保持一定规模的棉花种植面积，因为棉花在大宗农作物中最省水，且棉花的需水规律与新疆融雪来水规律基本吻合。如果大规模改种其他作物，水资源可能难以支撑。因此，稳定机采棉生产对于兵团农业生产具有重要意义。

第二节　新疆机采棉发展现状

一、机采棉发展历程

为了解决棉花采摘劳动力严重不足和人工采摘费用日益高涨的问题，棉花生产必须走全程机械化的道路。目前兵团生产过程中打顶还未实现机械化，采收机械化率已达到了65%，虽然机械采收使棉花生产成本有所下降，但也导致棉花质量严重下降。

发达国家对机械化采收的研究起步较早，美国从1850年开始研制采棉机械和研究机

采棉农艺技术，此后的一个多世纪相继出现基于各种原理的采棉机专利近千个。但至
1950 年，机械化采棉比率仅有 10%。1951 年发明了皮棉清理机，使加工皮棉等级接近手
采皮棉，采棉机才得以更快推广。同期，人工脱叶剂的研制成功和应用，叶片茸毛少的棉
花品种的培育和推广，为机械收花效率的提高创造了条件。至 1975 年，美国完全实现了
棉花机械采收。20 世纪 80 年代以来，棉模机的应用成为美国棉花生产中的一大革新，收
花效率有了成倍提高。苏联自 1924 年开始研制采棉机，至 1948 年开始成批生产摘锭式采
棉机，并生产摘铃机和落地棉捡拾机，使棉花机械化收获率达到 94%。由于苏联中亚棉
区人口较多，对采棉机认识不足，20 世纪 90 年代初机械化程度降至 47%。目前，中亚棉
花种植较集中的乌兹别克斯坦机械采棉比率达到 90% 以上。澳大利亚、以色列等国家棉
花生产也实现了全程机械化，机采棉技术在这些国家已成为一项常规成熟的生产技术，由
于实现了机械化采棉，人均管理棉田的面积达 1 000 亩以上。因此，机采棉的规模化、标
准化生产是世界棉花生产和加工业的发展趋势。

我国于 20 世纪 50 年代就开始引进和开发机采棉技术，兵团在机采棉品种选育、采棉
机械的研制和机采棉技术的引进、研究、开发和试验方面一直走在全国前列。尤其兵团棉
花种植的高度集约化和规模化，为棉花机械化采收提供了有利的条件（表 1-1）。

表 1-1 我国机采棉发展情况统计表

项目	年份									
	2010	2011	2012	2013	2014	2015	2016	2017	2018	2019
全国棉花检验量（万吨）	430	257	269	559	723	742	515	359.6	534.2	529.3
新疆棉花检验量（万吨）	227	183	186	340	448	471	418	327.8	514.1	513.1
全国机采棉检验量（万吨）	7.4	9.7	15.5	37.4	61.0	92.6	113.8	100.6	139.3	159.5
新疆兵团（万吨）	7.4	9.7	15.5	37.4	60.2	83.8	95.2	77.1	85.2	93.7
新疆自治区（万吨）	0	0.014	0	0	0.8	8.0	18.6	23.5	54.1	65.8
山东（万吨）	0	0	0	0	0.070	0.006	0	0	0	0
河北（万吨）	0	0	0	0	0.011	0	0	0	0	0
安徽（万吨）	0	0	0	0.026	0	0	0	0	0	0
全国机采检验占比（%）	1.7	3.7	5.76	6.7	8.44	12.48	22.1	28.0	26.1	30.1
新疆机采检验占比（%）	0	0	0	0	0.11	1.08	3.61	6.54	10.13	12.43
兵团机采检验占比（%）	1.7	3.7	5.8	6.7	8.3	11.3	18.5	21.4	15.6	17.7

数据来源：中国纤维检验局。

1990 年，机采棉在新疆生产建设兵团的部分团场开始试点。但由于认知不统一，导
致投入不足，研发时断时续，一直没有形成成熟技术，没有形成规模。近年来，随着我国
棉花生产综合成本大幅上涨，特别是人工成本和租金要素成本涨幅最大，如何降低劳动力
成本逐渐成为棉农最关心的问题。随着农业机械化水平的不断提高，机采棉种植技术和加
工技术的逐渐成熟，机采棉综合效益逐渐显现出来。2018 年，北疆地方主要棉区亩产籽

棉 360 千克的机采棉，使用机采棉的棉田综合效益比人工采收每亩高 200～300 元。再加上劳动力紧缺和成本上升，越来越多的棉农愿意采用机采棉，使得我国机采棉最近几年呈现快速发展趋势。

根据中国纤维检验局提供的机采棉检验量数据可知全国机采棉发展趋势有以下两个特点。第一，我国机采棉的发展速度呈现逐年加快趋势，从 2010 年到 2017 年，机采棉检验量占全部棉花检验量的比例在逐年提升，全国的机采棉检验量从 1.1% 上升到 28%，新疆的机采棉检验量从 1.5% 上升到 37%。但是机采棉发展水平不平衡，新疆和内地棉区，新疆兵团和地方之间差异很大，其格局是新疆兵团发展快，新疆地方发展慢，内地还在探索阶段。第二，从机采棉种植规模和实际机采面积看，新疆机采棉面积呈逐年增长的态势，其中新疆兵团发展速度较快，新疆地方机采棉机，2012 年起逐步加快，截至 2017 年，新疆兵团机采模式种植面积已达到 900 多万亩，实际机采面积达 75%，为 675 多万亩，兵团第八师种植 250 多万亩的棉花全部按机采模式种植，实际机采面积 208 万亩以上，实际机采率达到 80%。而新疆地方的机采面积只有 20%，实际按照机采模式种植和机采的面积在 300 万亩左右，新疆地方的机采棉主要集中在北疆地区，其中沙湾县棉花播种面积为 152 万亩，机采面积为 137 万亩，机采棉占比达到 90%；博乐机采面积在 40 万亩以上，清河县和玛纳斯县机采面积都在 30 万亩以上。

从采棉机配套水平看，截至 2017 年 12 月，新疆拥有采棉机 2 400 台，进口机 1 780 台，国产机 620 台，分别主要为美国约翰迪尔采棉机和国产贵航采棉机，其中兵团有 1 920 台，地方有 480 台，兵团第八师作为新疆最大的机采棉生产单位，拥有采棉机 1 100 多台。与此同时，地方上涌现出大量的棉花机械采收公司和专业服务合作社，开展机械采摘社会化服务，北疆的沙湾县拥有采棉机 240 台，其中六行机 200 台以上，90% 以上为进口机。

1997 年，兵团党委做出了发展机采棉的决策，1998 年组织力量赴美国引进机采棉技术，在南疆开展系统化的机采棉种植、加工技术研究，历经多年努力，形成了具有兵团特色的机采棉生产模式。随着我国社会经济的发展，农业劳动力价格逐年上涨，每千克籽棉拾花费用从 2001 年的 0.3 元/千克左右上涨到 2009 年的 1.7 元/千克左右，在机采棉生产技术进步和拾花费用上涨的双重影响下，兵团机采棉面积逐年增大，每年增幅在 150 万亩左右。2010 年，兵团党委再一次做出大力发展机采棉的决定。之后 3 年，兵团机采棉迅猛发展，截至目前机采面积已达到棉花总种植面积的 70%～80%。

二、机采棉生产与区域布局

因光照充足，兵团地区适宜棉花作物生长。作为我国主要商品棉生产基地，21 世纪以来，兵团棉花种植面积逐渐扩大，其变化趋势如图 1-1 所示。由图可见，从 2001 年至 2017 年，兵团棉花种植面积由 678.92 万亩增至 1 030.4 万亩，累计增长 37.20%。自 2000 年兵团"九五"重点科技项目"机采棉试验项目"顺利通过验收，机采棉生产技术开始在兵团范围内正式推广应用。兵团棉花机采模式栽培面积由 2001 年的 57.00 万亩增至 2016 年的 931.50 万亩，机采模式栽培面积由兵团植棉面积的 8.40% 增至 100%，兵团棉花机械采收面积由 2001 年的 30.08 万亩增至 2017 年的 792.96 万亩，机械采收面积由 4.15％增至 79.80％，再到 2019 年的 75.7％。

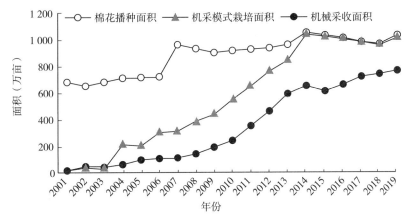

图 1-1 兵团棉花种植面积变化情况

（数据来源：兵团统计年鉴）

机采棉种植推广面积的不断扩大使得对采棉机以及机采棉清理加工生产线的需求不断提升，兵团一方面引进国外先进采棉机，一方面升级换代传统籽棉清理加工生产线。采棉机总量从 2001 年的 110 台增加到 2016 年的 2 120 台，目前主要的机型有：约翰迪尔 9970 型自走式采棉机、约翰迪尔 9996 型自走式采棉机、约翰迪尔 7660 型自走式棉箱采棉机、约翰迪尔 7760 型自走式打包采棉机、约翰迪尔 7260 型牵引式采棉机、凯斯 Cotton Express 620 自走式采棉机、凯斯 Module Express 635 自走打包式采棉机以及国产贵航平水采棉机。机采棉清理加工生产线由 2001 年的 28 条增加到 2016 年的 252 条，再到 2019 年的 1 910 条，其增长趋势如图 1-2 所示，兵团机采棉生产技术中的核心技术资源在兵团范围内发展迅猛。

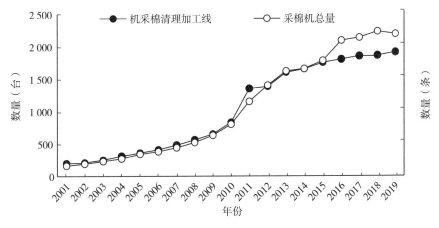

图 1-2 兵团采棉机与清理加工生产线的增长趋势

（数据来源：兵团统计年鉴）

兵团棉花种植分布在以天山为界的南北疆以及东疆各地，棉花种植分布范围较广。分布在南疆地区的主要植棉师有第一师、第二师、第三师以及第十四师。第一师位于天山山脉中段南麓、塔里木盆地北缘，政府驻地阿拉尔市；第二师位于天山南麓、塔里木盆地东缘，政府驻地铁门关市；第三师北接天山、西连帕米尔高原、南依喀喇昆仑山脉、东靠塔克拉玛干沙漠，政府驻地图木舒克市；第十四师位于塔里木盆地西南缘，政府驻地昆玉市。分布在北疆地区的主要植棉师有第四师、第五师、第六师、第七师、第八师及第十师。第四师位于伊犁河谷，政府驻地可克达拉市；第五师位于天山西段中麓，政府驻地双河市；第六师地处天山北麓东段、准噶尔盆地东南缘，政府驻地五家渠市；第七师位于准噶尔盆地西南边缘，政府驻地奎屯市；第八师位于天山北麓中段、准噶尔盆地南缘，政府驻地石河子市；第十师位于阿勒泰与塔城之间，政府驻地北屯市。分布在东疆地区的主要植棉师有第十二师和第十三师；第十二师位于乌鲁木齐市西郊与南郊，政府驻地乌鲁木齐市；第十三师位于新疆东部哈密地区，政府驻地哈密市。

截至 2019 年，兵团各主要植棉师棉花种植面积达 706.15 千公顷，机械采收面积达 568.92 千公顷，主要植棉师中的生产布局情况如表 1-2 所示。以第一师、第二师、第三师和第十四师为代表的南疆植棉师棉花机械采收面积占棉花总播种面积的比例分别为 80.4%、85.5%、13.0% 和 43.8%。以第四师、第五师、第六师、第七师、第八师及第十师为代表的北疆主要植棉师棉花机械采收面积占棉花总播种面积的比例分别为 86.2%、93.2%、100.0%、100.0%、100.0% 和 91.3%。以第十二师和第十三师为代表的东疆主要植棉师棉花机械采收面积占棉花总播种面积的比例分别为 81.8% 和 62.7%。可见，兵团机采棉发展呈"北优南弱"的整体状况，位于北疆的主要植棉师机采棉采收面积占据了其棉花播种总面积的绝大部分比例，南疆以及东疆主要植棉师机采棉采收水平发展较北疆植棉师稍显落后。

表 1-2 新疆生产建设兵团机采棉生产布局

地区	植棉师	棉花播种面积（万亩）	机械采收面积（万亩）	机械采收面积占棉花总播种面积比例（%）
南疆	第一师	202.93	163.16	80.4
	第二师	54.32	46.44	85.5
	第三师	70.80	9.20	13.0
	第十四师	1.28	0.56	43.8
北疆	第四师	21.80	18.79	86.2
	第五师	70.30	65.51	93.2
	第六师	95.05	95.05	100.0
	第七师	121.40	121.40	100.0
	第八师	230.10	230.10	100.0
	第十师	13.54	12.36	91.3
东疆	第十二师	0.66	0.54	81.8
	第十三师	15.62	9.80	62.7

数据来源：根据新疆农垦科学院棉花所提供数据整理。

三、机采棉发展现状

1. 机采棉种质资源与品种选育的状况 为适应棉花机械化采收的需要，选育出机采棉花新品种，"九五"期间，兵团开始了机采棉种质资源收集、评价及机采棉的育种工作。适宜机采的棉花品种应具备早熟、纤维品质优良、吐絮集中、始果高度适中、株型较紧凑、对脱叶剂敏感的特性，但是目前兵团还没有培育出既优质丰产又适合机械采收的专用机采棉品种，也没有制定出统一的机采棉品种标准。近年来，随着拾花工的紧缺和拾花费用的提高，兵团不得不选择比较适宜机采的常规品种替代机采棉品种，加快推进棉花机械化收获步伐。关于棉花性状分子育种方面，大多集中在产量、纤维品质性状 QTLs（数量性状位点，quantitative trait loci）定位及关联分析方面的研究，与籽棉产量、皮棉产量、铃重、籽指、衣指、纤维强度、纤维长度、纤维细度有关的 QTL 研究报道较多，与适宜机采性状有关的研究较少。

从 1996 年开始，兵团加大了对机采棉技术的试验力度，经过多年的试验，现阶段已进入到生产实用阶段。各地筛选出了多个比较适宜机采的棉花新品种，如新陆早 25、新陆早 26、新陆早 33、新陆早 36、新陆早 45 等品种，同时探索适合当地机采棉的种植栽培模式，指导棉农通过适时早播、适时打顶、水肥控制、株行距配置，使棉花株高适中、结铃性好、成熟一致、吐絮集中，提高了机采棉采净率。在脱叶剂的使用上进行统一规范，保证机采棉的脱叶效果，达到减少杂质含量和清理加工环节，降低对棉花纤维的损伤度，提高机采棉品级和效益的最终目的。但是由于棉花品种更新较快，不同生态区种植品种较多，即使在同一生态区也没有统一的主栽品种。这给机采棉的脱叶催熟、采收时间等生产环节带来了诸多问题。而且，棉花加工厂收购的籽棉是多个不同的品种，势必对原棉加工品质产生较大的影响。

目前，急需鉴定对脱叶剂敏感，现蕾对温度不敏感的种质资源，需要明确种质资源在生育期缩短之后品质和抗性下降的规律和关系，为选育早熟、优质、高产、对脱叶剂敏感、适宜机采的棉品种提供种质资源保障。

2. 机采棉高产优质高效栽培配套技术的研究状况 植棉业是兵团的支柱型产业，兵团历来重视棉花新技术的研究与推广工作。兵团棉花产业的迅速发展，在很大程度上得益于包括科学施肥、良种良法、地膜覆盖栽培、模式化栽培、节水农业、综合植保、人工影响天气、培肥地力、标准化条田建设、土地深松等农业十大主体技术的应用普及。自 2000 年以来，兵团全面推行精准种植、精准播种、精准施肥、精准灌溉、精准收获、精准监测等六大精准农业技术，至 2006 年底，精准农业六项核心技术的推广应用获得突破，测土平衡施肥微机决策面积达到 438.5 万亩，棉花种子包衣面积 748.55 万亩，精量播种面积达到 419.98 万亩，节水灌溉总面积达到 800 万亩（其中膜下滴灌面积达到 610 万亩）；按机采棉模式种植棉花 346.43 万亩（其中机采棉 86 万亩）。"3S"技术的示范力度进一步加大，视频技术田间应用达到 15 万亩，田间自动化滴灌面积达到 22 万亩，田间气象、病虫害自动测报技术进一步推广应用。兵团不断推广种植业新技术，不仅促进了棉花生产的快速发展，而且带动兵团现代农业的迅猛发展；兵团植棉业显示出强大的规模优势和产业优势。2014 年，全兵团棉花种植面积 1 050.9 万亩，拥有大型采棉机 1 500 余台，机械采收 680 万亩，机械采收率达到 65%。皮棉总产量为 163.61 万吨，皮棉单产 155.7 千克/亩，单产较"十一五"末增加 1.7 千克/亩，总产量比"十一五"末增加 48.6 万吨，增长 42.3%。兵团农业产业化程度高，具有组织化、集团化、集约化的特点，劳动者素质相对较高，能够集中力量办大事。实施产业化工作具有特别突出的优势，现代农业发展处于全国领先水平，产业化前景广阔。

在棉花超高产高效栽培技术方面，兵团科研人员结合新疆绿洲农业生态特点，提出了具有区域特色的棉花"密、早、矮、膜"高产栽培技术体系及其理论基础，形成了以合理密植为核心，矮化植株为前提，充分利用光热资源为条件，地膜覆盖为手段的棉花优质高产高效栽培技术体系。该技术在南北疆植棉区大面积推广，不仅成为我国干旱区绿洲棉花高产高效栽培的主体技术，而且在中亚各国绿洲植棉区得到应用。在国内外首次阐明了 300 千克/亩皮棉超高产形成的生理机制，提出了以培育高质量群体为基础、协调源库关系为中心、化学调控为手段，增加生育后期群体光合速率为目标的棉花超高产栽培理论。先进适用的植棉新技术对促进棉花增产的作用显著，围绕棉花优良品种实现技术配套，特别是围绕棉花高效利用水肥资源，发展节水技术方面做了大量工作，开发出膜下滴灌等先进节水灌溉技术。

虽然兵团植棉业取得了一定成绩，但机采棉研究与示范工作开展较晚，还存在诸多问题。①棉花纤维发育过程研究。目前用的是国外的资料，在新疆特别是北疆的早熟棉区，棉纤维突起期、伸长期、加厚期、脱水成熟期的时间、温度、天数缺乏系统的调查和研究，这对机采棉栽培技术规程制定和棉花提质增效措施的优化具有重要的理论指导意义。②现行的兵团棉花播期制定及苗期管理技术，是 20 世纪八九十年代逐渐发展形成的，在高新节水技术，滴水出苗技术，机播装备水平提高、能力增强和机采棉技术推广之后，以促壮苗早发为基础，促进整个棉花生育进程提前的要求下，需要对棉花的种子发育、种子营养的作用、壮苗的早期形成继续深入研究，为壮苗早发提供依据。③美国棉花施用的是液体肥料，其肥效快且利用率高，对棉花早发有积极作用，在兵团需要进行系统的研究。④打顶时间和保留果台数对于争取早脱叶意义重大，其对产量和效益具有显著影响，需要找到最佳的管理方案。⑤根据前些年兵团部分师团的实践结果，在热量条件充裕的地区，大幅降低密度，提高单株铃数，对于棉花品质和脱叶效果都有显著的积极作用，需要进一步试验、研究和规范。

3. 机采棉配套装备关键技术的研究状况　农机和农艺融合方面，随着采棉机的应用，科研人员加大了对机采棉农艺配套技术的研究与试验力度。经过多年的研究，筛选出 (68+8) 厘米和（66+10）厘米的带状留苗配置方式，解决了高密度条件下既保证种植密度又可以实现机械采收的问题。至 2012 年兵团机采棉面积达到 492 万亩，占棉花播种面积的 59.3%，2013 年兵团机采棉种植面积达 580 万亩，机采棉收获面积近 70%，在国内率先成功实现了大面积棉花机械化采摘。美国采用的栽培模式以效益第一为核心，该模式下籽棉含杂率较低，加工工艺简单，加工设备对棉花质量的负面作用较小。兵团在引入和推广机采棉技术之后，形成了本地化的种植模式，但还是以产量第一为生产目标，该模式下籽棉含杂较多，清理加工环节相应增多，对棉花质量影响较大。因此，兵团需要通过不同机采棉种植模式的对比研究，树立质量和效益第一、产量次之的发展理念，为优化机采棉的清理加工工艺提供良好的条件。

在机采棉清理加工设备方面，目前国外先进的机采棉清理加工设备生产公司有美国拉玛斯公司（Lummus corporation）和大陆鹰公司（Continental eagle）。拉玛斯公司机采棉清理加工工艺流程分7个系统：籽棉喂入系统、一级籽棉烘干清理系统、二级籽棉烘干清理系统、输棉及轧花系统、原棉清理系统、集棉和加湿系统、打包和棉包输送系统。大陆鹰公司机采棉清理加工工艺流程与拉玛斯公司基本相同。

针对我国棉花加工技术的发展需求，国内棉机生产企业在引进消化吸收的基础上，把提高棉花加工设备的自动化和智能化程度、对现有设备结构优化和技术升级，以及对棉花加工中各个环节设备的节能、降耗、高效作为主要研究方向。其中山东天鹅棉机股份有限公司（以下简称山东棉机）和邯郸金狮棉机有限公司（以下简称邯郸棉机）分别研制开发了各具特色的机采棉清理加工工艺和设备。这些棉花清理及加工设备的应用，为我国推广机械化采棉和提高棉花加工能力、缩短棉花加工周期发挥了很大作用。但是在大面积推广使用过程中，出现了一些难以解决的问题。主要体现在不同的棉花加工企业使用相同设备加工质量却不同，同一厂家的同一设备的加工质量也出现波动。经过相关技术人员深入分析，发现籽棉的各项指标对机械加工设备的加工质量有着很大影响。我国的籽棉收购、存放一直实行粗放式管理，相同级别的籽棉水分、杂质、成熟度都有很大差异，这就造成棉花在加工过程中的不稳定性。而机械设备转速、间隙调整是依靠操作人员的经验来完成，在加工过程中不能根据实际情况变动，从而导致加工出的原棉降级降价，造成资源浪费，给棉花加工企业带来经济损失。

多年来，相关科技人员和企业技术人员不断探索研究，采用机械设备多模式设计等方法，但是一直没有取得预期效果。可见，当前兵团棉花加工总体水平仍然是一种"粗放型"加工过程，使得棉花加工的品级受损严重，造成严重浪费。因此，为了提升兵团棉花的市场竞争力，亟须对机采棉加工工艺进行系统研究与优化，达到自动调控棉花加工过程。

4. 机采棉种植模式的研究状况

（1）种植行距、种植密度对棉花生长发育的影响。大量的研究表明，适宜的株行距配置及密度对棉花生长发育具有显著的影响（杨秀理、朱江，2006）。机采棉行距配置对棉花生育时期有影响。针对宽窄膜结合的两种行距配置做处理，试验结果表明棉花生育前期宽行距利于棉花前期的生长，因其宽行地膜覆盖率高，采光面积大，故增温快、保温强、反墒快、保墒好，致使棉苗出苗早、出苗快，极易达到棉苗早发，促进棉株根系的生长发育和地上部分茎叶的生长发育；窄行距利于棉花中后期的生长，首先该模式下棉花充分利用地力和光能，降低光、热、肥资源的竞争，促进了株高、叶片的生长，为棉株生长和蕾铃发育提供了充足的叶面积，使得棉花光合作用增强，积累较多干物质；其次改善了群体间通风透光性，减少行间郁闭程度，减轻中下部蕾铃脱落，使得纵向下部棉铃增多，横向外围棉铃增多，因而产量提高（徐新霞、雷建峰，2017）。种植密度是影响棉花生长发育的主要因子之一。随着种植密度的增大，棉花株高呈增加趋势，果枝台数与果节数呈降低趋势；单株内围铃、外围铃、下部铃、中部铃、上部铃的成铃数呈下降趋势，而单位面积的成铃数，内围铃呈递增趋势，外围铃、下部铃、中部铃与上部铃则先增后减（周永萍、杜海英，2018）。

种植密度对棉花产量影响非常大，种植密度不同，棉株间竞争的强度也就不同，棉株个体大小也不同，一般表现为密度小的植株个体较大，单株果节数、蕾数和铃数均较多，个体生产力比较高，虽然提高了单株生产能力，但整体生产力受到抑制，最终整体产量会比较低；密度大的单株较小，单株果节数、蕾数和铃数均较少，个体生产力比较低；个体生产力和单株数量决定了单位面积的群体生产力。低密度促进了单株生长发育，但由于个体数量不足，最终产量会不同程度下降；高密度群体太大，抑制了单株生长发育，容易受环境条件影响，后期易早衰，产量水平也不高（罗宏海等，2006；张旺锋等，2004）。大量的研究发现，合理的栽培密度在创建棉花合理群体结构、协调群体生长发育、提高棉花产量和促进生长生育过程方面具有显著作用（汪芳等，2006；肖春鸣等，2007；刘书梅等，2010；王彦立等，2010）。"密、早、矮、膜"栽培技术体系是新疆棉区棉花取得高产、优质及高效的主体技术。与世界其他棉区相比，高密度植棉是新疆棉花栽培的重要特点（Yang et al.，2014）。适宜的种植密度是指以单位面积上达到较适合的总果节量为基础，确保单株有效果枝数、果节数而选用的合理株数（中国农业科学院棉花研究所，2013）。

适当的增密技术配合其他的栽培技术措施，能协调好棉株个体发育与外部条件的关系，进而创建整个生育期均能稳健生长的群体，使光能和地力得到充分利用，奠定棉花超高产的物质基础（陈齐炼、徐会华，2008）。合理密植，提高群体生产力是增产的主要途径（毛树春，2009）。因此，种植过程中对合理密植技术需求较大（张欢欢，2017）。

（2）种植行距、种植密度对棉花产量的影响。作物群体在田间的组合、分布及其关系构成了作物的田间结构，而田间结构通常指的是水平结构，即田间作物种植的株距与行距（张振平，2011）。适宜的株行距配置可使一定密度下作物群体分布更加均匀。一般来讲，产量与种植密度呈正相关，但是密度增加到一定程度时单株产量降低，而当密度增加所带来的群体正效应小于单株产量下降所带来的负效应时，群体产量就会下降（兰宏亮、董志强，2011）。不同机采棉行距配置对棉花产量构成因子中单位面积结铃数的变化起主要调节作用并直接影响产量形成，行距的合理增加与种植密度的减少有利于增加单铃数和单铃重，提高皮棉产量。较低种植密度机采株行距配置在生长后期，可保证生殖生长旺盛，为高产的形成奠定基础（阿不都卡地尔·库尔班、李健伟，2018）。

增加密度，可有效地提高群体叶面积，减少棉田冠层透光率，提高光能利用率，促进光合物质积累，有助于高产优质的形成；密度降低，棉花生育前期冠层光截获量降低，群体光合效能降低，易引起产量和品质的下降，只有合理密植，使个体生长得到充分发挥、生育后期群体光合性能衰退较慢，单位面积结铃数与单铃重得到协调发展，才能实现棉花高产（张旺锋等，2004；毛树春等，2009）。密度对棉花产量及构成因素影响较大，单株结铃数、单铃重与种植密度呈负相关（Bednarz et al.，2006），而单位面积总铃数与种植密度呈正相关（Dong et al.，2010），较高的种植密度下棉花单铃重降低，但依靠较高的结铃数可获得高产（Mao et al.，2014）。

20 世纪 90 年代以前，国内就对常规棉花品种种植密度开展了许多研究。其中 20 世纪 50—70 年代都是通过增加密度提高总铃数来增加产量（山东省农业科学院棉花研究所，1965）。70—80 年代则提出了合理密植，以此为基础通过增加单株成铃数来增加产量（中国农科院棉花研究所栽培组，1974）。1990 年以后研究指出在合理密植基础上注重通过提高群体质量来增加产量（王延琴等，1999；田立文等，1996；王志才等，2011）。

王延琴等（1999）指出过高的棉田种植密度，会使棉田提前封行，造成田间郁闭，透光能力差，营养生长旺盛，养分不能充分供给生殖生长致使蕾铃脱落，进而降低产量。过低的棉田种植密度，会降低棉株数量，虽然提高了单株生产能力，但也会降低单位面积生产力。赵振勇等（2003）认为高密度会造成单株铃数和铃重的降低，当整体生产力的提高不抵单株生产力降低的总和时，随密度增大，单位面积产量下降。从结铃时间上看，提高密度，伏桃和早秋桃的总体数量也会相应增加。密度显著影响棉花产量在棉株上的时空分布，密度主要影响产量在棉株上的内围铃和外围铃分布，随密度增加，产量向内围集中（董合忠、李振怀，2010）。房卫平等（2011）研究表明，种植密度对不同部位果枝的成铃分布影响小于对不同果节成铃分布的影响。

适宜的密度和种植行距可以充分利用光能、地力、时间以及空间等，有助于提高单产。因此，要确定适宜的种植密度和种植行距。

（3）文献述评。前人在棉花种植行距和种植密度方面已经做了大量的研究工作，试验设置的种植行距范围不同，得到的结论也不大相同，棉花生育期间宽行距有利于棉花前期的生长，而窄行距则有利于棉花中后期的生长。不同机采棉行距种植配置对棉花产量构成因子中单位面积结铃数的变化起主要调节作用并直接影响产量形成。近年来随着气候条件的变化、棉花品种的不断更新、栽培制度的改进等，棉花种植行距和种植密度也应发生相应变化，因此，在前人研究的基础上，继续研究棉花种植行距和棉花种植密度有着十分重要的意义。

当前探索适宜机采的棉花栽培模式的文献较少，而从成本效益角度来分析机采棉的株行距配置模式的研究文献更没有，本书试图通过对不同株行距配置模式下的棉花种植成本效益分析，来找出"一膜三行"和"一膜六行"两种栽培模式下经济效益的高低，以选择适合机采棉的种植配置行距模式，从而促进棉花机械采收技术的发展和兵团机采棉品质的提升。

第三节　机采棉面临的问题和挑战

一、机采棉面临的问题

棉花机械采收是一项科技含量高的系统工程，涉及适宜机采的棉花品种、栽培模式、田间管理、化学脱叶催熟、机械采收、加工清理、原棉质量标准等诸多环节。存在的主要问题有：

（一）机采棉生产布局尚无，需要进行区域划分

手采棉时期依据有效积温、7月平均温度和无霜期划分了宜棉区、次宜棉区、风险棉区和不适棉区。兵团机采棉是在美国机采棉技术基础上发展而来的，美国棉区无霜期在200天以上，棉花出苗到收获约180天。兵团适宜棉区的热量条件低于美国，由于机采棉对有效积温和无霜期的要求更严，因此需要重新对新疆机采棉进行区划。

（二）适宜机采棉花种质资源匮乏，创新能力不足，突破性品种少

适宜机械化采收的棉花品种除了应具备丰产、抗病和早熟的特性外，还要株型紧凑、茎秆坚硬、吐絮集中、含絮适中、对脱叶剂敏感。在棉花内在品质上，纤维上半部平均长度≥30毫米，断裂比强度≥30厘牛/特克斯，整齐度≥85％。目前兵团还没有培育出既优质丰产又完全适合机械采收的棉花品种。截至2014年新疆已审定命名新陆早、新陆中系列品种分别已达67个和76个，但自育品种遗传系谱中涉及不同生态型、不同遗传组分的亲本数较少，遗传系谱简单，品种间亲缘关系较近，遗传基础明显狭窄。种质资源的不丰富导致了自育品种遗传基础狭窄，从而使得选育的品种遗传组分差异较小，品种相似度较高，突破性品种较少。过去，新疆的棉花种质资源基础研究工作较薄弱，资源鉴定相对滞后，特别是对机采相关性状的鉴定研究更少。因此，适宜机采种质资源创新与新品种选育已经成为提高棉花综合竞争力的重大关键科技问题。

（三）品种多乱杂现象仍然很突出，良种繁育技术和体系不健全

棉花主导品种不稳定、不突出，品种"多乱杂"问题突出，对单产和原棉质量提高产生较大影响。主要表现为"四多四少"：一是通过审定的品种多，具有突出优良性状的品种少；二是生产上推广应用的品种多，种植规模较大的主导品种少；三是经营棉花品种的企业多，规模较大的企业少；四是棉农种植的品种多，能够实现高产高效的品种少。造成这种现象的原因一是由于近年病虫害的迅速蔓延，抗病育种工作的滞后，造成生产单位大量引进内地抗病虫的棉花品种，科研单位、种业公司和植棉团场也纷纷推出抗病虫品种（系）在病地种植，替代感病虫品种；二是有的种业公司为了商业炒作，不断引种推出新产品，这些品种未经过严格的检疫和试验示范，盲目推广，形成一地多种、一场多种的局面。结果导致生物学混杂、机械混杂加剧，主栽品种退化加快，不同品种原棉混收影响品质，乱引乱调造成检疫性病害的发生和蔓延，给良繁工作带来更大难度。为了提高兵团棉花的质量和棉花的市场竞争力，实现兵团棉花生产的可持续发展，必须规范棉花种子市场，实现棉花品种区域布局，杜绝棉花品种的"多乱杂"现象。新中国成立以来，新疆兵

团对棉花良种繁育体系进行了不断地投入和完善，建成了一批良种场。近年来由于种业企业的市场化，良种繁育逐年削弱。据研究良种临近代之间仅产量差别即可达 5％左右，可见应用良种对棉花生产的促进作用。而兵团一些植棉单位，不重视良种繁育，热衷于大引大调，无自己的良繁体系，使得本来纯度不高的外引种子种植 1～2 年后，出现株型混杂，抗病性和丰产性严重退化，以及品质下降。据调查兵团主要植棉师良繁体系已不健全，即使良种繁育单位存在，由于受市场经济的影响，已不能真正为全师提供优质的原种。对部分种业企业的良种田调研发现，良种繁育田混杂严重，在叶型（鸡脚叶、长绒棉叶等）、株型（松散、紧凑等）、铃型等方面明显不一致。而生产单位对高质量种子的要求迫切。根据市场调查，2019 年北疆棉区已经有上百个棉花品种，每个植棉县市少则有 10 余个，多则有 20 多个棉花品种。2018 年，兵团"五统一"取消后，农资购买权下放，棉农种植户以"小、散分布"为主，加上农户缺乏种子质量、种植适宜条件的知识，每家每户在选择品种、播种时间、种植模式、田间管理、采收时间方面都不一样，使得生产品质参差不齐。不同品种的遗传品质、成熟期不同，采摘后混在一起销售、加工，导致加工厂的原棉纤维一致性差，造成皮棉的指标比如长度、马克隆值、断裂比强度等指标不能满足纺织企业的要求。

（四）适宜机采棉的种植模式陈旧，有待进一步研究完善

兵团机采棉技术主体引进于美国。美国历经 80 余年的机采棉种植，围绕着质量和效益第一、产量次之的生产目标，形成了等行距的种植模式。为了提高种植密度和实现高产，当前兵团机采棉的种植模式以地膜覆盖和"矮密早"为主，然而，这个模式存在一些缺点。一是种植密度高，形成并推广了（66＋10）厘米为主体的宽窄行高密度种植模式，种植密度达 18 000 株/亩以上，该模式采取的是"小个体、大群体"的栽培策略，实践证明，此种植模式对于手采棉大面积实现高产稳产具有重要作用。然而，过高的种植密度不利于通风、透光和脱叶，对生产品质和采收品质都造成影响。高密度种植模式不利于机采棉质量的提升。一方面随着种植密度增大，棉纤维长度、断裂比强度等品质指标呈现降低趋势；另一方面由于群体密度过大，会导致脱叶剂喷施效果不佳，也会导致脱落后落不到地面的叶片增加（挂枝叶增加），致使机械采收的籽棉杂质含量较高，进而加大了籽棉清理加工过程对棉花质量的影响。也有（10 000～13 000）株/亩以上和 9 000 株/亩两种模式作为补充。但这两种模式产量受到限制，因而推广面积受限。二是对地膜依赖性强。由于地膜覆盖后地膜残留在棉田，不仅污染棉田土壤，还导致机械采收时地膜碎片残留在棉田，不仅污染棉田土壤，还导致机械采收时地膜碎片混入棉花中，影响棉花采收品质。三是农艺农机不配套。棉花第一果枝节位高度（高于 25 厘米或低于 18 厘米）与采棉机摘锭高度不配套；除了（66＋10）厘米的宽窄行配置外，现有的大多数行距配置与采棉机的采摘头宽窄不配套；棉花种植密度、成铃模式、气候特征与脱叶剂使用要求不配套。不配套会导致采净率、采收率降低，影响棉花产量，带来遗传品质、生产品质、采收品质的下降，容易造成过度加工，最终导致机采棉长度减短、强度下降、短纤和棉结增多、异纤维小且难于清理。由此可见，机采棉种植模式需要按照质量效益优先、兼顾单产的原则进行调整和优化。

（五）无人机喷药技术刚刚起步，亟待规范

当前兵团乃至整个新疆地区机采棉农药的喷施均使用地面大型机械为主，其作业过程中会导致碾压棉株、撞击棉铃、拽拉棉枝等，尤其喷洒脱叶剂时受棉花吐絮影响，吐絮较高、撞落已吐絮棉花较多，均会造成一定的产量损失，另外，由于缺乏全套的导航系统等使得作业效率较低，为减少损失需要人工分行增加了劳力和程序等，一定程度上限制了其进一步发展。航空植保无人机技术发展迅速，已在多种作物上开展作业，弥补了地面大型机械的不足，两者互为补充，已经成为新的发展方向。但由于目前无人机喷施药尚无成熟的技术，仍存在操作过程不规范、恶性竞争、乱要价、市场乱、喷药浓度大、水量小、有时效果无法保证等诸多问题，需要亟待解决。需要针对无人机存在的问题开展相应的关键技术研究和示范，探索高效喷药方法，建立无人机喷药规程，能最大限度地降低产量和品质损失，提高效益，为植保无人机喷施脱叶剂的全面推广具有重要推动作用，为完成国家提出的实现化肥农药减量目标提供强有力的科技支撑。

（六）化学打顶技术存在众多问题，仍不完善

化学打顶剂作为抑制棉花顶尖和群尖的一种化学制剂，以其操作便捷、可在一定程度上代替人工打顶、降低用工成本、提高劳动生产率而受到兵团植棉团场的重视，并展现出了很好的应用前景，棉花化学打顶代替人工打顶是植棉全程机械化的必然趋势。国外棉花生产过程中对棉花顶尖处理都采用化学药物控制的方法，技术已十分成熟。近几年，化学打顶技术在新疆处于试验研究阶段，并且取得了一定的效果。当前化学打顶技术研究主要集中在化学打顶剂筛选及处理组合及方式上，打顶剂对棉花纤维品质、产量等方面的影响研究结果不一致，棉花化学打顶剂作用机理及其对土壤污染及生态环境的影响方面的研究还未见报道。化学打顶剂的销售与技术服务脱节，技术规程也不完善等，有待于进一步的探索。

（七）脱叶催熟剂的使用存在众多问题，亟待规范

兵团机采棉由于热量条件不足，机采棉在采收前要喷施催熟剂和脱叶剂，按过去模式，北疆的最佳施用时间一般在 9 月 5 日前后，而药效作用的时间需要 15 天左右，此时棉花正处于中上部铃成熟的关键时期。据观察，在高温条件下脱叶效果较好，如在施用时间和剂量上操作不当，则会对纤维质量影响较大。以往对脱叶剂作用机制的研究并不清楚，需要对不同脱叶剂的落叶效果与原理开展研究，使得技术参数系统化，为制定脱叶剂使用规程奠定理论基础。

（八）病虫草害频繁爆发，次要性害虫为害逐年加重，新病虫害种类不断增加，绿色防控体系仍不完善

病虫草为害是棉花生产可持续发展的重要限制因素，近年来随着新疆、兵团植棉面积的不断扩大和连作年限的延长，病虫为害有日益严重之势。特别 2000 年以后，棉花主要病虫草害成灾频繁，损失成倍增长，呈明显上升趋势，其中北疆棉区比南疆棉区表现得更为突出。许多情况表明目前新疆棉区已进入病虫草为害的频发期和关键期，故进一步搞好

棉花病虫草害的防治工作，已成为确保新疆棉花丰产丰收最关键的因素之一。由于耕作栽培措施和种植模式发生变化，加之引种频繁，近年来棉田病虫草害发展呈现新的变化：①重大病虫草害（黄萎病、蚜虫、棉叶螨、棉铃虫、龙葵、田旋花等）发生频率增加，如2000年前在北疆没有大发生过的棉铃虫在2004年、2005年和2008年大爆发，棉叶螨与棉蚜在2002年、2003年、2005年和2007年大爆发。②新的病虫草害种类不断涌现出来，如北疆大面积为害棉花的双斑长跗萤叶甲，入侵害虫烟粉虱以及转为害棉花的草原害虫眩灯蛾，草坪主要草害狗牙根等。③次要害虫草为害逐年加重。棉黑蚜作为吸引天敌的次要害虫在2007年和2009年大爆发造成棉花减产。棉蓟马和盲蝽蟓近几年也呈上升趋势，造成大量"多头棉""破叶风"，刺儿菜等也呈上升趋势。④由于化防面积和次数的增加，害虫的抗药性已明显增强，化学药剂防治的剂量和成本明显提高，而天敌数量呈明显减少的趋势。⑤枯黄萎病发病面积迅速扩大，病菌的致病性明显增强、强致病型的落叶型黄萎病在南北疆棉区都已出现，并迅速扩展，对新疆机采棉生产又构成新的重大威胁，所以加强新形势下病虫害发生规律的系统研究和综合防治是目前植保工作的迫切需要。现有的病虫草害防控主要还是药剂防控，绿色综合防控技术还没有成为主流。

（九）清理加工技术还存在问题，棉花加工技术需要改造与升级，进一步提高棉花加工质量

机采棉加工工艺是按照美国机采棉加工工艺发展而来，相关设备（籽棉清理设备）也是通过引进消化吸收进行仿制研发而来，并没有结合机采籽棉高含杂、高回潮率特性开展针对性的工艺设计研究和设备研发。

棉花加工环节存在的主要设备和技术问题有：

第一，工艺设计重产量、轻质量，设备配置参差不齐，棉花调湿工艺不完整。

第二，籽棉清理工艺中，单机清杂效率低，清理次数多，重烘干轻加湿，过度烘干后不能及时调整回潮率，造成纤维长度在轧花环节损失大。

第三，皮棉清理工艺中，清理环节多，纤维损伤严重，异性纤维清理机去除异性纤维能力较差；设备智能化程度低，温度不可控，能源消耗大。据棉纺企业反映，现有机采棉加工工艺易出现，棉结、杂质、带纤维籽屑和软籽皮的数量增多变小，疵点一般比手采棉增加4倍以上。许多疵点都以带纤维籽屑的形式出现，疵点小、重量轻，在纺纱开清棉工序的开松、除杂过程中很难被清除。即便增加落棉率，成纱质量也未得到明显的改善。

第四，机采棉梳棉条与手采棉相比，其棉结要高20%～50%、带纤维籽屑高30%～80%、短纤维高1.5%～4.5%、落棉率高0.5%～2.5%；在精梳工序，机采棉精梳条与手采棉相比，其棉结要高30%～50%、短纤维高0.5%～2.0%、落棉率高2%～8%。

第五，与此同时，由于机采棉加工生产线改造投入大、加工费用高，回收期长，很多企业都不愿意投入，造成了机采棉加工能力不足，与采摘速度不匹配，导致大量机采籽棉堆放在田间或加工厂，而机采棉回潮率高，在棉花大量上市的季节里，如果棉花加工厂的加工能力不足，不及时晾晒又容易产生霉烂变质。表1-3显示了机采籽棉回潮率与储存天数的关系。

表1-3　机采籽棉回潮率与储存时间

机采籽棉回潮率（％）	储存时间（天）
7.7～10.1	30
10.1～12.4	20
12.4～14.8	10
14.8～15.9	<3

采收前，田间杂草、破碎地膜清理不干净；采收时，棉田脱叶率和吐絮率未达到95％以上，未按照品种吐絮早晚、土壤水分含量高低、脱叶效果好坏等指标进行分类采收，在早晚空气湿度较大或籽棉回潮率超过12％时仍然采收；轧花厂在采购皮棉时强调的是一致性强和杜绝三丝，这是最基本的要求，但是在实际采收中存在诸多问题。在籽棉收获过程中，水分超标的和脱叶效果不好的均被采收，甚至还有掺杂使假的情况存在。由于兵团轧花厂的部分环节还要考虑民生问题，所以造成部分收购的籽棉不符合机采棉加工的要求，造成部分机采棉籽棉水分大、杂质多、三丝多、异性纤维较多、成熟度差等问题。

美国棉花机械采收时由于采用较低采净率，籽棉杂质含量低，通常只需要采用一道籽清和一道皮清的加工生产线即可完成加工清理工作。目前，兵团机采棉加工环节一般为六道以上，每经过一道加工环节，纤维长度、长度整齐度、断裂比强度都会有不同程度的降低，而索丝、短绒率也会升高，直接降低棉花加工品质。因此，一方面需要借鉴美国经验，尽量使机采棉籽棉含杂少，从而减少加工环节；另一方面，需要明确并优化电机速度、锯齿拉力、锯齿间隙等一系列影响棉花品质的参数，为制定适宜的机采棉加工工艺奠定理论基础。改进并完善加工设备，利用先进的轧花机组及配套的籽棉清理机和皮棉清理机等设备，完善机采棉加工技术，生产优质原棉，提高棉花加工质量。

（十）残膜回收难度大，影响土壤地力不利于可持续发展

地膜是早（特早）熟棉区不得不用的技术，对棉花增产的效果十分明显，但同时也带来了日益严重的地膜污染问题。一方面，团场植棉职工交售籽棉给团场加工厂，残膜污染未与职工效益挂钩，植棉职工不重视；另一方面，残膜是机采棉异性纤维的主要组分，对机采棉质量危害极大。因此，要对残膜混进棉花的全过程进行监测，从残膜混入籽棉的源头抓起，从管理角度制定减少残膜污染棉花的工作规范，对残膜控制技术进行规范集成，为残膜的治理提供基础性研究工作。由于地膜覆盖后地膜残留在棉田，不仅污染棉田土壤，还导致机械采收时地膜碎片残留在棉田，一方面污染棉田土壤，另一方面导致机械采收时把地膜碎片带入棉花中，影响棉花采收品质。

兵团目前残膜回收主要靠拖拉机牵引犁耙回收，但对田间细碎地膜只能通过人工手拾。受限于耕地面积大、劳动力成本高等现实问题，人工捡拾的残膜回收率较低，尤其是田间细碎薄膜。兵团机采棉采用的厚度为0.01毫米的地膜，该地膜大多以聚乙烯为原料，在自然环境中难以降解。已有研究表明，随着地膜的广泛应用，残留在土壤中的地膜越来越多,地膜残留严重地区土壤中地膜含量多达 90～135 千克/公顷。作为影响作物生长的主要因素的水与氮,由于土壤中大量残膜的存在使得其在土壤中的运移和分布受到严重影响。

(十一)植棉成本居高不下,植棉效益下降,职工植棉积极性下降

棉花生产管理复杂,生产用工较多。随着农村劳动力的大量转移,从事棉花生产的劳动力机会成本越来越高,这已成为制约棉花生产发展的主要因素。据不完全计算,2008年兵团种植 1 亩棉花的成本达到 1 200～1 500 元,而棉花的价格不涨反跌,植棉效益不高。随着全球石油低价位的结束,农业生产资料价格便随着石油价格的上涨而上涨。新疆棉花生产迫切需要资源节约型和集约化生产技术。

机采棉生产成本攀升,但较手采棉仍具有效益优势。随着我国棉花生产要素价格不断提高,兵团棉花成本低廉的优势不复存在。2019 年兵团棉花生产成本达 1 920 元/亩,其中棉种费用为 32.24 元/亩,化肥费用为 291.59 元/亩,农药费用为 271.59 元/亩,地膜费用为 62.39 元/亩,水费为 160.81 元/亩,机力费用为 320.62 元/亩,雇工费用为 298.66 元/亩,其他费用为 482.10 元/亩。通过整理从各试点团场调研所得的数据,对棉花机械采收模式和人工手采模式进行成本收益分析,通过人工手采和机采试验发现:机采棉马克隆值属 A 级,手采棉属 B 级;机采棉纤维长度较手采棉长 0.05 毫米,机采棉长度整齐度较手采棉高 0.4%;手采棉断裂比强度为 29.31 厘牛/特克斯,机采棉断裂比强度为 29.25 厘牛/特克斯,纤维品质无明显差异。在产量方面,机采模式平均产量达 390 千克/亩,交售价格为 7.12 元/千克,手采平均产量达 430 千克/亩,交售价格为 7.30 元。具体情况如表 1-4 所示。

表 1-4　传统手采与机采经济效益对比

采收方式	脱叶催熟药剂成本(元/亩)	籽棉单产(千克/亩)	产值(元/亩)	采收费用(元/亩)	雇工成本(元/亩)	物化成本(元/亩)	效益(元/亩)
机采	25.50	390.00	2 776.80	210.00	10.00	1 700.00	831.30
手采	0.00	430.00	3 139.00	860.00	50.00	1 700.00	529.00

数据来源:由各"试点"团场棉花生产情况调研数据整理而得。

(十二)棉花全程管理信息化应用仍未普及

信息技术和信息体系一个突出的特点就是以信息为主导,为农产品的生产者、消费者、经营者和加工者提供及时、公开、平等和透明度极高的信息化服务。发达国家在农业信息化技术方面,起步早、发展快。欧美国家特别重视棉花生产信息采集、棉情检测与市场变化。兵团棉花产业的迅速发展,很大程度上得益于农业十大主体技术和六大精准农业技术的迅速推广,到 2004 年,精准农业六项核心技术的推广应用获得突破。到 2006 年底,测土微机决策平衡施肥面积达到 438.5 万亩;棉花种子包衣面积 748.55 万亩;精量播种面积达到 419.98 万亩;节水灌溉总面积到 800 万亩,其中膜下滴灌面积达到

610万亩；按机采棉模式种植棉花346.43万亩，其中机采棉86万亩。"3S"技术示范力度进一步加大，视频技术田间应用达到15万亩，田间自动化滴灌面积达到22万亩，田间气象、病虫害自动测报技术进一步推广应用。棉花的局部信息化技术已经应用较多，但全程信息化管理应用较少，还不到1/10。

（十三）棉花品质较差、含杂率高，增加后续加工流程，影响皮棉品质

棉花品质较差，主要表现在整齐度较差。棉花纤维在长、强、细上应该协调，主要衡量指标是棉花的绒长、断裂比强度、马克隆值、整齐度、纺纱均匀性指数等，仅一个指标优良而其他指标较差不能称为优质棉。优质棉是指符合纺织工业多种需要，各纤维品质指标之间相互匹配的棉花。由于棉花品种的多乱杂，栽培过程中病虫害严重，造成棉纤维的一致性较差，使得兵团棉花的整体质量与世界棉花生产先进国家还有一定的差距，在质量上缺乏竞争优势。所以必须实行优良品种合理的区域化布局，突出主栽品种地位，严把棉花采收环节质量关，杜绝混入异性纤维，改造加工设备，利用先进的轧花机组及配套的籽棉清理机、皮棉清理机、异性清理机等设备完善棉花加工技术，主攻棉花质量，不断提升兵团原棉的品质优势，增强棉花产业竞争力。

机采棉籽棉含杂率高，增加后续加工流程，影响皮棉品质。棉花机械采收较人工拾花而言，更易混入棉叶、棉杆、棉铃壳以及残膜等杂质。手采棉只需传统的棉花加工生产线即可完成加工，不需要籽清环节，能够降低籽清加工环节中对棉花绒长的损失。不同含杂率下加工清理参数如表1-5所示。可见，在12%的含杂率下，需进行两次籽清、一次皮清，皮棉绒长损失合计达0.5毫米；在14%的含杂率下，需进行四次籽清、一次皮清，皮棉绒长损失合计达0.6毫米；在16%的含杂率下，需进行四次籽清、两次皮清，皮棉绒长损失合计达0.8毫米。随着含杂率的提升，籽清以及皮清的次数相应增加，对皮棉加工纤维长度指标产生负向影响。

表1-5　机采棉清理加工参数间的对应关系

含杂率（%）	需籽清次数（次）	籽清绒长损失（毫米）	需皮清次数（次）	皮清绒长损失（毫米）	绒长损失合计（毫米）
12	2	0.2	1	0.3	0.5
14	4	0.3	1	0.3	0.6
16	4	0.3	2	0.5	0.8

数据来源：根据"试点"团场棉花加工厂测验数据整理。

（十四）籽棉定价的以质导向力度不足

根据调研（表1-6），一四九团在进行棉花收购时，将籽棉定在1级、2级和3级等级上，且这3个等级籽棉的价格差异只有0.07~0.15元/千克，以质导向的引导功能不明显。棉农在算经济账的时候就会发现，追求棉花产量比追求质量带来的经济效益会更多。

表 1-6　一四九团轧花二厂籽棉 2018 年收购价差

长度价差		颜色级价差		马克隆值价差	
长度（毫米）	价差（元）	白棉颜色级	价差（元）	马克隆值	价差
31	0.15				
30	0.1	一级	0.15		
29	0.05	二级	0.07	A（3.7~4.2）	0.08
28	0	三级	0	B（3.5~3.6；4.3~4.9）	0
27	−0.07	四级	−0.1	C2（>5.0）	−0.05
		五级	−0.27	C1（≤3.4）	−0.25

资料来源：一四九团轧花厂。

据调研，第七师一二五团 2019 年籽棉收购时以质定价导向力度比上年增大，具体收购差价如表 1-7 所示。

表 1-7　籽棉收购质量价差表

衣分	差价（元）	衣分	差价（元）	颜色级价差		长度价差		马克隆值价差	
				白棉	差价（元）	长度（毫米）	差价（元）	马克隆值	差价（元）
42	0.2	39	−0.12	一级	0.05	31	0.05	A 级	0.1
41.5	0.15	38.5	−0.19	二级	0.03	30	0.03	B2 级	0.05
41	0.1	38	−0.27	三级	0.02	29	0.02	B1 级	0
40.5	0.05	37.5	−0.37	四级	0	28	0	C2 级	−0.1
40	0	37	−0.47	五级	−0.12	27	−0.12		
39.5	−0.06								

资料来源：一二五团轧花厂。

（十五）机采棉皮棉质量较国内纺织企业对原棉质量的要求仍存在差距

目前，按照棉纺企业对皮棉质量的要求，对皮棉质量指标要求分为三个层次，具体情况如表 1-8 所示。

表 1-8　品牌企业、一般企业以及较低企业对皮棉质量指标要求

企业要求	棉花平均纤维长度（毫米）	马克隆值	长度整齐度（%）	断裂比强度（厘牛/特克斯）
品牌企业要求	≥29.0	3.8~4.5	≥83.5	≥29.9
一般企业要求	≥28.5	3.7~4.6	≥83.0	≥28.5
较低企业要求	≥28.0	3.6~4.9	≥83.0	≥27.5

数据来源：中国棉纺织行业协会。

2017 年，兵团各主要植棉师棉花平均纤维长度达 29.08 毫米，断裂比强度均值达 28.06 厘牛/特克斯，马克隆值均值为 4.50，属 B2 级，长度整齐度达 82.88%。各主要植

棉师棉花平均纤维长度达 29.43 毫米, 断裂比强度均值达 28.81 厘牛/特克斯, 马克隆值均值为 4.58, 属 B2 级, 长度整齐度达 82.59%。可见, 兵团棉花整体质量逐渐回升, 但是距离国内品牌纺织企业对皮棉质量指标的要求仍然具有一定差距。

据棉纺织行业协会的调查, 目前棉纺织企业使用兵团机采棉纺纱的支数主要集中在 20~40 支, 说明兵团机采棉纺织品质有待提升, 具体体现在:

一是含杂率高, 棉结高。杂质含量比澳棉和美棉多 2% 左右, HVI 测试的杂质面积是澳棉、美棉的 1.5 倍以上; 棉结、索丝、带纤维仔屑、软籽皮等疵点的数量多而小, 导致成纱后的棉结、索丝大部分集中在 350~450 粒/克, 影响纱线质量。

二是长度短, 短纤维含量高。纤维长度基本在 27~28 毫米, 且整齐度不够; HVI 测试的短纤维指数在 16% 以上, 造成前纺落棉率达 6%~10%, 大幅度提升了纺纱成本, 而澳棉和美棉的落棉率在 5% 左右。

三是纤维强力低。单纤维强力低, 影响中高支纱质量, 企业配棉成本偏高。

四是异性纤维多。混入棉花中的地膜碎片等, 棉纺织企业难以清除, 总体异性纤维含量高于美棉和澳棉。

五是一致性差。将不同品种、不同生产品质的棉花采摘后混在一起加工, 造成棉花品质一致性差。

表 1-9 是一二五团轧花厂 2016—2018 年皮棉质量等级情况表。2016—2018 年皮棉的平均等级逐渐下降, 平均长度和平均回潮率下降后又上升, 而平均杂质在 2017 年增长较快, 2018 年杂质含量比 2017 年增长 0.3%。说明轧花厂的皮棉质量等级与 2016 年相比降低了。

表 1-9　第七师一二五团 2016—2018 年轧花厂生产皮棉质量等级表

年份	平均等级 (级)	平均长度 (毫米)	平均回潮率 (%)	平均杂质含量 (%)
2016	3.09	29.07	6.50	2.10
2017	3.03	28.84	5.99	2.37
2018	2.88	29.20	6.40	2.40

数据来源: 一二五团轧花厂。

表 1-10 是纺织企业提供的不同机采棉为主体进行配棉纺纱的试验数据, 在工艺基本相同的情况下, 兵团机采棉为主的纱线质量指标较美棉和澳棉相比存在一定差距: 一是成纱棉结 (200%) 要比澳棉和美棉高 13%~42%, 这类棉结对后工序织造的影响, 绝大多数都是以棉球的形式出现; 二是成纱的毛羽比澳棉和美棉高 10%~20%, 特别是长毛羽更明显。机采棉与手采棉相比, 存在的问题有: 一是颜色级, 白棉 (1~2) 级比例要少 50%; 二是纤维长度, 减短 0.68 毫米, 比加工前籽棉的纤维长度减少了约 1.18 毫米; 三是断裂比强度, (S1+S2) 级比例少 16%; 四是轧工质量, P1 级比例少 16%, P3 级比例多 5%; 五是短纤维指数, 高出约 2.6%。

表 1 - 10　兵团机采棉与澳棉、美棉 M 级配棉纺纱的质量差异

棉花类型	类型	强力	条干 CV	50%粗节	50%细节	200%棉结
澳棉 M		199.8	13.1	18	7	33
美棉 M	JC50S	188.5	12.9	20	6	43
兵团机采棉 3 级		180.3	13.5	30	15	57
澳棉 M		251.2	14	59	2	125
美棉 M	C32S	242.1	14.5	65	3	130
兵团机采棉 3 级		240	14.3	75	3	150

数据来源：中国棉纺织行业协会。

二、迎接挑战开展全方位研究

综上可知，棉花生产中仍存在很多问题，这些问题最终导致了棉花质量下降，效益下降，为了提高棉花质量和效益，需要开展一系列的研究，为此新疆农垦科学院牵头组织申报了兵团重大专项，联合新疆兵团科研、学术、推广等各个部门共同攻关，开展棉花提质增效的技术研究，其技术路线如图 1 - 3 所示，主要内容包括：

（一）早（早中）熟、优质、适合机采棉花新品种筛选与示范

1. 现蕾对温度要求低和对脱叶剂敏感棉花资源的研究与创新　机采棉品种要求具有早现蕾、早开花、早吐絮和对脱叶剂敏感等特性，通过筛选棉花资源中花芽分化和现蕾对温度（低于 19℃）要求低的品种资源，利于棉花提前转入生殖生长阶段；筛选棉花资源中对脱叶剂敏感性优于目前喷施温度条件（日平均温度低于 12℃ 和最高温度低于 18℃）的品种资源；筛选棉花生育期缩短后对抗性和品质影响较小的种质资源，并利用这些资源创新棉花新品种（系）。

2. 早熟、早中熟适合机采棉花新品种筛选及示范推广　针对机采棉对品种的要求，选择株型紧凑，第一果枝高度≥20 厘米，果枝 Ⅰ～Ⅱ 式，吐絮集中，含絮力适中，抗倒伏，叶片茸毛较少，苞叶较小，对脱叶剂敏感，品质优良的品种进行调查研究。筛选出适宜早熟、早中熟棉区种植的机采棉品种。利用筛选出适宜不同棉区种植的机采棉品种，建立机采棉新品种良种繁育技术体系，充分发挥新品种种性，并进行品种的推广应用。

（二）机采棉配套农艺技术研究与示范

1. 机采棉区域布局研究　借鉴前人区域布局划分的方法，以质量和效益为核心，分析有效积温、最热月日均温、无霜期、光照等气象因子与主要棉花质量指标的关系，制定出兵团种植机采棉合理的区域布局（图 1 - 3）。

2. 机采棉适宜播期优化研究　开展温度对棉花发芽影响研究，设置地膜土层 5 厘米深度温度从 6～16℃ 每隔 2℃ 播一次种（或 2 天），测定发芽（出苗）速率、棉株形态指标及干物质变化规律，为培育壮苗提供依据，以期达到机采棉适期播种，壮苗早发。

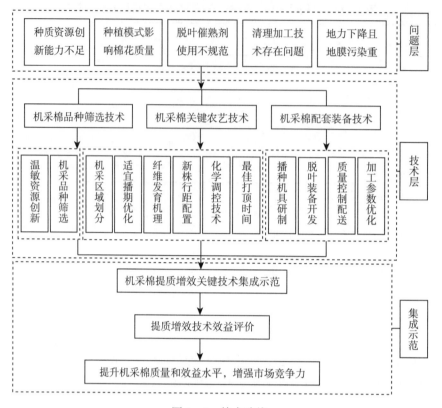

图 1-3 技术路线

3. 机采棉棉纤维发育机理研究 对不同生态区（早熟棉区和早中熟棉区）、不同开花时期（7月初、7月中旬和7月下旬）的棉铃进行研究，开花后每天进行测定、观察棉纤维四个时期的详细过程、时间和天数，作出时间与发育过程的对应图，用电镜观察其外部形态并摄图。总结出新疆棉区棉铃发育与温度（积温，≥10℃、≥15℃、≥19℃有效积温）和光照的关系及发育规律，为不同棉区棉花优质纤维调控提供理论依据。

4. 机采棉新型配置模式筛选与配套技术研究 目前兵团机采棉存在着品种纤维品质欠优，采收时含杂过高的问题，从而影响机采棉品级。针对此问题，通过不同的株行距配置〔包括（66+10）厘米、（72+4）厘米、76厘米（株距9厘米）等行距和76厘米（株距5.7厘米）等行距〕和相关农艺措施试验研究，建立不同的机采棉高产群体，在兼顾产量的同时，探讨不同配置方式下机采棉的脱叶效果、采净率及对籽棉含杂率的影响。筛选出脱落叶效果好，籽棉含杂低的最佳株行距配置模式。

针对筛选出的新配置模式，根据不同土壤条件，研究滴管带布置方式和水肥运筹方式对新模式下棉花个体和群体发育的影响，兼顾产量和品质，确定针对新型模式的最优滴管带布置和水肥运筹措施，重点在第七师开展全生育期滴液体肥料对棉花促早熟的效果研究。

5. 最佳株行距配置模式下化学调控技术研究 开展缩节胺、化学控顶剂和脱叶催熟剂施用时间和剂量等方面的研究，明确不同叶龄的叶片（新叶和老叶）对脱叶剂的敏感度；分析不同脱叶剂剂量与环境温度的关系，探讨无人机喷施脱叶剂效果及操作技术；阐明脱叶剂对棉纤维发育的影响；确定新型模式下的缩节胺化控措施、化学控顶剂调控技术和脱叶催熟剂调控技术，并形成化学调控配套技术规程，在兼顾产量、提升品质的同时提高调控效果。

6. 打顶时期与棉花产量、品质关系研究 棉花打顶时间的早晚与产量和品质都有密切的关系，通过设置不同打顶时间（6 月 20 日、6 月 25 日、6 月 30 日、7 月 5 日和 7 月 10 日，南、北疆同时开展），研究生育期、产量和产量结构以及品质指标的变化，找出产量和品质最佳结合点，达到机采棉优质丰产的目标。

（三）机采棉田间生产机械装备研制与棉花加工技术优化

1. 机采棉等行距高密度播种机具研制 通过对铺膜机构、精量播种穴播器和穴播器悬挂机构的研究，经科学集成，研制开发出适宜等行距高密度种植的精量播种机，促进兵团棉花种植机械技术水平的提高。

2. 新型模式下脱叶剂喷施装备开发 通过对压力系统、喷雾机构、过滤系统、搅拌系统、自平衡机构和液压系统的研究，经科学集成，研制开发出适宜机采棉新模式的棉花落叶催熟剂喷施的新型喷雾机械，提高棉花喷施落叶催熟剂的施用效果，促进兵团植保机械技术水平的提高。

3. 籽棉收获加工前质量控制和配送技术研究 研究棉花吐絮后至加工前棉田异性纤维（残膜）混入原因、控制技术；明确不同采净率与棉花含杂的关系；分析不同含杂率与清花次数的关系，得出最适宜的田间采净率；制定田间采前检验、分类收获、运输和堆放规程，为因花配车提供基础数据。

4. 机采棉清理、加工技术参数优化研究

（1）杂质清理技术优化研究。每道清花工序对去杂量、杂质含量、黄度、纤维品质的影响，得出适宜的籽棉和皮棉清理次数。

（2）轧花机电机转速、锯齿间隙、清花拉力最佳参数确定。观察检测开车速度、线速度对纤维长度、整齐度、断裂比强度和短绒率的影响。

（3）研究棉花回潮率、气温、烘干温度与籽清、皮清加工质量的关系。

（4）分析田间检测的指标与加工后指标之间的对应变化关系。

（5）"乌斯特"在线智能化控制系统的优化，优化检测监控系统、在线分析调节系统、节能系统、远程维护支持系统等，实时反馈籽棉杂质、回潮率、色泽的指标，达到在线调整线速度，减少纤维损伤，降低能耗，实现加工过程的自动化调控。

（四）机采棉提质增效关键技术集成示范与效益评价

1. 机采棉提质增效关键技术集成示范 以适宜机采棉花品种、种植密度、最佳株行距配置模式下的综合调控技术、机采棉加工优化技术为重点，在示范团场集成机采棉品种，配套壮苗早发、水肥管理、化学调控、打顶和脱叶催熟等调控措施，制定采前准备、采中生产和清理加工最佳工艺流程，形成机采棉提质增效关键技术规程，并进行大面积示范推广。

2. 机采棉提质增效关键技术效益评价

（1）适宜机采棉花新品种推广应用效益分析。

（2）适宜机采棉花栽培模式应用节约成本、质量提升效益分析。

（3）田间技术应用（果枝台数、总铃数、采净率、脱叶催熟时间等）对产量相关指标与质量、销售价等效益指标的评价分析。

（4）因花配车后质量变化的效益分析。

（5）同一条田、同一质量的条件下手采棉与机采棉效益分析。

（6）机采棉清理、加工技术工艺优化后效益分析。

通过采取措施起到提质增效的作用，对提升兵团棉花参与国际棉花市场的竞争力，促进职工增收、团场增效具有重要的意义。

第四节　机采棉提质增效相关概念和评价方法

一、机采棉提质增效相关概念及理论基础

（一）提质增效相关概念

1. 提质增效　农业补贴在我国农业连年增产中发挥了关键作用，但随之而来的是逐渐逼近"黄箱"上限的"天花板"，与此同时，农业成本仍处在上升通道（宏观经济管理评论员，2015）。此外，我国农业产业的发展目前还面临着产业结构不合理、农产品有效供给不足等问题。为破解这些难题，只能依靠加快推进供给侧结构性改革，扩大有效供给，推进产业提质增效，这对于激发经济主体活力，增强经济长远发展动力具有重要意义（矫健等，2017）。

2014年9月，国家统计局首次发布了《基于需求的反映提质增效转型统计指标体系》，该指标体系就国民经济活动中经济稳定、经济安全、结构优化、产业升级、质量效益、创新驱动、资源环境以及民生改善指标进行了重新拟定，标志着我国政府统计从长期偏重反映经济总量及增速，朝着更注重反映经济发展质量和效益迈出重要一步。该套指标体系是在国家经济发展转型升级背景下，为了适应我国经济发展新特点、新要求而专门制定的，其内涵在于提升经济增长质量，提高经济发展效率。因此，兼顾经济持续稳定发展与经济增长质量效益提升成为研究的重点课题。

对兵团机采棉生产而言，提质增效首先主要表现在纺织产业需求发生新变化，随着国内居民生活水平提升，对优质棉制品的需求逐渐成为主流，进而需要作为原料的棉花生产更加注重籽棉品质。其次，创新驱动成为经济发展的新引擎，新型植棉技术与植棉理念的应用切合了国内经济发展的大趋势。再者，资源配置动力内生化，在机采棉产业发展中，需要对各项投入要素资源进行优化，使产出效率达到最优状态。通过包括棉纤维长度、断裂比强度、马克隆值、长度整齐度等内在质量指标的提升，提高兵团棉花市场竞争力，从而促进兵团棉花产业经济效益增长。

李克强总理在"十三五"规划中明确指出要突出改革创新，着力在转变发展方式、推

动科学发展、破解深层次矛盾上奋发有为并取得更大进展，进而促进中国经济保持中高速发展、迈向中高端水平，实现提质增效升级（"十三五"规划，2014）。另外，从2015年起，中央1号文件中多次提到我国农业产业"提质增效"的相关要求，以达到推进农村深化改革、促进农业转型升级的目的，具体内容见表1-11。

表1-11 历年"中央1号文件"中与"提质增效"相关的内容

文件	内容
2015年中央1号文件《关于加大改革创新力度 加快农业现代化建设的若干意见》	按照稳粮增收、提质增效、创新驱动的总要求，继续全面深化农村改革
2017年中央1号文件《关于深入推进农业供给侧结构性改革 加快培育农业农村发展新动能的若干意见》	优化产品产业结构，着力推进农业提质增效。实施优势特色农业提质增效行动计划，促进特色产业提档升级。全面提升农产品质量和食品安全水平，坚持质量兴农
2018年中央1号文件《关于实施乡村振兴战略的意见》	制定和实施国家质量兴农战略规划，建立健全质量兴农体系，推动农业由增产导向转向提质导向。建立产学研融合的农业科技创新联盟，加强农业绿色生态、提质增效技术研发应用，完善农产品质量和食品安全标准体系
2019年中央1号文件《关于坚持农业农村优先发展做好"三农"工作的若干意见》	加强顶层设计和系统规划，立足国内保障粮食等重要农产品供给，科学确定国内重要农产品保障水平，健全保障体系，提高国内安全保障能力。在提质增效基础上，巩固棉花、油料、糖料、天然橡胶生产能力

蔡素炳等（2007）、郭邵杰等（2013）、邓红军等（2014）、乔德华等（2016）、熊新武等（2016）、杨维霞（2018）将提质增效定义为提高品质和增加经济效益。此外，在汉语字典的解释中"质"有质量、本体、本性、明辨、责问、礼物等含义，而在本研究中将其定义为质量。"效"有效益、功用、成果、模仿等含义，本研究中将其定义为效益。对兵团棉花产业而言"提质增效"一方面表现在提升棉花质量，另一方面表现在增加植棉职工效益。

2. 机采棉生产 关于机采棉，目前国内研究尚未形成统一的官方概念。我国机采棉发展较晚，1996年，新疆生产建设兵团从美国引进采棉机，但是由于配套的加工设备并未到位，至1998年，各项设备才安装调试完毕，机采棉田间农艺试验、采摘加工试验才得以顺利开展。2000年，兵团"九五"重点科技项目《机采棉试验项目》顺利通过验收，标志着机采棉生产技术在我国正式推广应用。从2000年至2017年，兵团机采棉产业近20年的时间里发展迅猛。综合国内目前关于机采棉的研究成果所阐述的相关观点，机采棉不是简单的指棉花采收过程中使用采棉机进行采摘，其作为一项综合技术，是一项系统工程，是包括植棉土地平整、棉种选择、株行距配置模式、田间管理、脱叶催熟、机械采收以及相应的配套打模、运输等综合技术流程。

3. 棉花产业 棉花产业链较长，涉及的主体多，包括的范围也很广。目前学术界对棉花产业这一概念尚未形成统一的认识，不同的学者根据各自所研究的内容将棉花产业定义在不同的范围内。但是，目前较多学者认为随着我国经济的发展，已经形成了包括棉花生产者（负责种植、采摘、交售等工作）、棉花初加工企业（即轧花厂，负责将籽棉加工为皮棉）、棉纺织企业（包括棉纺厂、织布厂、印染厂等，负责将皮棉加工成纺织品并产出棉籽等副产品）、服装企业（负责将纺织品加工成服饰、鞋帽等）、棉花物流服务商（负责棉花及其加工品的储运）等在内的工作体系，这一认识属于棉花产业的广义定义。而对于本文来说，在兵团棉花产业的运作中还没形成完整的产业链，涉及到的从事棉花产业的主体仅有棉农、轧花厂和物流服务商。因此，本文采用狭义的棉花产业定义，认为棉花产业链由棉农生产棉花收获籽棉开始，经过轧花厂的初加工和物流服务商储运的过程，包括棉花的生产环节、采摘环节、收购环节、加工环节和储运环节。其中兵团植棉职工负责棉花的种植、采摘及交售，各师的棉花初加工负责将籽棉加工为皮棉，采摘后和加工后物流服务商会把相应的产品进行储运。

4. 棉花质量 由于国家棉花质量标准在不断完善，因此各个时期我国学者对棉花质量的定义也不尽相同。1999 年我国相关部门颁布了 GB 1103—1999《棉花细绒棉》标准，项时康、余楠等（1999）认为棉花质量为棉纤维的内在品质，从等级和纤维品质两个方面衡量，而衡量纤维品质的指标又包括纤维长度、纤维强度、马克隆值、长度整齐度、短绒率和疵点六个方面。熊宗伟（2005）认为棉花质量由成熟程度、色泽特征和轧工质量三个条件决定，应该从棉花的颜色特征、纤维长度、断裂比强度、马克隆值和品级五个维度衡量棉花质量。2007 年我国又颁布了 GB 1103—2007《棉花细绒棉国家强制性标准》用以衡量细绒棉质量，蒋逸民和王凯（2008）从产业链视角出发将棉花质量定义为生产质量、加工质量及其他产成品质量。其中生产质量对应籽棉质量，加工质量对应皮棉质量。随后2012 年我国又发布了 GB 1103.1—2012《锯齿加工细绒棉国家标准》并沿用至今。逯露（2014）提出棉花质量是由棉纤维的长度级、颜色级、断裂比强度及马克隆值等内在指标所决定，对棉花的使用价值和经济效益具有重要的影响。

综上所述，本文所指的棉花质量是指经过生产环节、采摘环节、收购环节、加工环节及储运环节所生产出的皮棉的品质现状。根据 GB 1103—1999《棉花细绒棉》标准、GB 1103—2007《棉花细绒棉国家强制性标准》及 GB 1103.1—2012《锯齿加工细绒棉国家标准》中的相关规定，本文在第五章综合测度 2018 年兵团各植棉师棉花质量时使用颜色级、长度级、马克隆值、断裂比强度、长度整齐度和轧工质量六个指标来衡量棉花质量。而在第三章对比分析 2008 年至今兵团与全国、全疆的棉花质量时使用新旧指标中共有的长度级、马克隆值、长度整齐度和断裂比强度四项指标来加以概述。

5. 质量管控体系 质量管控体系（quality management system，QMS）是实现某一产业或某一企事业单位质量目标的系统化必要的质量管理模式，也是通过质量方针控制和指挥达到管理组织的管控体系。质量管控体系是各个组织内部通过长时间的活动所积累的经验而建立的，是每一个有生产能力的组织机构必须建立的体系。质量管控体系将结合资源与过程两个要素，以面向过程的管理方法来进行的机构系统质量管理，根据企业自身特点选用若干质量管理体系工具要素加以组合筛选，一般要素由管理活动、资源供给、产品产出以及监控、测量、分析缺陷与改进等活动相关的质量管理过程组成。根据最新ISO 9000，2015 新版质量管控体系的概念更新，质量管控体系过程方法可以理解为从起初确定顾客需求为关注焦点、设计研发、测试生产、检验查漏、销售和交付这些企业行为之前的全过程领导策划、全员实施、过程监控、纠察与改进活动的过程方法。

综上所述，本文将棉花质量管控体系视为一个系统工程，从棉花产业链入手找寻影响棉花质量的相关环节及各个环节下的棉花质量关键控制点，发现在棉花生产环节、采摘环节、收购环节、加工环节和储运环节中对棉花质量有影响的因素。因此，将棉花质量管控体系定义为在棉花的生产环节、采摘环节、收购环节、加工环节和储运环节中对各个关键控制点所制定的棉花质量管控办法和职责，以此来控制和指导兵团棉花质量管控的相关工作。

6. 棉农的种植行为 农户经济行为是指农户在特定的社会经济环境中为了达到一定目的（满足自身的物质需要或精神需要）而表现出来的一系列经济活动。农户行为的表现形式是多方面的，主要包括生产投资行为、消费行为、择业行为等经济活动（李更生，2007）。农户生产行为是农户在生产过程中所采取的一系列活动的总称，包括农户的生产决策行为、物质投入、劳动力投入和资本投入行为，以及新技术的应用行为等。棉农种植行为是指棉农在棉花生产过程中所进行的各种选择决策。在本文实证分析中的棉农种植行为指棉花栽培模式选择和良种选择行为，棉农不同行为体系的选择会带来不同的生产结果。

7. 棉花购销体制 棉花是种植业中最大的经济作物，也是关系国民经济协调发展的重要战略物资。棉花的生产、流通、加工和消费与棉农的利益息息相关，棉花购销体制作为我国经济体制的重要组成部分，是连接整个棉花产业链上、中、下游的纽带，也是我国政策进行宏观调控的有效工具。因此，建立健全棉花购销体制是促使我国棉花稳定生产的基础和前提。由于关于棉花购销体制的内涵没有统一界定，根据购销的定义，将棉花购销界定为：棉花作为商品以货币为媒介进行交换，实现棉花从生产领域向消费领域转移的过程。而棉花购销体制就是在棉花从一个主体转向另一个主体的过程中所制定的相应政策或进行的相应制度安排，用来调控整个棉花产业的运作方式。这不仅会对流通过程中涉及到的纺织企业、加工企业等中间环节各主体的利益关系产生影响，也会影响棉农的利益配置机制，进而对棉农的生产行为产生影响。

新中国成立后，我国棉花购销体制改革可谓一波三折，经历了棉花自由购销、统购统销、合同订购计划销售、市场化改革、储备抛收储及目标价格改革六个阶段，棉花购销体制改革的不断探索对于加快我国棉花产业的发展发挥了重要作用。同时我国也制定了许多与棉花购销相关的政策，主要包括棉花进口配额制度、棉花临时收储政策、棉花补贴政策（目标价格补贴、良种补贴、农机具补贴、疆棉外运补贴、滑准税制度等）等。在购销体制改革过程中棉花临时收储政策和棉花目标价格补贴政策是我国近年来出台的对棉花产业产生巨大影响的政策，相当于我国棉花产业又经历了一次统购统销及市场化改革，因此文章主要以这两项政策为背景进行分析。国家临时收储政策 2011 年开始实施，要求根据向社会公布的收储价格为标准敞开收储棉花，2011 年临时收储价格为 19 800 元/吨，2012 年和 2013 年收储价格为 20 400 元/吨。该政策的实施对稳定棉花生产者、经营者和用棉企业市场预期，保护棉农利益，保证市场供应以及避免价格波动起到了积极作用，但同时也造成了巨大的财政压力，影响了财政资源的合理配置，并使价格机制失灵，棉花市场价格扭曲，对棉花产业的健康发展造成了威胁。为了缩小国内外棉花价差，恢复我国棉花产业的市场活力，增加棉花国际竞争力，2014 年国家在新疆试点实施目标价格补贴政策，意味着连续实施三年的临时收储政策告一段落。目标价格补贴政策坚持市场定价原则，种植前公布棉花目标价格，当市场价格低于目标价格时，国家根据目标价格与市场价格的价差对试点地区棉花生产者给予补贴；反之，则不发放补贴。目标价格的实施使棉农、加工厂等棉花销售主体直接与市场对接，市场机制在资源配置中将发挥决定性作用。

8. 机采棉生产技术集成体系优化的内涵与特征　一般而言，体系泛指一定范围内或同类的事物按照一定的秩序和内部联系组合而成的整体，是不同系统组成的系统。本文中体系即是指机采棉生产技术集成体系，其含义可以界定为：在现实经济发展条件约束下，为了兵团机采棉提质增效目标，机采棉生产各技术环节之间相互作用勾连，逐渐形成的一种高效的棉花生产技术集成体系，这种技术集成体系中各分项技术之间具备内在的关系结构，本次所要研究的机采棉生产技术集成体系是指从棉花品种选育到籽棉采收的全过程。在具备普通体系共有特征的前提下，兵团机采棉生产技术集成体系还具备复杂性、抽象性以及持续性特征。

（1）复杂性。兵团机采棉技术集成体系是一个复杂的系统，系统中各个分项技术环节之间相互作用勾连，并且随着发展阶段、区域分布等变化发生改变，与此同时还受棉花价格、流通方式、生产主体组织化程度等多种因素的影响，比较难直接把握其运行规律。

（2）抽象性。兵团机采棉技术集成体系不仅是对棉花实际生产环节的统称，而且是经过凝练归纳后对兵团机采棉生产活动背后暗含的制度安排的概括与诠释。故而经过高度概括凝练后的兵团机采棉生产技术集成体系通常能够对现实棉花生产活动进行有效地指导。

（3）持续性。兵团机采棉生产技术集成体系并非始终保持稳定的静态架构，而是蕴含了从探索、发展进而成熟的动态演化过程。在这个演化过程中，随着时间的推移、区域的差异、环境的改变以及经济的发展，该体系将不断改进、修正，从而达到促进兵团机采棉产业提质增效的目的。

9. 技术集成、匹配、协同与优化的区别及联系　"技术集成"在不同的研究领域具有不同的定义，根据不同的研究视角，可以将"技术集成"概念分为集合论、过程论、整体论以及创新论四类。其中，集合论认为"技术集成"的内涵是从信息与功能层面将企业的各个职能领域以及生产流程整合为一个有机的整体；过程论认为"技术集成"是主体通过发挥主观能动性和创造性的对各个集成要素进行优化，并按照一定的集成模式关系构造成为一个有机整体系统，从而更大程度地提升集成系统的整体性能，并且更好地适应外界环境变化，为组织目标更加高效实现的过程；整体论认为"技术集成"是两个或者两个以上的单项技术单元按照特定的集成规则进行组合与重构，为了提高有机整体系统的功能而集合成为一个有机整体；创新论认为系统技术集成是把已经存在的知识与技术创造性地加以集成，以系统集成的方式创造出新的产品、工艺、生产方式或者服务方式的过程。匹配是指为了特定目标采取一种合理配合或搭配的过程。协同是指对两个或者两个以上的不同资源或者主体进行协调，使得各主体能够为了完成共同目标相互合作的过程。从宏观的角度来看，集成、匹配以及协同均是优化的过程。

在本研究中，集成、匹配以及协同都是兵团机采棉技术集成体系构建的具体表现，三位一体地反映着兵团机采棉生产技术的优化过程。具体来说，集成是指兵团机采棉生产技术的集成，主要从植棉技术现代化的角度来反映机采棉生产技术集成体系优化的过程。其含义是指按照特定的集成规则，机采棉生产主体将至少两项生产技术联结成为一个有机整体，使得各项生产技术得以更好的发挥，机械设备功效得以更好施展以及整个生产技术系统得以不断优化升级的集合过程。匹配是指兵团机采棉生产农艺技术、农机装备与生产各项流程之间的匹配，主要是从农艺现代化的角度来反映兵团机采棉生产技术集成体系构建的优化过程，其含义是指按照特定的匹配规则，机采棉生产主体将棉花生产的各个流程与农艺技术、农机装备进行合理搭配，使得机采棉生产技术集成体系得以不断优化升级的过程。协同则是指兵团机采棉生产主体或者组织之间的协同，主要是从管理现代化的角度来反映机采棉生产技术集成的优化过程。其含义是指按照特定的协同规则，机采棉生产相关主体或者组织动态组建成一个更完整的组织，使不同主体或者组织所拥有的资源禀赋得以更好地协调，使个体或者组织目标得以更好实现，使整个机采棉技术集成体系中的参与主体与组织得以不断优化升级。一般来讲，机采棉生产装备技术与农艺技术的匹配主要发生在机采棉生产的各个环节内部，主体与组织的协同主要发生在机采棉生产的各个环节之间。机采棉生产技术集成、农艺与装备匹配以及主体与组织协同的概念模型如图1-4所示。

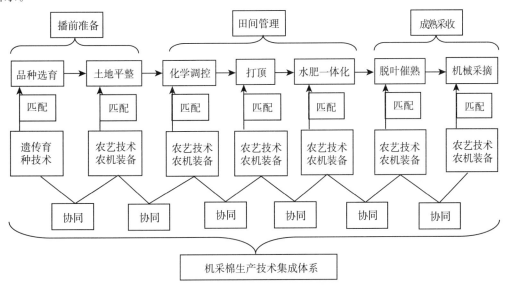

图1-4 基于机采棉生产技术集成的概念模型

（二）质量管理和技术创新理论

1. 质量管理理论 质量管理学是一门自然科学与社会科学相结合的边缘学科，涉及到管理学、经济学、统计学和工程技术等多个学科的内容。其研究重点已经由单纯的产品检验把关、生产过程的控制发展到产品形成全过程的质量控制与质量协调。近年来，质量管理理论取得了长足的进展，新修订了质量管理国际标准及国家标准、新型质量管理模式，质量管理已从生产企业质量管理延伸到服务业质量管理。从现代质量管理的实践来看，按照解决质量问题的手段和方式，质量管理的发展经历了以下三个阶段。阶段一是质量检验阶段，以泰勒提出将检验从生产中单独区分为标志，出现了专职的产品质量检验部门，诞生了现代意义上的质量管理；主要特点是制定标准、从事生产及质量检验三权分立，缺点是"事后把关"、全数检验、损失既定和增加成本，不利于生产率的提高。阶段二是统计质量控制阶段，质量统计技术的突破主要表现在公差配合、产品抽样检验、过程控制图和可靠性分析上。休哈特于1926年提出"事先控制，预防废品"的质量管理新思路，并应用概率论和数理统计理论，发明了具有可操作性的"质量控制图"，解决了质量检验事后把关的缺点。随后美国人道奇和罗米格提出了抽样检验法，并设计了可实际使用的"抽样检验表"，解决了全数检验和破坏性检验在应用中的困难。抽样检验方法逐渐发展为成熟的理论体系，但是也暴露了其重数据统计轻可读性的缺点。控制图、工序分析和过程改进是统计过程控制。1982年我国张公绪教授提出质量诊断概念及两种质量诊断理论，弥补了多元化、模糊化、小批量化以及接近零不合格过程的统计过程控制理论研究的空白。阶段三是全面质量管理阶段，为了应对20世纪60年代出现的新形势和新问题，对质量管理不只局限于制造和检验部门，强调执行质量职能是公司全体人员的责任。我国自1978年推行全面质量管理以来，在实践上、理论上都发展较快。全面质量管理正在从工业企业逐步推广到交通运输、邮电、商业企业，甚至有些金融、卫生等企事业单位也积极推广，并且全面质量管理的一些概念和方法也先后被制定为国家标准。

2. 交易费用理论 美国经济学家科斯最早在《企业的性质》中提出了交易成本，他认为交易成本是"通过价格机制组织生产的最明显的成本，就是所有发现相对价格的成本""市场上发生的每一笔交易的谈判和签约的费用"及"利用价格机制存在的其他方面的成本"。交易成本发生的原因来自于人性因素与交易环境因素交互影响下所产生的市场失灵现象，造成交易困难所致。威廉姆森指出六项交易成本的来源，分别是有限理性、投机主义、不确定性、复杂性、少数交易及信息不对称，其中交易不确定性（uncertainty）指交易过程中各种风险的发生概率。由于人类有限理性的限制，使得面对未来的情况时人们无法完全事先预测。交易过程中买卖双方常发生交易信息不对称的情形，因此交易双方通过契约来保障自身的利益。因此，交易不确定性的提升会伴随着监督成本、议价成本的提升，使交易成本增加。

3. 产业链理论 对于产业链的认识随着时代的进步在不断完善。最初，产业链的概念被西方经济学家用来描述企业从采购、生产加工到销售的整个过程。亚当·斯密在有关分工的论断中描述了这一流程，此时对于产业链的认识仅仅将其局限在一个企业内。随后，马歇尔对产业链的概念做了扩展，将这一概念扩展到了企业之间，而不仅仅局限在一个企业内。马歇尔的认识被认为是产业链理论的起源，随后学者对产业链的定义做了进一步的补充。哈里森认为产业链是不同环节之间价值流通的网络，而霍利亨认为产业链是不同级别供应商之间的物质流。刘贵富（2006）在总结前人研究成果的基础上，在《产业链基本理论研究》一书中提出产业链是同一产业或不同产业的企业，以产品为对象，以投入产出为纽带，以价值增值为导向，以满足用户需求为目标，依据特定的逻辑联系和时空布局形成的上下关联的、动态的链式中间组织。依照其定义，又可从不同的角度将产业链分成多种类型。例如根据产业的不同可以分为农业产业链、工业产业链等。若再进行细分也可根据农产品是否作为原料用于消费品生产，将农业产业链再次划分为生鲜农产品产业链和加工农产品产业链。棉花是我国农产品产业链延伸最长的农产品之一，利用产业链理论对棉花产业链进行研究具有重要意义。

4. 技术创新理论 棉花生产技术的不断演进，实则是技术不断创新的进程，引入技术创新理论，能够很好地解释兵团棉花生产技术的演替与革新。创新理论是由经济学家熊彼特在其著作《经济发展理论》一书中率先提出的，他认为所谓的"创新"即是将从未有过的生产要素以及生产条件引入到现有的生产体系中。创新的内容具体包括五种情况：①创造一种新的产品；②重新利用一种新的生产方法；③开发一个新的产品市场；④取得原料或半成品的新的供应来源；⑤实现新的工业组织形式。换言之，即是要形成一种新的组织形态、创造行业垄断地位或者打破一种行业垄断地位。同时，熊彼特还将资本主义的生产活动简单的分成两种基本类型：其一是经济循环型，与之对应的是古典经济学派中的静态均衡理论，在静态均衡下企业不存在任何技术创新，经济生产保持不变；其二是经济发展型，经济发展的驱动力来自不断的技术创新。只有当一个经济体中实现了动态平衡，也就是说具有技术创新时才能给经济体带来经济增长。

在熊彼特提出创新理论后，在经济、政治、社会等诸多领域相继出现了多维深入的研究。其中技术创新成为中外学者所关注的重点内容，可以分为新古典学派、新熊彼特学派、制度创新学派和国家创新系统学派。其中，新古典学派以索洛等人为代表，通过对新古典生产函数的推导，阐述了经济增长率与资本增长率、劳动增长率、资本产出弹性、劳动产出弹性以及随时间推移不断提升的技术创新的关系。索洛将经济增长的来源分为："增长效应"与"水平效应"，前者指要素投入数量增加，后者则是要素技术水平提升。新熊彼特学派的代表人物有施瓦茨等，强调技术创新和技术进步在经济增长中的作用，将技术创新视为一个相互作用的复杂过程，其研究的主要内容有：新技术推广、技术创新与市场结构的关系以及企业规模与技术创新的关系等。制度创新学派以道格拉斯·诺斯等人为代表，认为所谓"制度创新"是指经济的组织形式或经营管理方式的革新，该学派利用新古典经济学理论中的一般静态均衡和比较静态均衡方法，在对技术创新环境进行制度分析后，认为经济增长的关键是设定一种能对个人提供有效激励的机制，新技术的发展必须建立一个系统的产权制度，以便提高创新的个人收益率，通过产权保护，提高个体技术创新的动力。国家创新系统学派以理查德·纳尔逊为代表，该学派认为技术创新不仅是个人或者企业的功劳，而是国家的创新体系推动的。国家创新系统是参与和影响创新资源在各环节与各主体之间配置及提升资源利用效率的行为主体、关系网络以及运行机制的综合体系，在这个系统中，企业和其他组织等创新主体通过国家制度的安排及其相互作用，推动知识的创新、引进、扩散和应用，使整个国家的技术创新取得更好的成效。

在马克思看来，资本积累与技术创新是统一的。资本积累主要有两种方式，分别为资本积聚与资本集中，资本积聚是单一资本积累的滚动发展，资本集中则是将各种不同来源以及类型的资本汇聚而成，形成单一资本短期难以实现的巨大的资本规模，促进资本集中主要有两种方式，即竞争与信用。资本集中本身固然是技术创新和资本有机构成提高的结果，但是集中也有促进技术创新的作用。资本积聚与资本集中形成的大规模资本加速了资本家进行技术创新的能力并将处于资本弱势地位的主体排挤出市场。另外，马克思十分重视信用制度在技术创新中的作用，从广义上理解，信用制度包括银行、投资公司、证券市场等金融机制，其作用体现在以下三个方面：第一，信用制度可以减少资本主义生产的流通费用，有利于资源的优化配置，信用制度的发展，促进股份公司大规模形成，使得技术创新能够大规模地开展；第二，信用制度能够降低、分散技术创新的不确定性与风险，形成有利于技术创新的经济激励机制，同时，资本主义信用制度中，金融融资功能可以发挥技术创新项目的筛选作用；第三，证券市场的出现，加快了企业融资的步伐与进程，将社会闲置资本转移到生产领域，克服了单纯的资本积聚有限性的缺点，通过增加企业资金持有，有利于企业技术创新能力提升。

5. 技术集成理论　棉花生产各环节技术是否匹配与协同，是否能够形成成熟的技术集成体系，决定了棉花生产过程中能否产生"1＋1＞2"效应。技术集成，哈佛大学商学院扬西蒂提出了"技术集成"概念，认为随着环境复杂程度的增加，企业仅仅关注基础研究是不够的，新技术的研究必须与企业实际环境相匹配，虽然技术集成不能代替工艺制造流程的研究，但却能够在一定程度上优化和提升企业的制造能力。随着经济发展与理论探索的深化，在创新进化论的大力推动下，技术集成的概念逐步清晰，可以分为狭义与广义两个层面理解。

在狭义层面，单纯从技术集成的视角出发，认为技术集成是指通过对各种现有相关技术的有效组合，形成有市场竞争力的产品和新兴产业。在现代社会化大生产过程中，产业关联度日益提升，技术的相互依存度逐渐增强，单项技术的突破依然不能实现生产力的巨大提升，必须通过整合相关配套技术、建立相应的管理模式才能最终形成较高的生产力和较强的市场竞争力。在广义层面，认为技术集成是在创新思想方法上要以系统集成为指导，在创新方式上要以集成手段为基础，在创新过程中要以集成管理为核心。技术集成的本质是各种创新要素和创新内容的交叉与融合，由于各项技术要素的参与主体不一致，因此技术集成首先是对拥有不同技术要素的主体的整合与集成。所以从广义层面来说技术集成是以系统思想方法利用各种信息技术、管理技术与工具创造性地将不同主体的知识、技术、管理以及制度等各种要素进行综合的选择与优化集成，相互之间以最合理的结构方式组合在一起，为实现提高生产力水平而形成的倍增性与适应进化性的有机整体的实践过程。

技术集成应当具备以下特点与内涵，首先，技术集成要以创造性为基础，技术集成并不是将系统中众多的技术要素进行简单集中组合，技术要素如果仅仅是一般性的结合在一起并不能称之为集成，技术集成应当是一个众多技术要素经过主动的选优搭配，相互之间以最合理的方式进行有机的结合后产生的创造性，从而形成能够产生新的核心竞争力的集成方式，而且这种集成更加关注集成的效果以及后续的产品竞争力。其次，技术集成是一项复杂的系统工程，应当具备系统性的特征。技术集成理论的基础是系统论与协同论，应当涉及知识、技术制度以及组织形式等各个方面。由于技术集成是由众多的子系统或者技术要素组成的开放性系统，必须始终保持与外界进行大量的物质、能量以及信息交换，与外界环境之间保持着高度且紧密的联系，其与外界间的交换使得系统内部各技术要素之间的关系保持动态的变化态势。因此，技术集成是在创造性的集成保持系统内部各要素之间的良性相互作用的基础上形成的一个综合系统。最后，技术集成具有集成放大效应，通过各技术要素间相互融合，形成优势互补、相互匹配的有机整体，从而使整个技术集成系统的整体功能发生质的改变，形成独特的创新能力和竞争优势，进而实现技术集成创新整体功能的放大。

6. 技术扩散理论　由于兵团各植棉地区自然资源条件、经济发展水平不一致，棉花生产技术存在区域性差异，如何通过示范作用，使得高效植棉技术扩散开来，是技术集成体系发挥效用的根本与前提。兵团棉花生产技术中的新型技术被研制单位以外的企业或者个人通过合法的手段获得并进行使用的过程即是技术扩散，是新型技术在时间与空间上的传播、渗透以及交叉，技术扩散是研究技术集成体系的前提。技术扩散理论的发展大致可以分为三个阶段，从早期技术扩散理论到技术扩散内生化理论，再到开放经济一般均衡条件下技术扩散理论，在各个发展阶段中具有代表性的有以下几种。

技术扩散模范理论，1969 年美国经济学家埃德温·曼斯菲尔德提出了著名的曼斯菲尔德技术扩散理论，他认为"技术扩散的速度与所采纳的新技术的盈利率呈正相关关系，行业集中度越低技术扩散越快"。同时技术扩散的过程是一个模仿的过程，某一企业是否采用一种新技术，在极大程度上取决于其他企业是否采用。如果市场中同类型企业采用某项技术的比例越高，未采用该项技术的企业倾向于引进该技术，从而使得这项技术在行业中扩散开来。曼斯菲尔德的"技术扩散模范理论"主要研究的企业类型分为两种：其一是模范型企业，即某企业首先采用一种新技术后，其他企业以之为榜样进行模仿，相继采用同一种新技术；其二是守旧型企业，即当其他企业均采用新技术时，并不一味模仿，依然采用原有技术。曼斯菲尔德的"技术扩散模范理论"试图说明一种新技术被某个企业采用后，经过多长时间才会被该行业中大部分企业采用。

技术扩散演化理论，1982 年纳尔逊与温特在《经济过程的演化理论》一书中提出了技术扩散演化理论的分析框架。技术扩散演化理论强调经济行为中的演化史具有"惯性"的，而不是"理性选择"或者"市场选择"的结果。技术扩散演化是沿着既有的路径进行的，而不是沿着理性选择的方向进行的。从本质上讲，纳尔逊与温特的技术扩散演化理论并未证实新古典经济学中的自然选择观点，其强调的是技术扩散演化的创新过程以及对创新技术的实现和扩散过程是由其所在组织的具体经济制度所决定的。

技术扩散空间理论，瑞典地理学家哈格斯特朗通过对新技术的时空扩散过程研究发现扩散的网络地区间与地区内两种主要类型，新技术的潜在采用者是否采用该项新技术的原因在于扩散信息的累积效果以及新技术潜在采用者对创新的阻力水平的比较关系，如果扩散信息的累积效果大于新技术潜在采用者对创新的阻力水平，技术扩散就会发生，反之技术便不会扩散。技术扩散空间理论认为一项新技术由于能够提高系统运行的效率从而创造出更多的价值，或者能节约劳动力与物质资本投入使得技术创新企业与周围其他未进行技术创新的主体之间产生"势能差"。为了消除这种差异，技术便会自动的向外扩散、传播。

7. 农户经济人理性行为理论 农户是农业生产中的微观经营主体，是农业经济活动中最重要的经营决策单元和组织单位，农户的生产行为对农业的可持续发展至关重要，正确分析与评价农户生产行为有助于及时把握农业发展动向，有效引导农户规范化种植和投入，加快农业结构调整及农业现代化进程。同时，有利于国家在制定相关农业政策和调控措施时可以充分考虑到农户行为的影响作用。而经济人作为经济学中的重要假设，它认为经济主体的行为是合乎理性的，即经济主体在经济行为中总是受到利益的驱使，因而在作出决策时，希望寻求到最优化决策，进而给自身带来最大限度的利益。

关于农户是否具有经济人的理性行为，即是否存在追求利润最大化，学术界争论已久。传统的观点认为农民是非理性的，在小农经济中，市场需求及技术进步导致的潜在利润对农民不会产生影响。"利润最大化"理论的代表人物西奥多·W.舒尔茨驳斥了这一观点，他认为农民是"贫穷而有效率"的，传统农民一般文化水平低，收入水平有限，在面对新市场、新技术时考虑到风险因素不会贸然采取行动，但一旦具有相应的风险分散、资金扶持等条件，农民就会对新机会表现出极大的热情。传统农民与现代资本主义的农场主在经济行为上并没有本质区别，都遵循经济学的"利润最大化"原则。但"劳动——消费均衡"理论的代表人物A.恰亚诺夫认为农民家庭经营不同于资本主义企业，农户经济发展主要依靠自身劳动力而不是雇佣劳动力，农民的生产目的是为了满足家庭需求而不是追求市场利润最大化。由于这两个学派关于小农的研究是处于不同的经济体制环境下，因而得出的结论也不同。结合这两种观点，"过密论"学说的代表人物黄宗智认为农民在边际报酬十分低下的情况下仍会继续投入劳动，可能是因为农户家庭缺乏边际报酬概念或农户家庭受耕地规模制约，家庭劳动剩余过多，又没有很好的就业机会，导致劳动的机会成本几乎为零。在此基础上，形成了"农场户"理论，即通过"时间分配理论"和"生产消费一体化"两个概念相结合，将生产决策和消费决策联系起来的农场户经济模型，农户作为生产者、经营者和消费者，其经济行为是符合理性的，表现为农户不仅要满足自身对农产品的需求，而且还要追求更大的利润和更多的闲暇等。

农户作为理性经济人，其经济行为的特征为追求效用最大化。农户进行生产经营的目标是多重性的，即在既定的市场环境和生产技术约束下，通过对不同的生产要素进行不同的组合（如劳动、生产资料、土地的投入方式等），以达到收入效应的最大化，在这个过程中农户不仅要求农业收入的最大化，也包括非农收入的最大化等。

8. 制度变迁理论　制度是一个社会的博弈规则，或者更规范的说制度是一些人为设计的、形塑人们互动关系的约束（诺斯，1990）。制度一般由三个基本部分组成，即正式的规则、非正式的约束以及它们的实施特征（诺斯，1993）。诺斯将制度划分为正式制度和非正式制度，正式制度包括政治（司法）规则、经济规则和契约等，在人们社会经济运行中所起到的作用越来越大；非正式制度包括人们的行事准则、行为规范以及惯例等，对人们的选择会产生重要的影响，也是形成路径依赖的根源。制度理论是在人类行为理论与交易费用理论相结合的基础上所形成的，因为交易是社会主体（个人或利益集团）之间就相互权利和责任达成正式或非正式契约并执行契约的过程，包含了人与人之间所有的互动过程，而制度就是交易多次发生时所呈现出的稳定模式。

制度变迁是人类历史中社会演化方式的重要决定因素，是人们理解历史变迁的关键。简而言之，制度变迁就是新制度对旧制度的替代过程，是由于环境变化导致的经济主体间利益格局产生变化，继而通过相互博弈从旧制度形式向新制度安排转变的一系列演化形态（胡庆龙，2009）。制度本质上是一种利益分配机制，围绕利益分配的冲突是制度变迁的直接原因。人都是自利的，在选择制度安排时人们首先关注的是制度对自己产生的影响，这就导致不同的社会主体在制度选择过程中必然发生冲突，只有一种相对价格变化能使交易的一方或双方感觉到通过改变协定或契约能使一方甚至双方的处境得到改善时，人们才有重新定约、签约的动力，而社会最终选择哪种制度安排则取决于在制度博弈过程中占据优势的那一方。制度变迁的方式可以分为诱致性制度变迁和强制性制度变迁，诱致性制度变迁是在原有制度安排下无法得到获利机会引起的，它由个人（或一群人）在面对相应获利机会时自发倡导、组织和实行的，是对现行制度安排的变更或替代。强制性制度变迁则是通过政府命令或法律引入方式实行的，是不同选民利益集团之间对现有收入格局再分配而引起的。这两种变迁方式之间既相对独立，又相互补充。

9. 博弈论　博弈论又称为对策论，是现代数学的分支，也是运筹学的重要组成内容。目前被广泛应用于多学科的研究中，是经济学与其他学科交叉的重要分析工具。诺贝尔经济学奖获得者罗伯特·奥曼认为博弈论就是"交互的决策论"，因为博弈论研究的是在决策者交互作用下的决策行为及决策的均衡问题，即各行动方的决策是相互影响的，每个人在决策的时候必须将他人的决策纳入自己的决策当中，同时也要将他人的考虑纳入自己的考虑之中，最终在交互式条件下的博弈中形成"最优理性决策"，每个参与的经济主体都希望能根据其偏好获得最大的满足。

博弈论的基本概念包括参与人、行动、信息、战略、支付（效用）、结果和均衡（张维迎，2004），博弈分析的目的是使用博弈规则预测均衡结果。博弈根据不同的标准有多重分类。按照参与者是否达成具有约束力的契约，可分为合作博弈和非合作博弈；按照参与者是否充分了解所有参与者的策略空间及效用函数，可分为完全信息博弈和不完全信息博弈。虽然完全信息博弈是比较好的博弈方式，但现实中的许多博弈并不满足完全信息的要求。不完全信息博弈是指在博弈中至少有一个参与人不了解其他参与人的信息及战略安排。文章正是基于非对称信息下委托-代理关系的博弈分析，该制度环境下行为主体不但会出现制度选择的"路径依赖"，还会出现"逆向选择"和"道德风险"问题。所谓"逆向选择"一般是指在信息不对称情况下，合约达成前，接受合约的一方拥有"私人信息"，并利用自身的信息优势做出对对方不利的行为，使合约结果偏离信息缺乏者的期望。"道德风险"通常指交易合同达成后，交易的一方为了追求自身效用最大化，而做出不利于另一方的行动。制度变迁过程中的道德风险是指在一个制度建立后，代理人利用信息上的优势，使现存制度向着有利于代理人的方向发展，或者尽量利用制度中有利于代理人的功能部分。

（三）农户的生产经营行为假设理论

1. 有限理性 赫伯特·A.西蒙最早提出"有限理性"，他认为人在主观上追求理性，但只能在有限程度上做到这一点。因为人们的理性受到现实世界的限制，个体虽然是追求效用最大化的，但也要受到现存制度，如社会制度、经济制度等制度的制约，致使决策者无法掌握全部信息，也无法认识决策的主要规律，决策者只能追求在他能力范围内的有限理性，即只能追求最满意而不是最优的经济目标，当实现了满意标准，就没有动力寻找更好的备择方案。正是因为环境的不确定性、信息的不完全性以及人认识能力的有限性，导致人们在行为上出现差别，威廉姆斯认为正是由于人们是有限理性的，要克服有限理性带来的各种制约，就要付出各种交易成本。

本书主要研究农户在棉花生产过程中的种植行为，认为棉农的行为目标是实现效用最大化，可是在实际的生产经营中农户行为具有有限理性的特征。因此，棉农的行为往往具有短期性、利己性、趋同性等特点，对生产经营活动缺乏长远规划和合理预期，例如，棉农为了提高棉花产量而滥用品种，过度投入化肥、农药等，不仅造成棉花质量下降，也影响环境的可持续发展。

2. 不完全信息 不完全信息是指在市场的经济活动中，参与者不了解所处经济环境的全部情况。新凯恩斯主义认为，不完全信息比完全信息更符合现实假设，因为市场均衡理论只有在不完全信息条件下才能实现。信息的不充分包含绝对意义上的不充分和相对意义上的不充分，绝对意义上的不充分是指由于认知能力的局限性使人们无法获得完全信息；相对意义上的不充分是指市场本身不能产生足够的信息，并对信息进行有效地配置，也包括信息供求双方所掌握的信息具有不对称性。不完全信息会对市场机制配置资源的有效性产生负面影响，不能实现资源的优化配置。

文章假设在棉花购销政策的转变过程中政策的参与主体国家、地方政府和棉农具有不完全信息的特征。例如，国家颁布政策后，无法有效了解到地方政府的政策实施过程和结果。棉农是拥有棉花资源的信息优势方，为了自身利益最大化会产生败德行为，由于监督成本太高，地方政府难以掌握棉农的生产种植行为。而地方政府在当地棉花产业发展中处于垄断地位，对棉农交售的棉花存在压级压价现象，使棉农利益被损害。

3. 机会主义行为 机会主义行为是在信息不对称情况下人们不完全真实地反映全部信息，并利用交易对手的弱点，尽可能获取更多交易份额所带来的租金，产生损人利己的行为。新制度经济学家威廉姆森认为，人们在经济活动中总是竭尽所能的保护和增加自身利益，自私且不惜损人利己，机会主义源于人们的利己心和对自身利益最大化的追求，是人的本性的体现。机会主义使经济活动混乱化、复杂化，造成交易成本的增加和社会资源的极大浪费。在棉花生产过程中同样存在机会主义，棉农的败德行为会造成资源无效配置等现象。

综上所述，棉农是具有"有限理性"的"经济人"。在政策、制度等环境约束下，农户是独立的生产者，自主经营、自负盈亏，从事棉花生产经营的目的是追求个人利益最大化。在此过程中，由于受到环境、信息不完全及自我认知能力等因素的限制，导致农户是有限理性的经济人，不可避免的产生机会主义行为，同时，国家、地方政府都是有限理性的经济人。

二、试点团场棉花种植与生产概况

1. 兵团第一师八团棉花种植与生产情况　第一师八团属暖温带极端大陆性干旱荒漠气候，年均日照丰富，团区雨量稀少，冬季少雪，地表蒸发强烈，年均降水量为 40.10～82.50 毫米，年均蒸发量 1 876.60～2 558.90 毫米，适宜中熟、早熟棉花品种种植。目前，第一师八团棉花种植面积 10.12 万亩，主栽品种为 J206-5，辅栽品种为瑞杂 816 和中棉 65。其中，J206-5 播种面积 7.28 万亩，占全团棉花播种面积的 71.94%；瑞杂 816 播种面积 1.97 万亩，占全团棉花播种面积的 19.47%；中棉 65 播种面积 0.87 万亩，占全团棉花播种面积的 8.59%。第一师棉花所试验棉花品种有 J206-5、新陆中 38、中棉 96、TH14A-3 和 15-1242，试验种植面积均为 1.50 亩。各棉花种植品种性状表现如表 1-12 所示。

表 1-12　第一师八团棉花品种性状表现情况

品种名称	生育期（天）	株高（厘米）	果枝台数（个）	棉铃数（个）	单铃重（克）	衣分率（%）
J206-5	137	70.80	8～11	5	5.40	44.70
瑞杂 816	127	103.00	12～14	20	6.50	39.40
中棉 65	125	117.00	16～19	26	6.00	42.10

可见，第一师八团的棉花种植品种从出苗到吐絮时间为 125～137 天，属于早中熟棉花品种；在棉株高度方面，J206-5 株高较矮，仅为 70.80 厘米，瑞杂 816 与中棉 65 株高均超过 100 厘米；在果枝台数、棉铃数、单铃重以及衣分率方面，J206-5 较瑞杂 816 与中棉 65 有所不及，但是衣分率较后者高。

各主要棉花种植品种产量与质量指标如表 1-13 所示，从单产水平来看，中棉 65＞瑞杂 816＞J206-5；在棉花纤维长度方面，J206-5＞瑞杂 816＞中棉 65，均超过 29 毫米，其中 J206-5 更是达到 30 毫米；在断裂比强度方面，瑞杂 816＞J206-5＞中棉 65，但是均较低；在马克隆值 A 级占比方面，中棉 65＞瑞杂 816＞J206-5，马克隆值 A 级占比均超过 50％；在长度整齐度方面，三个棉花品种差异不大，均达到 U2（高）水准。

表 1-13　第一师八团棉花主要种植品种产量与质量指标

品种名称	单产（千克/亩）	平均纤维长度（毫米）	断裂比强度（厘牛/特克斯）	马克隆值 A 级比例（％）	长度整齐度
J206-5	417.8	30.0	26.6	50.5	高
瑞杂 816	425.8	29.7	27.0	53.4	高
中棉 65	435.7	29.6	24.0	65.4	高

数据来源：2017 年第一师八团籽棉生产及皮棉加工数据。

注：马克隆值 A 级取值范围为 3.7～4.2，品质最好。

2. 第六师芳草湖农场棉花种植与生产情况　第六师芳草湖农场地处天山北麓准噶尔盆地南缘呼图壁河下游的冲积平原，团场土质肥沃，光热资源丰富，年平均降水量 116.40 毫米，年蒸发量 1 818 毫米，适宜早熟棉花品种种植。目前，第六师芳草湖农场棉花种植面积 31.30 万亩，主栽品种为新陆早 72，辅栽品种为新陆中 42。其中，主栽品种新陆早 72 的播种面积 24.60 万亩，占全团棉花播种面积的 78.59％；辅栽品种新陆中 42 的播种面积 6.70 万亩，占全团棉花播种面积的 21.41％。第六师芳草湖农场棉花所试验棉花品种有：子鼎 6 号，试验种植面积 0.32 万亩；子鼎 2 号，试验种植面积 0.17 万亩；新陆早 72，试验种植面积 2.30 万亩；新陆早 61，试验种植面积 0.76 万亩；新陆早 74，试验种植面积 0.57 万亩。各棉花品种性状表现如表 1-14 所示。

表 1-14　第六师芳草湖农场棉花品种性状表现情况

品种名称	生育期（天）	株高（厘米）	果枝数（台）	棉铃数（个）	单铃重（克）	衣分率（％）
新陆早 72	120	75	8～10	12	5.30	43.70
新陆中 42	135	90	10～12	15	5.50	42.60

可见，第六师芳草湖农场的棉花种植品种从出苗到吐絮时间为 120～135 天，属于早中熟棉花品种；在棉株高度方面，新陆早 72 株高较矮，仅为 75 厘米，新陆中 42 株高达90 厘米；在果枝台数、棉铃数、单铃重以及衣分率方面，新陆早 72 不如新陆中 42 表现良好。主要棉花种植品种产量与质量指标如表 1-15 所示，从单产水平来看，新陆早 72 稍优于新陆中 42；在棉花纤维长度方面，两者相差不大，并且均超过 29 毫米；在断裂比强度方面，新陆早 72 优于新陆中 42，并且均超过 30 厘牛/特克斯；在马克隆值 A 级占比方面，新陆早 72 优于新陆中 42，马克隆值 A 级占比均超过 90％，性状表现优异；在长度整齐度方面，两者差异较小，均达到 U2（高）水准（表 1-15）。

表 1 - 15　第六师芳草湖农场棉花主要种植品种产量与质量指标

品种名称	单产 （千克/亩）	平均纤维长度 （毫米）	断裂比强度 （厘牛/特克斯）	马克隆值 A 级比例（％）	长度整齐度
新陆早 72	363.6	29.6	30.4	98.6	高
新陆中 42	345.7	29.4	30.1	92.3	高

　　数据来源：2017 年第六师芳草湖农场籽棉生产及皮棉加工数据。

3. 第七师一二五团棉花种植与生产情况　　第七师一二五团地处新疆准噶尔盆地西南部的奎屯河流域，北天山北坡和准噶尔西部山区均因受西风气流和山区潮湿气候影响，年降水量达 400～600 毫米，最大降水带高达 800 毫米。团场地貌主要为盆地内平原，光热条件均适宜早熟棉生长。目前，第七师一二五团棉花种植面积 26.20 万亩，棉花种植品种分为杂交棉与常规棉，杂交棉以鲁研棉 24 为主，常规棉以科研 5 号为主。其中，鲁研棉 24 播种面积 16.00 万亩，占全团棉花播种面积的 61.07％。科研 5 号播种面积 10.20 万亩，占全团棉花播种面积的 38.93％。第七师农业科学研究所试验棉花品种有 Z11 - 12，试验种植面积 150.00 亩。各棉花种植品种性状表现如表 1 - 16 所示。

表 1 - 16　第七师一二五团棉花品种性状表现情况

品种名称	生育期 （天）	株高 （厘米）	果枝数 （台）	棉铃数 （个）	单铃重 （克）	衣分率 （％）
鲁研棉 24	123	70	6～8	9	5.25	43.50
科研 5 号	120	75	5～7	8	5.10	41.60

　　可见，第七师一二五团的棉花种植品种从出苗到吐絮时间为 120～123 天，属于早熟棉花品种；在棉株高度方面，鲁研棉 24 株高为 70 厘米，科研 5 号株高为 75 厘米；在果枝台数、棉铃数、单铃重以及衣分率方面，两者并无显著差异。主要棉花种植品种产量与质量指标如表 1 - 17 所示，从单产水平来看，鲁研棉 24 优于科研 5 号，较之高约 6.6％；在棉花纤维长度方面，鲁研棉 24 优于科研 5 号，相差不大，并且均达到 29 毫米；在断裂比强度方面，鲁研棉 24 优于科研 5 号，并且均达到 29 厘牛/特克斯；在马克隆值 A 级占比方面，二者相差不大，马克隆值 A 级占比均较低，仅在 33％～35％，性状表现较差，马克隆值 A 级占比较低反映籽棉整体质量水平不高；在长度整齐度方面，两种棉花品种差异不大，均达到 U2（高）水准。

表 1 - 17　第七师一二五团棉花主要种植品种产量与质量指标

品种名称	单产 （千克/亩）	平均纤维长度 （毫米）	断裂比强度 （厘牛/特克斯）	马克隆值 A 级比例 （％）	长度整齐度
鲁研棉 24	435	29.2	29.1	35	高
科研 5 号	408	29.0	29.0	33	高

　　数据来源：2017 年第七师一二五团籽棉生产及皮棉加工数据。

4. 第八师一四九团棉花种植与生产情况　　第八师一四九团地处天山北麓中段，准噶尔盆地南缘，古尔班通古特大沙漠南缘。垦区属典型的温带大陆性气候，冬季长而严寒，夏季短而炎热，无霜期 147～191 天，年降水量 180～270 毫米，年蒸发量 1 000～1 500 毫米。目前，第八师一四九团棉花种植面积 16.00 万亩，主栽品种为新陆早 64，辅栽品种为新陆早 74。其中，新陆早 64 播种面积 12.80 亩，占全团棉花播种面积的 80.00%；新陆早 74 播种面积 3.20 万亩，占全团棉花播种面积的 20.00%。第八师农业科学研究所试验棉花品种有：新陆早 74，试验种植面积 22.00 亩。各棉花种植品种性状表现如表 1-18 所示。

表 1-18 第八师一四九团棉花品种性状表现情况

品种名称	生育期（天）	株高（厘米）	果枝数（台）	棉铃数（个）	单铃重（克）	衣分率（%）
新陆早 64	123	65	6～9	10	6.30	43.00
新陆早 74	120	67	8～10	12	5.5	41.10

由表 1-18 可见，第八师一四九团的棉花种植品种从出苗到吐絮时间为 120～123 天，属于早熟棉花品种；在棉株高度方面，新陆早 64 株高为 65 厘米，新陆早 74 株高为 67 厘米；在果枝台数、棉铃数方面，两者并无显著差异；在单铃重以及衣分率方面，新陆早 64 显著优于新陆早 74。主要棉花种植品种产量与质量指标如表 1-19 所示，从单产水平来看，新陆早 74 优于新陆早 64，但程度有限；在棉花纤维长度方面，新陆早 74 优于新陆早 64，均在 29 毫米以上，其中新陆早 74 棉花纤维长度接近 30 毫米；在断裂比强度方面，新陆早 74 优于新陆早 64，其中新陆早 74 超过 30 厘牛/特克斯，接近 31 厘牛/特克斯；在马克隆值 A 级占比方面，二者差异显著，新陆早 74 马克隆值 A 级占比 63.44%，新陆早 64 马克隆值 A 级占比仅为 8.67%；在长度整齐度方面，两种棉花品种差异不大，均达到 U2（高）水准。

表 1-19 第八师一四九团棉花主要种植品种产量与质量指标

品种名称	单产（千克/亩）	平均纤维长度（毫米）	断裂比强度（厘牛/特克斯）	马克隆值 A 级比例（%）	长度整齐度
新陆早 64	375.9	29.15	28.78	8.67	高
新陆早 74	384.8	29.96	30.91	63.44	高

数据来源：2017 年第八师一四九团籽棉生产及皮棉加工数据。

从各"试点"团场棉花种植与生长概况来看，通过前期的品种选育，已经拥有了适合各自生态区的棉花主栽与辅栽品种。南疆"试点"团场以早中熟棉花品种为主，特征为植株高，果枝台数与棉铃数较多，籽棉产量高，各项质量指标中除断裂比强度稍低之外均表现良好。北疆"试点"团场以早熟棉花品种为主，特征为植株较低，果枝台数与棉铃数适宜，籽棉单产较南疆稍低，在棉花纤维长度以及断裂比强度两项质量指标上，基本上达到"双 29"标准，但是在马克隆值 A 级占比方面，第六师芳草湖农场棉花马克隆值 A 级占比极高，第七师一二五团以及第八师一四九团马克隆值 A 级占比较低。整体来看，各"试点"团场棉花主栽和辅栽品种的产量、质量表现能够达到优质棉的基本要求。

三、兵团机采棉提质增效评价方法

（一）评价方法与选择过程

为了解兵团棉产业发展存在的主要问题，稳定棉花在兵团农业经济发展中的支柱地位，必须组织专家对棉花生产、管理、科研等部门进行调研，提出产业发展的关键技术，研究解决问题的措施，实现兵团棉花的可持续发展。本项目由主持人先提出调研的初步提纲，参加单位讨论，进一步完善后开展调研，再进行总结分析。

（二）调查研究的内容与方法

1. 植棉师、团现状调研 调研单位有兵团第一、二、五、七、八师及所属团场一团、八团、五团、三十团、三十一团、八十三团、一二五团、一三〇团、一四九团、一三三团、师科技局、农业局、农业科学研究所等；收集资料包括近年来棉花主栽品种及布局、实现高产采用的主要栽培技术、棉花品质及品级现状、病虫害发生种类及对棉花生产的影响、植棉成本及植棉效益、植棉服务体系等内容。

2. 文献资料的查阅 农业部《全国优势农产品区域布局规划2008—2015》中《棉花优势区域布局规划（2008—2015年）》。《兵团农业发展"十一五"规划》提出，按照区域布局进一步推进棉花标准化生产，重点调整纤维结构和提高皮棉质量，大力开发中长绒棉、中短绒棉和彩色棉品种，增强兵团棉花在国际市场的竞争力。《兵团科技发展"十一五"规划》提出，选择具有一定基础和优势的重点领域，凝练一批对产业发展具有重大带动作用的科技项目，集成科技资源，集中力量实现重点突破，实现技术跨越。

3. 专家咨询 主要采用两种方式：一是针对棉花生产存在问题，现场聘请专家咨询；二是召开专家座谈会和研讨会，对棉花生产中存在问题进行研讨。

通过上述调查与咨询过程，形成棉花生产中相关问题的问卷调查表。

（三）棉花相关技术的问卷调查与分析

通过上述调查与咨询过程，经过项目组讨论，形成棉花生产中相关问题的问卷调查表。进行德尔菲调查，广泛征求科研、教学、生产、技术推广服务、管理、加工等各方面专家的意见；征求专家学科包括作物栽培、作物遗传育种、植物保护、土壤肥料、农业机械、农田水利、棉花加工等。调查问卷约120多份，反馈问卷73份，回收率达到60.8%。专家对每项技术的重要程度、我国的研发基础和水平、与世界领先国家的差距、技术对经济的作用、产业化前景、对国防安全的影响等问题发表了意见。同时设计专家认为十分重要却没有列入的技术项目，专家可给予补充；对于每一项技术，设计了给专家发表意见的专栏，以便使收集到的资料具有广泛代表性。

调查数据的处理与统计分析，参照《国家关键技术研究》《中国技术前瞻报告（2006—2007）》中采用德尔菲调查的计算方法，计算指标包括以下6项。

（1）重要性指数（I-index）。依据对我国科技、经济和社会发展的重要程度，专家对该项目给出综合的重要性判断。

（2）产业作用（Ind-index）。即 H_{index} 与 T_{index} 之均值。

（3）经济效益（Eco-index）。根据 E_{index} 和 C_{index} ，以及 M_{index} ，构建投入/产出指数。

（4）社会效益（Soc-index）。即 S_{index} 与 L_{index} 之均值。

（5）国防重要性（ND-index）。

（6）技术水平（G-index）。根据技术差距指标计算获得。

根据 Delphi 调查结果，通过各类指标的排序，在备选项目中选择排在前列的项目，提出供专家组进一步讨论的初选项目。一是重点考虑"重要性"这一综合性指标；二是考虑到每个项目的特殊性，每项指标进行综合考虑，详见表 1-20。

表 1-20 兵团机采棉科技发展前期战略研究调查结果汇总表

问题名称 （*Delphi* 指数评价）	技术的 重要程度 （I-index）	研发基础 和水平 （G-index）	与领先国 家的差距 （C-index）	技术对经 济的作用 （Eco-index）	产业化前景 （E-index）	对国防安 全的影响 （ND-index）
棉花优异种质资源 创新与新品种选育	91.25	77.92	46.25	83.33	78.33	52.08
棉花良种繁育技术 体系健全与完善	77.08	63.75	40.42	69.58	72.92	49.17
棉花节本增效与高产关键 技术的组装集成与示范推广	81.25	71.25	46.25	82.08	78.33	48.33
机采棉综合配套 技术研究与集成	82.08	68.75	50.83	71.67	76.67	45.42
棉花主要病虫草害预警体系 建立及防治技术研究与示范	85.83	65.42	47.08	77.92	64.17	47.92
不同生态区棉花品种布局 与品质生态区划研究	67.08	53.33	51.25	74.17	56.67	44.17
棉花生产信息采集 发布与棉情检测	69.58	51.67	55.42	64.17	60.42	50.42
棉花加工技术的改造与升级	76.25	62.50	55.42	63.75	72.50	46.25
棉田资源高效利用	72.08	54.17	51.67	63.75	69.58	45.00
现代节水高效农业技术	87.92	79.58	46.67	80.00	82.08	60.00
棉田作业机械化与智能化装备技术	77.50	72.92	49.17	85.50	78.75	48.75

参考文献

本刊评论员，2014."十三五"规划：提质增效创新升级［J］.宏观经济管理（10）：1.

本刊评论员，2015.稳粮增收提质增效创新驱动——加快农业现代化建设［J］.宏观经济管理（2）：3.

蔡素炳，洪旭宏，邢楚明，2007.台湾青枣提质增效关键技术［J］.中国南方果树（4）：50-51.

曹慧，秦富，2006. 集体林区农户技术效率及其影响因素分析——以江西省遂川县为例［J］. 中国农村经济（7）：13 - 21.

陈卫平，2006. 中国农业生产率增长、技术进步与效率变化：1990—2003 年［J］. 中国农村观察（1）：18 - 38.

邓红军，彭金波，费甫华，等，2014. 加强魔芋科技创新促进宜昌魔芋产业提质增效［J］. 湖北农业科学，53（9）：2089 - 2092.

郭绍杰，李铭，罗毅，等，2013. 天山北坡葡萄提质增效关键技术示范与推广［J］. 北方园艺（15）：217 - 218.

郝爱民，2015. 农业生产性服务对农业技术进步贡献的影响［J］. 华南农业大学学报：社会科学版（1）：8 - 15.

黄光群，韩鲁佳，刘贤，等，2012. 农业机械化工程集成技术评价体系的建立［J］. 农业工程学报（16）：74 - 79.

蒋逸民，王凯，2008. 基于产业链的棉花质量问题探讨［J］. 中国棉花（8）：5 - 8.

矫健，陈伟忠，康永兴，等，2017. 供给侧改革背景下加快新疆农业提质增效的思考［J］. 中国农业资源与区划，38（5）：1 - 5，13.

匡远凤，2012. 技术效率、技术进步、要素积累与中国农业经济增长——基于 SFA 的经验分析［J］. 数量经济技术经济研究（1）：3 - 18.

雷雨，2005. 精准农业模式下的技术集成与管理创新［J］. 西北农林科技大学学报：社会科学版（4）：30 - 32.

李大胜，李琴，2007. 农业技术进步对农户收入差距的影响机理及实证研究［J］. 农业技术经济（3）：23 - 27.

刘进宝，刘洪，2004. 农业技术进步与农民农业收入增长弱相关性分析［J］. 中国农村经济（9）：26 - 30.

逯露，2014. 棉花生产过程中的质量管控［J］. 中国棉花加工（3）：40 - 41.

乔德华，魏胜文，王恒炜，等，2016. 甘肃苹果产业发展优势及提质增效对策［J］. 中国农业资源与区划，37（8）：168 - 174.

谭砚文，凌远云，李崇光，2002. 我国棉花技术进步贡献率的测度与分析［J］. 农业现代化研究，23（5）：344 - 346.

王爱民，李子联，2014. 农业技术进步对农民收入的影响机制研究［J］. 经济经纬（4）：31 - 36.

魏锴，杨礼胜，张昭，2013. 对我国农业技术引进问题的政策思考［J］. 农业经济问题（4）：35 - 41.

项时康，余楠，唐淑荣，等，1999. 论我国棉花质量现状［J］. 棉花学报（1）：2 - 11.

熊新武，刘金凤，李俊南，等，2016. 云南山地核桃提质增效关键技术示范与推广［J］. 北方园艺（4）：207 - 210.

熊宗伟，2005. 我国棉花纤维质量及颜色等级划分研究［D］. 北京：中国农业大学.

杨维霞，吉迎东，2018. "移动互联网＋"蔬菜供应链社群经济创新模式的提质增效——基于陕西 3 个蔬菜基地的实证分析［J］. 中国农业资源与区划，39（11）：255 - 263.

杨义武，林万龙，2016. 农业技术进步的增收效应——基于中国省级面板数据的检验［J］. 经济科学（5）：45 - 57.

喻树迅，姚穆，马峙英，等，2016. 快乐植棉［M］. 北京：中国农业科学技术出版社.

章力建, 2006. 集成创新是当前农业科技创新的战略需求 [J]. 农业经济问题 (4): 4-6.

赵新民, 张杰, 王力, 2013. 兵团机采棉发展现状、问题与对策 [J]. 农业经济问题 (3): 87-94.

赵芝俊, 张社梅, 2006. 近20年中国农业技术进步贡献率的变动趋势 [J]. 中国农村经济 (3): 4-13.

中国农业科学院棉花研究所, 2013. 中国棉花栽培学 [M]. 上海: 上海科学技术出版社.

周端明, 2009. 技术进步、技术效率与中国农业生产率增长——基于 DEA 的实证分析 [J]. 数量经济技术经济研究 (12): 70-82.

朱建新, 2014. 机采棉加工工艺设备及轧工质量分析 [J]. 中国棉花加工 (2): 6-10.

朱孔来, 2008. 关于集成创新内涵特点及推进模式的思考 [J]. 现代经济探讨 (6): 41-45.

Alfons Oude Lansink, 2000. Productivity growth and efficiency measurement: a dual approach [J]. European Review of Agricultural Economies, 1 (27): 59-73.

Battese G E, Coelli T J, 1992. Frontier Productions, technical efficiency and Panel data: with application to paddy farmers in India [J]. The Journal of Productivity Analysis (3): 153-169.

Debnarayan Sarker, Sudpita De, 2004. High technical efficiency of farm in two different agricultural lands: a study under determination production frontier approach [J]. India Journal of Agricultural Economics, 59 (2).

JeffreyVitale, Marc Ouattarra, Gaspard Vognan, 2011. Enhancing sustain-ability of cotton production systems in west africa: A summary of empirical from burkina Faso [J]. Sustainability (3): 136-169.

Luaxme Lohr, Timothy A, Park. 2007. Efficiency analysis for organic agricultural producers: The role of soil-improving in Puts [J]. Journal of Environmental Management, (83): 25-33.

Vangelis Tzouvelekas, Csto J Pantzios, Christo FotoPoulos, 2002. Measuring multiple and single factor technical efficiency in organic farming: the ease of Greed wheat farms [J]. British Food, 8 (104): 591-609.

第二章

新疆机采棉新品种推广应用适应性与经济效益分析

近年来兵团机采棉原棉纤维长度和纤维断裂比强度低、长度整齐度差、含杂率与短绒率高等问题较为突出，开展机采棉种植区域布局，筛选适宜南北疆各植棉团场种植的早熟、早中熟机采棉品种，建立品种良种繁育体系工作尤为迫切。通过试点团场示范进而辐射推广，最终结合区域布局，挑选出适合不同生态区植棉团场的推荐品种，为兵团机采棉优质高效生产提供品种与技术支持。

由新疆农垦科学院主持，石河子大学棉花经济研究中心、塔里木大学、兵团种子管理站、兵团第一师农业科学研究所、兵团第六师农业科学研究所、兵团第七师农业科学研究所、石河子农业科学研究院、兵团第一师八团、兵团第六师芳草湖农场、兵团第七师一二五团、兵团第八师一四九团、石河子职业技术学院、新疆天鹅现代农业机械装备有限公司等参与的科技项目——机采棉提质增效关键技术集成示范与效益评价，已经开展数年，项目组在第一师八团、第六师芳草湖农场、第七师一二五团以及第八师一四九团四个试点团场通过实地调查与发放问卷调查相结合的方式对各试点团场棉花新品种（品系）推广应用的适应性与经济效益情况进行了相关调研，对各试点团场生态气候特点，棉种主栽、辅栽情况以及棉花品种经济效益进行了汇总分析。

第一节　试点团场新品种（品系）适应性分析

一、试点团场新品种（品系）推广情况

1. 第一师八团新品种（品系）推广情况　2017年第一师八团棉花种植面积10.12万亩，主栽品种为J206-5，播种面积7.28万亩，占全团棉花播种面积的71.94％；瑞杂816，播种面积1.97万亩，占全团棉花播种面积的19.47％；中棉65播种面积0.87万亩，占全团棉花播种面积的8.59％。第一师农业科学研究所试验棉花品种有：J206-5、新陆中38、中棉96、TH14A-3和15-1242，试验种植面积均为150亩。

2018年第一师八团棉花种植面积10.86万亩，主栽品种是J206-5，播种面积7.5万亩，占全团棉花播种面积的69.06％；瑞杂816播种面积为2.23万亩，占全团棉花播种面积的20.53％；中棉96播种1.13万亩，占全团棉花种植面积的10.41％。J206-5为主栽品种，中棉96和瑞杂816为辅栽品种。中棉96品种棉花产量高于其他两个品种，J206-5品种籽棉销售亩增加效益为50.80元/亩，高于其他两个品种。第一师农业科学

研究所试验棉花品种有：塔河1号、J206-5、瑞杂818和硕杂1号（表2-1）。

表2-1 2017年筛选品种与2018年主栽品种的数据对比

品种	2017年			2018年11月27日		
	长度（毫米）	断裂比强度（厘牛/特克斯）	产量（千克/亩）	长度（毫米）	断裂比强度（厘牛/特克斯）	产量（千克/亩）
J206-5	29.96	30.05	403.6	29.29	28.01	367.70
新陆中38	28.53	27.69	409.0	29.23	27.84	352.70
中棉96	29.26	28.22	420.7	28.97	28.13	385.90
硕杂1号	28.67	27.83	465.0	29.47	28.54	408.60
瑞杂816	—	—	—	29.15	27.42	409.63

2019年第一师八团种植棉花面积12.3万亩，总产量为3.95万吨。以新陆中70为主，种植4.21万亩，总产量为1.35万吨，中棉66种植3.05万亩，总产量为1.14万吨，冀杂708种植2.66万亩，总产量为1.12万吨，其他品种种植2.38万亩，总产量为0.34万吨（表2-2）。农业取消"五统一"后，市场监管措施和宣传措施没有及时到位，导致市场棉花品种杂、乱、多。据不完全统计，八团辖区种植棉花品种18个，主栽优质品种种植面积下降，导致辖区2019年棉花品质指标水平下降。

从2017年、2018年及2019年种植情况来看，种植面积稳定且种植面积较大的是J206-5品种，该品种相比于其他品种的优势在于长度较好，强力最高，产量在中等以上，较好的质量优势弥补了产量方面的稍微不足，使得J206-5品种在一师2018年种植面积较多。但是2019年"五统一"取消后，栽培品种较为复杂，其中比例最大的是新陆中70，面积达4.21万亩，其次是中棉66，约3.05万亩，第三的是冀杂708，约2.66万亩。

表2-2 第一师八团2019年棉花种植情况及效益分析

棉花品种	农作物种植面积（万亩）	总产量（万吨）	单产（千克/亩）	衣分（%）	单价增加（元/千克）	增加收益（万元）
新陆中70	4.21	1.35	320.2	42.2	—	—
中棉66	3.05	1.14	374.1	43.7	0.1	114.09
冀杂708	2.66	1.12	422.0	44.8	0.2	224.16

2. 第六师芳草湖农场新品种（品系）推广情况 2017年第六师芳草湖农场棉花种植面积31.30万亩，主栽品种为新陆早72，播种面积24.60万亩，占全团棉花播种面积的78.59%；辅栽品种为新陆中42，播种面积6.70万亩，占全团棉花播种面积的21.41%。第六师农业科学研究所试验棉花品种有：子鼎6号，试验种植面积0.32万亩；子鼎2号，试验种植面积0.17万亩；新陆早72，试验种植面积2.30万亩；新陆早61，试验种植面积0.76万亩；新陆早74，试验种植面积0.57万亩。

2018年第六师芳草湖农场棉花种植面积44.1万亩，主栽品种是新陆早72和新陆早57，新陆早72播种面积22.5万亩，占农场播种面积的54.02%，棉种成本在50元/亩，保苗率达到 93％；另一品种新陆早 57 播种面积 18.6 万亩，棉种成本 48 元/亩，保苗率约 91％，占农场总播种面积的 42.18％。

2019 年芳草湖农场总播种面积为 62.3 万亩，其中棉花 58.1 万亩，占全师的 30.58％，籽棉单产 405 千克/亩，总产量为 22.976 7 万吨。辖区 8 个轧花厂收购籽棉 14.370 8 万吨，主栽品种包括新陆早 61 和国成 2 号，辅栽品种有惠远 720。芳草湖农场气候条件较差，热量条件略有不足，可选品种较少，加上多年来品种更新较慢，近年来引进种植了相对早熟、产量较高的新品种后，比原有的品种表现好，农户认可度高，新品种稳定性好，农户种植品种集中，团场推荐品种占主要方面。

3. 第七师一二五团新品种（品系）推广情况　2017 年第七师一二五团棉花种植面积 26.20 万亩，杂交棉以鲁研棉 24 为主，播种面积 16.00 万亩，占全团棉花播种面积的 61.07％。常规棉以科研 5 号为主，播种面积 10.20 万亩，占全团棉花播种面积的 38.93％。第七师农业科学研究所试验棉花品种有：科研 5 号（Z11－12），试验种植面积 150.00 亩。

2018 年第七师一二五团机采棉种植面积 34.16 万亩，收获籽棉总产 13.9 万吨，植棉平均单产 409 千克/亩。示范种植品种 6 个，其中中棉 75、中棉 641 与鲁研棉 24 有较大优势。中棉 75 品系种植面积 2 万亩，整体产量及纤维品质好于鲁研棉 24。中棉 641 品系生育期偏长，产量低于中棉 75 和鲁研棉 24，但棉花纤维品质优，纤维长度达 33 毫米，断裂比强度 29 厘牛/特克斯以上，马克隆值 A 级 80％以上，棉花纤维品质均符合优质棉标准。

2019 年第七师一二五团机采棉种植面积 34.62 万亩，收获籽棉总产量为 15.01 万吨，植棉平均单产 433.7 千克/亩。截至到 12 月 10 日公检数据结果显示，纤维长度 29 毫米以上占比 70％，断裂比强度 29 厘牛/特克斯及以上占比 78％，马克隆值 A 级占比 26％，马克隆值 B 级占比 56％。示范种植中棉 86、鲁研棉 24、中棉 641 等棉花新品种，其中中棉 86 种植面积 8 万亩，鲁研棉 24 种植面积 7 万亩，中棉 641 种植面积 1.6 万亩。中棉 86 整体产量及纤维品质好于鲁研棉 24。中棉 641 品系生育期偏长，产量虽低于中棉 86 和鲁研棉 24，但棉花纤维品质优，纤维长度达 33 毫米，断裂比强度 32 厘牛/特克斯以上，马克隆值 A 级 80％以上，棉花纤维品质均符合优质棉标准。

2017 年一二五团种植棉花品种中杂交棉以鲁研棉 24 为主，占比 61.07％，常规棉以科研 5 号为主，占 38.93％。2018 年的棉花品种以中棉 75 为主，产量和品质方面好于鲁研棉 24，2018 年并没有选择 2017 年的品种，原因是 2018 年"五统一"首次放开，以追求产量为主，对质量的重视程度下降。2019 年延续了对鲁研棉 24 的种植，选择新品种中棉 86 和中棉 641，在品质、抗虫及产量方面有一定程度提升，符合优质棉标准。

4. 第八师一四九团新品种（品系）推广情况　2017 年第八师一四九团棉花种植面积为 16.00 万亩，主栽品种为新陆早 64，播种面积为 12.80 万亩，占全团棉花播种面积的 80.00％；辅栽品种为新陆早 74 和新陆早 60，播种面积为 3.20 万亩，占全团棉花播种面积的 20.00％。第八师农业科学研究所试验棉花品种有：新陆早 74，试验种植面积 22.00 亩。

2018 年一四九团机采棉种植面积 22.3 万亩，收获籽棉总产量 7.99 万吨，植棉平均单产 358.3 千克/亩，加工皮棉 3.00 万吨，平均皮棉单产 134.53 千克/亩。示范区以新陆早 74 为主栽品种，新陆早 64 和惠远 720 为辅栽品种。

2019 年一四九团机采棉种植面积 21.56 万亩，收获籽棉总产量为 7.64 万吨，植棉平均单产 438.3 千克/亩，加工皮棉 3.05 万吨，平均皮棉单产 141.47 千克/亩。示范区主栽品种为新陆早 74，辅栽品种为新陆早 64 和惠远 720，其他品种种植面积较少，未做统计。

一四九团连续三年的应用品种相对较为稳定，团场开展调查推荐，在辅栽品种种植效果显现后在本团场进行推广和主栽，提升了种植效果稳定性，降低了种植风险。如新陆早 74 在 2017 年是试验示范品种，在 2018 年和 2019 年便作为主栽品种。

二、试点团场新品种（品系）适应性分析

1. 第一师八团新品种（品系）适应性分析 第一师八团属暖温带极端大陆性干旱荒漠气候，年均日照丰富，垦区雨量稀少，冬季少雪，地表蒸发强烈，年均降水量为 40.10～82.50 毫米，年均蒸发量为 1 876.60～2 558.90 毫米，适宜中熟、早熟棉花品种种植。

2017 年，第一师八团主要种植的棉花品种有：J206-5、瑞杂 816 和中棉所 96。

J206-5，是由新疆金丰源种业股份有限公司育种研制的非转抗虫基因早熟常规品种，在西北内陆棉区春播生育期 137 天，株高 70.80 厘米，植株塔形，通透性好。果枝数 8～11 台，棉铃多为 5 室，单铃重 5.40 克。在第一师八团垦区内种植性状表现稳定。2017 年度，该品种纤维上半部平均长度达 29.29 毫米，断裂比强度 28.01 厘牛/特克斯，亩均产量达 367.70 千克。与上年相比，J206-5 品种长度变化不明显，强力下降明显。

瑞杂 816，是由德州市银瑞棉花研究所与中国农业科学院生物技术研究所合作研发的一代杂交种，属中早熟品种。出苗好，前期、中期长势好，后期长势一般，叶片较大，叶色深绿。区域试验结果表明，生育期 127 天，株高 103 厘米，株型松散，第一果枝节位在第 6 节，果枝台数 14 台，单株结铃 20 个，铃重 6.50 克，铃卵圆形，霜前衣分 39.40%，籽指 11.70 克，霜前花率 95.20%，僵瓣花率 5.00%。纤维长度 30.20 毫米，断裂比强度 31.20 厘牛/特克斯，马克隆值 4.90，长度整齐度 85.00%。在抗病、抗虫性能方面，耐枯萎病和黄萎病，高抗棉铃虫。

中棉 96，是由中国农业科学院棉花研究所与安徽中棉种业长江有限责任公司合作开发研制的中熟春棉杂交品种，在西北内陆棉区春播生育期 125 天左右。株高 117 厘米，第一果枝节位在第 7 节，果枝台数约 18 台，单株结铃约 26 个，单铃重 6.00 克。与上年相比，中棉 65 在第一师八团长度、强力以及亩均产量均有所下降。

2018 年，第一师八团主栽品种是 J206-5，中棉 96 和瑞杂 816 为辅栽品种。J206-5、瑞杂 816 和中棉 96 与 2017 年主推品种相同，品种特性和产量等特征都相同，不再单独介绍。下面仅介绍 2018 年的表现情况。

J206-5 品种，皮棉长度 29 毫米以上占 98%，马克隆值 A 级占 50.5%，断裂比强度 29 厘牛/特克斯以上占 89.85%；中棉 96 品种皮棉长度 29 毫米以上占 81.2%，马克隆值

A级占65.4%，断裂比强度29厘牛/特克斯以上占84.7%。与上年相比，该品种马克隆值有所提升，强度也增加。

瑞杂816品种，株高103.2厘米，第一果枝节位6.9节；单株结铃21.2个，单铃重6.3克，衣分40.7%，断裂比强度29.0厘牛/特克斯，马克隆值5.1，断裂伸长率4.8%，反射率76.8%，黄色深度7.7，整齐度指数85.6%。

中棉96品种，株高95.7厘米，单铃重6.0克，衣分40.7%，上半部平均长度30.8毫米，断裂比强度32.7厘牛/特克斯，马克隆值5.1；生产试验上半部平均长度29.77毫米，断裂比强度34.99厘牛/特克斯，马克隆值5.0。

2019年，第一师八团主栽品种是新陆中70，以中棉66和杂交棉冀杂708为辅。加工品质见表2-3。

表2-3　第一师八团2019年机采棉加工品质分析

品种	衣分（%）	绒长					马克隆值				断裂比强度（厘牛/特克斯）
		<27毫米占比（%）	28毫米占比（%）	29毫米占比（%）	30毫米占比（%）	平均绒长（毫米）	A级（%）	B级（%）	C级（%）	平均	
新陆中70	42.2	3.6	18.9	75.68	1.82	28.76	18.6	57.5	23.9	4.92	27.7
中棉66	43.7	2.9	19.8	74.63	2.67	28.77	15.3	54.1	30.6	4.54	26.87
冀杂708	44.8	0	12.1	71.11	16.79	29.05	21.6	59.9	18.5	4.89	28.16

新陆中70品种，生育期137天左右。植株塔形，叶片中等大小，成铃集中，絮色洁白，吐絮集中易拾花。该品种适应性强，结铃均匀，丰产性好，抗病不早衰。单铃重5.6克左右，衣分44.2%，HVICC纤维上半部平均长度29.6毫米，断裂比强度27.7厘牛/特克斯，马克隆值A和B级占76.1%，断裂伸长率6.47%，整齐度指数85.3%。2011—2012年两年区试平均结果表明：籽棉、皮棉和霜前皮棉产量分别为376.15千克/亩、166.75千克/亩和158.4千克/亩，分别为对照中棉49的107.6%、109.3%和108.55%。霜前花率95.55%，抗枯萎病，耐黄萎病。

中棉66品种，中熟杂交一代品种，株高112厘米，茎秆粗壮，果枝较长、平展，叶片中等大小、深绿色，第一果枝节位6.2节，单株结铃26.8个，抗枯萎病，耐黄萎病，中抗棉铃虫，高抗红铃虫，皮棉绒长29毫米以上占77.3%，衣分43.7%，马克隆值A级、B级占69.4%，断裂比强度26.87厘牛/特克斯。

冀杂708品种，是河北省农林科学院粮油作物研究所培育的品种，品种特征是高抗枯萎病，耐黄萎病，属于转基因抗虫棉杂交一代品种，抗棉铃虫、红铃虫等鳞翅目害虫，全生育期124天左右，单株成铃13.8个，铃重6.7克，籽指11.2克，皮棉绒长29毫米以上占87.9%，衣分44.8%，马克隆值A、B级占81.5%，断裂比强度28.16厘牛/特克斯。

2. 第六师芳草湖农场新品种（品系）适应性分析　第六师芳草湖农场地处天山北麓，

准噶尔盆地南缘，呼图壁河下游的冲积平原，团场土质肥沃，光热资源丰富，年平均降水量 116.40 毫米，年蒸发量 1 818 毫米，适宜早熟棉花品种种植。

2017 年，第六师芳草湖农场主要种植的棉花品种有：新陆早 72 和新陆中 42。

新陆早 72，由新疆惠远种业股份有限公司自主选育，属早熟、优质棉花新品种。生育期 120 天左右，植株塔形，Ⅰ～Ⅱ式果枝，较紧凑。叶色褶皱，中等大小、上举。果枝始节 6～7 节，果枝始节高 20～30 厘米，棉铃卵圆形，铃重 5 克左右。苗期生长稳健，对低温抵抗力较强，中后期生长略强，抗旱性较强，结铃性强、集中，吐絮畅、集中，易采摘，适合机采。抗枯萎病，耐黄萎病。

新陆中 42，由新疆农垦科学院棉花研究所自主选育，是以新陆早 10 号为母本进行杂交并通过多年病地定向选择而成的棉花品种，属早熟陆地棉。生育期 126 天左右，植株塔形，Ⅱ式果枝，较紧凑。叶色褶皱，中等大小、上举。果枝始节 5～6 节，果枝始节高 20～30 厘米，棉铃卵圆形，铃重 5.50 克左右。苗期生长稳健，中期、后期生长势较强，整齐度好。抗低温能力较差，早熟、结铃性强，吐絮畅、集中，含絮力强，易摘拾。抗黄萎病。

2018 年，主栽品种包括新陆早 72 和新陆早 57。

新陆早 72 棉花品种性状与 2017 年相同。

新陆早 57，植株塔形，Ⅱ式果枝，较紧凑；子叶为肾形，真叶普通叶型，叶片中等大小，叶色淡（灰）绿色，叶片多茸毛，略上举；茎秆较坚硬、绒毛中等。铃卵圆型，铃咀微尖，铃上麻点清晰，铃中等大小，4～5 室，种子呈梨形稍圆，褐色，中等大，短绒灰白色，短绒中量，生育期 120～122 天左右；铃重 5.5 克左右，籽指 9.1 克；衣分 42.4%～44.1%；霜前花率 99.22%；综合评定属高抗枯萎病，轻感黄萎病类型。

2019 年，主栽品种包括新陆早 61，辅栽品有惠远 720 和国成 2 号。

新陆早 61，是由新疆承天种业科技股份有限公司选育的，生育期 121 天左右；植株塔形，较紧凑，茎秆粗壮，叶片中等大小，通透性较好；单铃重 5.9 克，衣分 42%，霜前花率 96%，断裂比强度 31.1 厘牛/特克斯，纤维上半部平均长度 29.5 毫米，马克隆值 4.4，整齐度 86.4%，高抗枯萎病；出苗整齐，长势稳定，尤其在高温条件下，成铃率高。

国成 2 号（新陆早 46，原代号新石 K10）是新疆石河子农业科学院棉花所以系 9 为母本，以自育 822 抗枯品系为父本杂交培育而成的。该品种属早熟陆地棉类型，生育期 124 天。Ⅱ果枝，株型较紧凑，株高 67.7 厘米，茎秆多毛，叶片中等大小，深绿，裂刻较浅。铃重 5.9 克，衣分 43.35%，籽指 9.75 克，霜前花率 95% 以上。苗期长势强，中后期生长稳健，早熟性好，吐絮集中，絮白，不夹壳，易采摘。纤维上半部平均长度 30.7 毫米，断裂比强度 31.5 厘牛/特克斯，马克隆值 4.1，整齐度指数 86.4%，反射率 80.6%，伸长率 6.5%，黄度 6.8，纺纱均匀性指数 166.5。该品种高抗枯萎病（病情指数为 0），耐黄萎病（病情指数 33.7）。

惠远 720 品种，属于 2019 年新增品种，新疆惠远种业股份有限公司研制的非转基因早熟常规品种。西北内陆棉区春播生育期 122 天。长势强，整齐度较好，较早熟，不早衰，吐絮畅。株型较紧凑，株高 72.8 厘米，Ⅰ～Ⅱ式果枝，茎秆粗壮，茸毛较多，叶片中等大小，叶片较厚，叶色较深，铃卵圆形，第一果枝节位 5.8 节，单株结铃 6.5 个，单铃重 5.7 克，衣分 40.9%，籽指 11.8 克，霜前花率 97.4%。经鉴定，高抗枯萎病（病情指数 1.5），感黄萎病（病情指数 39.7）。不抗棉铃虫。HVICC 纤维上半部平均长度 31.4 毫米，断裂比强度 29.4 厘牛/特克斯，马克隆值 4.4，断裂伸长率 6.5%，反射率 80.4%，黄色深度 7.8，整齐度指数 86.0%。

3. 第七师一二五团新品种（品系）适应性分析　第七师一二五团地处新疆准噶尔盆地西南部的奎屯河流域，北天山北坡和准噶尔西部山区均因受西风气流和山区潮湿气候影响，年降水量达 400～600 毫米，最大降水量高达 800 毫米。团场地貌主要为盆地内平原，光热条件均适宜早熟棉生长。

2017 年，第七师一二五团主要种植的棉花品种有鲁研棉 24 和科研 5 号。

鲁研棉 24，是山东棉花研究中心和中国农业科学院生物技术研究所，用品种转 Bt 基因抗虫棉 A38 系/多亲本复合杂交转 Bt 基因抗虫棉选系鲁 8166 选育而成的棉花品种。转基因抗虫杂交一代种，黄河流域棉区作春棉种植生育期 136 天。植株筒形、较紧凑，株高 97.5 厘米，茎秆稍软、茸毛少，叶片中等大小、色深，皱褶明显，第一果枝节位 7.3 节，单株果枝数 12.8 台，单株结铃 15.6 个，铃卵圆形，单铃重 5.7 克，铃壳薄，吐絮畅、集中，籽指 10.4 克，衣分 41.5%，霜前花率 93.6%。出苗好，苗齐壮，前期发育快，长势旺而稳健；抗枯萎病，耐黄萎病，抗棉铃虫；HVICC 纤维上半部平均长度 30.1 毫米，断裂比强度 28.8 厘牛/特克斯，马克隆值 4.3，伸长率 8.1%，反射率 74.9%，黄度 7.8，整齐度指数 84.1%。

科研 5 号（Z1112），国审棉 2016009，早熟陆地棉新品种，新疆兵团第七师农业科学研究所选育，陕 5051×97-185，生育期 123 天左右，株型较清秀，田间通风透光好，叶片中等大小，上举，叶裂深，棉杆坚韧，杆上茸毛较少，铃卵圆形；Ⅱ式果枝，第一果枝节位 6.1 节，单铃重 5.6 克，衣分 41.4%，籽指 11.5 克。纤维长度 29.9 毫米，整齐度 85.2%，断裂比强度 31.6 厘牛/特克斯，马克隆值 3.9。叶片中等大小，叶量少，植株通透性好。霜前花率 96.5%，抗枯萎病，易感黄萎病，非转基因不抗虫。

2018 年，第七师一二五团主要种植的棉花品种有中棉 75、中棉 641 与鲁研棉 24。鲁研棉 24 与 2017 年主栽品种相同，性质产出等特征都相同，不再单独介绍。

中棉 75，中国农业科学院棉花研究所和中国农业科学院生物技术研究所用中棉 41×中 9425 选育而成的棉花品种。转抗虫基因中熟杂交一代品种，黄河流域棉区春播生育期 123 天。出苗较快，全生育期长势和整齐度较好。株高 103.1 厘米，株型松散，茎秆茸毛稀，叶片较大、色深绿，第一果枝节位 7.4 节，单株结铃 16.2 个，铃卵圆形，铃尖明显，铃壳薄，吐絮畅，单铃重 6.7 克，衣分 40.7%，籽指 11.1 克，霜前花率 92.7%。耐枯萎病，耐黄萎病，抗棉铃虫。HVICC 纤维上半部平均长度 30.3 毫米，断裂比强度 29.3 厘牛/特克斯，马克隆值 5.1，断裂伸长率 6.3%，反射率 75.7%，黄色深度 7.7，整齐度指数 85.4%，兼顾产量与纤维品质，综合性状较好。

中棉 641，是锦棉种业从中国棉花研究所引进的优质中长绒棉示范品系，生育期 125～127 天，植株塔形，茎秆绒毛多，叶片中等大小，果节高度 21 厘米，开花结铃集中，铃重 5.5～6.0 克，结铃性强，吐絮畅，衣分 38%，抗枯萎病，耐黄萎病，适宜一膜三行栽培模式。正常年份单产在 400～420 千克/亩，纤维长度 33 毫米，断裂比强度 33 厘牛/特克斯，马克隆值 A 级，整齐度 85%，各项指标达到中长绒棉标准，该品种对水肥敏感，需要种植在土质较好的地块，晚进头水，早停水肥。该品种产量高兼具品质优的特征，但是种植条件较为严苛。

2019 年第七师一二五团主要种植的棉花品种有中棉 86、鲁研棉 24 和中棉 641。在 2018 年基础上新增加品种有中棉 86，继承和保持了鲁研棉 24 和中棉 641 的特性。鲁研棉 24 和中棉 641 与 2017 年、2018 年主推品种相同，性状产出等特征都相同，不再单独介绍。

中棉 86，是中国农业科学院棉花研究所和中国农业科学院生物技术研究所选育而成的棉花品种。是中棉 86 的双价转抗虫基因杂交春棉品种，生育期 124 天。植株塔形、松散，株高 106.7 厘米，主茎粗壮坚硬，抗倒伏，茎秆茸毛少；叶片掌状，中等大小，叶色绿色；铃卵圆形，中等偏大；吐絮畅，集中，易收摘，纤维色泽洁白。平均第一果枝节位 6.8 节，单株果枝数 13.9 台，单株结铃数 22.3 个，单铃重 7.0 克，衣分 39.5%。2011 年经中国农业科学院生物研究所抗虫鉴定：抗虫株率 100%，Bt 蛋白表达量 1 889 纳克/克，高抗棉铃虫，兼具高抗虫和高产特性。

4. 第八师一四九团新品种（品系）适应性分析 第八师一四九团地处天山北麓中段，准噶尔盆地南缘，古尔班通古特大沙漠南缘。垦区属典型的温带大陆性气候，冬季长而严寒，夏季短而炎热，无霜期 147～191 天，年降水量 180～270 毫米，年蒸发量 1 000～1 500 毫米。

2017 年，第八师一四九团主要种植的棉花品种有：新陆早 64、新陆早 74 和新陆早 60 号。

新陆早 64 是由新疆合信科技发展有限公司与石河子丰凯农业科技公司联合选育，经多年南繁北育定向选择而成的早熟、高产、优质棉花新品种。该品种生育期 123 天，植株塔形，II 式果枝，普通叶形，掌状五裂，叶片中等大小，深绿色，棉铃卵圆形，结铃性强，丰产性能好，增产潜力大，补偿力强。单铃重 6.30 克，吐絮畅，易采摘，宜机采，衣分 43.00% 左右。在抗病抗虫性能方面，耐枯萎病和黄萎病。

新陆早 74，新疆石河子农业科学研究院棉花研究所自育品种，是以新陆早 33 优良选系为母本，以自育丰产抗病材料芽黄 217 为父本配制杂交组合而成，经过多年南繁北育，早期低代在病圃对其抗病性、结铃性和品质性状等进行综合选择，后期中高代重点加强对产量、品质等综合性状的定向筛选，通过多年定向选育而成。该品种生育期 120 天，II 式果枝，植株呈塔形，株高 65～70 厘米，适宜机采。始果节位 5～6 节，单株果枝 8～10 个，单株结铃 8～10 个，铃重 5.50 克。吐絮畅且集中，含絮力好，抗病能力强，品质优良。在抗病抗虫性能方面，具有良好的抗枯萎病、黄萎病能力，属于适合在一定区域和一定范围推广的棉花品种。

新陆早 60（原代号金垦 1 042）是新疆农垦科学院棉花研究所以 9 843 选系做母本，以316 选系做父本，通过南繁加代，经过多年的定向选择培育而成。2010—2012 年先后参加新疆维吾尔自治区棉花新品种预备试验、区域试验和生产试验（早熟组），通过区域试验和多点示范，综合表现早熟、丰产、吐絮集中畅快、纤维品质优良、抗逆性较好，且适合机械化采收。该品种生育期 125 天左右，属早熟陆地棉品种。株型紧凑，植株塔型，Ⅱ式果枝；普通叶型，掌状五裂，叶片中等大小，灰绿色，背面被细茸毛。苗期生长健壮，长势强；中后期生长稳健。茎秆坚韧，抗倒伏，宜机采。花冠、花药为乳白色。株高 64.2 厘米，果枝始节位 5～6 节，果枝 7～9 个。铃卵圆形，铃尖明显，中等大小，一般为 4～5 室。铃面光滑，铃壳薄，吐絮畅，含絮力适中，易摘拾。铃面有腺体，铃重 5.5 克，衣分 44.6%，籽指 9.8克。种子梨形，褐色，中等大，毛子灰白色。霜前花率 94.6%。

2018 年第八师一四九团主要种植的棉花品种有：新陆早 74 为主栽品种，辅栽品种为新陆早 64，试验品种为惠远 720。新陆早 64 和新陆早 74 与 2017 年主栽品种相同，性质产出等特征都相同，不再单独介绍。惠远 720 属于 2019 年新增品种，前面已经介绍过，这里不重复介绍。

2019 年第八师一四九团主要种植的棉花品种有：新陆早 74 为主栽品种，辅栽品种为新陆早 64，试验品种为惠远 720。新陆早 64、新陆早 74 及惠远 720，与 2018 年主栽品种相同，性状产出等特征都相同，不再单独介绍。

第八师一四九团连续三年的棉花播种品种相对较为稳定，辅栽品种种植效果显现后进行在本团场进行推广和主栽，提升了种植效果稳定性，降低了种植风险。如新陆早 74 在2017 年是试验示范品种，在 2018 年和 2019 年便是主栽品种，新陆早 74 兼顾了产量高、质量好和纤维特性好的特征。而惠远 720 的产量和质量特性较为明显，但是受到 2019 年棉花价格下跌的影响，连续三年种植面积都在下降。

第二节　试点团场新品种（品系）经济效益分析

一、第一师八团新品种（品系）经济效益分析

第一师八团 2017 年主要种植的棉花品种有：J206 - 5、瑞杂 816 及中棉 96。

2017 年全团播种 J206 - 5 品种 7.18 万亩，亩均棉种成本 48.45 元，棉花幼苗保苗率90.2%，棉花平均纤维长度 30.0 毫米，断裂比强度 26.6 厘牛/特克斯，马克隆值 A 级占比 50.5%，马克隆值 B 级占比 49.43%，马克隆值 C 级占比 0.07%，含杂率 3.46%（机采，加工后）。亩均籽棉产量 417.8 千克，按照机采棉（标准级）收购价格 7.0 元/千克，亩均销售收入 2 924.6 元（含成本 1 800～2 000 元，以下同）。补贴价 1.14 元/千克，含补贴总收入 3 400.89 元/亩（表 2 - 4）。

2017 年全团播种瑞杂 816 品种 1.97 万亩，亩均棉种成本 84.15 元，棉花幼苗保苗率

91.3%，棉花平均纤维长度29.7毫米，断裂比强度27.0厘牛/特克斯，马克隆值A级占比53.4%，马克隆值B级占比46.6%，含杂率2.13%（机采，加工后）。亩均籽棉产量425.8千克，按照机采棉（标准级）收购价格7.0元/千克，亩均销售收入2 980.6元。补贴价1.14元/千克，含补贴总收入3 466.01元/亩（表2-4）。

2017年全团播种中棉96品种0.97万亩，亩均棉种成本48.85元，棉花幼苗保苗率89.7%，棉花平均纤维长度29.6毫米，断裂比强度24.0厘牛/特克斯，马克隆值A级占比65.4%，马克隆值B级占比34.6%，含杂率2.08%（机采，加工后）。亩均籽棉产量435.7千克，按照机采棉（标准级）收购价格7.0元/千克，亩均销售收入3 049.9元。补贴价1.14元/千克，含补贴总收入3 546.60元/亩（表2-4）。

表2-4　第一师八团2017年棉花品种情况表

项目	品种		
	J206-5	瑞杂816	中棉96
播种面积（万亩）	7.18	1.97	0.97
亩均棉种成本（元）	48.45	84.15	48.85
保苗率（%）	90.2	91.3	89.7
纤维长度（毫米）	30.0	29.7	29.6
断裂比强度（厘牛/特克斯）	26.6	27.0	24.0
马克隆值A级占比（%）	50.5	53.4	65.4
马克隆值B级占比（%）	49.43	46.6	34.6
马克隆值C级占比（%）	0.07	0.00	0.00
含杂率（%）	3.46	2.13	2.08
亩均籽棉产量（千克）	417.8	425.8	435.7
单位售价（元/千克）	7.0	7.0	7.0
亩均销售收入（元）	2 924.6	2 980.6	3 049.9
补贴价（元/千克）	1.14	1.14	1.14
亩均补贴收入（元）	476.29	485.41	496.70
含补贴总收入（元/亩）	3 400.89	3466.01	3 546.60

第一师八团2018年主要种植的棉花品种有：J206-5、瑞杂816、中棉96及其他。

2018年全团播种J206-5品种4.56万亩，亩均棉种成本48.45元，棉花幼苗保苗率86.4%，棉花平均纤维长度28.9毫米，断裂比强度27.9厘牛/特克斯，马克隆值A级占比35.2%，马克隆值B级占比40.6%，马克隆值C级占比24.2%，含杂率4.6%（机采，加工后）。亩均籽棉产量426.6千克，按照机采棉（标准级）收购价格6.35元/千克，亩均销售收入2 708.91元。补贴价1.34元/千克，含补贴总收入3 280.55元/亩（表2-5）。

2018年全团播种瑞杂816品种1.69万亩，亩均棉种成本84.15元，棉花幼苗保苗率83.9%，棉花平均纤维长度28.9毫米，断裂比强度27.9厘牛/特克斯，马克隆值A级占比53.4%，马克隆值B级占比26.9%，马克隆值C级占比19.7%，含杂率4.6%（机采，加工后）。亩均籽棉产量 463.6 千克，按照机采棉（标准级）收购价格 6.35 元/千克，亩均销售收入 2 943.86 元。补贴价 1.34 元/千克，含补贴总收入 3 565.08 元/亩（表 2-5）。

2018 年全团播种中棉 96 达 3.76 万亩，亩均棉种成本 48.85 元，棉花幼苗保苗率 87.1%，棉花平均纤维长度 28.9 毫米，断裂比强度 27.9 厘牛/特克斯，马克隆值 A 级占比 43.7%，马克隆值 B 级占比 45.3%，马克隆值 C 级占比 11.0%，含杂率 4.6%（机采，加工后）。亩均籽棉产量 403.1 千克，按照机采棉（标准级）收购价格 6.35 元/千克，亩均销售收入 2 559.68 元。补贴价 1.34 元/千克，含补贴总收入 3 099.84 元/亩（表 2-5）。

2018 年全团播种其他品种 0.85 万亩，亩均棉种成本 48.55 元，棉花幼苗保苗率 85.7%，棉花平均纤维长度 28.9 毫米，断裂比强度 27.9 厘牛/特克斯，马克隆值 A 级占比 44.2%，马克隆值 B 级占比 31.6%，马克隆值 C 级占比 24.2%。亩均籽棉产量 371.25 千克，按照机采棉（标准级）收购价格 6.35 元/千克，亩均销售收入 2 357.44 元。补贴价 1.34 元/千克，含补贴总收入 2 854.92 元/亩（表 2-5）。

表 2-5　第一师八团 2018 年棉花品种情况表

植棉品种	J206-5	瑞杂 816	中棉 96	其他
播种面积（万亩）	4.56	1.69	3.76	0.85
亩均棉种成本（元）	48.45	84.15	48.85	48.55
保苗率（%）	86.4	83.9	87.1	85.7
纤维长度（毫米）	28.9	28.9	28.9	28.9
断裂比强度（厘牛/特克斯）	27.9	27.9	27.9	27.9
马克隆值 A 级占比（%）	35.2	53.4	43.7	44.2
马克隆值 B 级占比（%）	40.6	26.9	45.3	31.6
马克隆值 C 级占比（%）	24.2	19.7	11.0	24.2
含杂率（%）	4.6	4.6	4.6	4.6
亩均籽棉产量（千克）	426.6	463.6	403.1	371.25
单位售价（元/千克）	6.35	6.35	6.35	6.35
亩均销售收入（元）	2 708.91	2 943.86	2 559.68	2 357.44
补贴价（元/千克）	1.34	1.34	1.34	1.34
亩均补贴收入（元）	571.64	621.22	540.15	497.48
含补贴总收入（元/亩）	3 280.55	3 565.08	3 099.84	2 854.92

第一师八团 2019 年主要种植的棉花品种有：新陆中 70、中棉 66、冀杂 708 及其他。

2019 年全团播种新陆中 70 达 4.21 万亩，亩均棉种成本 45 元，棉花幼苗保苗率 81.3%，棉花平均纤维长度 28.37 毫米，断裂比强度 27.7 厘牛/特克斯，马克隆值 A 级占比 18.6%，马克隆值 B 级占比 57.5%，马克隆值 C 级占比 23.9%，含杂率 4.5%（机采，加工后）。亩均籽棉产量 320.2 千克，按照机采棉（标准级）收购价格 5.05 元/千克，亩均销售收入 1 617.01 元。补贴价 1.09 元/千克，含补贴收入 1 966.03 元/亩（表 2-6）。

2019年全团播种中棉66达3.05万亩，亩均棉种成本45元，棉花幼苗保苗率83.3%，棉花平均纤维长度28.61毫米，断裂比强度26.87厘牛/特克斯，马克隆值A级占比15.3%，马克隆值B级占比54.1%，马克隆值C级占比30.6%，含杂率4.5%（机采，加工后）。亩均籽棉产量374.1千克，按照机采棉（标准级）收购价格5.05元/千克，亩均销售收入1 889.21元。补贴价1.09元/千克，含补贴收入2 296.97元/亩（表2-6）。

2019年全团播种冀杂708达2.66万亩，亩均棉种成本52.5元，棉花幼苗保苗率82.1%，棉花平均纤维长度29.16毫米，断裂比强度28.16厘牛/特克斯，马克隆值A级占比21.6%，马克隆值B级占比59.9%，马克隆值C级占比18.5%，含杂率4.5%（机采，加工后）。亩均籽棉产量422.0千克，按照机采棉（标准级）收购价格5.05元/千克，亩均销售收入2 131.10元。补贴价1.09元/千克，含补贴收入2 591.08元/亩（表2-6）。

2019年全团播种其他品种2.39万亩，亩均棉种成本45元，棉花幼苗保苗率82.1%，棉花平均纤维长度28.63毫米，断裂比强度27.23厘牛/特克斯，马克隆值A级占比18.63%，马克隆值B级占比56.3%，马克隆值C级占比25.34%，含杂率4.5%（机采，加工后）。亩均籽棉产量142.0千克，按照机采棉（标准级）收购价格5.05元/千克，亩均销售收入717.10元。补贴价1.09元/千克，含补贴收入871.88元/亩（表2-6）。

表2-6　第一师八团2019年棉花品种情况表

植棉品种	新陆中70	中棉66	冀杂708	其他
播种面积（万亩）	4.21	3.05	2.66	2.39
棉种成本（元/亩）	45	45	52.5	45
保苗率（%）	81.3	83.3	82.1	82.1
纤维长度（毫米）	28.37	28.61	29.16	28.63
断裂比强度（厘牛/特克斯）	27.7	26.87	28.16	27.23
马克隆值A级占比（%）	18.6	15.3	21.6	18.36
马克隆值B级占比（%）	57.5	54.1	59.9	56.3
马克隆值C级占比（%）	23.9	30.6	18.5	25.34
含杂率（%）	4.5	4.5	4.5	4.5
亩均产量（千克）	320.2	374.1	422.0	142.0
单位售价（元/千克）	5.05	5.05	5.05	5.05
亩均销售收入（元）	1 617.01	1 889.21	2 131.10	717.10
补贴价（元/千克）	1.09	1.09	1.09	1.09
亩均补贴收入（元）	349.02	407.77	459.98	154.78
含补贴总收入（元/亩）	1 966.03	2 296.97	2 591.08	871.88

二、第六师芳草湖农场新品种（品系）经济效益分析

第六师芳草湖农场2017年主要种植的棉花品种有新陆早72和新陆中42。

2017年农场播种新陆早72达24.6万亩，亩均棉种成本46元，棉花幼苗保苗率95%，棉花平均纤维长度29.6毫米，断裂比强度30.4厘牛/特克斯，马克隆值A级占比98.6%，马克隆值B级占比1.4%，含杂率2.0%（机采，加工后）。亩均籽棉产量363.6千克，按照机采棉（标准级）收购价格7.0元/千克，亩均销售收入2 545.2元。补贴价1.14元/千克，含补贴总收入2 959.7元/亩（表2-7）。

2017年农场播种新陆中42达6.7万亩，亩均棉种成本40元，棉花幼苗保苗率90%，棉花平均纤维长度29.4毫米，断裂比强度30.1厘牛/特克斯，马克隆值A级占比92.3%，马克隆值B级占比7.7%，含杂率2.0%（机采，加工后）。亩均籽棉产量345.7千克，按照机采棉（标准级）收购价格7.0元/千克，亩均销售收入2 419.9元。补贴价1.14元/千克，含补贴总收入2 814.0元/亩（表2-7）。

2017年芳草湖农场以新陆早72为主栽品种，新陆中42为辅栽品种。新陆早72综合品质指标较好，主要表现为，纤维长度29毫米以上占比96.4%，长度整齐度指数U1（很高）、U2（高）合计为98%；新陆早72籽棉亩产较新陆中42高17.9千克，亩增加产值125.3元（表2-7）。

表2-7　第六师芳草湖农场2017年棉花品种情况表

植棉品种	新陆早72	新陆中42
播种面积（万亩）	24.6	6.7
棉种成本（元/亩）	46	40
保苗率（%）	95	90
纤维长度（毫米）	29.6	29.4
断裂比强度（厘牛/特克斯）	30.4	30.1
马克隆值A级占比（%）	98.6	92.3
马克隆值B级占比（%）	1.4	7.7
马克隆值C级占比（%）	0.0	0.0
含杂率（%）	2.0	2.0
亩均产量（千克）	363.6	345.7
单位售价（元/千克）	7.0	7.0
亩均销售收入（元）	2 545.2	2 419.9
补贴价（元/千克）	1.14	1.14
亩均补贴收入（元）	414.5	394.1
含补贴总收入（元/亩）	2 959.7	2 814.0

第六师芳草湖农场2018年主要种植的棉花品种有新陆早72和新陆早57。

2018年农场播种新陆早72达22.5万亩，亩均棉种成本50元，棉花幼苗保苗率93%，棉花平均纤维长度30.51毫米，断裂比强度32.33厘牛/特克斯，马克隆值A级占比95.6%，马克隆值B级占比4.4%，含杂率14.5%（机采，加工前）。亩均籽棉产量

404千克，按照机采棉（标准级）收购价格6.3元/千克，亩均销售收入2 545.2元。补贴价1.4元/千克，含补贴总收入3 110.8元/亩（表2-8）。

2018年农场播种新陆早57达18.6万亩，亩均棉种成本48元，棉花幼苗保苗率91%，棉花平均纤维长度28.88毫米，断裂比强度31.8厘牛/特克斯，马克隆值A级占比94.77%，马克隆值B级占比5.23%，含杂率12.5%（机采，加工前）。亩均籽棉产量397.5千克，按照机采棉（标准级）收购价格6.3元/千克，亩均销售收入2 504.3元。补贴价1.4元/千克，含补贴总收入3 060.8元/亩（表2-8）。

2018年芳草湖农场以新陆早72为主栽品种，新陆早57为辅栽品种。新陆早72综合品质指标较好，主要表现为，纤维长度29毫米以上占比96.4%，长度整齐度指数U1（很高）、U2（高）合计为98%；新陆早72籽棉亩产较新陆早57高6.5千克，亩增加产值40.95元（表2-8）。

表2-8　第六师芳草湖农场2018年棉花品种情况表

植棉品种	新陆早72	新陆早57
播种面积（万亩）	22.5	18.6
棉种成本（元/亩）	50	48
保苗率（%）	93	91
纤维长度（毫米）	30.51	28.88
断裂比强度（厘牛/特克斯）	32.33	31.8
马克隆值A级占比（%）	95.6	94.77
马克隆值B级占比（%）	4.4	5.23
马克隆值C级占比（%）	0.0	0.0
含杂率（%）	14.5	12.5
亩均产量（千克）	404	397.5
单位售价（元/千克）	6.3	6.3
亩均销售收入（元）	2 545.2	2 504.3
补贴价（元/千克）	1.4	1.4
亩均补贴收入（元）	565.6	556.5
含补贴总收入（元/亩）	3 110.8	3 060.8

第六师芳草湖农场2019年主要种植的棉花品种有新陆早61、国成2号及惠远720。

2019年农场播种新陆早61达19.1万亩，亩均棉花种植成本50元，棉花幼苗保苗率92%，棉花平均纤维长度27.85毫米，断裂比强度29.56厘牛/特克斯，马克隆值A级占比94.73%，马克隆值B级占比5.27%，含杂率13.5%（机采，加工前）。亩均籽棉产量403千克，按照机采棉（标准级）收购价格6.2元/千克，亩均销售收入2 498.6元。补贴价0.95元/千克，含补贴总收入2 881.45元/亩（表2-9）。

2019 年农场播种国成 2 号 20.1 万亩，亩均棉种成本 48 元，棉花幼苗保苗率 90%，棉花平均纤维长度 28.73 毫米，断裂比强度 30.04 厘牛/特克斯，马克隆值 A 级占比 94.89%，马克隆值 B 级占比 5.11%，含杂率 13.0%（机采，加工前）。亩均籽棉产量 406 千克，按照机采棉（标准级）收购价格 6.2 元/千克，亩均销售收入 2 517.2 元。补贴价 0.95 元/千克，含补贴总收入 2 902.9 元/亩（表 2-9）。

2019 年农场播种惠远 720 达 0.55 万亩，亩均棉种成本 35 元，棉花幼苗保苗率 83%，棉花平均纤维长度 29.45 毫米，断裂比强度 31.23 厘牛/特克斯，马克隆值 A 级占比 95.2%，马克隆值 B 级占比 4.8%，含杂率 11.5%（机采，加工前）。亩均籽棉产量 440 千克，按照机采棉（标准级）收购价格 6.2 元/千克，亩均销售收入 2 728 元。补贴价 0.95 元/千克，含补贴总收入 3 146 元/亩（表 2-9）。

表 2-9　第六师芳草湖农场 2019 年棉花品种情况表

植棉品种	新陆早 61	国成 2 号	惠远 720
播种面积（万亩）	19.1	20.1	0.55
棉种成本（元/亩）	50	48	35
保苗率（%）	92	90	83
纤维长度（毫米）	27.85	28.73	29.45
断裂比强度（厘牛/特克斯）	29.56	30.04	31.23
马克隆值 A 级占比（%）	94.73	94.89	95.2
马克隆值 B 级占比（%）	5.27	5.11	4.8
马克隆值 C 级占比（%）	0.0	0.0	0.0
含杂率（%）	13.5	13.0	11.5
亩均产量（千克）	403	406	440
单位售价（元/千克）	6.2	6.2	6.2
亩均销售收入（元）	2 498.6	2 517.2	2 728.0
补贴价（元/千克）	0.95	0.95	0.95
亩均补贴收入（元）	382.9	385.7	418.0
含补贴总收入（元/亩）	2 881.5	2 902.9	3 146.0

三、第七师一二五团新品种（品系）经济效益分析

2017 年，第七师一二五团主要种植的棉花品种有鲁研棉 24 和科研 5 号。

2017 年全团播种鲁研棉 24 达 16 万亩，亩均棉种成本 78 元，棉花幼苗保苗率 85%，棉花平均纤维长度 29.2 毫米，断裂比强度 29.1 厘牛/特克斯，马克隆值 A 级占比 35%，马克隆值 B 级占比 42%，马克隆值 C 级占比 23%，含杂率 12%（机采，加工前）。亩均籽棉产量 435 千克，按照机采棉（标准级）收购价格 7.0 元/千克，亩均销售收入 3 045.0 元。补贴价 1.1 元/千克，含补贴总收入 3 523.5 元/亩（表 2-10）。

2017年全团播种科研5号10.2万亩，亩均棉种成本50元，棉花幼苗保苗率80%，棉花平均纤维长度29毫米，断裂比强度29厘牛/特克斯，马克隆值A级占比33%，马克隆值B级占比41%，马克隆值C级占比26%，含杂率13%（机采，加工前）。亩均籽棉产量408千克，按照机采棉（标准级）收购价格7.0元/千克，亩均销售收入2 856.0元。补贴价1.1元/千克，含补贴总收入3 304.8元/亩（表2-10）。

表2-10　第七师一二五团2017年农场棉花品种情况表

植棉品种	鲁研棉24	科研5号
播种面积（万亩）	16	10.2
棉种成本（元/亩）	78	50
保苗率（%）	85	80
纤维长度（毫米）	29.2	29
断裂比强度（厘牛/特克斯）	29.1	29
马克隆值A级占比（%）	35	33
马克隆值B级占比（%）	42	41
马克隆值C级占比（%）	23	26
含杂率（%）	12	13
亩均产量（千克）	435	408
单位售价（元/千克）	7.0	7.0
亩均销售收入（元）	3 045.0	2 856.0
补贴价（元/千克）	1.1	1.1
亩均补贴收入（元）	478.5	448.8
含补贴总收入（元/亩）	3 523.5	3 304.8

2018年，第七师一二五团主要种植的棉花品种有鲁研棉24和中棉75。

2018年全团播种鲁研棉24达16万亩，亩均棉种成本45元，棉花幼苗保苗率85.7%，棉花平均纤维长度29.0毫米，断裂比强度30厘牛/特克斯，马克隆值A级占比35%，马克隆值B级占比43%，马克隆值C级占比22%，含杂率12%（机采，加工前）。亩均籽棉产量446千克，按照机采棉（标准级）收购价格6.2元/千克，亩均销售收入2 765.2元。补贴价1.4元/千克，含补贴收入3 389.6元/亩（表2-11）。

2018年全团播种中棉75达12万亩，亩均棉种成本45元，棉花幼苗保苗率88.5%，棉花平均纤维长度29.2毫米，断裂比强度30厘牛/特克斯，马克隆值A级占比37%，马克隆值B级占比45%，马克隆值C级占比18%，含杂率11%（机采，加工前）。亩均籽棉产量440千克，按照机采棉（标准级）收购价格6.2元/千克，亩均销售收入2 728.0元。补贴价1.4元/千克，含补贴收入3 344.0元/亩（表2-11）。

表 2 - 11 第八师一二五团 2018 年农场棉花品种情况表

植棉品种	鲁研棉 24	中棉 75
播种面积（万亩）	16	12
棉种成本（元/亩）	45	45
保苗率（%）	85.7	88.5
纤维长度（毫米）	29.0	29.2
断裂比强度（厘牛/特克斯）	30	30
马克隆值 A 级占比（%）	35	37
马克隆值 B 级占比（%）	43	45
马克隆值 C 级占比（%）	22	18
含杂率（%）	12	11
亩均产量（千克）	446	440
单位售价（元/千克）	6.2	6.2
亩均销售收入（元）	2 765.2	2 728.0
补贴价（元/千克）	1.4	1.4
亩均补贴收入（元）	624.4	616.0
含补贴总收入（元/亩）	3 389.6	3 344.0

2019 年，第七师一二五团主要种植的棉花品种有中棉 86、中棉 641 及鲁研棉 24。

2019 年全团播种中棉 86 达 10 万亩，亩均棉种成本 45 元，棉花幼苗保苗率 72%，棉花平均纤维长度 29.14 毫米，断裂比强度 30 厘牛/特克斯，马克隆值 A 级占比 36%，马克隆值 B 级占比 44%，马克隆值 C 级占比 20%，含杂率 8.97%（机采，加工前）。亩均籽棉产量 438 千克，按照机采棉（标准级）收购价格 5.2 元/千克，亩均销售收入 2 277.6 元。补贴价 0.85 元/千克，含补贴总收入 2 649.9 元/亩（表 2 - 12）。

2019 年全团播种中棉 641 达 2 万亩，亩均棉种成本 15 元，棉花幼苗保苗率 68%，棉花平均纤维长度 32 毫米，断裂比强度 31 厘牛/特克斯，马克隆值 A 级占比 40%，马克隆值 B 级占比 60%，含杂率 9%（机采，加工前）。亩均籽棉产量 300 千克，按照机采棉（标准级）收购价格 5.2 元/千克，亩均销售收入 1 560.0 元。补贴价 0.85 元/千克，含补贴总收入 1 815.0 元/亩（表 2 - 12）。

2019 年全团播种鲁研棉 24 达 15 万亩，亩均棉种成本 42 元，棉花幼苗保苗率 70%，棉花平均纤维长度 29 毫米，断裂比强度 31 厘牛/特克斯，马克隆值 A 级占比 34%，马克隆值 B 级占比 43%，马克隆值 C 级占比 23%，含杂率 9.23%（机采，加工前）。亩均籽棉产量 442 千克，按照机采棉（标准级）收购价格 5.2 元/千克，亩均销售收入 2 298.4 元。补贴价 0.85 元/千克，含补贴总收入 2 674.1 元/亩（表 2 - 12）。

表 2 - 12　第八师一二五团 2019 年农场棉花品种情况表

植棉品种	中棉 86	中棉 641	鲁研棉 24
播种面积（万亩）	10	2	15
棉种成本（元/亩）	45	15	42
保苗率（%）	72	68	70
纤维长度（毫米）	29.14	32	29
断裂比强度（厘牛/特克斯）	30	31	31
马克隆值 A 级占比（%）	36	40	34
马克隆值 B 级占比（%）	44	60	43
马克隆值 C 级占比（%）	20	0	23
含杂率（%）	8.97	9	9.23
亩均产量（千克）	438	300	442
单位售价（元/千克）	5.2	5.2	5.2
亩均销售收入（元）	2 277.6	1 560.0	2 298.4
补贴价（元/千克）	0.85	0.85	0.85
亩均补贴收入（元）	372.3	255	375.7
含补贴总收入（元/亩）	2 649.9	1 815.0	2 674.1

四、第八师一四九团新品种（品系）经济效益分析

第八师一四九团 2017 年主要种植的棉花品种有新陆早 64、新陆早 74 和新陆早 60。

2017 年全团播种新陆早 64 达 7.18 万亩，亩均棉种成本 48.45 元，棉花幼苗保苗率 90.2%，棉花平均纤维长度 30.0 毫米，断裂比强度 26.6 厘牛/特克斯，马克隆值 A 级占比 50.5%，马克隆值 B 级占比 49.5%，含杂率 3.46%（机采，加工后）。亩均籽棉产量 417.8 千克，按照机采棉（标准级）收购价格 7.0 元/千克，亩均销售收入 2 924.6 元。补贴价 1.15 元/千克，含补贴总收入 3 405.07 元/亩（表 2 - 13）。

2017 年全团播种新陆早 74 达 1.97 万亩，亩均棉种成本 84.15 元，棉花幼苗保苗率 91.3%，棉花平均纤维长度 29.7 毫米，断裂比强度 27 厘牛/特克斯，马克隆值 A 级占比 53.4%，马克隆值 B 级占比 46.6%，含杂率 2.08%（机采，加工后）。亩均籽棉产量 425.8 千克，按照机采棉（标准级）收购价格 7.0 元/千克，亩均销售收入 2 980.6 元。补贴价 1.15 元/千克，含补贴总收入每亩 3 470.27 元（表 2 - 13）。

2017 年全团播种新陆早 60 达 0.97 万亩，亩均棉种成本 48.85 元，棉花幼苗保苗率 89.7%，棉花平均纤维长度 29.6 毫米，断裂比强度 24 厘牛/特克斯，马克隆值 A 级占比 65.4%，马克隆值 B 级占比 34.6%，含杂率 2.08%（机采，加工后）。亩均籽棉产量 435.7 千克，按照机采棉（标准级）收购价格 7.0 元/千克，亩均销售收入 3 049.9 元。补贴价 1.15 元/千克，含补贴总收入每亩 3 550.96 元（表 2 - 13）。

表 2 - 13　第八师一四九团 2017 年棉花品种情况表

植棉品种	新陆早 64	新陆早 74	新陆早 60
播种面积（万亩）	7.18	1.97	0.97
棉种成本（元/亩）	48.45	84.15	48.85
保苗率（%）	90.2	91.3	89.7
纤维长度（毫米）	30.0	29.7	29.6
断裂比强度（厘牛/特克斯）	26.6	27	24
马克隆值 A 级占比（%）	50.5	53.4	65.4
马克隆值 B 级占比（%）	49.5	46.6	34.6
马克隆值 C 级占比（%）	0	0	0
含杂率（%）	3.46	2.08	2.08
亩均产量（千克）	417.8	425.8	435.7
单位售价（元/千克）	7.0	7.0	7.0
亩均销售收入（元）	2 924.6	2 980.6	3 049.9
补贴价（元/千克）	1.15	1.15	1.15
亩均补贴收入（元）	480.47	489.67	501.06
含补贴总收入（元/亩）	3 405.07	3 470.27	3 550.96

第八师一四九团 2018 年主要种植的棉花品种有新陆早 74、新陆早 64 和惠远 720。

2018 年全团播种新陆早 74 达 8 万亩，亩均棉种成本 30 元，棉花幼苗保苗率 91.3%，棉花平均纤维长度 28.36 毫米，断裂比强度 26.5 厘牛/特克斯，马克隆值 A 级占比 72.1%，马克隆值 B 级占比 15.8%，马克隆值 C 级占比 12.1%，含杂率 11.07%（机采，加工前）。亩均籽棉产量 418.2 千克，按照机采棉（标准级）收购价格 6.53 元/千克，亩均销售收入 2 730.85元。补贴价 1.15 元/千克，含补贴总收入每亩 3 291.24 元（表 2 - 14）。

2018 年全团播种新陆早 64 达 2 万亩，亩均棉种成本 30 元，棉花幼苗保苗率 92.2%，棉花平均纤维长度 28.19 毫米，断裂比强度 26.9 厘牛/特克斯，马克隆值 A 级占比 66%，马克隆值 B 级占比 29.7%，马克隆值 C 级占比 4.3%，含杂率 11.1%（机采，加工前）。亩均籽棉产量 388.2 千克，按照机采棉（标准级）收购价格 6.53 元/千克，亩均销售收入 2 534.95元。补贴价 1.15 元/千克，含补贴总收入每亩 3 055.14 元（表 2 - 14）。

2018 年全团播种惠远 720 达 0.2 万亩，亩均棉种成本 35 元，棉花幼苗保苗率 89.9%，棉花平均纤维长度 28.00 毫米，断裂比强度 25.5 厘牛/特克斯，马克隆值 A 级占比 58.7%，马克隆值 B 级占比 41.3%，含杂率 11.2%（机采，加工前）。亩均籽棉产量 432.5 千克，按照机采棉（标准级）收购价格 6.53 元/千克，亩均销售收入 2 824.23元。补贴价 1.15 元/千克，含补贴总收入每亩 3 403.78 元（表 2 - 14）。

表 2 - 14　第八师一四九团 2018 年棉花品种情况表

植棉品种	新陆早 74	新陆早 64	惠远 720
播种面积（万亩）	8	2	0.2
棉种成本（元/亩）	30	30	35
保苗率（%）	91.3	92.2	89.9
纤维长度（毫米）	28.36	28.19	28.00
断裂比强度（厘牛/特克斯）	26.5	26.9	25.5
马克隆值 A 级占比（%）	72.1	66	58.7
马克隆值 B 级占比（%）	15.8	29.7	41.3
马克隆值 C 级占比（%）	12.1	4.3	0
含杂率（%）	11.07	11.1	11.2
亩均产量（千克）	418.2	388.2	432.5
单位售价（元/千克）	6.53	6.53	6.53
亩均销售收入（元）	2 730.85	2 534.95	2 824.23
补贴价（元/千克）	1.34	1.34	1.34
亩均补贴收入（元）	560.39	520.19	579.55
含补贴总收入（元/亩）	3 291.24	3 055.4	3 403.78

第八师一四九团 2019 年主要种植的棉花品种有新陆早 74、新陆早 64 和惠远 720。具体种植情况如下：

2019 年全团播种新陆早 74 达 2 万亩，亩均棉种成本 30 元，棉花幼苗保苗率 89.9%，棉花平均纤维长度 28.82 毫米，断裂比强度 26.3 厘牛/特克斯，马克隆值 A 级占比 66.5%，马克隆值 B 级占比 20.3%，马克隆值 C 级占比 13.2%，含杂率 14.74%（机采，加工前）。亩均籽棉产量 439.9 千克，按照机采棉（标准级）收购价格 4.59 元/千克，亩均销售收入 2 019.41 元。补贴价 0.9 元/千克，含补贴收入每亩 2 415.05 元（表 2 - 15）。

2019 年全团播种新陆早 64 达 0.2 万亩，亩均棉种成本 48 元，棉花幼苗保苗率 91.3%，棉花平均纤维长度 28.71 毫米，断裂比强度 26.8 厘牛/特克斯，马克隆值 A 级占比 59.5%，马克隆值 B 级占比 15.5%，马克隆值 C 级占比 25%，含杂率 13.03%（机采，加工前）。亩均籽棉产量 425.5 千克，按照机采棉（标准级）收购价格 4.59 元/千克，亩均销售收入 1 953.05 元。补贴价 0.9 元/千克，含补贴收入每亩 2 336.00 元（表 2 - 15）。

2019 年全团播种惠远 720 达 0.4 万亩，亩均棉种成本 56 元，棉花幼苗保苗率 90.8%，棉花平均纤维长度 28.87 毫米，断裂比强度 25.4 厘牛/特克斯，马克隆值 A 级占比 68.9%，马克隆值 B 级占比 20.6%，马克隆值 C 级占比 10.5%，含杂率 13.23%（机采，加工前）。亩均籽棉产量 455.6 千克，按照机采棉（标准级）收购价格 4.59 元/千克，亩均销售收入 2 091.20 元。补贴价 0.9 元/千克，含补贴收入每亩 2 501.24 元（表 2 - 15）。

表 2 - 15　第八师一四九团 2019 年棉花品种情况表

植棉品种	新陆早 74	新陆早 64	惠远 720
播种面积（万亩）	2	0.2	0.4
棉种成本（元/亩）	30	48	56
保苗率（%）	89.9	91.3	90.8
纤维长度（毫米）	28.82	28.71	28.87
断裂比强度（厘牛/特克斯）	26.3	26.8	25.4
马克隆值 A 级占比（%）	66.5	59.5	68.9
马克隆值 B 级占比（%）	20.3	15.5	20.6
马克隆值 C 级占比（%）	13.2	25	10.5
含杂率（%）	14.74	13.03	13.23
亩均产量（千克）	439.9	425.5	455.6
单位售价（元/千克）	4.59	4.59	4.59
亩均销售收入（元）	2 019.14	1 953.05	2 091.20
补贴价（元/千克）	0.9	0.9	0.9
亩均补贴收入（元）	395.91	382.95	410.04
含补贴总收入（元/亩）	2 415.05	2 336.00	2 501.24

第三节　棉花新品种推广存在的问题及建议

一、棉花新品种应用中存在的问题

机械化采棉因采收过程中品质易出现下降和采收损失较大，以及配套技术不完善，而产生机采棉质量、效益下滑。特别是在产量和品质及其价格下滑的经济新常态下，大面积实现优质高产高效棉花种植面临着重大考验和挑战。品种选择必须考虑五大因素：品质、产量、抗性、熟性和适应性。目前，育种上五大因素很难协调统一，尤其缺乏生产中能大面积推广种植的优质品种，这是兵团棉花品质提升的重要限制因素。因此，在棉花机械采收的大背景下，如何提高棉花的经济效益及机械采收品质，棉种选择及棉种管理是机采棉提升亟待解决的问题。

1. 机采棉品种选择不科学　由于现有的主栽品种表现抗病性较差，丰产性不突出，品质易受机械破坏等特点，不符合当前的机采要求。纤维品质如纤维长度、断裂比强度、纤维整齐度等影响采摘效果；棉铃发育不成熟，吐絮不集中，使得机械采收采净率低；生育期偏长，使得机采棉品质较差，采棉损失率高，效益降低。

（1）片面追求丰产性，育成品种品质不达标。生产上，南疆兵团主推的常规品种新陆中 26、新陆中 35、新陆中 37 和新陆中 49，属于丰产性品种，品质上都没有达到"双 30"标准。使得南疆棉纤维品质达到"双 29"的占比少于北疆。

（2）片面追求抗病性，育成品种品质不达标。南疆兵团主推的中棉35，品质较好，早熟性也较好，但因为不抗病，很快被抗病、丰产的中棉49取代。而该品种品质远不如中棉35，到2013年南疆大面积推广种植时，表现出长度短于28毫米的占比很高。

（3）育成品种熟期偏长，脱叶催熟造成品质下降。近年来南疆兵团主推的品种，生育期都在140天左右，熟期偏长。为满足机采要求而进行脱叶催熟，使得上部棉铃因生长发育时间不够，造成品质下降。这也是南疆兵团大面积机采棉品质不如地方大面积手采棉的重要原因之一。

（4）良繁体系不健全。随着棉花产业的不断发展壮大，新品种对棉花产业的贡献率不断提升，新品种增产优势大，而三圃制提纯、提高种性慢且时间较长的矛盾日趋明显，新品种提纯复壮远远达不到品种更换的要求，致使棉花新品种的更新更换逐渐频繁，严重制约着兵团棉花良繁体系的建设，原有的良繁基地发挥不了其作用。根据兵团提升棉花品质总体要求，各育种单位对具有自主知识产权的品种开展三圃制良繁体系高度重视，但在生产上发挥作用还需较长的过程。

2. 脱叶剂选用不当，脱叶效果不理想　化学脱叶催熟是机械采棉的关键技术之一，化学脱叶催熟不仅能促使棉铃相对提前和集中吐絮，而且能有效减少棉花杂质含量，直接影响机采棉的质量和效率。目前市场上的脱叶剂品种繁多，脱叶剂根据不同类型品种，最佳使用时期尚不明确，不同时期喷施效果各不一样。化学脱叶剂在实际应用过程中易受气候条件及施药技术的影响，因此在地区间、年度间的应用效果差异较大。根据不同地区气候特点，探讨脱叶剂脱叶效果的规律对棉花机采的长久发展具有重要意义。

3. 地膜污染严重　地膜的使用对棉花增产效果十分明显，但同时长期使用地膜也造成棉田污染，从而加快了棉花性能的退化、变异。且部分残膜在机械采摘棉花过程中的混入，增加了机采棉中异性纤维的含量，影响了棉花质量，降低了其总体市场价格，使得效益降低。

4. 育成品种适应性不好，品质年季间变幅较大　近年，遇罕见持续高温天气，南疆棉纤维品质整体下降。枯黄萎病发生情况底数不清，给优质棉品种布局带来困难。目前，育种进展还没能很好地解决品质与抗性相统一的矛盾，而生产上已有多年未再进行枯黄萎病普查。枯黄萎病发生情况底数不清，枯黄萎病治理工作无的放矢，这给优质棉品种布局带来困难。没有优质棉品种的大面积布局，仅从栽培环节、机采加工环节入手，很难从根本上解决机采棉品质问题。

5. 主栽品种不能满足当前兵团棉花发展的需求　从各师推荐的棉花主栽品种总体情况看，主要有以下几个方面的不足。首先是个别品种生育期相对较长，特别是引进品种和部分自育品种，灾害性年份易晚熟，影响机采脱叶效果，导致品质下降。如南疆早中熟陆地棉新陆中37，北疆早中熟陆地棉品种鲁研棉24、新陆早59、新陆早60等；第二是抗病性不突出，特别是对黄萎病的抗（耐）性不强，发病重的年份易造成减产；第三是丰产性好，品质相对较差；第四是种植品种数量相对较多，纤维一致性较差，同时容易造成混杂，加大了良种繁育的难度。

6. 棉花品种选育创新能力不足　"十五"以来，兵团各科研单位在国家政策的扶持与引导下，棉花新品种选育中不断加大创新力度，引进和培育了一批新的原始材料、品系和品种，促进了兵团棉花产业的发展，丰产性与抗病性普遍提高，但品质未有较大提高，因此选育目标从丰产型向优质型转变还需一定的时间和过程，同时各育种单位基础相对薄弱，基础材料缺乏，短期内较难推出适合生产所需的优质棉花新品种。针对以上问题，结合兵团实际，当前做好棉花种子工作的重点工作是充分利用国家良种补贴和目标价格试点政策，加强品种选育，健全良繁体系，逐步建立由科研单位进行原种保纯，经兵团认证确定良种生产基地进行原种扩繁和良种生产，由龙头种子企业组织生产和统一供种，最终实现兵团棉花提质增效总体目标。

二、棉花新品种推广的政策建议

1. 加强田间管理，为提质增效奠定基础　针对近年来的特殊农情，锦农公司紧紧围绕"一优两高一降"农业工作总目标，严格落实干部"一地一策一责"生产管理制度，全面提升干部管理能力和职工种植水平，以实现团场增效、职工增收。一是认真抓好水肥运筹。针对重播棉田苗情复杂的特点，认真做好苗情分类，科学水肥运筹，适当减少肥料投入量，严禁大水大肥促生长，重点抓好促苗早发，促苗转化工作。二是科学化调。加强中后期田间管理，依据品种特性和棉苗的生长发育特点，协调好营养生长和生殖生长的关系，有步骤地实施化调工作；对灾后重播棉田，因苗制宜，加快棉苗生长发育进程，促早现蕾、早开花、早结铃。三是严密监控虫情动态。严格落实各项植保常规技术措施，加强田间调查，密切关注棉铃虫、棉叶螨、棉盲蝽等虫情动态，做到早调查、早防治。四是严格打顶时间，狠抓脱叶质量。正常棉田于 7 月 1 日前结束打顶工作，重播棉田根据播期，适当调整打顶时间，于 7 月 10 日全面结束打顶工作；正常棉田采取一遍脱叶，针对重播、补种棉田根据实际情况及时采取两遍脱叶，于 9 月 10 日前全面完成脱叶工作，脱叶率达到 95％以上，确保机采质量。该模式的推行为兵团棉田管理提供了经验借鉴。

2. 严格采收作业制度，确保棉花采摘质量　为提升棉花质量，确保职工收入稳定，团场生产经营秩序稳固，在机采环节中严格做到：严控水杂，严防三丝，减少浪费。一是严格采前验收制度。采收前彻底清洁田园，逐块验收打模场地和籽棉铺垫物，并发放合格证，从源头杜绝残膜三丝。二是严格机车采前调试。采收前对所有机车进行逐一调试，经连队验收，职工签字后方可开展作业，对采收质量不达标的机车坚决不予使用，从源头上抓好机采质量。三是严格抓好水分管控。根据天气情况，合理确定机采时间，做到夜间不采收，杜绝采收露水花；打模前由专人负责水分检验，合格后方可进行打模作业。四是严格抓好采后检验。对采收后的棉田逐一检查验收，督促职工捡拾撞落棉、挂枝棉，确保每亩地损失不超过 5 千克。五是严格落实质量追溯。建立籽棉信息卡追溯制度，明确每个环节的责任人，记载每项作业的机车号，实现籽棉质量可追溯、可倒查。

3. 品种及其布局方面　品种选择首先考虑优质，必须达到"双30"以上标准。适当降低抗性要求，抗性与新陆中 37 相当即可。在枯黄萎病普查的基础上，将发病率在 30％

以上的严重病田逐步退出棉花种植，发病率在10％～30％的严重病田，可通过轮作倒茬、深翻洗平等措施，减轻病害，为最大限度地布局优质棉品种创造条件；在发病率5％～10％的重病田布局耐病的品种，人工采收。同时考虑品种早熟性，南疆地区选用生育期在130～135天的品种为宜，北疆地区选用生育期在120～125天的品种为宜。

4. 促早栽培技术体系方面　尽快完善以促早为核心的栽培技术体系的推广应用。具体措施：熟化"干播湿出"技术，推广"滴水出苗"技术，南疆兵团4月10日前完成播种。降低种植密度，常规品种收获株数12 000～13 000株，杂交品种收获株数9 000～10 000株。适时早打顶，6月25～30日，常规品种留够8台果枝，杂交品种留够9.5台果枝。水肥运筹适当前移，8月15日前停肥，8月20日前停水，7月25日倒1果枝第一节位断花，8月25日吐絮，9月13～18日脱叶催熟时，棉田自然吐絮率40％以上。

5. 建立兵团棉花品种名录　建议由兵团农业局牵头，兵团种子管理总站和新疆农垦科学院具体实施，各师种子管理部门协作，在不同生态区建立新品种比较试验、展示试验和脱叶剂试验，推荐优良品种进入兵团推广，供种企业开展推荐品种示范。具体做法是：在各生态区建立3～5个试验点，对已参加自治区区域试验或审定品种进行多点试验，考察品种（系）的丰产性、适应性和脱叶效果；通过多点试验的品种，进入品种展示，展示点在各生态区内不少于2～3个。在田间组织专家对品种进行考察，结合年底的产量、品质数据确定各生态区下一年度的主栽品种，由兵团农业局发布兵团主栽品种目录，规范品种种植。

6. 建立品种推广专家推荐制　建议由兵团进行组织，成立由种子管理部门以及棉花育种、栽培、植保、管理等相关领域专家组成品种田间鉴定、推荐委员会。分南北疆片区对兵团区域试验及品种展示提出鉴定、评价意见，供种子管理部门参考，提供相关的试验品种和试验数据，以有利于棉花品种的推广工作。

7. 抓好棉花加工工作　一是强化轧花厂目标考核。根据兵团相关规定，确定以轧花质量、效益、进度、安全为内容的目标责任考核，明确目标责任。

二是狠抓轧花厂设备检修工作。为确保设备检修工作保质保量按期完成，要求轧花厂要成立设备检修工作领导小组。领导小组全面负责设备检修工作的组织、检查和验收。制定检修制度、标准和实施方案。确保设备检修"人员到位、资金到位、配件到位、检修彻底"，轧花厂要加强成本管理，实行"定额、定员、定岗、定费"及"谁维修、谁负责"的岗位责任制，奖罚分明，责任到人。设备检修工作在8月20日前全部完成。

三是努力提高棉花质量。轧花期间根据当年棉花长度短的问题多次召集会议，通报情况，提出加工中的具体措施和建议。

四是规范轧花厂管理。针对个别轧花厂现场管理差的问题，农业主管部门须采取果断措施，要求停机整顿，什么时候达到规定要求，什么时候准许开机生产。

五是全面开展棉花加工企业监督检查。各团场对轧花厂安全、消防、设备检修、籽棉收购、加工质量、进度等工作进行阶段性监督检查，同时会同相关部门对轧花厂进行经常性的突击检查，极大地促进轧花厂各项工作的顺利开展。

　　围绕提升棉花质量效益这个核心，在轧花厂技改、检修和加工等环节，全程与山东天鹅棉机、邯郸棉机合作，提高设备检修精度，改进机采棉加工工艺，提升机采棉加工质量。在加强自身管理的同时，及时联系用棉企业，掌握棉纺织企业反馈的信息，指导棉花加工工作，提升棉花加工质量，为企业加工符合不同标准的合格产品，争取利益最大化。

参考文献

本刊评论员，2015. 稳粮增收　提质增效　创新驱动——加快农业现代化建设 [J]. 宏观经济管理（2）：3.

蔡素炳，洪旭宏，邢楚明，2007. 台湾青枣提质增效关键技术 [J]. 中国南方果树（4）：50－51.

陈娜，顾乃华，2013. 我国生产性服务业与制造业空间分布协同效应研究 [J]. 产经评论，4（5）：35－45.

邓红军，彭金波，费甫华，等，2014. 加强魔芋科技创新　促进宜昌魔芋产业提质增效 [J]. 湖北农业科学，53（9）：2089－2092.

丁建刚，赵春晖，2010. 疯狂的棉花 [J]. 瞭望（42）：6－9.

杜卫东，马玉香，2012. 创新监管体系，建立棉花质量管理长效机制 [J]. 中国纤检（17）：52.

盖文桥，陈强，董丛丛，等，2018. 国储棉政策对棉花市场的影响及棉花质量问题 [J]. 中国纤检（10）：33－35.

郭绍杰，李铭，罗毅，等，2013. 天山北坡葡萄提质增效关键技术示范与推广 [J]. 北方园艺（15）：217－218.

韩若冰，2015. 山东棉花生产的衰退与应对战略研究 [D]. 泰安：山东农业大学.

何磊，刘向新，赵岩，等，2016. 棉花机械采收质量影响因素分析 [J]. 甘肃农业大学学报，51（1）：150－155.

黄季焜，王丹，胡继亮，2015. 对实施农产品目标价格政策的思考——基于新疆棉花目标价格改革试点的分析 [J]. 中国农村经济（5）：10－18.

蒋逸民，王凯，2008. 基于产业链的棉花质量问题探讨 [J]. 中国棉花（8）：5－8.

矫健，陈伟忠，康永兴，等，2017. 供给侧改革背景下加快新疆农业提质增效的思考 [J]. 中国农业资源与区划，38（5）：1－5，13.

李国锋，王莉，王新厚，2019. 基于模糊相似优先比方法评估新疆不同植棉区细绒棉纤维品质 [J/OL]. 现代纺织技术：1－4 [2019－02－27].

李建忠，俞立平，2011. 基于联立方程模型的信息化与经济发展关系研究 [J]. 情报杂志，30（11）：192－195.

李临宏，2007. 构建棉花质量诚信体系　推进两大体制改革进程 [J]. 中国棉麻流通经济（2）：21－23.

陆光米，2018. 我国棉花生产比较效益及其影响因素研究 [D]. 武汉：华中农业大学.

逯露，2014. 棉花生产过程中的质量管控 [J]. 中国棉花加工（3）：40－41.

罗良国，任爱荣，2006. 异性纤维：困扰纺织企业最突出的棉花质量问题——对我国纺织企业面对的棉花质量问题调查 [J]. 调研世界（6）：31－33.

乔德华，魏胜文，王恒炜，等，2016. 甘肃苹果产业发展优势及提质增效对策 [J]. 中国农业资源与区划，37（8）：168-174.

邱吉辉，2015. 影响棉花质量的因素及建议［J］. 中国纤检（19）：28.

《宏观经济管理》评论员，2014. "十三五"规划：提质增效创新升级［J］. 宏观经济管理（10）：1.

宋国军，2016. 加强质量管理 提高棉花效益［J］. 中国棉花加工（1）：16-18.

孙大超，司明，2012. 自然资源丰裕度与中国区域经济增长——对"资源诅咒"假说的质疑［J］. 中南
　　财经政法大学学报（1）：84-89，144.

孙晓华，李传杰，2009. 需求规模与产业技术创新的互动机制——基于联立方程模型的实证检验［J］.
　　科学学与科学技术管理，30（12）：80-85.

唐淑荣，马磊，魏守军，等，2016. 谈我国棉花质量安全监控现状与应对措施［J］. 中国纤检（1）：
　　36-39.

王俊铎，梁亚军，龚照龙，等，2016. 中美澳棉花生产的成本和效益与优势比较［J］. 棉花科学，38
　　（6）：13-18.

王新江，丁纪文，2017. 生产环节对棉花质量的影响因素分析［J］. 中国棉花加工（5）：8-9.

王扬，吴晓红，贾四仟，2018. 完善棉花质量保障体系的研究报告［J］. 中国棉麻产业经济研究（1）：
　　7-14.

王毅，2013. 对棉花质量保障体系存在问题的思考及建议［J］. 中国纤检（1）：40-41.

吴喜朝，2004. 谈谈如何构筑我国棉花质量管理体系［J］. 中国棉麻流通经济（2）：21-23.

项时康，余楠，唐淑荣，等，1999. 论我国棉花质量现状［J］. 棉花学报（1）：2-11.

谢英胜，谢思和，2002. 试论完善棉花质量保障体系——兼论棉花掺假的根源及防范措施［J］. 中国棉
　　麻流通经济（1）：27-30.

熊新武，刘金凤，李俊南，等，2016. 云南山地核桃提质增效关键技术示范与推广［J］. 北方园艺（4）：
　　207-210.

熊宗伟，2005. 我国棉花纤维质量及颜色等级划分研究［D］. 北京：中国农业大学.

杨春安，郭利双，李玉芳，等，2010. 棉花三丝的危害及控制对策［J］. 现代农业科技（9）：95.

杨维霞，吉迎东，2018. "移动互联网＋"蔬菜供应链社群经济创新模式的提质增效——基于陕西3个
　　蔬菜基地的实证分析［J］. 中国农业资源与区划，39（11）：255-263.

姚穆，2015. 新疆棉纺织产业的发展优势及转型升级建议［J］. 棉纺织技术，43（10）：1-3.

叶迎东，秦桂英，2018. 棉花加工设备对机采棉长度的影响［J］. 中国纤检（11）：46-47.

张啟来，2018. 提高产地仪器化棉花公检质量的几点思考［J］. 中国纤检（1）：35-36.

张永梅，2018. 影响皮棉内在质量因素［J］. 中国棉花加工（1）：24-25.

赵光全，2016. 影响博州棉花质量的因素及对策［J］. 中国纤检（5）：38-39.

赵焕文，方桂清，汪暖，等，2015. 浅析浙西棉区棉花生产效益的影响因素与对策［J］. 棉花科学，37
　　（1）：57-59.

赵建所，2018. 棉花机采所要求的特征特性及对采收质量的影响探讨［J］. 棉花科学，40（6）：16-18.

赵新民，张杰，王力，2013. 兵团机采棉发展：现状、问题与对策［J］. 农业经济问题，34（3）：
　　87-94.

中国棉麻流通经济研究会，2018. 关于提升和保障棉花质量的研究报告［J］. 中国棉麻产业经济研究
　　（3）：1-9.

Bednarz C W, Shurley W D, Anthony W S, et al, 2005. Yield, quality, and profitability of cotton produced at varying plant densities ［J］. Agronomy Journal，97：235 - 240.

Clement J D，Constable G A，Stiller W N，et al，2015. Early generation selection strategies for breeding better combinations of cotton yield and fibre quality ［J］. Field Crops Research，172：145 - 152.

Timothy Bartimote，Richard Quigley，John Mc L. Bennett，et al，2017. A comparative study of conventional and controlled traffic in irrigated cotton：Ⅱ. Economic and physiological analysis ［J］. Soil and Tillage Research，168：133 -142.

Vasant P. Gandhi，Dinesh Jain，2016. Farmers' perceptions on various features of Bt cotton in Andhra Pradesh ［J］. Introduction of Biotechnology in India's Agriculture（7）：115 - 128.

第三章
新疆机采棉田间技术应用效果与经济效益分析

2018 年，我国棉花实播面积 4 900.1 万亩，同比减少了 80.7 万亩，降幅 1.6%。全国棉花总产量预计为 628.3 万吨，比 2017 年增产 15.6 万吨，国内棉花产业发展趋于稳步回升阶段。新疆棉花在种植面积、总产量、单产、质量等方面已连续多年位居全国第一，是我国棉花重要种植基地，而新疆生产建设兵团棉花种植面积占新疆棉花种植面积的1/3，产量约占全国的 1/6，出口量占到近一半。在产业政策转型与市场配置资源作用日益凸显的背景下，"提质增效"战略针对兵团机采棉生产过程中迫切需要解决的关键性技术问题，通过开展适宜机采的优质新品种选育、栽培及配套技术集成与示范；机采棉原棉品质提升技术研究与示范；农机与农艺融合技术研究与集成示范等工作，达到提高职工劳动生产率、增加职工植棉增收、促进兵团棉花产业发展的目的。

由新疆农垦科学院主持，石河子大学棉花经济研究中心参与的项目——机采棉提质增效关键技术集成示范与效益评价，在过去的几年中，项目组采用实地调查和问卷发放相结合的方式在四个试点团场进行了相关调研，详细了解各试点团场机采棉田间技术应用情况，并进行经济效益分析。从 2000 年以来，兵团机采棉产业在近 20 年的时间里发展迅猛。综合国内目前关于机采棉的研究成果所阐述的相关观点，机采棉不是简单的指棉花采收过程中使用采棉机进行采摘，其作为一项综合技术，是一项系统工程，是包括植棉土地平整、棉种选择、播种期选择、株行距配置模式、株棉生长调节、田间管理、脱叶催熟、打顶时间与方式、飞机打药、机械采收以及相应的配套打模、运输等综合技术流程。

第一节　机采棉田间技术的应用

一、品种选择对品质、产量、销售价的影响

棉花品种的选择对于籽棉产量、生长适应性、棉花质量、抗旱抗枯萎病等非常重要。北疆以早熟棉种为主，南疆以中熟棉种为主。以 2018 年在芳草湖农场推广的品种为例，2018 年该地区新陆早 74 为主栽品种，新陆早 64 为辅栽品种。公检数据显示，新陆早 74 综合品质指标较新陆早 64 优良，主要表现为，除颜色极白棉二级新陆早 74 较新陆早 64 偏低外，白棉三级高 4.97%，纤维长度 29 毫米以上占比高 85%，马克隆值 A 级占比高 54.77%，断裂比强度 29 厘牛/特克斯以上占比高 54.95%，长度整齐度指数 U1（很高）、U2（高）（83.0%以上）占比高 55.49%；新陆早 74 籽棉单产较新陆早 64 高 18.9

千克/亩，增产 5.17％；新陆早 74 较新陆早 64 的收购价格高 0.12 元/千克。

（一）品种选择对第七师一二五团棉花品质、产量和销售价的影响

2017 年第七师一二五团棉花种植杂交棉以鲁研棉 24 为主，常规棉以科研 5 号为主，棉花纤维品质均符合优质棉标准。2017 年机采棉种植面积 26.2 万亩，收获籽棉总产 11.12 万吨，植棉平均单产 421 千克/亩。纤维长度 29 毫米以上占比 70％，断裂比强度 29 及以上占比 76％，马克隆值 A 级占比 35％，马克隆值 B 级占比 40％。

团场农业技术服务中心负责新品种试验示范与推广，筛选出适合团场种植的优质、高产、抗逆性强的机采棉花新品种，提高整体棉花产量和质量。2017 年示范种植品种 10 个，其中自制的鲁研棉 24 杂交棉表现最好。鲁研棉 24 杂交棉示范面积 1 500 亩，平均产量 450 千克/亩，产量高，比其他品种高 30 千克/亩以上，纤维品质好，纤维长度 29 毫米以上占比高 25％，马克隆值 A 级占比高 45％，断裂比强度 29 厘牛/特克斯以上占比高 56％，计划 2018 年大面积推广种植。

2018 年第七师一二五团农业技术服务中心负责新品种试验示范与推广，筛选出适合团场种植的优质、高产、抗逆性强的机采棉花新品种，提高整体棉花产量和质量。2018 年机采棉种植面积 34.16 万亩，收获籽棉总产量 13.9 万吨，植棉平均单产 409 千克/亩。纤维长度 29 毫米以上占比 65％，断裂比强度 29 及以上占比 75％，马克隆值 A 级占比 25％，马克隆值 B 级占比 55％。其中，建立机采棉提质增效综合生产技术高度集成的示范区 1 个，示范推广面积 45 万亩。集成机采棉提质增效关键技术规程 1 套，示范推广面积 13.5 万亩，纤维长度和断裂比强度达到"双 29"的占比达 70％以上，示范区原棉品级提升 0.5 个等级，异性纤维含量控制在 0.3 克/吨以下。示范种植品种 6 个，其中中棉 75、中棉 641 与鲁研棉 24 有较大优势。中棉 75 在 2018 年种植面积 2 万亩。整体产量及纤维品质好于鲁研棉 24，种植面积有所增加。中棉 641 品系生育期偏长，产量低于中棉 75 和鲁研棉 24，但棉花纤维品质优，纤维长度达 33 毫米，断裂比强度 29 以上，马克隆值 A 级 80％以上，棉花纤维品质均符合优质棉标准。按照平均产量 409 千克/亩，示范区原棉品级提升 0.5 个等级，棉花纤维长度增加 1 毫米，马克隆值提高一个等级，增加效益 60 元/亩。

2019 年第七师一二五团机采棉种植面积 34.62 万亩，收获籽棉总产量 15 014.7 万千克，植棉平均单产 433.7 千克/亩。纤维长度 29 毫米以上占比 70％，断裂比强度 29 及以上占比 78％，马克隆值 A 级占比 26％，马克隆值 B 级占比 56％。建立机采棉提质增效综合生产技术高度集成的示范区 1 个，示范推广面积 45 万亩，示范区原棉品级提升 0.5 个等级。集成机采棉提质增效关键技术规程 1 套，示范推广面积 13.5 万亩，纤维长度和断裂比强度达到"双 29"的占比达 70％以上，示范区原棉品级提升 0.5 个等级，异性纤维含量控制在 0.3 克/吨以下。2019 年全团示范种植中棉 86、鲁研棉 24、中棉 641 等棉花新品种，其中中棉 86 种植面积为 8 万亩，鲁研棉 24 种植面积为 7 万亩，中棉 641 种植面积为 1.6 万亩。中棉 86 整体产量及纤维品质好于鲁研棉 24。中棉 641 品系生育期偏长，产量虽低于中棉 86 和鲁研棉 24，但棉花纤维品质优，纤维长度达 33 毫米，断裂比强度

32 厘牛/特克斯以上，马克隆值 A 级占比 80％以上，棉花纤维品质均符合优质棉标准。品质提升增加效益：按照棉花平均单产 433.7 千克/亩计，棉花纤维长度增加 1 毫米，马克隆值提高一个等级，每亩增加效益 70 元。

（二）品种选择对一四九团棉花品质、产量和售价的影响

2017 年第八师一四九团机采棉种植面积 10.12 万亩，收获籽棉总产量 4.26 万吨，植棉平均单产 421.8 千克/亩，加工皮棉 1.56 万吨，平均皮棉单产 133.29 千克/亩。Z3 标准级（籽棉含杂率 10％～14％）较上年增加 31.4％。纤维长度 29 毫米以上占比 84.33％，断裂比强度 S3 以上占比 99.94％，马克隆值 A 级占比 53.4％，马克隆值 B 级占比 46.5％，马克隆值 C 级占比 0.1％。项目区示范面积 10.02 万亩，棉花纤维长度和断裂比强度达到"双 29"，原棉品级提升 0.8 个等级，异性纤维含量控制在 0.2 克/吨以下，其中 50％控制在 0.1 克/吨以下。示范区以新陆早 64 为主栽品种，新陆早 74 为辅栽品种。公检数据显示，新陆早 74 综合品质指标较新陆早 64 优良，主要表现为，除颜色极白棉二级新陆早 74 较新陆早 64 偏低外，白棉三级高 4.97％，纤维长度 29 毫米以上占比高 20.03％，马克隆值 A 级占比高 54.77％，断裂比强度 29 厘牛/特克斯以上占比高 54.95％，长度整齐度指数 U1、U2（83.0％以上）占比高 55.49％；新陆早 74 籽棉单产较新陆早 64 高 18.9 千克/亩，增产 5.17％；新陆早 74 较新陆早 64 的收购价格高 0.12 元/千克。

2018 年第八师一四九团机采棉种植面积 22.3 万亩，收获籽棉总产量 7.99 万吨，植棉平均单产 358.3 千克/亩，加工皮棉 3.00 万吨，平均皮棉单产 134.53 千克/亩。Z3 标准级（籽棉含杂率 11％～13.9％）较上年增加 51.4％。纤维长度 29 毫米以上占比 85.44％，断裂比强度 S3 以上占比 99.94％，马克隆值 A 级占比 55.18％，马克隆值 B 级占比 38％。项目区示范面积 10.02 万亩，棉花纤维长度和断裂比强度达到"双 29"，原棉品级提升 0.8 个等级，异性纤维含量控制在 0.2 克/吨以下，其中 50％控制在 0.1 克/吨以下。示范区以新陆早 74 为主栽品种，新陆早 64 为辅栽品种。公检数据显示，新陆早 74 综合品质指标较新陆早 64 优良，主要表现为，除颜色极白棉二级新陆早 74 较新陆早 64 偏低外，白棉三级高 4.97％，纤维长度 29 毫米以上占比高 85％，马克隆值 A 级占比高 54.77％，断裂比强度 29 厘牛/特克斯以上占比高 54.95％，长度整齐度指数 U1、U2（83.0％以上）占比高 55.49％；新陆早 74 籽棉单产较新陆早 64 高 18.9 千克/亩，增产 5.17％；新陆早 74 较新陆早 64 的收购价格高 0.12 元/千克；增产 9 千克/亩，单价 6.52 元/千克，增产增效 58.68 千克/亩。平均单产 396.5 千克/亩，因品质提升销售价格提高 0.25 元/千克，品质提升效益 99.13 元/亩。

2019 年第八师一四九团机采棉种植面积 21.56 万亩，收获籽棉总产量 7.64 万吨，植棉平均单产 438.3 千克/亩，加工皮棉 3.05 万吨，平均皮棉单产 141.47 千克/亩。Z3 标准级（籽棉含杂率 11％～13.9％）较上年增加 51.4％。公检数据显示，纤维长度 29 毫米以上占比 44.68％，断裂比强度 S3 以上占比 34.15％，马克隆值 A 级占比 20.37％，马克隆值 B 级占比 79.17％。项目区示范面积 16 万亩，棉花纤维长度和断裂比强度达到"双

29"，原棉品级提升 0.8 个等级，异性纤维含量控制在 0.2 克/吨以下，其中 50％控制在 0.1 克/吨以下。增产 5.5 千克/亩，单价 6.2 元/千克，增产增效 34.1 元/亩。

（三）品种选择对第一师八团棉花品质、产量和售价的影响

2017 年第一师八团棉花种植面积 10.44 万亩，收获籽棉总产量 4.39 万吨，籽棉单产 408.39 千克/亩。公检数据显示：纤维长度平均为 29.1 毫米，其中 29 毫米以上占比 41.2％；马克隆值 A 级占比 50.5％，B2 级占比 49.0％，C2 级以上占比 0.5％，回潮率 4.6％，含杂率 5.1％。初步对形成的机采棉提质增效关键技术进行示范，面积 10 万亩，纤维长度和断裂比强度达到"双 29"的占比达 68％以上，示范区原棉品级提升 0.5 个等级，异性纤维含量控制在 0.3 克/吨以下。J206-5 品种播种 7.18 万亩，棉种成本 48.45 元/亩，保苗率 90.2％，纤维长度 29 毫米以上占 98％，马克隆值 A 级占 50.5％，断裂比强度 29 厘牛/特克斯以上占 89.85％，亩均产量 417.8 千克/亩；瑞杂 816 品种皮棉长度 29 毫米以上占 85.8％，马克隆值 A 级占 53.4％，断裂比强度 29 厘牛/特克斯以上占 82.6％；中棉 96 皮棉长度 29 毫米以上占 57.6％，马克隆值 A 级占 65.4％，断裂比强度 29 厘牛/特克斯以上占 6.5％，亩均产量达 435.7 千克/亩；示范区以 J206-5 为主栽品种，中棉 96 和瑞杂 816 为辅栽品种。中棉 96 品种棉花产量高于其他两个品种，J206-5 品种籽棉销售价格增加效益为 50.80 元/亩，高于其他两个品种。

2018 年第一师八团棉花种植面积 10.86 万亩，收获籽棉总产 4.56 万吨，籽棉单产 419.9 千克/亩。公检数据显示：纤维长度平均为 28.9 毫米，其中 29 毫米以上占比 41.2％；马克隆值 A 级占比 4.8％，B2 级占比 71.6％，C2 级以上占比 23.7％。回潮率 3.9％，含杂率 4.9％。初步对形成的机采棉提质增效关键技术进行示范，面积 10 万亩，纤维长度和断裂比强度达到"双 29"的占比达 70％以上，示范区原棉品级提升 0.5 个等级，异性纤维含量控制在 0.3 克/吨以下。J206-5 品种皮棉长度 29 毫米以上占 98％、马克隆值 A 级占 50.5％，断裂比强度 29 厘牛/特克斯以上占 89.85％；中棉 96 品种皮棉长度 29 毫米以上占 81.2％，马克隆值 A 级占 65.4％，断裂比强度 29 厘牛/特克斯以上占 84.7％；瑞杂 818 品种皮棉长度 29 毫米以上占 95.1％，马克隆值 A 级占 53.4％，断裂比强度 29 厘牛/特克斯以上占 6.5％；示范区以 J206-5 为主栽品种，中棉 96 和瑞杂 816 为辅栽品种。中棉 96 品种棉花产量高于其他两个品种，J206-5 品种籽棉销售价格增加效益为 50.80 元/亩，高于其他两个品种。

2019 年第一师八团机采棉种植面积为 12.3 万亩，收获籽棉总产量为 3.95 万吨，籽棉单产 320.9 千克/亩，加工皮棉 1.66 万吨，平均皮棉单产 134.9 千克/亩。公检数据显示：纤维长度平均为 28.76 毫米，其中 29 毫米以上占比 76.1％，28 毫米以上占比 91.16％；马克隆值 A 级占比 1.0％，B 级占比 83.1％。完善集成机采棉提质增效关键技术规程 1 套，示范推广面积 12.3 万亩，纤维长度和断裂比强度达到"双 29"的占比 76.1％，示范区原棉品级提升 0.5 个等级，异性纤维含量控制在 0.3 克/吨以下。示范区以新陆中 70 为主，以中棉 66 和杂交棉冀杂 708 为辅。在兵团进行综合提质配套改革取消了"五统一"后，由于市场监管措施不到位和宣传力度不足，且农民倾向购买便宜的农资

种子，导致市场棉花品种杂乱多。据不完全统计，八团辖区种植棉花品种 18 个，主栽优质品种种植面积下降导致八团辖区 2019 年棉花品质指标水平下降。新陆中 70 品种皮棉绒长 29 毫米以上占 77.5%，衣分 42.2%，马克隆值 A 级和 B 级占 76.1%，断裂比强度 27.7 厘牛/特克斯；中棉 66 品种皮棉绒长 29 毫米以上占 77.3%，衣分 43.7%，马克隆值 A 级和 B 级占 69.4%，断裂比强度 26.87 厘牛/特克斯；冀杂 708 品种皮棉绒长 29 毫米以上占 87.9%，衣分 44.8%，马克隆值 A 级和 B 级占 81.5%，断裂比强度 28.16 厘牛/特克斯。八团棉花种植棉花面积 12.3 万亩，总产量 3.95 万吨，其中新陆中 70 种植 4.21 万亩，总产量 1.35 万吨，中棉 66 种植 3.05 万亩，总产量 1.14 万吨，冀杂 708 种植 2.66 万亩，总产量 1.12 万吨，其他品种种植 2.39 万亩，总产量 0.34 万吨。从不完全统计的情况来看，增加效益 338.25 万元。

（四）品种选择对芳草湖农场棉花品质、产量和售价的影响

2017 年第六师芳草湖农场实际种植棉花总面积 45.37 万亩，测定总产量 16.96 万吨，平均单产 373.8 千克/亩。实际农场 7 个轧花厂累计收购籽棉净重 12.24 万吨，农场内种植面积 31.3 万亩，实际收购 10.83 万吨，平均单产 346 千克/亩。全场分场实际棉花总产为 11.38 万吨，平均单产为 363.6 千克/亩。截至到 12 月 1 日公检数据显示，纤维长度 29 毫米以上占比 96.4%，断裂比强度 S3 以上占比 30.4%，马克隆值 A 级占比 95.68%，马克隆值 B 级占比 4.32%。示范区以新陆早 72 为主栽品种，新陆中 42 为辅栽品种。公检数据显示，新陆早 72 综合品质指标较好，主要表现为，纤维长度 29 毫米以上占比 96.4%，马克隆值 A 级 95.6%，断裂比强度 29 厘牛/特克斯的占比 30.4%，长度整齐度指数 U1、U2 为 98%；新陆早 72 籽棉单产较新陆中 42 高 21.6 千克/亩，亩增加产值 151.2 元。

2018 年第六师芳草湖农场实际种植棉花总面积 41.1 万亩，测定总产量 14.37 万吨，平均单产 401 千克/亩。截至到 12 月 1 日公检数据显示，纤维长度 29 毫米以上占比 95.3%，断裂比强度 S3 以上占比 32.33%，马克隆值 A 级占比 94.77%，马克隆值 B 级占比 5.23%。示范区以新陆早 72 为主栽品种，新陆早 57 为辅栽品种。公检数据显示，新陆早 72 综合品质指标较好，主要表现为，纤维长度 29 毫米以上占比 96.4%，马克隆值 A 级占比 95.6%，断裂比强度 32.33 厘牛/特克斯，长度整齐度指数 U1、U2 为 98%；新陆早 72 籽棉单产较新陆早 57 高 6.5 千克/亩，亩增加产值 38.3 元。

2019 年第六师芳草湖农场实际种植棉花总面积 39.75 万亩，测定总产量 16.09 万吨，平均单产 404.7 千克/亩。截至到 12 月 1 日公检数据显示，纤维长度 29 毫米以上占比 94.73%，断裂比强度 S3 以上占比 32.33%，马克隆值 A 级占比 94.73%，马克隆值 B 级占比 5.27%。示范区以新陆早 61 为主栽品种，国成 2 号（新陆早 46）和惠远 720 为辅栽品种。公检数据显示，新陆早 72 综合品质指标较好，主要表现为，纤维长度 29 毫米以上占比 96.8%，马克隆值 A 级占比 94.73%，断裂比强度 29.56 厘牛/特克斯，长度整齐度指数 U1、U2 为 98.9%；新陆早 61 籽棉单产较国成 2 号低 3 千克/亩，较惠远 720 低 37 千克/亩，但是品质表现稳定。

二、棉种播期选择

新疆棉区地处西北，属于早熟棉区，春季气温回升缓慢且不稳定，时常有寒流天气，夏季光热资源丰富，昼夜温差大，秋季降温快，霜冻天气较早。兵团棉花种植分布在南北疆各地，各团场自然资源气候条件各异。过早的棉花播种会因积温过低而导致出苗慢、烂种，出苗率降低，过晚的棉花播种会导致棉苗株型松散、幼苗不壮，并且由于生长期缩短，产量与质量均受影响。气候变化特点成为了制约棉花生长的不利因素，选择合适的播期尤为重要。南疆、东疆大部植棉团场棉花适播期较早，北疆、南疆西部植棉团场播期略晚，集中在 4 月中上旬。播种期和播种方式对成本、产量、保苗率的影响如下：精量播种模式较普通播种模式在节约成本、增产方面具有一定的优势。表现为普通播种模式的种子成本较精量播种高 15.5 元/亩，定苗成本高 20 元/亩，其余生产成本基本持平。产量较之低 4.9 千克/亩，保苗率高 6.88%。

三、株行距配置

针对兵团机采棉采收时含杂率过高，导致籽清次数增加从而对皮棉品级造成不利影响的问题，课题组对不同株行距配置模式下机采棉的保苗率、脱叶效果、采净率、籽棉含杂率以及单产水平进行研究。由于兵团棉花生产地理条件属于内陆早熟棉区，无霜期较短，栽培模式以"矮、密、早、膜"为主导，其中具有代表性的株行距配置模式有"一膜六行"和"一膜三行"。"一膜六行"株行距配置为（66＋10）厘米宽窄行，该株行距又分 15 穴与 16 穴两种，其中 15 穴亩均棉株数为 18 750 株，16 穴亩均棉株数为 20 000 株，是较为传统的机采棉种植株行距配置模式，在兵团内推广范围较广。近年来，为了更好的利用光热资源，增强脱叶催熟效果，提升籽棉品质，"一膜三行"的株行距配置模式逐渐成为推广应用的主流，在各个试点团场均开始推广。"一膜三行"株行距配置为 76 厘米等行距，可分为杂交棉 76 厘米等行距，以兵团第七师为主；常规早熟棉 76 厘米等行距，以兵团第六师、第八师为主。杂交棉 76 厘米等行距株行距配置模式，株距 8.5～9.0 厘米，分为 18 穴、16 穴和 15 穴三种，其中 18 穴亩均棉株数为 11 400 株，16 穴亩均棉株数为 9 700 株，15 穴亩均棉株数为 9 000 株。常规早熟棉 76 厘米等行距株行距配置模式，株距 5.6～6.0 厘米，分为 24 穴、28 穴两种，其中 24 穴亩均棉株数约为 15 000 株，28 穴亩均棉株数为 15 700 株。

在一四九团进行株行距配置模式对品质、产量、销售价的影响试验分析。全团以（10＋66＋10）厘米一膜六行模式（平均行距 38 厘米，株距 9 厘米，理论株数 19 494 株/亩）为主，面积 22.24 万亩。示范一膜三行模式（行距 76 厘米，株距 28 厘米，理论株数约 15 700 株/亩）600 亩。一膜三行模式与一膜六行模式相比在节约成本，提升品质方面具有一定的优势。一膜三行模式可节约种子费 6 元/亩，打顶费用 20 元/亩，其余生产成本两者持平，棉花平均纤维长度较一膜六行长 0.38 毫米，断裂比强度指标高 0.49 厘牛/特克斯，马克隆值 A 级占比高 0.86%，含杂率低 0.6%。单产水平持平，销售价格高

0.02 元/千克。

在一二五团的试验分析中，杂交棉种植面积占 80％ 左右。2016 年示范种植（76＋76）厘米一膜三行 18 穴种植模式 5 万亩，2017 年推广种植（76＋76）厘米一膜三行 18 穴种植模式 12 万亩，2018 年采用（76＋76）厘米一膜三行 18 穴种植模式种植面积 15 万亩，2019 年杂交棉（76＋76）厘米一膜三行 18 穴种植模式种植面积 16.5 万亩，亩理论株数从 9 200 株增加到 11 400 株，实际田间调查亩株数增加 2 200 株，田间出苗快、整齐。杂交棉（76＋76）厘米一膜三行 18 穴种植模式产量高，得到职工广泛认可（表 3－1）。

表 3－1　一二五团不同株行距配置模式栽培情况

品种	种植模式	亩收获株数（株）	单株结铃（个）	单铃重（克）	单产（千克/亩）
杂交棉	一膜三行 15 穴	7 800	9.55	5.4	402
鲁研棉 24	一膜三行 18 穴	9 350	8.85	5.2	430

对不同播种模式产量分析可知，杂交棉一膜三行 18 穴播种模式与一膜六行 15 穴比较，单铃重差异不明显，单株结铃数随株数增加而降低，亩总铃数增加明显，杂交棉一膜三行 18 穴播种模式产量明显高于一膜三行 15 穴播种模式。以主栽品种鲁研棉 24 和中棉 86 为试验材料，每个品种设置一膜三行和一膜六行作对比试验，结果发现一膜三行亩效益高于一膜六行，其中鲁研棉 24 品种一膜三行比一膜六行效益提高 8.5％，中棉 86 品种一膜三行比一膜六行效益提高 6.4％。

第一师八团以（66＋10）厘米一膜六行模式（平均行距 38 厘米，株距 10.56 厘米，理论穴数 16 600 穴/亩）为主，面积 10.83 万亩。示范一膜三行模式（行距 76 厘米，株距 7.5 厘米，理论穴数 11 600 穴/亩）300 亩；一膜三行模式与一膜六行模式相比在节约成本、提升品质方面具有一定的优势。一膜三行模式可节约种子费 10.41 元/亩，其余生产成本与一膜六行模式持平。手采棉采摘费较机采棉高 1.43 元/千克，但手采棉产量较机采棉常规地高 36.24 千克/亩，提高 8.51％。手采棉亩效益比机采棉低 262.01 元，亩效益降低 19.16％，效益降低主要是因为手采棉采摘费用高。机采棉常规地产量较之机采棉稀植地高 30.12 千克/亩，提高 7.36％，亩效益高 187.66 元，亩效益增加 15.21％（表 3－2）。

表 3－2　机采棉提质增效试验地棉花产量及品质明细表

处理 （小区试验）	单株铃数 （个）	亩株数 （株）	单产 （千克/亩）	单铃重 （克）	衣分 （％）	绒长 （毫米）	马克 隆值	断裂比强度 （厘牛/特克斯）
76 厘米等距处理 1	5.2	8733	262	6.06	44.49	28.23	4.48	26.03
76 厘米等距处理 2	5.3	8767	274	6.06	44.96	27.57	4.54	25.52
76 厘米等距处理 3	5.7	9200	309	5.86	45.86	26.62	4.35	24.90
76 厘米等距处理 4	5.2	8833	280	6.05	45.72	26.87	4.29	25.14
76 厘米等距处理 5	5.4	9283	286	5.90	45.56	26.91	4.35	25.80

（续）

处理 （小区试验）	单株铃数 （个）	亩株数 （株）	单产 （千克/亩）	单铃重 （克）	衣分 （%）	绒长 （毫米）	马克 隆值	断裂比强度 （厘牛/特克斯）
76 厘米等行距平均	5.3	8 963	282	6.01	45.32	27.24	4.40	25.48
（66+10）厘米处理 6	4.9	11 683	336	6.19	45.48	26.63	4.42	25.27
（66+10）厘米处理 7	4.9	12 467	331	5.89	45.31	26.78	4.44	25.09
（66+10）厘米处理 8	4.6	12 183	305	5.97	44.46	26.86	4.38	25.59
（66+10）厘米处理 9	4.6	12 400	320	6.04	46.12	26.38	4.27	24.58
（66+10）厘米处理 10	4.9	13 133	418	6.42	45.07	26.91	4.32	25.38
（66+10）厘米平均	4.8	12 373	342	6.10	45.29	26.71	4.36	25.18
（66+10）厘米较 76 厘米等行距相比	−0.6	3410	59	0.09	−0.03	−0.53	−0.04	−0.30

全团以（66+10）厘米一膜六行模式（行距 38 厘米，株距 10.3 厘米，理论株数 17 200 株/亩）为主，播种面积 12.3 万亩。示范一膜三行模式（行距 76 厘米，株距 6.5 厘米，理论株数 17 500 株/亩），播种面积 160 亩；一膜三行模式较一膜六行模式相比单株结铃增加 0.6 个，单产减少 59 千克/亩，衣分增加 0.03%，绒长增加 0.53 毫米。

在芳草湖农场进行行距配置模式对品质、产量、销售价的影响试验分析。在芳草湖农场四场三连居民点门前地进行试验。总面积 140 亩，约 70 亩种植常规模式（66+10）厘米宽窄行配置，株距 9.0 厘米，剩余 70 亩种植等行密植模式（76 厘米等行距，株距 5.7 厘米），均采用一膜三管的毛管布置方式。供试品种为新陆早 72。农场以（10+66+10）厘米一膜六行模式（平均行距 38 厘米，株距 11.5 厘米，理论株数 15 256 株/亩）为主，面积 23.9 万亩。示范一膜三行模式（行距 76 厘米，株距 5.5 厘米，理论株数 15 949 株/亩）1.1 万亩；一膜三行模式与一膜六行模式相比在节约成本、提升品质方面具有一定的优势。一膜三行模式田间通透性好，每亩减少病虫害防治费 25.5 元（农药费用 21 元和机力费 4.5 元），单产降低 36 千克，棉种成本减少 3 元，衣分增加 0.04%，绒长增加 0.66 毫米，马克隆值增加 0.03，断裂比强度增加约 0.33 厘牛/特克斯。

四、棉株生长调节

棉花的化学调控技术是目前新疆兵团棉花"矮、密、早、膜"优质高产栽培模式的关键技术之一。该项技术的原理是通过利用棉花生长调节药剂，对棉株的内源激素系统进行调节，从而改变棉株内部激素的平衡关系，最终达到调节棉花植株生长与发育的目的。对棉花植株的生长调控作用，可以分为棉花生长促进剂与棉花生长抑制剂，其中棉花生长促进剂主要有赤霉素，棉花生长抑制剂主要有缩节胺等。其中，缩节胺用量范围变幅较大，使用的时段长，方法灵活，并且具有见效快、效果好的优点，已经成为目前兵团机采棉生长调控的最主要调控药剂。缩节胺可以通过对棉株生长速度以及生育期长短的调节，对植棉产量以及品质起到一定的提升作用。

五、打顶时间与方式

棉花打顶解除了棉株的顶端优势，使侧芽生长激素含量减少，从而达到增产的目的。目前，在南北疆植棉团场高密度栽培模式下，北疆打顶的最佳时间为6月末至7月初，南疆植棉团场较北疆植棉团场约晚一个星期。兵团各植棉团场棉花打顶方式主要有人工打顶、化学药剂打顶以及机器打顶三种，目前兵团各植棉团场仍以人工打顶为主。化学药剂打顶技术已经日趋成熟，化学打顶时间比人工打顶略晚3～5天，近年来已经大面积推广应用。机器打顶技术还不成熟，未进行大面积推广应用。

（一）不同打顶时间对产量、品质的影响

从近年芳草湖农场的试验结果分析看，随着打顶日期延后，同期调查开花台数和吐絮铃个数明显减少，株高、叶龄、果枝台数、青铃个数和总果节数呈增多趋势；干物质积累方面，打顶时间越晚，蕾铃及茎枝柄积累量明显增加，7月10日打顶处理的茎枝柄积累量最大，说明打顶时间过早，对产量和单株铃数都有较大影响。但是打顶越早，相应棉花品质越优，单铃重越重，衣分越低，皮棉整齐度和成熟度越好。打顶越晚皮棉马克隆值有所增加，断裂比强度降低，绒长相应变短，不利于纺纱应用。

芳草湖农场通过对不同打顶时间的研究，明确打顶时间对棉花产量和品质的影响，确定适宜打顶最佳的时间，为实现机采棉优质丰产提供技术支持。

试验设计方案为：采用（66＋10）厘米行距配置机采棉种植模式，供试品种为新陆早72。试验设置5个人工打顶时间处理，打顶标准统一为去除主茎顶部的一叶一心，打顶时间分别为6月20日、6月25日、6月30日、7月5日和7月10日五个处理。每个处理重复3次，随机区组排列。每个小区宽2条膜，长约10米；按照大田高产栽培措施进行田间管理。

试验测定的主要纤维品质指标如表3-3所示。

表3-3　打顶试验室内考种及品质测定（中国农业科学院棉花研究所）

打顶时间	小区	衣分（%）	单铃重（克）	马克隆值	断裂比强度（厘牛/特克斯）	绒长（毫米）	整齐度指数（%）	成熟度系数
6月20日	重复1	42.65	5.5	4.19	32.74	31.87	87.69	0.86
	重复2	42.95	5.7	4.24	32.34	31.83	87.89	0.87
	重复3	42.34	5.9	4.16	32.74	31.46	87.69	0.87
6月25日	重复1	42.75	5.6	4.46	32.78	32.90	87.29	0.87
	重复2	43.25	5.5	4.67	32.08	32.71	85.79	0.87
	重复3	43.05	5.6	4.58	32.43	32.52	85.89	0.87
6月30日	重复1	42.75	5.5	4.51	30.71	32.71	86.49	0.87
	重复2	43.46	5.3	4.58	30.11	32.60	85.39	0.86
	重复3	43.25	5.5	4.76	30.51	32.64	85.81	0.87

（续）

打顶时间	小区	衣分（％）	单铃重（克）	马克隆值	断裂比强度（厘牛/特克斯）	绒长（毫米）	整齐度指数（％）	成熟度系数
	重复1	42.95	5.4	4.58	28.87	31.01	85.71	0.85
7月5日	重复2	43.86	5.2	4.54	29.21	31.35	85.71	0.86
	重复3	43.46	5.4	4.76	28.79	31.13	85.41	0.85
	重复1	43.46	5.0	4.70	28.75	30.84	85.10	0.85
7月10日	重复2	43.96	5.3	4.99	28.61	30.65	85.20	0.85
	重复3	44.57	5.1	4.91	28.56	31.01	86.01	0.86

试验结果表明，随着打顶日期延后，同期调查开花台数和吐絮铃个数明显减少，株高、叶龄、果枝台数、青铃个数和总果节数呈增多趋势；干物质积累方面，打顶时间越晚，蕾铃及茎枝柄积累量明显增加，7月10日打顶处理的茎枝柄积累量最大。总体而言，打顶越早，相应棉花品质越优，单铃重越重，衣分越低，皮棉整齐度和成熟度越好。打顶越晚皮棉马克隆值有所增加，比强度降低，绒长相应变短，不利于纺纱应用。

第七师一二五团在6月18日～7月1日结束全部打顶工作。选取一四九团一连、九连、十连和十八连4个单位2.98万亩新陆早74棉田进行调查，分别调查6月20日、6月22日、6月24日、6月26日和6月28日打顶的棉田的纤维长度、断裂比强度、马克隆值和单产水平四项指标。经统计分析，在试验调查的5个时间点内打顶的棉田随着打顶时间的延迟，对棉花的纤维长度、断裂比强度、马克隆值B级比例和产量的影响无明显规律，马克隆值A级比例呈增大趋势，马克隆值C级比例呈减小趋势。

第八师一四九团在6月18日～7月1日结束全部打顶工作。选取一四九团一连、九连、十连和十八连4个单位2.98万亩新陆早74棉田进行调查，分别调查6月20日、6月22日、6月24日、6月26日和6月28日打顶的棉田的纤维长度、断裂比强度、马克隆值和单产水平四项指标。经统计分析，在试验调查的5个时间点内打顶的棉田随着时间的延迟，对棉花的纤维长度、断裂比强度、马克隆值B级比例和产量的影响无明显规律，马克隆值A级比例呈增大趋势，马克隆值C级比例呈减小趋势。

（二）不同打顶模式对生产成本和棉花品质、产量的影响

第八师一四九团二连、七连的2块试验条田分别采用化学打顶和人工打顶（对照），试验品种均为新陆早74。对试验田的调查结果显示，化学打顶较人工打顶在节约生产成本，提高品质方面具有优势，主要表现为：化学打顶较人工打顶节约生产成本30元/亩，平均纤维长度短0.68毫米，断裂比强度大0.14厘牛/特克斯，马克隆值A级占比高15.09％，产量降低21.7千克/亩，减产6.30％。

随着打顶时间的推迟，株高和果枝台数增加，主茎间距加大，平均单枝节位数减小，这说明打顶越早，果枝越长，果枝横向生长越快，适当的提早打顶能够打破顶端优势，使养分更多的横向运输，供应结实器官，提高单铃重。但是过早打顶会造成株高过矮，果枝台数不够等问题，从而影响产量。棉花打顶的原则概括来说就是"枝到不等时，时到不等枝"。

六、脱叶催熟药剂使用技术

运用化学技术对棉花进行脱叶与催熟，是机采棉生育后期的一项重要技术措施，该技术不仅提高了采收效率，解决了棉花后期晚熟问题，也降低了棉花含杂率，减少烂铃率。对于兵团机采棉生产而言，利用化学药剂对棉花进行脱叶催熟是实现棉花机械化采收的必要环节，可以防止贪青晚熟造成的纤维品质下降，脱叶催熟药剂的合理使用同时也能提高籽棉质量，降低机采棉含杂率。兵团各植棉团场施用的脱叶催熟药剂一般为：脱吐隆（37％噻苯隆＋17％敌草隆）及其助剂。瑞脱隆（80％噻苯隆）及其助剂以及棉海（敌草隆・噻苯隆悬浮剂）及其助剂。北疆施药时间一般为9月初，南疆施药时间一般比北疆晚一周。

在一二五团的脱叶催熟药剂使用中，研究不同脱叶剂剂量与环境温度（时间）的关系，研究不同叶龄的叶片（新叶和老叶）对脱叶剂的敏感度，研究脱叶剂和催熟剂量对脱叶和催熟效果，研究脱叶催熟顺序，研究脱叶催熟对棉花产量和品质的影响，为机采棉提质增效合理使用脱叶剂提供借鉴与参考。2019年试验选择一二五团试验站11#和17#两块棉花地开展大田试验。试验田前茬为棉花，主栽品种2个，11#为中棉86，17#为中棉641。试验地土质为黏土，中等肥力，灌溉设施齐全，灌溉良好。两种配置模式：76厘米等行距和（66＋10）厘米宽窄行（表3－4）。

表3－4　脱叶剂使用处理表

行距配置	处理	药剂种类	用量（克/亩）	喷药方式
76厘米等行距	处理1	脱吐隆＋助剂＋乙烯利	18＋70＋70	机车1遍
	处理2	脱吐隆＋助剂＋乙烯利	18＋70＋70	无人机1遍
	处理3	脱吐隆＋助剂＋乙烯利	18＋70＋70	无人机2遍
	处理4（对照1）	—	—	—
（66＋10）厘米宽窄行	处理5	脱吐隆＋助剂＋乙烯利	18＋70＋70	机车1遍
	处理6	脱吐隆＋助剂＋乙烯利	18＋70＋70	无人机1遍
	处理7	脱吐隆＋助剂＋乙烯利	18＋70＋70	无人机2遍
	处理8（对照2）	—	—	—

试验结果显示，在同一栽培模式下，各处理棉花株高、叶龄、果枝台数及果枝始节位均无明显差异；76厘米等行距处理的棉花株高、叶龄、果枝台数均明显高于（66＋10）厘米宽窄行，但果枝始节无明显差异。由于2019年秋季天气条件好，在秋季喷施脱叶催熟剂前棉花株型已长成，因此，两种不同种植模式下喷施脱叶催熟剂后对棉花的株高、叶龄、单株果枝台数和单株果枝始节基本无影响。

喷药后7天，两种不同种植模式下棉花脱叶效果明显，除了两个对照处理较低以外，其他处理棉花脱叶率在 34.7%～54.0% 之间。喷药后 23 天，各处理棉花脱叶率均在 98% 以上（两对照除外）。在 76 厘米等行距种植模式下，喷药后 23 天，以处理 3（无人机 2 遍）的脱叶率为最高，达 100%；其次是处理 1（机车 1 遍），为 99.7%；再次是处理 2（无人机 1 遍），脱叶率为 99.5%；处理 4（对照 1）最低。在（66+10）厘米宽窄行种植模式下，喷药后 23 天，以处理 7（无人机 2 遍）的脱叶率为最高，达 99.8%；其次是处理 5（机车 1 遍），为 98.9%；再次是处理 6（无人机 1 遍），脱叶率为 98.7%；处理 8（对照 2）最低。

从种植模式看，76 厘米等行距的脱叶率优于（66+10）厘米宽窄行，到喷药后 23 天，处理 1、处理 2、处理 3、处理 4 分别比处理 5、处理 6、处理 7、处理 8 高 0.8、0.8、0.2 和 4.9 个百分点。

2019 年在一四九团的脱叶催熟药剂使用中，研究不同脱叶剂剂量与环境温度的关系。

（1）不同处理施药后不同时间对棉花脱叶的影响。在等行距（66+10）厘米农田中，施药后前 5 天各处理落叶率基本相同，施药 10 天后，落叶率最高的为无人机 1 遍处理和无人机 2 遍处理，其次为机车 1 遍处理和机车 2 遍处理，所有处理脱叶效果均高于对照。施药 15 天后，脱落率最高为无人机 2 遍处理，其次为机车 1 遍处理，所有处理脱落率均高于对照（表 3-5）。

表 3-5　50# 地脱叶剂不同处理脱叶率情况 ［（66+10）厘米］

处理	样本数	均值	标准差	标准误	95%置信区间	5%显著水平	F 值
机车 1 遍	3	0.973 3	0.015 3	0.008 8	0.935 4	a	0.458
无人机 1 遍	3	0.963 3	0.005 8	0.003 3	0.949 0	a	
无人机 2 遍	3	0.976 7	0.011 5	0.006 7	0.948 0	a	
机车 2 遍	3	0.970 0	0	0	0.970 0	a	
对照	3	0.970 0	0.02	0.011 5	0.920 3	a	

（2）不同处理对棉花品质的影响。对 51# 农田不同处理棉花品质进行分析，结果见表 3-6：绒长以无人机 1 遍处理为最高，机车 1 遍处理稍高于对照，整齐度指数以机车 1 遍处理最高，马克隆值以机车 2 遍处理最高，衣分以对照处理为最高。整体上看，无人机 1 遍处理品质稍好于其他处理。

表 3-6　51# 地不同处理棉花品质表

处理	绒长（毫米）	整齐度指数（%）	马克隆值	断裂比强度（厘牛/特克斯）	伸长率（%）	成熟度系数	短纤维指数（%）	衣分（%）
机车 1 遍	27.45	83.19	4.25	27.70	6.69	0.82	8.74	44.00
机车 2 遍	27.17	82.27	4.58	26.31	6.63	0.83	9.62	44.25
无人机 1 遍	27.59	82.80	4.26	28.08	6.71	0.82	8.79	43.85
无人机 2 遍	27.13	83.02	4.55	27.06	6.67	0.83	8.78	44.58
对照	27.33	82.40	4.41	27.94	6.72	0.83	9.17	44.83

通过两个团场进行的脱叶剂催熟试验对比，发现运用化学技术对棉花进行脱叶与催熟，是机采棉生育后期的一项重要技术措施，该技术不仅提高了采收效率，解决了棉花后期晚熟问题，也降低了棉花含杂率，减少烂铃率。对于兵团机采棉生产而言，利用化学药剂对棉花进行脱叶催熟是实现棉花机械化采收的必要环节，可以防止贪青晚熟造成的纤维品质下降，脱叶催熟药剂的合理使用同时也能提高籽棉质量，降低机采棉含杂率。兵团各植棉团场施用的脱叶催熟药剂一般为：脱吐隆（37％噻苯隆＋17％敌草隆）及其助剂、瑞脱隆（80％噻苯隆）及其助剂以及棉海（敌草隆·噻苯隆悬浮剂）及其助剂，北疆施药时间一般为9月初，南疆施药时间一般比北疆略晚一周。

七、无人机药剂喷施技术

利用无人飞机喷施各种药剂，尤其是棉花脱叶催熟剂，极大地提升了脱叶催熟剂喷施作业效率，从药剂加装到喷施完成每亩棉花平均只需2分钟时间。与此同时，无人飞机药剂喷施能够减少农药用量以及节省人力成本，提高作业效果，减轻农药对环境的污染。另外，智能遥控直升机无须跑道，随起随降，操作方便，是今后农作物大面积生化防治工具的发展方向与主要手段。兵团棉花植保无人机的引入开辟了棉花脱叶催熟和病虫害防治社会化服务的先例，无人机喷施技术采用喷雾喷洒方式至少可以节约50％的农药施用量，节约90％的用水量，无人机喷洒脱叶剂2次的产量高，衣分高，纤维长度基本相同。建议在今后的脱叶剂喷洒方式上可以选择无人机喷洒脱叶剂。无人机喷洒脱叶剂不需要棉花分行，不存在压棉花和挂桃现象，对产量损失少，不受吐絮率和时间的限制，也不会传播各种病虫害，值得推广。为棉花脱叶催熟和有害生物防治模式探索出了一条新的道路。同时需要克服叶片受药不均、底层叶片受药较少的问题。目前，第七师一二五团、第六师芳草湖农场、第八师一四九团以及第一师八团等示范团场都已经开始无人机药剂喷施试点工作。

第二节　机采棉田间技术应用的经济效益分析

课题组通过试验查阅、分析条田档案、调查问卷、实地调研，分析了适宜机采模式下、品种、打顶方式、行距配置模式、精量播种技术、打顶时间、无人机喷药技术、水肥运筹优化技术对棉花品质、产量和销售价的影响。

一、机采棉田间技术应用成本核算

1. 不同棉种播期的成本核算　兵团第八师一四九团、第七师一二五团、第六师芳草湖农场和第一师八团的试点团场在4月1～20日全部结束棉花播种工作，通过对不同播期的亩均用种量、地膜滴灌带、农机费用以及劳动投入等生产成本比较发现，不同播期投入成本无明显差异，在不同播期成本核算时可以认为各播期生产成本一致。

2. 不同株行距配置模式下的成本核算　"一膜三行"模式较"一膜六行"模式相比

在节约成本、提升品质方面具有一定的优势。具体表现为：节约种子费 6 元/亩，节约打顶费用 20 元/亩；若水肥统筹控制，灌溉用水费用还可以节约 13 元/亩，化肥费用节约 5 元/亩。具体情况见表 3-7。

(1)"一膜三行"成本。一膜三行模式，行距 76 厘米，株距 5.6 厘米，理论株数约 15 700 株/亩。棉种成本 40 元/亩，化肥成本 268 元/亩，灌溉水费 139 元/亩，打顶雇工费 110 元/亩，其他物化成本合计 1 175 元/亩，种植成本 1 732 元/亩。

(2)"一膜六行"成本。一膜六行模式，平均行距 38 厘米，株距 9 厘米，理论株数 19 494 株/亩。棉种成本 46 元/亩，化肥成本 273 元/亩，灌溉水费 152 元/亩，打顶雇工费 130 元/亩，其他物化成本与一膜三行相同，种植成本 1 776 元/亩。

表 3-7　不同株行距配置模式下的成本核算

单位：元/亩

成本项目	一膜三行	一膜六行	节约费用
土地承包费	330	330	0
种子费	40	46	6
化肥	268	273	5
地膜	65	65	0
滴灌带	131	131	0
农药	180	180	0
灌溉水费	139	152	13
机械作业费	325	325	0
打顶雇工费	110	130	20
保险费	53	53	0
技改及其他费用	91	91	0
成本合计	1 732	1 776	44

注：团场职工虽然不交土地租金，但是要上交个人养老、医疗保险等，折算成土地租金。
资料来源：试点团场调研。

3. 不同打顶时间的成本核算　各试点团场在 6 月 18 日至 7 月 1 日之间全部结束打顶工作，选取第八师一四九团 2.98 万亩新陆早 64 棉田进行调查，分别调查 6 月 20 日、6 月 22 日、6 月 24 日、6 月 26 日和 6 月 28 日打顶的棉田的纤维长度、断裂比强度、马克隆值和单产水平四项指标。不同打顶时间人工投入相同，在成本上无显著差异，棉花打顶成本约为 55 元/亩。若使用化学打顶，合适的打顶药剂选用则可降低成本 50% 以上，亩均节约打顶成本约为 25 元/亩。

4. 不同品种脱叶催熟药剂使用的成本核算　在试点团场之一的第八师一四九团进行了不同类型药剂的效果对比试验。A 型药剂在 23.5 亩的试验条田中进行药剂喷施试验，第一次配方为棉海 325.5 克，助剂 1 410 克，乙烯利 940 克，用 940 千克水稀释；第二次配方为棉海 325.5 克，助剂 1 410 克，乙烯利 1 645 克，用 940 千克水稀释。B 型药剂在

31.4 亩的试验条田中进行药剂喷施试验，喷施配方为瑞脱隆 1 099 克，助剂 472.5 克，乙烯利 3 140 克，用 1 256 千克水稀释，前后按同样配比喷施两次。A、B 型药剂折合到每亩的成本分别为 73.4 元/亩和 82.0 元/亩。在催熟脱叶效果方面，A、B 型药剂的效果相当，选择 A 药剂可节约成本 8.6 元/亩。

在一四九团十三连 36 条田设置了脱叶剂试验，品种为新陆早 74，行距配置模式为一膜三行（行距 76 厘米，株距 5.6 厘米，理论株数 15 700 株/亩）。机采棉面积为 7.5 亩，手采棉面积为 3 亩。9 月 5 日对机采棉处理喷施脱叶剂，药剂为瑞脱龙、助剂和乙烯利，每亩分别按照 35 克、15 克和 100 克配方。对机采棉、手采棉分别取样 1 千克，在一四九团二轧厂棉检室测试反射度、黄度、颜色、马克隆值、纤维长度、长度整齐度、短纤维含量、强度、杂质含量和毛衣分 10 项指标。

试验结果表明（表 3-8）：机采棉马克隆值属 A 级，手采棉属 B 级；机采棉纤维长度较手采棉长 0.18 毫米，机采棉长度整齐度较手采棉高 0.57%，短纤维含量较手采棉低 0.59%，断裂比强度较手采棉低 4.64 厘牛/特克斯，杂质含量较手采棉高 9.8%，毛衣分较手采棉高 0.7%。

表 3-8 机采棉和手采棉品质指标对比表

处理	反射率（%）	黄度（+6）	颜色	马克隆值	纤维长度（毫米）	整齐度（%）	短纤维含量（%）	断裂比强度（厘牛/特克斯）	杂质含量（%）	毛衣分（%）
机采棉	66.3	7.7	51	4.23	29.65	81.90	18.18	30.10	12.1	39.5
手采棉	76.3	8.2	31	3.60	29.47	81.33	18.77	34.74	2.3	38.8
指标增减	−10.0	−0.5	20	0.63	0.18	0.57	−0.59	−4.64	9.8	0.7

在试点团场之一的第七师一二五团进行了不同类型药剂的效果对比试验（表 3-9）。药剂 1 种，为脱叶催熟剂脱吐隆＋助剂＋乙烯利；3 种施药方式，即机车喷施 1 遍、无人机 1 遍、无人机 2 遍。在 76 厘米等行距模式中，采用脱吐隆＋助剂＋乙烯利类型药剂，用量为（18＋70＋70）克/亩。在（66＋10）厘米宽窄行距模式中，采用脱吐隆＋助剂＋乙烯利类型药剂，用量为（18＋70＋70）克/亩。

每点取 10 株（内外行各 5 株）进行调查，施药当天调查一次。施药后每 5 天调查一次，直到叶片落完吐絮。收获前各处理分别收获 60 个成熟铃作为室内考种，下部 1～3 果枝 20 个铃，中部 4～6 果枝 20 个铃，上部 7 以上果枝 20 个铃，用于测定单铃重、衣分、绒长、断裂比强度、马克隆值等。调查内容包括农艺性状（株高、叶龄、单株果枝台数和单株始果节位）、叶片数目（打药前调查总叶片数，打药后调查正常未落下叶片数，叶柄脱落的悬挂叶叶片数，计算落在地上的落叶数和铃数（打药前调查总铃数，打药后调查青铃数、吐絮铃数，计算落铃数），计算脱叶率、吐絮率、脱叶药效和吐絮药效。在 76 厘米等行距模式下，处理 4（对照 1）亩效益最高；在（66＋10）厘米宽窄行模式下，处理 5（机车 1 遍）亩效益最高（表 3-10）。

表 3 - 9　第七师一二五团喷药方式对比表

行距配置	处理	药剂种类	用量（克/亩）	喷药方式
76 厘米等行距	处理 1	脱吐隆＋助剂＋乙烯利	18＋70＋70	机车 1 遍
	处理 2	脱吐隆＋助剂＋乙烯利	18＋70＋70	无人机 1 遍
	处理 3	脱吐隆＋助剂＋乙烯利	18＋70＋70	无人机 2 遍
	处理 4（对照 1）	/	/	/
（66＋10）厘米宽窄行	处理 5	脱吐隆＋助剂＋乙烯利	18＋70＋70	机车 1 遍
	处理 6	脱吐隆＋助剂＋乙烯利	18＋70＋70	无人机 1 遍
	处理 7	脱吐隆＋助剂＋乙烯利	18＋70＋70	无人机 2 遍
	处理 8（对照 2）	/	/	/

表 3 - 10　两种处理模式下的成本收益对比

处理	亩成本（元）	籽棉单价（元）	籽棉单产（千克）	亩产值（元）	亩效益（元）
处理 1	1 577	4.7	381.2	1 791.6	214.6
处理 2	1 577	4.7	346.9	1 630.4	53.4
处理 3	1 577	4.7	331.1	1 556.2	－20.8
处理 4（对照 1）	1 577	4.7	387.3	1 820.3	243.3
处理 5	1 577	4.7	455.2	2 139.4	562.4
处理 6	1 577	4.7	334.1	1 570.3	－6.7
处理 7	1 577	4.7	384.3	1 806.2	229.2
处理 8（对照 2）	1 577	4.7	294.2	1 382.7	－194.3

5. 传统药剂喷施与无人机药剂喷施的成本核算　兵团传统的棉田植保主要采用的产品有风送式喷雾机和吊杆式喷雾机，两种喷雾机均具有作业幅度较宽、搭载药量大的优点。但是药剂施用时农药与水的使用均高于无人机喷施，其中农药施用量是无人机喷施的 1.5 倍，用水量是无人机喷施的 30 倍。试点团场全程用传统喷雾机进行棉田植保药剂喷施费用约 40 元/亩，利用无人机进行棉田植保药剂喷施费用约 20 元/亩，利用无人机喷施较传统喷雾机节约成本 20 元/亩，增效达 50％。

二、机采棉田间技术应用的成本收益核算

1. 不同棉种播期的产出核算　通过 2017 年棉花不同播期试验调查与数据整理可以发现播期集中在 4 月 10～18 日的保苗率和壮苗率较高，在该时间段内播种的棉花田间苗情整齐度、幼苗长势明显好于其他播期。从不同播期的产量数据可以发现，北疆"试点"团场 4 月 15 日播种的棉花产量最高，南疆"试点"团场 4 月 10 日播种的棉花产量最高。通过 2018 年棉花不同播期试验调查与数据整理可以发现，播期在 4 月 12～18 日的保苗率、壮苗率是最高的，在该时间段内播种的棉花田间苗情整齐度、幼苗长

势明显好于其他播期。从不同播期的产量数据可以发现，4月15日播种的棉花产量最高。

各"试点"团场在4月1～20日之间全部结束棉花播种工作，通过比较不同播期在亩均用种量、地膜滴灌带、农机费用及劳动投入等生产成本发现，不同播期投入成本无明显差异，在不同播期成本核算时可以认为各播期生产成本一致。

2. 不同株行距配置模式成本收益核算

（1）不同株行距配置模式下的产出核算。在产量指标方面，76厘米等行距（一膜三行）株行距配置模式下亩均产量为381.7千克/亩；在质量指标方面，76厘米等行距（一膜三行）株行距配置模式下含杂率为12.8%，棉花平均纤维长度为29.23毫米，断裂比强度为29.17厘牛/特克斯，马克隆值A、B和C级比例分别为55.58%、43.29%和1.13%。

在产量指标方面，（66+10）厘米宽窄行（一膜六行）株行距配置模式下亩均产量为383.2千克/亩；在质量指标方面，（66+10）厘米宽窄行（一膜六行）株行距配置模式下含杂率为13.4%，棉花平均纤维长度为28.85毫米，断裂比强度为28.68厘牛/特克斯，马克隆值A、B和C级比例分别为54.72%、44.27%和1.01%。

（2）不同株行距配置模式下的成本收益分析。目前，兵团各植棉团场采用的株行距配置模式主要为（66+10）厘米宽窄行（一膜六行）株行距配置模式，积极推广的株行距配置模式为76厘米等行距（一膜三行）株行距配置模式。（66+10）厘米宽窄行（一膜六行）株行距配置模式平均行距38厘米，株距9厘米，理论株数19 494株/亩；棉种成本33元/亩，播种成本29.12元/亩，水肥费用270.15元/亩，打顶成本70元/亩，采收成本145元/亩，其他物化成本580.67元/亩，合计1 127.94元/亩。76厘米等行距（一膜三行）株行距配置模式行距76厘米，株距5.6厘米，理论株数约15 700株/亩；棉种成本27元/亩，播种成本29.12元/亩，水肥费用270.15元/亩，打顶成本50元/亩，采收成本145元/亩，其他物化成本580.67元/亩，合计1 101.94元/亩。76厘米等行距（一膜三行）株行距配置模式较（66+10）厘米宽窄行（一膜六行）模式株行距配置相比在节约成本、提升品质方面具有一定的优势。具体表现为：节约种子费用6元/亩，打顶费用20元/亩，其余生产成本两者持平，76厘米等行距（一膜三行）株行距配置模式总计节约成本26元/亩。

综上所述，76厘米等行距（一膜三行）株行距配置模式较（66+10）厘米宽窄行（一膜六行）株行距配置模式而言，在产量指标方面，单产前者略低。在品质指标方面，76厘米等行距（一膜三行）株行距配置模式棉花含杂率低0.6%，平均纤维长度长0.38毫米，断裂比强度指标高0.49厘牛/特克斯，A级马克隆值占比高0.86%，使得76厘米等行距（一膜三行）株行距配置模式下的籽棉销售价格高0.02元/千克，按照亩均籽棉产量380千克计算，可增加收入7.60元/亩。由于76厘米等行距（一膜三行）株行距配置模式亩均棉株数较少，籽棉产量较（66+10）厘米宽窄行（一膜六行）株行距配置模式少1.5千克/亩，收入减少10.50元/亩。综上所述，在产出方面76厘米等行距（一膜三行）株行距配置模式较（66+10）厘米宽窄行（一膜六行）株行距配置模式减少收入2.9元/亩。

表 3-11　不同株行距配置模式的成本收益

类别	一膜六行［（66+10）厘米］	一膜三行（76 厘米）	差值
平均行距（厘米）	38	76	
株距（厘米）	9.0	5.6	
理论株数（株/亩）	19 494	15 700	
棉种成本（元/亩）	33	27	6
播种成本（元/亩）	29.12	29.12	
水肥费用（元/亩）	270.15	270.15	
打顶成本（元/亩）	70	50	20
采收成本（元/亩）	145	145	
其他物化成本（元/亩）	580.67	580.67	
合计（元/亩）	1 127.94	1 101.94	26

3. 不同打顶时间的成本收益核算　各试点团场在 6 月 18 日至 7 月 1 日之间全部结束打顶工作，选取第八师一四九团 2.98 万亩新陆早 64 棉田进行调查，分别调查 6 月 20 日、6 月 22 日、6 月 24 日、6 月 26 日和 6 月 28 日打顶的棉田的纤维长度、断裂比强度、马克隆值和单产水平四项指标。不同打顶时间人工投入相同，在成本上无显著差异，打顶成本约为 55 元/亩。若使用化学打顶，合适的打顶药剂选用可降低成本 50% 以上，亩均节约打顶成本约为 28 元/亩。

在不同时期进行打顶试验，以确定不同时期打顶对棉花产量以及质量指标的影响。试验组 5 个打顶时间点分别为 6 月 20 日、6 月 22 日、6 月 24 日、6 月 26 日和 6 月 28 日。打顶时间与产量、质量指标情况如表 3-12 所示，在试验调查的 5 个时间点内打顶的棉田随着打顶时间的延迟，籽棉产量呈降低、升高、降低的变化趋势，最佳的打顶时间为 6 月 24 日，能够平均提升产量 5.5 千克/亩，增加收益 38.5 元/亩。对棉花的纤维长度、断裂比强度、马克隆值 B 级比例和产量的影响无明显规律，马克隆值 A 级比例呈增大趋势，马克隆值 C 级比例呈减小趋势，马克隆值 A 级比例最大的打顶时间为 6 月 24~28 日。可知试验区棉花打顶最佳时间为 6 月 24~28 日，适宜的打顶时间选择能够提升籽棉品质（表 3-12）。

表 3-12　不同打顶时间产量、质量指标

指标	打顶时间（月 . 日）				
	6.20	6.22	6.24	6.26	6.28
单产水平（千克/亩）	390	380	392	390	386
棉花平均纤维长度（毫米）	29	29	29	28	29
断裂比强度（厘牛/特克斯）	29	29	29	29	29
马克隆值 A 级比例（%）	40	40	50	50	50
马克隆值 B 级比例（%）	50	50	40	40	45
马克隆值 C 级比例（%）	10	10	10	10	5

资料来源：试验团场示范基地试验数据。

4. 不同剂量脱叶催熟药剂使用的成本收益核算　不同剂量脱叶催熟药剂的使用，会对皮棉的反射度、黄度、颜色、马克隆值、纤维长度、长度整齐度、短纤维含量、断裂比强度、含杂率等指标产生一定影响。过量的脱叶催熟药剂施用会降低皮棉的断裂比强度；脱叶催熟药剂施用不足会造成籽棉含杂率偏高。

在"试点"团场进行了不同类型脱叶催熟药剂的效果对比试验。A 型药剂以棉海为主，在 23.5 亩的试验条田中进行药剂喷施试验，第一次配方为棉海 325.5 克、助剂 1 410克、乙烯利 940 克，用 940 千克水稀释；第二次配方为棉海 325.5 克、助剂 1 410 克、乙烯利 1 645 克，用 940 千克水稀释。B 型药剂以瑞脱隆为主，在 31.4 亩的试验条田中进行药剂喷施试验，喷施配方为瑞脱隆 1 099 克、助剂 472.5 克、乙烯利 3 140 克，用 1 256千克水稀释，前后按同样配比喷施两次。A、B 型药剂折合到每亩的成本分别为 73.4 元/亩和 82 元/亩。在催熟脱叶效果方面，通过不同类型药剂的效果对比试验，药剂施用均适量，A、B 型药剂施用产出效果相当，选择 A 药剂可节约成本 8.6 元/亩。

5. 传统药剂喷施与无人机药剂喷施的成本收益核算　利用风送式喷雾机与吊杆式喷雾机等农机具的传统药剂喷施方法较无人机喷施而言，更能使脱叶催熟药剂覆盖棉株底部叶片，具有较好的植保效果与脱叶效果。传统药剂喷施脱叶率更好，籽棉含杂率略微低于无人机药剂喷施。

2017 年示范基地通过两种药剂喷施一次模式进行的比较试验发现，无人机药剂喷施试验田亩均籽棉产量 385 千克/亩，较常规棉田籽棉产量高出 15%。另外，在两种药剂喷施模式下加工出的原棉质量对比如表 3 - 13 所示。无人机药剂喷施较传统机车药剂喷施在皮棉各项指标方面存在一定差异。其中，无人机药剂喷施较传统机车喷施皮棉绒长低 1.0毫米，断裂比强度低 0.15 厘牛/特克斯，马克隆值低 0.3，长度整齐度低 0.6，短绒率高1.0 个百分点。总体上，无人机药剂喷施较传统机车药剂喷施皮棉品质有一定程度的降低，其原因在于无人机药剂喷施不能有效覆盖棉株底部叶片，喷施效果较传统机车药剂喷施效果差。

表 3 - 13　传统机车药剂喷施与无人机药剂喷施原棉质量对比

药剂喷施方式	试验组	绒长（毫米）	断裂比强度（厘牛/特克斯）	马克隆值	长度整齐度（%）	短绒率（%）
传统机车药剂喷施	试验组 1	26.3	5.45	83.1	8.6	26.3
	试验组 2	25.5	5.71	81.8	9.5	25.5
	试验组 3	27.1	5.33	83.1	8.6	27.1
	均值	26.3	5.50	82.7	8.9	26.3
无人机药剂喷施	试验组 1	26.2	5.82	83.8	8.2	26.2
	试验组 2	25.6	5.09	82.2	9.6	25.6
	试验组 3	24.2	5.14	81.3	10.6	24.2
	均值	25.3	5.35	82.4	9.5	25.3

　　兵团各植棉团场传统的棉田植保主要采用风送式喷雾机和吊杆式喷雾机，两种喷雾机均具有作业幅度较宽，搭载药量大的优点。但是药剂施用时农药与水的使用均高于无人机喷施，其中农药施用量是无人机喷施的 1.5 倍，用水量是无人机喷施的 30 倍。试点团场用传统喷雾机进行棉田植保药剂喷施费用约 40 元/亩，利用无人机进行棉田植保药剂喷施费用约 20 元/亩，节约成本 20 元/亩，较传统喷雾机喷施节约成本 50%。传统机车药剂喷施与无人机药剂喷施在各个施用阶段具体药剂成本投入如表 3-14 所示，通过无人机喷施可节约成本 25.35 元/亩。

表 3-14　传统机车药剂喷施与无人机药剂喷施成本对比

施用阶段	药剂名称	单价（元/千克）	药剂施用量（克/亩）		节约成本（元/亩）
			机车喷施	无人机喷施	
保苗阶段	独高	74.80	30	20	0.748
	妙诛	457.60	20	15	2.288
	联农	49.28	30	20	0.493
	甲哌鎓	143.75	10	10	—
第一次化控	瀚生锐击	132.00	40	30	1.320
	联农	49.28	30	20	0.493
	甲哌鎓	143.75	10	10	—
第二次化控	妙诛	457.60	30	20	4.576
	必应	229.90	20	15	1.150
	瑞脱隆	558.80	30	20	5.588
第一次脱叶催熟	助剂	100.00	30	20	1.000
	乙烯利	18.48	60	40	0.370
	棉海	990.00	15	10	4.950
第二次脱叶催熟	助剂	100.00	60	40	2.000
	乙烯利	18.48	80	60	0.370

数据来源：由新疆农垦科学院棉花研究所提供数据整理。

　　2018 年无人机与机车喷施脱叶剂对棉花的脱叶、催熟及棉花品种的影响试验调查结果总结如表 3-15 所示。

表 3-15　供试药剂试验设计

处理	喷施方式	药剂亩用量	亩用水量（千克）	试验面积（亩）
1	无人机	54%噻·敌　15 克	1.2	15
2	传统机车	54%噻·敌 12 克＋乙烯利 70 克	60	15
3	空白对照（ck）	—	—	0.18

　　施药时间为 2018 年 9 月 14 日（十三团五连），9 月 16 日（十团十一连），各处理施药一次。每处理选 3 个调查点，每点选具有代表性棉株 30 株挂牌。施药前调查各调查点棉花叶片数、总铃数和吐絮数，施药后 5 天、10 天、15 天、20 天、25 天调查叶片数和吐

絮数，以此计算各处理叶片脱落率和棉铃吐絮率。药后 25 天各小区取棉株上、中、下部顺株取 50 朵棉花，测定霜前花单铃重、衣指、籽指、纤维长度等，计算公式如下：

$$脱叶率(\%) = (施药前叶片数 - 调查时叶片数) / 施药前叶片数 \times 100\%$$

$$药前棉铃吐絮率(\%) = 药前棉铃吐絮数 / 施药前棉铃总数 \times 100\%$$

$$药后棉铃吐絮率(\%) = 药后棉铃吐絮数 / 施药前棉铃总数 \times 100\%$$

$$棉铃吐絮率(\%) = (吐絮棉铃数 / 棉铃总数) \times 100\%$$

（1）无人机与传统机车喷施脱叶剂的棉花脱叶效果比较。由表 3-16 可以看出，无人机与传统机车喷施脱叶剂对棉花脱叶均有较好的效果。药后 15 天时，十三团和十团，无人机与机车喷施的脱叶率均超过 50%。药后 25 天时，十三团无人机喷施脱叶率为 83.24%，机车喷施的脱叶率为 92.57%；机车喷施的最终脱叶率比无人机高 9.33 个百分点。十团无人机喷施脱叶率为 82.26%，机车喷施的脱叶率为 91.89%；机车喷施的最终脱叶率比无人机高 9.63 个百分点。2 个试验地点机车喷施的最终脱叶率均高于无人机喷施处理。

表 3-16　无人机与机车喷施脱叶剂对棉花脱叶效果的比较

地点	处理	叶片数（片）	药后时间				
			5 天	10 天	15 天	20 天	25 天
十三团	无人机	660.69	23.17	37.91	53.40	70.81	83.24
	机车	666.63	26.32	41.35	60.64	76.01	92.57
	ck	665.15	7.52	15.63	24.63	43.72	57.33
十团	无人机	659.41	22.97	38.24	52.47	71.24	82.26
	机车	661.30	27.13	40.31	61.43	77.36	91.89
	ck	675.56	8.16	14.92	25.87	41.32	53.72

（2）无人机与机车喷施脱叶剂的棉花吐絮效果比较。由表 3-17 可见，无人机与机车喷施脱叶剂对棉花吐絮均有较好的效果。由于十三团药前吐絮率在 70% 左右，因此在药后 15 天时，2 个处理的吐絮率在 90% 以上。药后 25 天时，无人机的吐絮率为 97.32%，机车喷施的吐絮率达到 99.76%，空白对照的吐絮率也达到 90.27%。

十团药前吐絮率在 40% 左右，因此在药后 15 天时，2 个处理的吐絮率在 80% 左右。药后 25 天时，无人机的吐絮率为 94.26%，机车喷施的吐絮率达到 97.89%，空白对照的吐絮率仅为 73.33%。

表 3-17　无人机与机车喷施脱叶剂的棉花吐絮效果比较

地点	处理	药前吐絮率（%）	药后时间				
			5 天	10 天	15 天	20 天	25 天
十三团	无人机	69.32	78.46	86.46	90.25	94.13	97.32
	机车	70.27	79.34	89.41	93.54	98.24	99.76
	ck	70.48	75.57	80.24	85.32	88.71	90.27

（续）

地点	处理	药前吐絮率（%）	药后时间				
			5 天	10 天	15 天	20 天	25 天
十团	无人机	40.41	52.97	65.24	79.47	87.24	94.26
	机车	41.36	51.13	68.31	81.43	90.36	97.89
	ck	40.57	46.25	53.92	60.63	67.72	73.33

（3）无人机与机车喷施脱叶剂对棉花品质影响。2018 年 11 月底，对各处理进行了室内考种，从测定结果可看出（表 3-18），2 个试验点无人机与机车喷施脱叶剂对铃重无显著影响，平均铃重略低于对照。2 个试验点处理的衣分差别不大。各处理的马克隆值在 3.86～4.10 之间。十三团机车喷施处理的纤维长度为 31.48 毫米，无人机喷施处理为 31.23 毫米，空白对照为 31.11 毫米；十团无人机喷施处理的纤维长度为 31.14 毫米，机车喷施处理为 30.77 毫米，空白对照为 30.91 毫米。2 个试验点机车喷施处理的强度，相比空白对照和无人机，相差不大。可见，无人机与机车喷施脱叶剂对棉花品质无明显影响。

表 3-18　无人机与机车喷施脱叶剂对铃重及纤维品质的影响

地点	处理	单铃重（克）	衣分（%）	马克隆值	纤维长度（毫米）	断裂比强度（厘牛/特克斯）
十三团	无人机	4.95	43.50	3.86	31.23	29.26
	机车	4.89	43.51	4.02	31.48	29.69
	ck	4.96	43.29	4.08	31.11	29.47
十团	无人机	4.89	43.51	4.10	31.14	29.31
	机车	4.91	43.47	4.06	30.77	29.76
	ck	4.93	43.92	4.02	30.91	29.69

2019 年，通过无人机和机车缩节胺化调对比试验（一二五团，芳草湖农场），研究缩节胺对棉花农艺性状、产量和品质的影响，为机采棉提质增效合理使用缩节胺提供借鉴与参考。

试验结果表明：7 月无人机化调对棉花出苗期、现蕾期、开花期并无实质性影响，只是对棉花吐絮期有一定影响；无人机化调与机车化调相比较，株高、果枝台数增加，叶龄略降低，果枝始节基本不变；与机车化调相比较，无人机化调能导致棉花单株铃数和单铃重减少，从而降低棉花产量，两处理对衣分没有影响；对棉花品质而言，无人机化调降低绒长和马克隆值，增加纤维整齐度和断裂比强度；在其他管理条件一致的情况下，无人机化调相比机车化调，虽然可以提高工作效率，但植棉效益略有下降。总体而言，无人机化调效果略差于机车化调。

三、机采棉田间技术应用综合收益核算

在各"试点"植棉团场推广应用的棉花播期选择、株行距配置模式、棉株生长调节、

打顶时间、脱叶催熟剂施用以及无人机药剂喷施等植棉技术应用效果主要可以分为成本节约型与产出、质量提升型。

在产出、质量提升方面，首先是播期选择，从不同播期的产量数据可以发现，北疆"试点"团场 4 月 15 日播种的棉花产量最高，南疆"试点"团场 4 月 10 日播种的棉花产量最高，是最为合适的播期；"一膜三行"株行距配置模式较"一膜六行"模式相比单产水平持平，但质量提升，使得棉花销售价格较后者高，加上播种量及用工量减少，因此，"一膜三行"模式较"一膜六行"模式相比更节本增效；打顶时间对籽棉产量并无显著影响，但是会一定程度上影响籽棉的马克隆值，北疆最适宜的打顶时间 6 月末至 7 月初，南疆最适宜的打顶时间为 7 月中旬。

综上所述，2017 年通过在棉花适宜播期选择、优化株行距配置、优化棉花化学调控药剂配比、新型棉株打顶技术研发、脱叶催熟技术优化、优化脱叶催熟剂施用规程以及药剂喷施智能化等方面的优化提升，各"试点"团场累计节本增效 10 540.61 万元。各"试点"团场分项数据如表 3-19 所示。其中，第一师八团亩均节约植棉成本 34.70 元，通过籽棉品质提升增加的效益为 30.81 元/亩，加工节能 2.35 元/亩，累计节本增效 686.74 万元。第六师芳草湖农场亩均节约植棉成本 36.00 元，加工节能 3.50 元/亩，累计节本增效 1 066.50 万元。第七师一二五团亩均节约植棉成本 65.00 元，通过增加籽棉产量增加收入 85.44 元/亩，通过籽棉品质提升增加收入 20.95 元/亩，加工节能 2.50 元/亩，累计节本增效 2 086.28 万元。第八师一四九团亩均节约植棉成本 83.66 元，通过增加籽棉产量增加收入 67.45 元/亩，通过籽棉品质提升增加收入 99.13 元/亩，加工节能 3.61 元/亩，累计节本增效 2 543.58 万元。

表 3-19　2017 年各试点团场节本增效情况汇总

指标	试点团场			
	第一师八团	第六师芳草湖农场	第七师一二五团	第八师一四九团
节约植棉成本（元/亩）	34.70	36.00	65.00	83.66
增产增效（元/亩）	—	—	85.44	67.45
品质提升增效（元/亩）	30.81	—	20.95	99.13
加工节能（元/亩）	2.35	3.50	2.50	3.61
植棉面积（万亩）	10.12	31.30	26.20	16.00
累计节本增效（万元）	686.74	1 236.35	4 555.92	4 061.60
合计（万元）	10 540.61			

2018 年通过在棉花适宜播期选择、优化株行距配置、优化棉花化学调控药剂配比、新型棉株打顶技术研发、脱叶催熟技术优化、优化脱叶催熟剂施用规程以及药剂喷施智能化等方面的优化提升，各"试点"团场累计节本增效 8 974.08 万元。各"试点"团场分项数据如表 3-20 所示。

其中，第一师八团亩均节约植棉成本 34.70 元，通过籽棉品质提升增加的效益为 30.81 元/亩，加工节能 2.35 元/亩，累计节本增效 736.96 万元。第六师芳草湖农场亩均节约植棉成本 36.00 元，加工节能 3.50 元/亩，植棉面积 31.30 万亩，累计节本增效 1 236.35万元。第七师一二五团亩均节约植棉成本 47.80 元，通过籽棉品质提升增加收入 60.00 元/亩，加工节能 2.40 元/亩，累计节本增效 1 498.72 万元。第八师一四九团亩均节约植棉成本 83.66 元，通过增加籽棉产量增加收入 58.68 元/亩，通过籽棉品质提升增加收入 99.13 元/亩，加工节能 3.61 元/亩，累计节本增效 5 502.05 万元。

表 3 - 20　2018 年各试点团场节本增效情况汇总

指标	试点团场			
	第一师八团	第六师芳草湖农场	第七师一二五团	第八师一四九团
节约植棉成本（元/亩）	34.70	36.00	47.80	83.66
增产增效（元/亩）	—	—	—	58.68
品质提升增效（元/亩）	30.81	—	60.00	99.13
加工节能（元/亩）	2.35	3.50	2.40	3.61
植棉面积（万亩）	10.86	31.30	13.60	22.45
累计节本增效（万元）	736.96	1 236.35	1 498.72	5 502.05
合计（万元）	8 974.08			

2019 年通过在棉花适宜播期选择、优化株行距配置、优化棉花化学调控药剂配比、新型棉株打顶技术研发、脱叶催熟技术优化、优化脱叶催熟剂施用规程以及药剂喷施智能化等方面的优化提升，各"试点"团场累计节本增效 6 550.76 万元。各"试点"团场分项数据如表 3 - 21 所示。

其中，第一师八团亩均节约植棉成本 37.30 元，通过籽棉品质提升增加的效益为 27.50 元/亩，加工节能 2.30 元/亩，累计节本增效 825.33 万元。第六师芳草湖农场亩均节约植棉成本 36.00 元，加工节能 3.50 元/亩，植棉面积 31.30 万亩，累计节本增效 1 236.35万元。第七师一二五团亩均节约植棉成本 50.00 元，通过籽棉品质提升增加收入 70.00 元/亩，加工节能 2.40 元/亩，累计节本增效 2 019.60 万元。第八师一四九团亩均节约植棉成本 76.83 元，通过增加籽棉产量增加收入 34.10 元/亩，加工节能 3.61 元/亩，累计节本增效2 469.48万元。

表 3 - 21　2019 年各试点团场节本增效情况汇总

指标	试点团场			
	第一师八团	第六师芳草湖农场	第七师一二五团	第八师一四九团
节约植棉成本（元/亩）	37.30	36.00	50.00	76.83
增产增效（元/亩）	—	—	—	34.10
品质提升增效（元/亩）	27.50	—	70.00	—
加工节能（元/亩）	2.30	3.50	2.40	3.61
植棉面积（万亩）	12.30	31.30	16.50	21.56
累计节本增效（万元）	825.33	1 236.35	2 019.60	2 469.48
合计（万元）	6 550.76			

第三节　机采棉生产田间技术应用问题及建议

针对兵团机采棉生产技术进步对棉花增产贡献日渐显著、高水平植棉劳动力需求凸显，籽棉品质总体不断提升的现状，应当继续加强植棉技术示范与推广，以促进兵团棉花产出增长和棉花质量提升，保证兵团棉花产业的可持续发展。提出以下建议：

一、继续实施"科技植棉"战略

加快植棉技术创新，变革传统的棉花生产模式，切实应用最新植棉技术，提升植棉综合效益，提高兵团棉花的市场竞争力和话语权。而目前想要实现兵团新型植棉技术的推广与应用，关键是要建立完善的植棉技术推广与服务体系，稳定兵团棉花种植技术人员队伍，确保植棉技术推广渠道的畅通；要根据兵团棉花种植品种"一主一辅"要求，加强棉花品种控制工作，做好质优产高型棉品种的引进、试验、示范以及推广工作；继续优化棉花田间管理规程，严格要求职工按照规程执行，确保棉花生长全过程精细化管理；加大棉花机械化生产投入力度，在兵团范围内对老旧的棉花播种、田间管理以及采收机械进行更新换代。

二、继续加强品种研发力度，选育适宜机采的优质棉种

结合新疆地区自然资源限制与采棉机技术参数特点，通过以棉花细胞工程、棉花基因工程为代表的生物工程技术，以棉花三系及远缘杂交为代表的棉种杂交技术，以航天诱变为代表的物理诱变技术进行针对性的棉花品种种质资源创制，选育出兵团各个植棉师适宜的优质、高产机采棉品种。

三、加快推进棉田平整工作，形成适合大规模机采的棉田地块

借助国家高标准基本农田建设契机，结合兵团土地地块规模较大优势，在兵团范围内对土地进行平整，能够为大型联合播种机、大型喷药装备以及大型采棉机等农用机械的进入提供便利条件，提高大型农机具的作业效率，发挥其对劳动力的替代优势，提高兵团机采棉的劳动生产率。

四、结合棉花精量播种技术，推进稀播高株种植理念转变

传统的以密植为核心的株行距配置模式不利于籽棉质量提升，应当继续推进株行距配置模式为"一膜三行"株行距配置模式，该模式能够通过精量播种降低棉种成本，稀播的株行距配置模式能够使棉株个体长势更旺从而提升籽棉品质，加之各行之间宽度更大，更加有利于提升脱叶催熟效果，降低棉花机采含杂率。

五、深化水肥统筹技术改革，向有机液体肥施用方向发展

推广使用有机液体肥水肥一体化，是全面提升肥料施用效率，降低土壤污染，转变传

统粗放型农业发展方式，促进兵团农业可持续发展的重要选择。通过提高肥料利用率，从而节省肥料投入成本、增加产量，提升节本增效综合作用。另外，可以增加土壤有机质含量，改良土壤结构，提高土壤理化性状，促进棉花植株生长，增强棉株抗虫抗病性能，进一步提升籽棉品质。

六、结合机采棉对棉株株型要求，优化化学药剂调控规程

棉花机械化采收要求棉株第一果枝节位较高、果枝较短、棉花植株株行紧凑，针对不同生态区棉花种植品种，通过缩节胺在棉花苗期不同阶段、不同剂量以及不同气候条件下的施用结果，总结出与棉花种植品种配套的化学药剂施用配比与操作规程。推广化学打顶技术，降低劳动力投入成本。探索稀播种植模式下，适宜的脱叶催熟剂施用剂量，为后续采摘过程有效降低籽棉含杂率打好基础。

七、加大政府对植棉技术创新的政策支持力度

棉花种植生产与新型植棉技术的采用均需要一定的前期资金投入，尤其是在技术采用上兵团职工急切的需要资金支持，加大农业政策性金融支持力度，解决植棉技术获取的资金投入问题。另外，植棉技术成果是一种特殊的产品，是全社会都能从中获益的公共产品，如果以私人或者其他市场主体等非政府部门为提供主体，不可能为植棉技术相关的诸多领域提供充足的资金。因此，兵团政府应当在植棉技术发展资金投入中承担更多的责任。

八、加快机采棉生产设备升级

做好播前棉田土地整理机械研发，确保棉杆粉碎还田、土地翻耕机械、深松耕机械以及残膜回收等播前技术措施顺利进行。积极引进具备苗床平整、滴灌带铺设、精量播种、种孔覆土镇压等多项工序联合作业的作物精量播种机械，加快兵团棉花精量播种全面推进，减少棉种损失，提高棉种利用率，从而降低生产成本。研发改造适宜兵团优质棉花种植资源株型特性的采棉机具，加大国产采棉机研发，摆脱对国外进口采棉机的依赖。优化加工清理工艺环节，降低籽清、皮清过程中对绒长的损失，提高皮棉品质，进而提升兵团棉花的市场竞争力。

一方面引进与研发采棉机械并举，形成兵团棉花高效机采模式。兵团大型采棉机多为美国进口，国产采棉机研发投入不足，兵团机采棉生产技术集成体系也必须解决大型采棉机具国产化问题。结合科研院所与高校科研力量，进行技术攻关，吸收国外采棉机优点，在模仿的基础上进一步创新，形成我国具备自主知识产权的大型采棉研发生产体系。另外，针对棉花机械采收过程中极易发生籽棉阴燃问题，推广应用采棉机配套田间火灾预警系统，有效避免由于籽棉阴燃引发火灾造成的损失。另一方面，配套打模运输装备，确保籽棉在田间不混入各类杂质。为了解决兵团棉花在机械采收装卸的过程中由于操作不当、流程不衔接造成残膜等异性纤维混入，造成籽棉污染的问

题，配套籽棉打模运输设备，在棉花经机械采收后直接打包成模块，直接运输到堆放场地，确保籽棉品质。

九、提升机采棉生产信息化水平

棉花生产的现代化离不开生产信息化水平的提升，按照兵团棉花播种机械精确对行作业的标准，利用计算机技术、电子技术、通信技术以及GPS信息控制技术，完成棉花播种过程中的自动导航驾驶。提升棉花田间苗情监测与调节能力，利用卫星遥感技术，监测棉花生长情况，利用水肥一体化统筹系统、无人机等技术做好水肥、药剂的及时施用，确保棉株生长发育全过程营养充足、长势良好。针对棉花采摘时，大型采棉机在收获过程中摘锭旋转、伸缩等动作与棉杆的摩擦容易引发植棉阴燃，对每台大型采棉机应当配备火情监测传感器，及时预防有可能发生的火情。在兵团范围内推广"乌斯特"智能化在线监测系统，实现棉花加工在线实时监测与远程控制。

十、完善机采棉生产社会服务体系

兵团机采棉社会化服务体系的完善应当以全程机械化服务为核心，完善兵团机采棉生产社会化服务体系。首先应当提高农机社会化服务组织程度，将农机具、资金、技术、人才进行整合，满足兵团职工在棉花生产全过程中对农机具的需求，提高农业机械使用率，带动兵团棉花生产全程机械化的发展。强化兵团机采棉生产社会化服务队伍建设，提高社会化服务能力，保持社会化服务从业人员的相对稳定，提高兵团机采棉农机服务队伍的整体素质。在服务人员管理过程中，做到绩效考核与收入挂钩，做到权、责、利有效结合，并同时对从业人员进行针对性培训，提升从业人员服务技能。

十一、促进机采棉产业扶持政策出台

棉花生产是事关国计民生的重要产业，机采棉全产业各个环节均需要国家政策给予支持，以激励兵团机采棉各参与主体做出符合兵团机采棉可持续发展的决策。在生产环节依法解决品种多乱杂问题，增加对适宜机采品种和机采种植技术的研发资金投入，增加对残膜回收技术的补贴，支持国产采棉机的开发与应用，提高购买国产采棉机购买补贴标准，将机采棉的采收、清理加工设备纳入国家农机补贴名录，加快机采棉质量追溯体系建设。

在纺织企业需求发生新变化的市场需求影响下，兵团机采棉生产的目标在于产业层面的"提质增效"。构建与优化兵团机采棉技术集成体系、提升农艺农机装备水平、增强各生产环节契合度是实现兵团机采棉优质高效生产的前提。应当从提高籽棉生产环节管理水平，培育兵团机采棉生产专业化组织，建立兵团机采棉高效采收服务体系以及提升兵团机采棉质量监控机制为构建方向。以质量提升为主要目标、兼顾高产、各生产环节技术匹配协同、降低生产成本提升植棉效益为构建原则，构建从品种选育到采收运输的全过程棉花生产技术集成体系。

参考文献

布鲁斯．阿伦，尼尔·多赫提，基思·韦格尔特，等，2009．阿伦＆曼斯菲尔德管理经济学［M］．北京：中国人民大学出版社．

曹慧，秦富，2006．集体林区农户技术效率及其影响因素分析——以江西省遂川县为例［J］．中国农村经济（7）：13-21．

陈丽珍，王术文，2005．技术扩散及其相关概念辨析［J］．现代管理科学（2）：56-57．

陈卫平，2006．中国农业生产率增长、技术进步与效率变化：1990—2003 年［J］．中国农村观察（1）：18-38．

迟国泰，隋聪，齐菲，2010．基于超效率 DEA 的科学技术评价模型及其实证［J］．湘潭大学学报（哲学社会科学版）（2）：66-71．

戴思锐，1998．农业技术进步过程中的主体行为分析［J］．农业技术经济（1）：12-18．

邓福军，陈冠文，余渝，等，2010．兵团棉业科技进步 30 年［J］．新疆农垦科技（6）：3-6．

董景荣，2009．技术创新扩散的理论、方法与实践［M］．北京：科学出版社．

郭梦雅，2017．基于超效率 DEA 的广东省物流效率研究［D］．深圳：深圳大学．

郭犹焕，王雅鹏，凌远云，等，2013．农业技术经济学［M］．北京：高等教育出版社．

韩荣青，潘韬，刘玉洁，等，2012．华北平原农业适应气候变化技术集成创新体系［J］．地理科学进展（11）：1537-1545．

郝爱民，2015．农业生产性服务对农业技术进步贡献的影响［J］．华南农业大学学报：社会科学版（1）：8-15．

黄光群，韩鲁佳，刘贤，等，2012．农业机械化工程集成技术评价体系的建立［J］．农业工程学报（16）：74-79．

黄杰，熊江陵，李必强，2003．集成的内涵与特征初探［J］．科学学与科学技术管理（7）．

蒋远胜，邓良基，文心田，2009．四川丘陵地区循环经济型现代农业科技集成与示范——模式选择、技术集成与机制创新［J］．四川农业大学学报（2）：228-233．

孔令英，李万明，2010．新疆兵团棉花产业发展及战略选择［J］．农业经济（11）：21-22．

孔令英，刘追，2012．新疆兵团棉花产业大企业集团培育研究［J］．中国棉花，39（2）：12-15．

匡远凤，2012．技术效率、技术进步、要素积累与中国农业经济增长——基于 SFA 的经验分析［J］．数量经济技术经济研究（1）：3-18．

雷雨，2005．精准农业模式下的技术集成与管理创新［J］．西北农林科技大学学报：社会科学版（4）：30-32．

李大胜，李琴，2007．农业技术进步对农户收入差距的影响机理及实证研究［J］．农业技术经济（3）：23-27．

李冉，杜珉，2012．我国棉花生产机械化发展现状及方向［J］．中国农机化（3）：7-10．

李思，2011．基于 DEA 及超效率 DEA 模型的农业信息化评价研究［J］．湖北农业科学（3）：1292-1294．

李同升，王武科，2008．农业科技园技术扩散的机制与模式研究——以杨凌农业示范区为例［J］．世界地理研究（1）：53-59．

李卓，2008. 产业集聚下的技术扩散研究［D］. 济南：山东大学.

梁平，梁彭勇，2009. 中国农业技术进步的路径与效率研究［J］. 财贸研究（3）：43-46.

廖志高，2004. 技术创新扩散速度模型及实证分析［D］. 成都：四川大学.

林海，2008. 新疆北疆棉花超高产栽培技术指标研究［D］. 杨凌：西北农林科技大学.

林兰，2010. 技术扩散理论的研究与进展［J］. 经济地理，30（4）：1233-1239.

刘璨，于法稳，2007. 中国南方集体林区制度安排的技术效率与减缓贫困——以沐川、金寨和遂川3县为例［J］. 中国农村观察（3）：6-25.

刘辉，李小芹，李同升，2006. 农业技术扩散的因素和动力机制分析——以杨凌农业示范区为例［J］. 农业现代化研究（3）：178-181.

刘进宝，刘洪，2004. 农业技术进步与农民农业收入增长弱相关性分析［J］. 中国农村经济（9）：26-30.

马述忠，刘梦恒，2016. 农业保险促进农业生产率了吗？［J］. 浙江大学学报：人文社会科学版（11）：131-144.

孟月，2007. 企业技术集成流程分析及绩效评价研究［D］. 天津：天津大学.

皮龙风，齐清文，梁启章，等，2015. 精准农业中的流程再造研发及其技术集成［J］. 农业现代化研究，36（6）：1112-1117.

邱建华，贺灵，2013. 基于超效率DEA模型的企业技术创新效率研究［J］. 湘潭大学学报（哲学社会科学版）（1）：94-104.

任艳红，2012. 基于的四川省水产品流通效率评价成都［D］. 成都：西南交通大学.

史金善，季莉娅，2008. 农业龙头企业技术创新扩散运行机制剖析［J］. 科技管理研究（12）：484-486.

宋美珍，2010. 我国棉花栽培技术应用及发展展望［J］. 农业展望（2）：50-55.

孙莉，张清，陈曦，等，2005. 精准农业技术系统集成在新疆棉花种植中的应用［J］. 农业工程学报（8）：83-88.

谭淑豪，曲福田，2006. 土地细碎化对中国东南部水稻小农户技术效率的影响［J］. 中国农业科学（12）：46-60.

谭砚文，凌远云，李崇光，2002. 我国棉花技术进步贡献率的测度与分析［J］. 农业现代化研究，23（5）：344-346.

田笑明，李雪源，吕新，等，2016. 新疆棉作理论与现代植棉技术［M］. 北京：科学出版社.

王爱民，李子联，2014. 农业技术进步对农民收入的影响机制研究［J］. 经济经纬（4）：31-36.

王娟，董承光，孔宪辉，等，2013. 新疆生产建设兵团机采棉育种研究及展望［J］. 中国棉花，40（4）：7-8.

王力，2013. 新疆兵团农业现代化的进程分析与模式选择——对农垦系统农业现代化实现路径的思考［J］. 农业经济问题（S1）：93-101.

王力，毛慧，2014. 植棉农户实施农业标准化行为分析——基于新疆生产建设兵团植棉区270份问卷调查［J］. 农业经济问题（9）：72-78.

王力，张杰，赵新民，2013. 棉花经济：挑战与转型［M］. 北京：中国农业出版社.

魏锴，杨礼胜，张昭，2013. 对我国农业技术引进问题的政策思考［J］. 农业经济问题（4）：35-41.

谢占林，2015. 机采棉加工主要工序对棉花品质指标影响程度比较研究［D］. 乌鲁木齐：新疆大学.

熊彼特，1990. 经济发展理论 ［M］. 北京：商务印书馆．

徐立华，2001. 我国棉花高产、高效栽培技术研究现状与发展思路 ［J］. 中国棉花，28（3）：5－8.

杨普云，梁俊敏，李萍，等，2014. 农作物病虫害绿色防控技术集成与应用 ［J］. 中国植保导刊（12）：65－68.

杨义武，林万龙，2016. 农业技术进步的增收效应——基于中国省级面板数据的检验 ［J］. 经济科学（5）：45－57.

喻树迅，姚穆，马崎英，等，2016. 快乐植棉 ［M］. 北京：中国农业科学技术出版社．

喻树迅，周亚立，何磊，2015. 新疆兵团棉花生产机械化的发展现状及前景 ［J］. 中国棉花，42（8）：1－4，7.

曾刚，丰志勇，林兰，2008. 科技中介与技术扩散研究 ［M］. 上海：华东师范大学出版社．

战明华，吴其苗，俞来友，1999. 浙江省绍兴县种粮大户投入产出结构和技术效率分析 ［J］. 农业技术经济（5）：58－67.

张杰，杜珉，王力，等，2016. 政策调整、产业转型中的新疆棉花经济 ［M］. 北京：经济管理出版社．

张杰，刘林，2013. 新疆兵团机采棉与手采棉经济效益比较研究 ［J］. 农业现代化研究（5）：372－375.

张杰，王太祥，2015. 新疆机采棉经济绩效与农户行为研究 ［M］. 长春：吉林大学出版社．

章力建，2006. 集成创新是当前农业科技创新的战略需求 ［J］. 农业经济问题（4）：4－6.

赵会薇，2013. 机采棉品种选育现状 ［J］. 中国种业（9）：18－19.

赵新民，张杰，王力，2013. 兵团机采棉发展现状、问题与对策 ［J］. 农业经济问题（3）：87－94.

赵战胜，丁变红，吴新明，等，2017. 新疆早熟棉区不同品种机采棉机采性状的研究 ［J］. 江苏农业科学，（21）：252－254.

赵芝俊，张社梅，2005. 农业技术进步源泉及其定量分析 ［J］. 农业经济问题（S1）：70－74.

赵芝俊，张社梅，2006. 近20年中国农业技术进步贡献率的变动趋势 ［J］. 中国农村经济（3）：4－13.

中国农业科学院棉花研究所，2013. 中国棉花栽培学 ［M］. 上海：上海科学技术出版社．

周端明，2009. 技术进步、技术效率与中国农业生产率增长——基于DEA的实证分析 ［J］. 数量经济技术经济研究（12）：70－82.

朱孔来，2008. 关于集成创新内涵特点及推进模式的思考 ［J］. 现代经济探讨（6）：41－45.

Alfons Oude Lansink，2000. Productivity growth and efficiency measurement：a dual approach ［J］. European Review of Agricultural Economies，1（27）：59－73.

Battese G E，Coelli T J，1992. Frontier productions，technical efficiency and Panel data：with application to paddy farmers in India ［J］. The Journal of Productivity Analysis（3）：153－169.

Iansiti M，West J，1999. From physics to function：an empirical study of research and development performance in the semiconductor industry ［J］. The Journal of Product Innovation Management（16）：385－399.

Jeffrey Vitale，Marc Ouattarra，Gaspard Vognan，2011. Enhancing sustain－ability of cotton production systems in West Africa：A summary of empirical from Burkina Faso ［J］. Sustainability（3）：136－169.

K R Sharunugam，Atheendar Venkataramani，2006. Technical efficiency in agricultural production and Its determinants：an exploratory study at the district level ［J］. Indian Journal of Agricultural Economies，61（2）.

Luaxme Lohr，Timothy A Park，2007. Efficiency analysis for organic agricultural producers：The role of soil‐improving in Puts ［J］. Journal of Environmental Management （83）：25‐33.

Richard G Lipsey，2002. Some implications of endogenous technological change for technology policies in developing countries ［J］. Economics of Innovation and New Technology.

Sarker D，De S，2004. Non‐parametric approach to the study of farm efficiency in agriculture ［J］. Journal of Contemporary Asia，34 （2）：207‐220.

Vangelis Tzouvelekas，Csto J Pantzios，Christo FotoPoulos，2002. Measuring multiple and single factor technical efficiency in organic farming：the ease of Greed wheat farms ［J］. British Food，104 （8）：591‐609.

第四章
新疆机采棉不同株行距配置模式下的成本收益分析

　　棉花作为主要经济作物，不仅在国家和地方农业产值中占有重要地位，也是棉农家庭收入的主要来源，对推动农村经济发展作用显著。自 20 世纪 90 年代初，新疆棉区棉花产业发展迅速，种植面积、单产水平、总产量均列居全国首位，成为新疆生产建设兵团的支柱产业。膜下滴灌等农艺措施的大面积实施，为棉花产业提供了优越的生产条件。现今，新疆棉区在中国棉花生产中的地位更加重要。新疆是全国最大的棉花产区，2018 年种植面积达到 3 700 多万亩，占全国棉花种植面积的 80％，总产量已连续 20 多年位居全国第一位。因此，加快机采棉收获技术发展，提升机采棉质量是棉花生产发展的必然趋势。机采棉农艺技术是机采棉作业中最关键的一个环节，而影响机采棉质量的关键农艺技术是株行距配置方式。适宜的种植行距及密度能使棉花构建合理的群体结构，进而充分利用地力以及其他环境资源，有利于实现棉花优质、高产。为进一步提高棉花采收效率和品级，提升棉花产量和棉农收益，选择适合的行距就显得尤为重要。结合不同植棉要素情况，对比一膜三行、一膜六行这两种株行距配置模式，进行种植方式选择，以达到合理的种植密度与冠层结构，既能取得较好的产量，又能配合机采棉取得较好的脱叶效果，为提高机采效率和机采品质打下良好的基础。

　　机采棉作为棉农节本增收的一项措施，已被农场职工广泛认可。项目组在第七师一二五团、第八师一四九团、第一师八团和第六师芳草湖农场开展了"一膜三行"和"一膜六行"不同种植方式的棉花品质、采收效率对比。采用随机抽样，对第八师一四九团、第七师一二五团和第六师芳草湖农场棉农植棉模式、植棉成本及收益作问卷调查。通过对两种植棉模式效率的对比调查，确定适宜兵团的种植模式，为本地区机采棉高产、优质、高效发展和棉农增加创收提供技术指导及推广应用范本。通过对比不同行距对棉花生长发育和产量品质的影响，筛选出适合新疆棉区推广应用的种植模式，为棉花的高产优质栽培提供理论依据。在新疆机采棉种植区推广运用，为棉农增加收入，是此次课题立项的重要依据。

第一节　机采棉种植模式简介

一、新疆棉花种植状况

　　1990 年以后，由于黄河流域、长江流域的粮食种植收益逐渐高于棉花种植收益，促使这两块区域的棉花生产逐渐减少，而新疆凭借着独特的气候条件，充足的日照时间，棉花产量逐渐扩大。总体上，从 1990 年开始，特别是 2000 年后，我国棉花的播种面积和产量分布从黄河流域、长江流域逐渐向新疆地区转移，新疆也一跃成为全国最大的优质棉花生产基地。2018 年，新疆棉花播种面积达到 3 700 多万亩，占到全国的 74.31%，产量占全国的 83.84%，而新疆兵团凭借着强大的组织机构和现代化技术优势，棉花种植生产在新疆占据着重要位置。2018 年，新疆兵团棉花播种面积为 1 281.05 万亩，占新疆的 34.28%，产量为 204.65 万吨，占新疆的 40.0%。从数字上看，新疆兵团棉花生产在新疆乃至全国的地位非常突出，棉花已经成为新疆兵团的支柱产业（耿涛，2006）。现阶段新疆生产建设兵团已初步形成了育种、种植、初加工、运输、棉纺织和销售的棉花完整产业链。

新疆兵团 2018 年机采棉自有土地植棉总成本为 1 453 元/亩，其中生产总成本 808 元/亩，人工总成本 110 元/亩，机械作业总成本 421 元/亩，其他成本 114 元/亩，在总成本中所占比例分别为 55.6%、7.6%、29.0% 和 7.8%。总体来看，化肥所占比例最大，为 24.7%，其次是水电费和机械拾花费，分别为 15.1% 和 13.5%，若加上租地费用 434 元/亩，新疆兵团机采棉租地植棉总成本为 1 887 元/亩（表 4-1）。2019 年新疆兵团机采棉植棉成本较 2018 年有少量增加（表 4-2）。

表 4-1　2018 年中国植棉成本调查表

成本项目（元/亩）	内地		新疆地方				新疆兵团	
	手采棉	同比	手采棉	同比	机采棉	同比	机采棉	同比
租地植棉总成本	1 243	29	2 303	14	1 633	33	1 887	27
自有土地植棉总成本	791	20	1 869	−10	1 199	9	1 453	3
土地成本（租地费用）	452	9	434	24	434	24	434	24
生产总成本	487	17	655	−17	655	−16	808	−16
棉种	58	4	59	−6	59	−6	46	−1
地膜	38	3	56	2	56	2	124	23
农药	106	−1	97	−3	97	−3	59	−1
化肥	208	1	251	−13	251	−12	359	−14
水电费	77	10	192	3	192	3	220	−23
人工总成本	163	1	1 010	1	138	7	110	−7
田间管理费	118	0	138	7	138	7	110	−7
灌溉/滴灌人工费	45	1	62	3	—		—	
拾花用工费	—		810	−9	—		—	
机械作业总成本	70	2	160	7	350	9	421	1
机械拾花费					189	1	196	−5
其他成本	72	0	45	−2	56	9	114	25

数据来源：国家棉花市场监测系统调研数据，调查时间为 2018 年 12 月。

表 4 - 2　2019 年中国植棉成本调查表

成本项目（元/亩）	内地		新疆地方				新疆兵团			
	手采	同比	手采	同比	机采	同比	手采	同比	机采	同比
租地植棉总成本	1 258	14	2 321	18	1 656	23	2 321	18	1 902	16
自有土地植棉总成本	798	6	1 880	10	1 214	15	1 880	10	1 460	8
土地成本（租地费用）	460	8	442	8	442	8	441	8	442	8
生产总成本	485	—2	659	4	659	4	659	4	808	0
棉种	53	—5	55	—4	55	—4	55	—4	45	—1
地膜	39	1	56	0	56	0	56	0	117	—7
农药	105	—1	89	—8	89	—8	89	—8	68	9
化肥	200	—8	273	22	273	22	273	22	344	—15
水电费	88	11	186	—6	186	—6	186	—6	234	14
人工总成本	170	7	1 008	—2	147	8	1 008	—2	113	3
田间管理费	120	2	147	8	147	8	147	8	113	3
灌溉/滴灌人工费	50	5	65	4	—	—	65	4	—	—
拾花用工费	—	—	796	—14	—	—	796	—14	—	—
机械作业总成本	72	2	167	7	355	5	167	7	420	—1
机械拾花费	—	—	—	—	187	—2	—	—	191	—5
其他成本	71	—1	46	1	53	—3	46	1	120	6

数据来源：国家棉花市场监测系统调研数据，调查时间为 2019 年 12 月。

（一）内地植棉成本

2019 年中国内地手采棉自有土地植棉总成本为 798 元/亩，其中生产总成本 485 元/亩，人工总成本 170 元/亩，机械作业总成本 72 元/亩，其他成本 71 元/亩，在总成本中所占比例分别为 60.8%、21.3%、9.0% 和 8.9%。总体来看，化肥、田间管理和农药投入所占比例较大，分别为 25.1%、15.0% 和 13.2%，若加上租地费用 460 元/亩，租地植棉总成本为 1 258 元/亩。

（二）新疆植棉成本

1. 新疆地方　2019 年新疆地方手采棉自有土地植棉总成本为 1 880 元/亩，其中生产总成本 659 元/亩，人工总成本 1 008 元/亩，机械作业总成本 167 元/亩，其他成本 46 元/亩，在总成本中所占比例分别为 35.1%、53.6%、8.9% 和 2.4%。总体来看，拾花用工费所占比例最大，为 42.3%，其次是化肥费用和水电费，分别为 14.5% 和 9.9%，若加上租地费用 442 元/亩，新疆地方手采棉种植总成本为 2 322 元/亩。

2019 年新疆地方机采棉自有土地植棉总成本为 1 214 元/亩，其中生产总成本 659 元/亩，人工总成本 147 元/亩，机械作业总成本 355 元/亩，其他成本 53 元/亩，在总成本中所占比重分别为 54.3%、12.1%、29.2% 和 4.4%。总体来看，化肥费用所占比例最大，为 22.5%，其次是机械拾花费和水电费，所占比例分别为 15.4% 和 15.3%，若加上租地费用 442 元/亩，新疆地方机采棉种植总成本为 1 656 元/亩。

2. 新疆兵团 2019 年新疆兵团手采棉自有土地植棉总成本为 1 880 元/亩，其中生产总成本 659 元/亩，人工总成本 1 008 元/亩，机械作业总成本 167 元/亩，其他成本 46 元/亩，在总成本中所占比例分别为 35.1%、53.6%、8.9% 和 2.4%。总体来看，拾花用工费所占比例最大，为 42.3%，其次是化肥费用和水电费，分别为 14.5% 和 9.9%，若加上租地费用 442 元/亩，新疆地方手采棉种植总成本为 2 321 元/亩。

2019 年新疆兵团机采棉自有土地植棉总成本为 1 460 元/亩，其中生产总成本 808 元/亩，人工总成本 113 元/亩，机械作业总成本 420 元/亩，其他成本 120 元/亩，在总成本中所占比例分别为 55.3%、7.7%、28.8% 和 8.2%。总体来看，化肥费用所占比例最大，为 23.6%，其次是水电费和机械拾花费，分别为 16.0% 和 13.1%，若加上租地费用 442 元/亩，新疆兵团机采棉种植总成本为 1 902 元/亩。

二、新疆机采棉种植模式的发展现状

新疆棉花生产在我国棉花生产格局中具有举足轻重的地位，在农民增收方面具有不可替代的作用，是新疆农业经济的主导产业（黄璐，2017）。随着劳动力价格的不断上涨，为降低植棉成本，提高植棉效益，机采棉成为兵团棉花可持续发展的必然选择（韩焕勇，2016）。通过机采棉技术实现了棉花的"规模化种植、标准化生产、机械化采摘和全程机械化加工"，不仅解决了劳动力缺乏和人工成本高的问题，而且还使棉花生产取得了较好经济效益，满足了纺织工业的需求（关纪培，2017），这也是促进棉花产业健康持续发展的必然选择（胡元雄，2017）。

发展机采棉是一项复杂的系统工程，棉花的株行距配置、棉花品种的筛选与繁育、棉花打顶和脱叶催熟等技术与所引进的采棉机不能友好匹配等诸多问题严重制约了机采棉技术的发展进程（孙巍，2013）。探索适合机采棉的种植模式，保证机采模式下棉花的优质高产，是棉花机械采收技术得以推广的重要基础（赵林，2005；黄勇，2006）。为适应采棉机作业行距的要求，新疆兵团总结出了以一膜六行（66+10）厘米宽窄行相间为特征，突出新疆棉花"矮、密、早"特点的机采棉种植模式，并在高产和抗灾方面取得了一定的成绩，特别是高产得到广大农民的认可（张山鹰，2012），然而机采棉采收的总体品质普遍不高（胡元雄，2017）。植株过矮和过密已经无法适应机采棉种植要求，需打破传统的棉花"矮、密、早"高产栽培思维模式（李健伟，2018）。

近年来，南北疆各棉区陆续有研究表明，适当降低种植密度有利于提高机采棉花脱叶率和采净率，降低籽棉含杂率，减少收获损失（戴德成，2010；王宏彬，2011；魏霞，2014）。北疆棉区根据机采棉对行距配置及对脱叶催熟技术的要求，将杂交棉与稀植技术相结合，逐渐总结出以一膜三行（76 厘米等行距）为代表的稀植机采棉种植模式（潘琪明，2012；蔡晓莉，2014）。最新的研究表明，等行距机采种植模式作为一种新的种植模式，可以达到优化棉花冠层结构的目的，利于棉花生育后期植株间通风透光，大大增强群体光合作用，增加结铃数和铃重，显著提高机采杂交棉籽棉和皮棉产量（蔡晓莉，2014；时增凯，

2014；康鹏，2014）。同时也降低了用种量，简化了田间管理。各种植模式下机采棉的综合效益虽已有过比较，但结论尚未明确（景彦斌，2014）。因此，本研究以行距变化为切入点，对不同机采模式下的棉花产量及采收品质形成过程中的一些指标展开研究，以期能够探索出有利于机采棉产量增加和品质提升的种植模式，为新疆机采棉的推广与发展提供理论支持。

兵团机采棉产业发展一直处于全国领先地位。在产业政策转型与市场配置资源作用日益凸显的背景下，棉花品质的高低对于兵团棉花种植业的发展有重要意义。棉花质量提升是一个系统工程，受到种子筛选与繁育、栽培模式、打顶与脱叶催熟技术、田间管理、机械采收模式、株行距配置模式等环节和棉花加工管理环节的影响，其中，棉花种植的株行距配置模式又是影响机采棉质量的重要因素。兵团机采棉技术主体引进于美国。美国机采棉种植历经 80 余年的积淀逐渐完善，围绕着质量和效益第一，产量次之的生产目标，形成了等行距的种植模式。而兵团为了提高种植密度和实现高产，形成并推广了（66＋10）厘米的宽窄行高密度种植模式，该模式采取的是"小个体、大群体"的栽培策略，即"矮、密、早"的棉花种植模式，棉花产量有了大幅度提升。自推广高密度棉花栽培模式以后，"一膜六行"棉花高密度栽培模式，采用了 2 米宽地膜，平均交接行距为 60.0～66.0 厘米，平均株距 9～10 厘米，提升了棉花的栽培密度，达到 25.5 万株/公顷，有效提升了棉花产量，适合出苗率低、盐碱地、土壤肥力低、管理水平低的中下级棉田。实践证明，此种植模式对于机采棉大面积实现高产稳产具有重要作用。

随着机采棉的大范围普及，密度过高、栽培过大的棉花种植模式存在的问题日益凸显，表现为个体发育不足，单铃重下降，棉花中下部结铃率低，行间密闭导致脱叶效果差，采净率低及防治病虫害费用高。在劳动力成本大幅度增加和机采棉普及的情况下，如果继续沿用"一膜六行"这种高密度栽培模式，将不利于降低棉花生产成本和提升机采棉质量，不利于提升兵团棉花生产潜力。一方面随着种植密度增大，棉纤维长度、断裂比强度等品质指标呈现降低趋势；另一方面由于群体过大，会导致脱叶剂喷施效果不佳，同时也导致脱落后落不到地面的叶片增加（挂枝叶增加），致使机械采收的籽棉杂质含量较高，进而加大了籽棉清理加工过程对棉花质量的影响。由此可见，机采棉种植模式需要按照质量效益优先，兼顾单产的原则进行调整和优化。

近年来，学者对黄淮植棉区、长江植棉区和新疆植棉区的研究表明（李先发，2008），过度密植的栽培模式具备适合板结地、盐碱地和下潮地的特点，而在水肥充沛的棉田可以降低栽培密度，通过充分吸收阳光，有效通风来充分发挥个体的生产潜力实现棉花优质优产的目的（王娟，等，2013）。于是学者们通过研究，创新了"一膜三行"的稀植栽培模式［2.05 米宽膜，交接行距 76 厘米，膜上行距（76＋76）厘米，株距 9～10 厘米］和"一膜三行"的密植栽培模式［2.05 米宽膜，交接行距 76 厘米，膜上行距（76＋76）厘米，株距 5.6～6 厘米］。试验证明，"一膜三行"的栽培模式可以达到优化棉花冠层结构的目的，使棉花在生育后期仍能保持植株间通风透光，促进棉花群体的光合作用，增加结铃数和铃重，显著提高机采杂交棉籽棉和皮棉产量，降低植棉成本，简化田间管理。

虽然兵团植棉业取得了一定成绩，但机采棉研究与示范工作起步较晚，还存在诸多问题：

（1）棉花纤维发育过程研究方面。在新疆特别是北疆的早熟棉区，棉纤维突起期、伸长期、加厚期和脱水成熟期的时间、温度和天数缺乏系统的观察、调查和研究，影响机采棉栽培技术规程制定和棉花提质增效措施的优化。

（2）现行的兵团棉花播期制定及苗期管理技术，是 20 世纪 80～90 年代逐渐发展形成的，在高新节水技术、滴水出苗技术、高效机播技术和机采棉技术推广之后，以促壮苗早发为基础，促进整个棉花生育进程提前的要求下，需要对棉花的种子发育、种子营养的作用、壮苗的早期形成继续深入研究，为壮苗早发提供依据。

（3）美国棉花施用的是液体肥料，其肥效快且利用率高，对棉花早发有积极作用，在兵团需要进行系统的研究。

（4）打顶时间和保留果台数对于争取早脱叶意义重大，其对产量和效益的影响需要找到最佳的管理方案。

（5）根据前些年兵团部分师团的实践结果，在积温相对较高的地区，大幅降低密度，提高单株铃数，对于棉花品质和脱叶效果都有显著的积极作用，需要进一步试验、研究和规范。

第二节　不同株行距配置模式下的成本收益分析

一、机采棉株行距配置模式

（一）一膜六行配置模式

1. 一膜六行的栽培特点　新疆生产建设兵团于 2001 年开始推广"矮、密、早"棉花种植技术，棉花产量有了大幅度提高。哈密垦区自推广高密度栽培技术以来，经过几年探索，筛选出适合当地的一膜六行高密度种植模式（杜明伟等，2009）。该模式可有效提高当地棉花产量，特别是对一些盐碱重、土壤黏重、肥力低下、出苗率低、植棉人员管理水平低的棉田棉花产量提高发挥了很大作用。

一膜六行模式一般采用 2.05 米宽膜，（10＋66＋10）厘米模式，交接行距为 60.0～66.0 厘米，平均行距 38 厘米，平均株距为 9 厘米，使棉花种植密度理论上提高到 27.7 万株/公顷或理论株数 19 494 株/亩，保苗株数提高到 21.55 万株/公顷（图 4 - 1）。

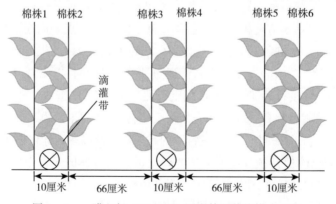

图 4 - 1　一膜六行（66＋10）厘米等距栽培模式示意

2. 一膜六行配置模式的缺点　近年来随着机采棉的推广，"一膜六行"模式下群体过大的问题已日益凸显，表现在行间郁闭严重，个体发育不足，中下部结铃率较低，单铃重下降，病虫害防治成本增加，脱叶效果差，采净率低。一膜六行的高密度栽培技术，难以挖掘出棉花的生产潜力，极大地影响棉花生产的节本增效。

(二) 一膜三行配置模式

随着新疆机采棉的推广普及，一膜六行栽培模式已经呈现出机采棉品质不高，植棉成本居高不下的特点。为适应机采棉的发展，出现了低密度栽培技术"一膜三行"模式，该模式有利于发挥棉花的生产潜力，促进棉花生产的节本增效。

1. 一膜三行的栽培特点　无霜期长和肥水充足的棉田可通过降低栽培密度，充分挖掘个体潜力实现高产优质的目的，并针对不同的环境条件、不同品种选择适宜的栽培密度，发挥群体光合效能，达到高产目的。在此背景下，科技人员提出了一膜三行等行距棉花栽培模式，"一膜三行"的稀植栽培模式〔2.05 米宽膜，交接行距 76 厘米，膜上行距 (76+76) 厘米，株距 9～10 厘米〕和"一膜三行"的密植栽培模式〔2.05 米宽膜，交接行距 76 厘米，膜上行距 (76+76) 厘米，株距 5.6～6 厘米〕。"一膜三行"的稀植栽培模式理论密度为 14.6 万株/公顷，理论穴数 11 600 穴/亩。"一膜三行"的密植栽培模式理论密度为 23.5 万株/公顷，理论穴数 15 700 穴/亩（图 4 - 2）。

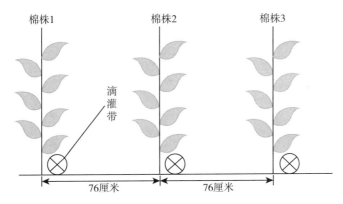

图 4 - 2　一膜三行（等行距）栽培模式示意图

2. 一膜三行的栽培优点　第一，棉花一膜三行与一膜六行对比亩保苗株数降低，人工管理成本降低。第二，棉田通风透光面积增加，使棉株上下结铃均匀一致，这样既增加了棉花单铃重，又提高棉花成熟的一致性（杜明伟，2012）。第三，棉田机械作业质量提高，减少了机械打药次数，增加了棉花机械采收的采净率。第四，机采棉打脱叶剂后的叶片脱净率提高，促进棉花早熟和提早采摘。

(三) 两种棉花栽培模式的对比

1. 亩保苗株数不同　一膜三行模式行距 76 厘米，株距 5.6 厘米，理论株数 15 700 株/亩，以（10+66+10）厘米的一膜六行，其平均行距 38 厘米，株距 9.5 厘米，理论株数 19 494 株/亩。

2. 株高不同　就不同行距而言，株高有随行距减小而减小的趋势，但部分处理差异不显著。对于机采棉花而言，株高过高或者过低均不利于机械采收，且以前有研究表明，株高在 80 厘米左右时最适宜机采。结果表明，在一膜六行高密度条件下，盛铃后期高峰值均在 60～70 厘米，株高比一膜三行低，不太利于机采。增加行距，降低种植密度，可以有效增加株高，便于机械采收。

3. 单株蕾铃数　行距变化对棉花单株蕾铃数有显著的影响，且各处理均表现为随行距的减小而减小。在一膜三行低密度种植条件下，单株蕾铃数显著高于其他各处理，充分发挥了单株结铃优势，为在低密度条件下获得较高的单位面积总铃数提供了保证；试验结果则显示，在一膜六行高密度种植条件下，行距减小，密度增大，不利于优势的发挥。

4. 果枝长度　由一膜三行与一膜六行行距变化对果枝长度的影响均表现为随行距的减小，密度的增加，果枝长度逐渐减小；同一行距条件下，各处理杂交棉果枝长度均大于常规品种（唐军，2008）。当果枝长度超过 20 厘米后便不利于机械采收。2018 年在一四九团试验结果显示，不同行距条件下，各处理棉花果枝长度均小于 20 厘米，均适宜机采。

二、棉花种植成本情况

农产品生产成本是农产品价值的一部分，是指在生产农产品过程中所消耗的生产资料和劳动力成本之和。在衡量农产品成本时，一般用每亩或者每千克的生产成本表示。如棉花每亩生产成本＝每亩棉花物资和服务费用＋每亩棉花人工费用。下面就棉花的各项成本进行详细说明（图 4-3）。

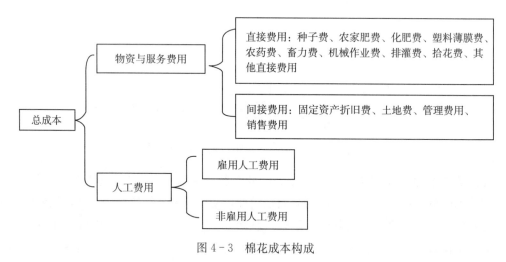

图 4-3　棉花成本构成

（一）棉花的物资与服务费用

棉花的物资与服务费用是指在棉花种植生产过程中消耗的各种与生产相关的实物与现金支出，按是否可以直接计入棉花中，可以分为直接费用和间接费用。

1. 直接费用　包括种子费、农家肥费、化肥费、塑料薄膜费、农药费、畜力费、机械作业费、排灌费、拾花费和其他直接费用。

（1）种子费。一般按照购买价格进行计算，如果为自留种子或自育种苗，则可以按当地种子购买价格的上下差价计算。

（2）农家肥费。在植棉中需要用到人粪尿或畜禽粪费，这部分价格可以按当地市场价评估计算。

（3）化肥费。按实际购买的价格与使用量计算。

（4）塑料薄膜费。按实际购买的价格和使用量计算。

（5）农药费。按实际购买的价格和使用量计算。

（6）畜力费。雇用的畜力按支出费用计算，自养畜力按市场价格计算费用。

（7）机械作业费。雇用机械作业按实际支出费用计算，自有农机作业按市场租赁价格计算费用。

（8）排灌费。按实际支付的水费、排灌费计算。

（9）拾花费。拾花费就是采摘费用，按不同采摘方式可分为机器采摘费和人工采摘费。物资费用中只包括机器拾花费，按实际支出的价格计算。

（10）其他直接费用。如技术指导费用、运杂费等。

2. 间接费用　包括固定资产折旧费、土地费、管理费用和销售费用。

（1）固定资产折旧费。指棉花种植生产过程中涉及的房屋、仓库、机器、水利设施等发生的每期折旧费用，一般可以按棉花的季数进行折旧平摊计提。

（2）土地费。如果租赁土地，则按棉花的季数进行费用平摊计算，如果是自有土地，可以不纳入计算。

（3）管理费用。指在棉花种植生产过程中农户从事经营管理活动的开支，如文具，账本、差旅费以及贷款利息等。

（4）销售费用。指为了销售而发生的运输费用、包装费用、广告费用等，按实际支出计算。

（二）棉花的人工费用

棉花的人工费用是指在棉花种植生产过程中发生的劳动力成本，一般包括雇用人工费用和非雇用人工费用。

1. 雇用人工费用　用各个生产环节（耕地、播种、施肥、排灌、管理、拾花等）直接支付给人员的费用支出计算。

2. 非雇用人工费用　一般可以参考市场人工价格进行计算，可以用单位小时价格与实际劳动时间相乘得到的费用计算。

随着市场经济的快速发展及政府职能的转变，2004年农产品生产成本-收益核算体系进一步调整，如将"土地成本"纳入核算体系，将"含税成本"改为"总成本"等，这样更有利于财务核算与农业核算的衔接，也能更好地引导农民对于农产品收益的估算。表4-3显示了2004年版的农产品（包含棉花）的成本-收益核算指标体系。

表 4-3　棉花的成本—收益核算指标体系

项目名称	计算公式
一、产值	
主产品产值	产值＝主产品产值＋副产品产值
副产品产值	
二、总成本	总成本＝生产成本＋土地成本
（一）生产成本	生产成本＝物资与服务费用＋人工成本
物资与服务费用	物资与服务费用包括：物资费用、期间费用、税金，不包括土地费用
人工成本	人工成本＝家庭用工费用＋雇工费用
家庭用工	
雇工费用	
（二）土地成本	土地成本＝流转地租金＋自营地折租
流转地租金	
自营地折租	
三、净利润	净利润＝产值－总成本
四、成本利润率	成本利润率＝净利润/总成本×100％

三、不同株行距配置模式下的成本收益

（一）不同株行距配置模式下的投入产出分析

1. 一膜三行的产量和质量　第一在产量指标方面，"一膜三行"株行距配置模式下亩均产量为 381.7 千克/亩；在质量指标方面，"一膜三行"株行距配置模式下含杂率为 12.8％，棉花平均纤维长度为 29.23 毫米，断裂比强度为 29.17 厘牛/特克斯，马克隆值 A、B 和 C 级比例分别为 55.58％、43.29％和 1.13％。

2. 一膜六行的产量和质量　在产量指标方面，"一膜六行"株行距配置模式下亩均产量为 383.2 千克/亩；在质量指标方面，"一膜六行"株行距配置模式下含杂率为 13.4％，棉花平均纤维长度为 28.85 毫米，断裂比强度为 28.68 厘牛/特克斯，马克隆值 A、B 和 C 级比例分别为 54.72％、44.27％和 1.01％。

通过一膜六行、精量播种技术、绿色植保技术的实施，推广对靶喷雾机械，节约种子费 6 元/亩，打顶费 15 元/亩，植保成本 23.23 元/亩，节约水费 10.6 元/亩，节约肥料费用 11 元/亩，节约机力费 17.83 元/亩，合计节约成本 83.66 元/亩。

3. 两种栽培模式的投入产出对比分析　"一膜三行"株行距配置模式较"一膜六行"株行距配置模式而言有两方面优势。

第一在产量指标方面，单产水平持平，前者略低。棉花平均纤维长度长 0.38 毫米，断裂比强度指标高 0.49 厘牛/特克斯，A 级马克隆值占比高 0.86％，含杂率低 0.6％，使得"一膜三行"株行距配置模式下的籽棉销售价格高 0.02 元/千克，按照亩均籽棉产量 380 千克计算，每亩可增加收入 7.60 元。但由于"一膜三行"株行距配置模式亩均棉株

数较少，籽棉产量较"一膜六行"株行距配置模式减少 1.5 千克/亩，单价按 7.0 元/千克计算，收入减少 10.50 元/亩。综上所述，在产出方面"一膜三行"株行距配置模式较"一膜六行"株行距配置模式虽收入减少 2.9 元/亩，但棉花质量整体优于后者。

第二，在节约成本、提升品质方面的优势。"一膜三行"株行距配置模式较"一膜六行"株行距配置模式相比在种子成本以及打顶费用方面节约成本 26 元/亩；无人机药剂喷施能够大幅节约农药与水的使用，减少了农资投入，试点团场用传统喷雾机进行药剂喷施费用约 40 元/亩，利用无人机进行棉田植保药剂喷施费用约 35 元/亩，较传统喷雾机喷施节约成本 12.5%。表现为节约种子费 6 元/亩，节约打顶费用（人工管理）20 元/亩，用水和化肥节约 20 元，其余生产成本两者持平，棉花平均纤维长度较一膜六行长 0.38 毫米，断裂比强度指标高 0.49 厘牛/特克斯，A 级马克隆值占比高 0.86%，含杂率低 0.6%。单产水平持平，销售价格高 0.25 元/千克。在投入成本方面"一膜三行"株行距配置模式较"一膜六行"株行距配置模式节约成本 46 元/亩。总的来说，投入产出"一膜三行"株行距配置模式较"一膜六行"株行距配置模式节约 43.1 元/亩。

（二）不同株行距配置模式下的成本核算

1."一膜三行"的种植成本　"一膜三行"模式，行距 76 厘米、株距 5.6 厘米、理论株数 15 700 株/亩。土地承包费 390 元/亩，棉种成本 50 元/亩，化肥 200 元/亩，地膜 65 元/亩，滴灌带 140 元/亩，农药 150 元/亩，灌溉用水 190 元/亩，打顶费用 30 元/亩，其他物化成本 470 元/亩，合计 1 690 元/亩。

2."一膜六行"的种植成本　"一膜六行"模式，行距 38 厘米、株距 9 厘米、理论株数 19 494 株/亩。土地承包费 390 元/亩，棉种成本 56 元/亩，化肥 210 元/亩，地膜 65 元/亩，滴灌带 140 元/亩，农药 150 元/亩，灌溉用水 200 元/亩，打顶费 50 元/亩，其他物化成本 470 元/亩，合计 1 731 元/亩。

3. 不同株行距配置模式下的成本对比　"一膜三行"模式较"一膜六行"模式相比在节约成本、提升品质方面具有一定的优势。具体表现为：节约种子费 6 元/亩，节约打顶费用 20 元/亩，灌溉用水费用节约 10 元/亩，化肥费用节约 10 元/亩，其余生产成本两者持平，"一膜三行"比"一膜六行"的株行距配置模式总计节约成本 46 元/亩。

（三）不同株行距配置模式下综合收益核算

1. 不同株行距配置模式下 2017 年综合收益测算

（1）第一师八团。2017 年，通过一膜三行栽培模式、精量播种技术、水肥一体化和绿色植保技术的实施，以及推广对靶喷雾机械等新技术的实施，实现了节约成本、增加产量、提升品质的效果。

通过一膜三行的精量播种技术、绿色植保技术的实施。节约植棉成本 31.10 元/亩（种子费 10 元/亩，打顶费 6 元/亩，植保成本 7.7 元/亩，机力费 7.4 元/亩）。按照单产 380 千克/亩计算，因品质提升销售价格提高 0.1～0.12 元/千克，品质提升增效 42.23 元/亩。加工节能 2.76 元/亩。累计节本增效 76.09 元/亩。

（2）第六师芳草湖农场。2017 年，通过一膜三行栽培模式、精量播种技术、水肥一体化和绿色植保技术的实施，以及推广对靶喷雾机械等新技术的实施，实现了节约成本、增加产量、提升品质的效果。

通过引进新品种、精量播种技术、绿色植保技术的实施，节约植保成本 21 元/亩、节约机力费 4.5 元/亩，节约水费 10.5 元，减少病虫害防治费 25.5 元/亩，合计节约植棉成本 61.5 元/亩。按照单产 380 千克/亩计算，因品质提升销售价格提高 0.1～0.12 元/千克，品质提升增效 38.5 元/亩。产量增加 4 千克，增产增效 28.3 元/亩。加工节能 3.5 元/亩。累计节本增效 131.8 元/亩。

（3）第七师一二五团。2017 年，通过一膜三行栽培模式、精量播种技术、水肥一体化和绿色植保技术的实施，以及推广对靶喷雾机械等新技术的实施，实现了节约成本、增加产量、提升品质的效果。

杂交棉种植节约种子费 25.00 元/亩，打顶费 20.00 元/亩，植保成本 10.00 元/亩，节约机力费 10.00 元/亩，合计节约植棉成本 65.00 元/亩。增产 12.00 千克/亩，单价 7.12 元/千克，增产增效 85.44 元/亩。平均单产 419.00 千克/亩，因品质提升销售价格提高 0.05 元/千克，品质提升增效 20.95 元/亩。加工节能 2.50 元/亩。累计节本增效 173.89 元/亩。

（4）第八师一四九团。2017 年，通过一膜三行栽培模式、精量播种技术、水肥一体化和绿色植保技术的实施，以及推广对靶喷雾机械等新技术的实施，实现了节约成本、增加产量、提升品质的效果。

通过一膜三行、精量播种技术、绿色植保技术的实施。节约种子费 6 元/亩，打顶费 15 元/亩，植保成本 23.23 元/亩，节水 10.6 元/亩，节肥 11 元/亩，节约机力费 17.83 元/亩，合计节约植棉成本 83.66 元/亩。增产 9.5 千克/亩，单价 7.1 元/千克，增产增效 67.45 千克/亩。平均单产 396.50 千克/亩，因品质提升销售价格提高 0.25 元/千克，品质提升增效 99.13 元/亩。加工节能 3.61 元/亩。累计节本增效 253.85 元/亩。

综上所述，2017 年通过株行距配置模式植棉新技术的使用，各试点团场平均节本增效 156.4 元/亩。

各试点团场分项数据如表 4 - 4 所示。

表 4 - 4　2017 年各试点团场节本增效情况汇总

指标	试点团场			
	第一师八团	第六师芳草湖农场	第七师一二五团	第八师一四九团
节约植棉成本（元/亩）	31.10	61.5	65.00	83.66
增产增效（元/亩）	—	28.3	85.44	67.45
品质提升增效（元/亩）	42.23	38.5	20.95	99.13
加工节能（元/亩）	2.76	3.5	2.50	3.61
累计节本增效（元/亩）	76.09	131.8	173.89	253.85
平均（元/亩）	158.91			

资料来源：调研数据。

2. 不同株行距配置模式下 2018 年综合收益测算

（1）第一师八团。2018 年，通过一膜三行栽培模式、精量播种技术、水肥一体化和绿色植保技术的实施，以及推广对靶喷雾机械等新技术的实施，实现了节约成本、增加产量、提升品质的效果。

通过一膜三行、精量播种技术、绿色植保技术的实施。节约植保成本 34.70 元/亩（种子费 13.5 元/亩，打顶费 8 元/亩，植保成本 8.6 元/亩，机力费 4.6 元/亩）。按照单产 320.9 千克/亩计算，因品质提升销售价格提高 0.1～0.2 元/千克，品质提升增效 30.81 元/亩，加工节能 3.03 元/亩，累计节本增效 68.54 元/亩。

（2）第六师芳草湖农场。2018 年，通过一膜三行栽培模式、精量播种技术、水肥一体化和绿色植保技术的实施，以及推广对靶喷雾机械等新技术的实施，实现了节约成本、增加产量、提升品质的效果。

通过一膜三行、精量播种技术、绿色植保技术的实施。节约植棉成本 36.00 元/亩（农药化肥 20.8 元/亩，打顶费 15.5 元/亩，人工费 13.5 元/亩，花场费 2.2 元/亩），皮棉增产56.8 元/亩，加工节能 3.5 元/亩，累计节本增效 96.30 元/亩。

（3）第七师一二五团。2018 年，通过一膜三行栽培模式、精量播种技术、水肥一体化和绿色植保技术的实施，以及推广对靶喷雾机械等新技术的实施，实现了节约成本、增加产量、提升品质的效果。

通过一膜三行、精量播种技术、绿色植保技术的实施。节约植棉成本 47.80 元/亩（农药化肥 20.8 元/亩，打顶费 15.5 元/亩，人工费 9.3 元/亩，花场费 2.2 元/亩），皮棉增收143.44 元/亩，加工节能 3.60 元/亩，品质提升增效 60.00 元/亩，累计节本增效254.84 元/亩。

（4）第八师一四九团。2018 年，通过一膜三行栽培模式、精量播种技术、水肥一体化和绿色植保技术的实施，以及推广对靶喷雾机械等新技术的实施，实现了节约成本、增加产量、提升品质的效果。

成本节约方面：节约种子费 5 元/亩，打顶费 20 元/亩，植保成本 23.23 元/亩，节水10.6 元/亩，节肥 10 元/亩，节约机力费 17.83 元/亩，合计节约植棉成本 86.66 元/亩。增产增效方面：增产 9 千克/亩，单价 6.52 元/千克，增产增效 58.68 元/亩。平均单产396.5 千克/亩，因品质提升销售价格提高 0.25 元/千克，品质提升增效 99.13 元/亩。加工节能方面：加工节能 3.61 元/亩，累计节本增效 248.08 元/亩。

综上所述，2018 年通过株行距配置模式植棉新技术的使用，各试点团场平均节本增效 166.94 元/亩。各试点团场分项数据如表 4-5 所示。

表 4-5　2018 年各试点团场节本增效情况汇总

指标	试点团场			
	第一师八团	第六师芳草湖农场	第七师一二五团	第八师一四九团
节约植棉成本（元/亩）	34.70	36.00	47.8	86.66
增产增效（元/亩）	—	56.8	143.44	58.68

（续）

指标	试点团场			
	第一师八团	第六师芳草湖农场	第七师一二五团	第八师一四九团
品质提升增效（元/亩）	30.81	—	60	99.13
加工节能（元/亩）	3.03	3.50	3.6	3.61
累计节本增效（元/亩）	68.54	96.3	254.84	248.08
平均节本增效（元/亩）	166.94			

资料来源：调研数据。

3. 不同株行距配置模式下 2019 年综合收益测算

（1）第一师八团。2019 年，通过一膜三行栽培模式、精量播种技术、水肥一体化和绿色植保技术的实施，以及推广对靶喷雾机械等新技术的实施，实现了节约成本、增加产量、提升品质的效果。

通过一膜三行、精量播种技术、绿色植保技术的实施。节约植棉成本 37.3 元/亩（种子费 13.5 元/亩，打顶费 8 元/亩，植保成本 8.6 元/亩，机力费 7.2 元/亩）。单产 320.9 千克/亩，因品质提升销售价格提高 0.1～0.2 元/千克，品质提升效益 27.5 元/亩；加工节能 2.3 元/亩。

（2）第六师芳草湖农场。2019 年，通过一膜三行栽培模式、精量播种技术、水肥一体化和绿色植保技术的实施，以及推广对靶喷雾机械等新技术的实施，实现了节约成本、增加产量、提升品质的效果。

通过一膜三行、精量播种技术、绿色植保技术的实施。节约成本 38.5 元/亩（农药化肥 20.8 元/亩，打顶费 15.5 元/亩，花场费 2.2 元/亩），皮棉增产 56.8 元/亩，加工节能 3.6 元/亩，累计节本增效 98.9 元/亩。

（3）第七师一二五团。2019 年，通过一膜三行栽培模式、精量播种技术、水肥一体化和绿色植保技术的实施，实现了节约成本、增加产量、提升品质的效果。

节约成本：节省田间人工费用 20 元/亩；实行绿色防治，推荐用药、配方施药，降低田间用药次数 1.5～2 次，防效提高 25%。每亩降低植保成本 15 元；节约机力费 15 元/亩，合计节约植棉成本 50 元/亩。品质提升增加效益：按照棉花平均单产 433.7 千克计，示范区原棉品级提升 0.5 个等级，棉花纤维长度增加 1 毫米，马克隆值提高一个等级，品质提升增效 70 元/亩；加工节能 2.4 元/亩；累计节本增效 122.4 元/亩。

（4）第八师一四九团。通过一膜三行、精量播种技术、绿色植保技术的实施，推广对靶喷雾机械，实现了节约成本、增加产量、提升品质的效果。

节约种子费 6 元/亩，打顶费 15 元/亩，植保成本 23.23 元/亩，节水 10.6 元/亩，节肥 15 元/亩，节约机力费 10 元/亩，合计节约植绵成本 76.83 元/亩。增产 5.5 千克/亩，单价 6.2 元/千克，增产增效 34.10 元/亩；加工节能 3.61 元/亩；累计节本增效 114.54 元/亩。

综上所述，2019 年通过株行距配置模式植棉新技术的使用，各试点团场平均节本增效 100.74 元/亩（表 4-6）。

表4-6　2019年各试点团场节本增效情况汇总（元/亩）

指标	试点团场			
	第一师八团	第六师芳草湖农场	第七师一二五团	第八师一四九团
品质提升	27.5	—	70	—
节约植棉成本	37.3	38.5	50	76.83
增产增效	—	56.8	—	34.1
加工节能	2.3	3.6	2.4	3.61
累计节本增效	67.1	98.9	122.4	114.54
节本增效		100.74		

4. 各试点团场累计节本增效情况汇总　通过一膜三行栽培模式、精量播种技术、水肥一体化和绿色植保技术的实施，推广对靶喷雾机械等新技术的实施，实现了节约成本、增加产量、提升品质的效果。四个试点团场2017年、2018年级2019年的平均节本增效分别是158.91元/亩、166.94元/亩及100.74元/亩，连续三年实施节本增效的平均达到142.20元/亩（表4-7）。

表4-7　各试点团场节本增效情况汇总（元/亩）

年份	第一师八团	第六师芳草湖农场	第七师一二五团	第八师一四九团	平均
2017	76.09	131.80	173.89	253.85	158.91
2018	68.54	96.30	254.84	248.08	166.94
2019	67.10	98.90	122.40	114.54	100.74
平均	70.58	109.00	183.71	205.49	142.20

第三节　机采棉种植模式问题及建议

一、加大棉花种植结构调整的力度，合理安排棉花生产布局

根据农业部发布的优势农产品区域布局总体规划和专项规划，以及西部地区特色农业发展意见，优化新疆棉花生态布局、实现棉花品种区划种植是新疆棉花生产必经之路。应在不同生态区实行区域化种植，即实现全区品质多样化，区域品种的单纯化。科学规划棉花品质区划，主要做好两方面的工作：一是积极开展棉花纤维品质区划试验项目，为以后生产出具有地方特色的棉花品质提供技术依据。二是参照生态区划，在不同棉花生态区分别安排不同类型的棉花品种进行品质和品种适应性试验，对各产棉区影响棉花纤维品质的关键生态因子和生产因素立项研究，为新疆棉花品种区划提供科学依据。同时以市场为导向，优化调整棉花内部品种结构，除普通细绒棉外，积极发展优质棉、中长绒棉、长绒棉和彩色棉生产。实现普通中绒陆地棉纤维品质达到国际先进水平的目标。同时，结合新疆农业种植结构调整，本着资源配置优化原则，将棉花生产逐渐从次宜棉区退出，向宜棉高

产区集中，以高产优质抵御市场风险，提高市场占有率。总的来讲，当前全区棉花种植面积稳定在 6.67 万公顷左右，依靠内涵挖潜，狠抓高产攻关，提高单产和品质，形成 20 万吨以上的棉花生产能力，同时，根据国家战略需要，增加 16.67 万公顷左右的植棉面积，具备植棉 120 万平方千米，总产量 250 万吨的生产能力。

可通过以师为单位进行测算种植、加工、销售等各个环节的投资、风险与收益，对各个环节的利益分配状况进行调整，平衡棉花种植过程中由于不可抗因素造成的兵团职工收入下降的部分，并通过扩大管理规模或其他途径进行弥补，兼顾职工、团场、棉麻公司和棉花加工厂等多方面的利益，调动各方的积极性；并通过外联内引，发展所在师的二、三产业，吸纳少数民族的劳动力就地务工或创业。

二、选地布局与种植模式对机械采收的影响

针对兵团棉田存在的种植成本增高，经济效益下降的问题，应该加强对机采棉田间配置及种植模式的研究。棉花的选址布局与种植模式来说，首先需要考虑到棉花种植的间距问题，为了适应机械化的采收模式，需要按照规定的行距来进行种植，兵团许多地区采用的是（66+10）厘米的种植模式，具有透光、透风以及便于喷洒药剂等特点。但是实际上部分农民为能够增加棉花产量通过密植方式来降低间距，给机采棉带来较大阻碍。其次，棉田的空间同样重要，特别是在采棉机械的转弯区域应该留出足够的空间，以免造成不必要的损失。

三、减肥减药降成本，加大机械化力度

栽培田间管理措施需要进一步改善，可以通过学习国内其他省、市、区的大型农场作业，依靠农机完成所有耕种、收割作业，田间的施肥、喷药则利用飞机的航化作业，实行统一的田间作业和管理。加大对机采棉棉种的研发投入，推进农业信息化建设，发展循环经济和现代农业。继续加大对少数民族地区所在兵团棉花作业过程中的扶持工作，完善兵团职工生活劳动的基础设施，从而间接提高整个农业的发展水平。

四、加大对机采棉棉种研发的投入

在种植的过程中，首先，应该尽可能地将棉花品种分为几个大类，并选择适合机械化采收的品种进行种植。同时，还可以根据我国环境、气候等特征，来研发优良品种；其次，化调的过程中，农民应该通过学习以及研讨的方式，来合理掌握药剂种类、药剂量以及喷药时间等多个因素；最后，在采摘顺序方面，应该在棉株叶片基本处于干枯脱落的情况下再进行机械采摘，不但能够有效地将棉花采摘期延长，同时还可保证棉花的质量。机采棉品种是决定后续生产各环节和最终皮棉品质的核心因素，优良的机采品种可使机采棉发展事半功倍，因此，应加大对种子科研机构和制种企业的投入力度，使其选育出衣分高、棉纤维长、成熟相对集中、植株紧凑、高矮适中的机采品种。机采棉种的具体要求为：一是棉花生育期较短、下部结铃高度大于 20 厘米的品种；二是抗虫、抗病、抗倒伏、

产量高、中上部结铃好的品种；三是内在品质达到优质棉标准、衣分不低于 40％的品种；四是吐絮集中，壳薄、棉铃破口性好，不夹壳的品种；五是苗期生长快、蕾期以后生长稳健的品种。建议加大对兵团机采棉品种研发经费投入力度，在国家科技支撑重大项目和农业科技等重大科技计划中设立机采棉品种研发专项，加快机采棉棉种的研发和科技成果转化。

五、合理控制棉田间距

因地制宜的推广"一膜三行"栽培模式，合理控制棉田间距，增大行距，有利于增加脱叶率、降低机械采收后的籽棉含杂率，也有利于提升单铃重，保证产量的同时降低用种量，从而节约种植成本。为了能够有效提升棉花机械采收效率与质量，国家已经规定棉田间距与布置等相关规定。因此需要农民严格控制棉花种植的间距，并将误差控制在最小的范围内以利于机械采收。此外，还应该在棉田中设立与采棉机械相匹配的转弯带，以避免损失棉花的情况发生。

六、组织人才引进，提高企业和农户科技素质

为棉花企业引进人才搭建桥梁和平台，做好引进人才及配偶、子女的户口迁移、安家和就学等工作。加大棉花产业技术培训力度，为企业提供合格的劳动力和高素养的企业家。加强企业与培训机构、高校、科研院所的联系，开展技术合作，为兵团棉花产业发展构筑强大的智力支持。

参考文献

阿不都卡地尔·库尔班，李健伟，杨培，等，2018. 机采棉株行距配置对棉花生物量和氮素累积分配及产量的影响 [J]. 新疆农业科学，55（8）：1406－1416.

陈齐炼，徐会华，2008. 长江中下游地区棉花超高产栽培理论与实践 [M]. 北京：中国农业出版社.

陈前，2018. 提质增效背景下兵团机采棉生产技术集成体系构建与优化研究 [D]. 石河子：石河子大学：32－33.

陈玉兰，王娇，魏敬周，2016. 基于 DEA 模型下新疆棉区棉花产业运行效率评价 [J]. 江苏农业科学，44（7）：558－562.

程林，郑新疆，朱晓平，2017. 一膜三行等行距栽培模式对棉花生长及产量的影响 [J]. 安徽农业科学，45（1）：44－45，48.

邓福军，孔宪辉，林海，等，2008. 新疆兵团杂交棉发展思路 [J]. 中国棉花，3（2）：33－34.

董合忠，李振怀，罗振，等，2010. 密度和留叶枝对棉株产量的空间分布和熟相的影响 [J]. 中国生态农业学报，18（4）：792－798.

杜明伟，2012. 黄淮海棉区适宜机采的棉花品种筛选及收获辅助技术研究 [D]. 北京：中国农业大学.

杜明伟，罗宏海，张旺锋，等，2009. 新疆超高产杂交棉的光合生产特征研究 [J]. 中国农业科学，42

（6）：1952 - 1962.

房卫平，谢德意，李文，等，2011. 不同密度下短季棉成铃时空分布及产量比较研究 ［J］. 河南农业科学，40（1）：58 - 61.

耿涛，戴路，徐占伟，2003. 棉花高密度种植群体结构的研究 ［J］. 新疆农业科学，40（5）：269 - 272.

兰宏亮，董志强，裴志超，等，2011. 膦酸胆碱合剂对东北地区春玉米根系质量与产量的影响 ［J］. 玉米科学，19（6）：62 - 69.

李先发，2008. 棉花稀植高产栽培技术探讨 ［J］. 安徽农学通报，14（20）：60 - 61.

刘书梅，贾新合，李宾，等，2010. 不同播期对郑杂棉 2 号的生育及产量性状的影响 ［J］. 农业科技通讯（8）：76 - 77.

罗宏海，张旺锋，赵瑞海，等，2006. 种植密度对新疆膜下滴灌棉花群体光合速率、冠层结构及产量的影响 ［J］. 中国生态农业学报，14（4）：112 - 114.

毛树春，2009. 增加密度，合理密植，夺取杂交棉高产 ［J］. 中国棉花，36（6）：34 - 36.

山东省农业科学院棉花研究所，1965. 当前大面积生产中的棉花密度问题 ［J］. 山东农业科学（2）：17 - 21.

石晶，李林，2013. 基于 DEA - Tobit 模型的中国棉花生产技术效率分析 ［J］. 技术经济，32（6）：79 - 84.

唐军，林育，2008. 棉花双膜覆盖精播技术的应用 ［J］. 农机科技推广（10）：48.

田立文，类春恒，文如镜，等，1996. 不同密度水平棉花群体结构和光合产物积累动态比较 ［J］. 新疆农业科学（4）：160 - 162.

汪芳，金珠群，黄一青，2006. 播期对短季棉营养代谢、生育及产量的影响 ［J］. 浙江农业科学（4）：414 - 417.

王娟，董承光，孔宪辉，等，2013. 新疆生产建设兵团机采棉育种研究现状及展望 ［J］. 中国棉花，40（4）：7 - 8.

王延琴，崔秀稳，潘学标，等，1999. 不同密度群体对棉花光能利用率和生长发育影响的研究 ［J］. 耕作与栽培（4）：14 - 16.

王彦立，李悦有，孙福鼎，等，2010. 黄河流域超早熟短季棉适宜播期及密度初探 ［J］. 中国棉花，37（7）：20 - 21.

王志才，李存东，张永江，等，2011. 种植密度对棉花主要群体质量指标的影响 ［J］. 棉花学报，23（3）：284 - 288.

肖春鸣，王昌，2007. 杂交棉不同密度与产量构成因素灰色关联分析 ［J］. 新疆农垦科技（3）：23 - 24.

徐新霞，雷建峰，高丽丽，等，2017. 不同机采棉行距配置对棉花生长发育及光合物质生产的影响 ［J］. 干旱地区农业研究，35（2）：51 - 56.

杨秀理，朱江，李鲁华，2006. 不同配置方式对棉花生长发育及产量的影响 ［J］. 新疆农业科学，43（5）：421 - 425.

张欢欢，2017. 不同种植模式下核桃产业的综合效益比较与技术效率研究 ［D］. 阿拉尔：塔里木大学.

张梅，李维江，唐薇，等，2010. 种植密度与留叶枝对棉花产量和早熟性的互作效应 ［J］. 棉花学报，22（3）：224 - 230.

张旺锋，王振林，余松烈，等，2004. 种植密度对新疆高产棉花群体光合作用、冠层结构及产量形成的影响 ［J］. 植物生态学报，28（2）：164 - 171.

张旺锋，王振林，余松烈，李少昆，房建，童文崧，2004. 种植密度对新疆高产棉花群体光合作用、冠层结构及产量形成的影响 [J]. 植物生态学报，28（2）：164－171.

张振平，2011. 东北南部春玉米高产群体田间结构配置研究 [R]. 北京：中国农业科学院.

赵振勇，田长彦，马英杰，2003. 高密度对陆地棉产量及品质的影响 [J]. 干旱区研究，20（4）：292－294.

中国农科院棉花研究所栽培组，1974. 棉花高密度和低密度试验简况 [J]. 棉花（2）：9－10.

中国农业科学院棉花研究所，2013. 中国棉花栽培学 [M]. 上海：上海科学技术出版社.

周永萍，杜海英，田海燕，等，2018. 不同种植密度对棉花生长结铃及产量品质的影响 [J]. 干旱区资源与环境，32（4）：95－99.

Bednarz C W，Nichols R L，Brown S M，2006. Plant density modifications of cotton within－boll yield components [J]. Crop Science，46（5）：2076－2080.

Dong H，Li W，Xin C，et al，2010. Late planting of short－season cotton in saline fields of the Yellow River Delta [J]. Crop Science，50（1）：292－300.

Mao L，Zhang L，Zhao X，et al，2014. Crop growth，light utilization and yield of relay intercropped cotton as affected by plant density and a plant growth regulator [J]. Field Crops Research，155：67－76.

Yang Guozheng，Luo Xuejiao，Zhang Xianlong，2014. Effects of plant density on yield and canopy micro－environment in hybrid Cotton [J]. Journal of Integrative Agriculture，13（10）：2154－2163.

第五章
新疆机采棉因花配车后质量变化的效益分析

2019 年全国棉花种植面积 3 339.2 千公顷，产量 588.9 万吨。其中，新疆棉花种植面积 2 540.5 千公顷，产量 500.2 万吨，新疆棉花面积和产量分别占全国的 76.08% 和 88.9%，新疆棉花在种植面积、总产、单产等方面已连续 25 年位居全国第一。然而，新疆棉花生产中仍存在很多问题，比如品种多、乱、杂，病虫害日趋严重，农药肥料施入过多，有机肥用量少，土壤肥力下降，地膜污染严重，土壤盐渍化加重，产品质量差和比较效益低等，造成棉花产量提升受限。提升品质、稳定产量、增加效益、减少纤维损失和含杂率是机采棉发展的根本出路。棉花质量对纺织企业的生存发展至关重要，因而应根据下游纺织企业的用棉需求，在棉花生产的诸多环节，如育种、栽培模式、采摘设备、加工工艺和检测环节形成整套的机采棉解决方案。在这些环节中，棉花加工环节是决定机采棉质量的关键环节，如进花速度控制，"三丝"的清理，破籽、棉结、索丝等新生杂质的清除都影响加工皮棉的质量。兵团在进行农业产业结构调整的同时，更需要提升棉花质量，促进棉花产业综合收益提升，进而保证团场增效，职工增收。提升棉花质量关键是在加工环节实施因花配车，完善棉花加工产业链，全面提升棉花加工质量。

由新疆农垦科学院主持，石河子大学棉花经济研究中心参与的项目——机采棉提质增效关键技术集成示范与效益评价，在过去的几年中，项目组通过实地调查与问卷发放相结合的方式对四个试点团场进行了相关调研，详细调查各试点团场机采棉田间技术应用情况，并进行经济效益分析。

第一节　因花配车在提升兵团棉花加工质量中的应用

兵团的棉花加工企业已基本实现电气自动化，但各加工设备相互独立、工序繁多、操作复杂、不具备联动自检功能，仍需要大量人力辅助管控；此外，一些加工设备工作参数固化，难以根据实际情况进行实时调整，在进花量波动时易造成能耗浪费，并且难以通过"因花配车"的方式对不同品质的原棉进行参数优化。因此，优化机采棉加工设备控制策略，提升棉花加工过程自动化作业水平的同时，做到因花配车，优化机采棉加工工艺，改善棉花加工质量，提升棉花加工效益，成为机采棉加工产业中亟待攻克的新课题。

一、因花配车的含义

因花配车是根据轧花厂出产皮棉的一系列指标，如含杂、长度、等级等来调节进花、清花、轧花速度的一系列质量控制程序。因花配车包括智能检测方式和非智能检测方式。智能检测方式主要是指使用"乌斯特（Uster）"智能在线检测系统对棉花加工过程实施全程质量检测和在线控制。非智能检测方式主要采用人工对皮棉质量进行检测，由工人对棉花生产过程进行调节。一些规模较小的轧花厂由工人对皮棉质量进行检测，当皮棉含杂超标或出现棉结等影响皮棉质量的情况时，由检测人员向进花、清花程序进行反馈，人工调减进花速度。

本书所指的"因花配车"主要是指使用"乌斯特（Uster）"智能在线控制系统对棉花加工全过程进行监控、监测和调节，如图 5-1 所示。

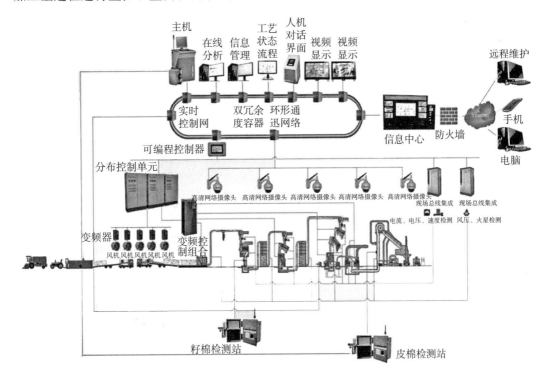

图 5-1 "乌斯特（Uster）"智能在线控制系统

二、"乌斯特（Uster）"智能在线检测系统

"乌斯特（Uster）"在线检测、智能控制、信息化管理系统提供棉花加工行业智能化、信息化整体解决方案，实现从原材料管理到生产的全流程在线质量管控和智能加工模式。它以客观数据为基础，通过对籽棉品质和皮棉加工质量的指标信息进行即时采集，以先进检测技术、控制技术、信息技术、管理技术为手段，对所有反馈信息进行综合判别处理，为棉花加工工艺的智能化控制提供技术依据，改变传统的加工模式和管理方式，达到提质、增效、降本的目的。

（一）"乌斯特（Uster）"系统的组成

乌斯特智能在线检测控制系统是涉及机械设备、工艺配置、电器设计、棉花检验多领域、多学科的综合工程，其运行的检测控制过程是一个"因花配车"的过程，主要包括籽棉取样站、皮棉取样站、触摸式 PLC 智能控制主控屏、乌斯特轧花机智能主控台、皮清机 LOUVER 及控制站以及系统控制软件。乌斯特系统的主要功能体现在检测站，当棉花加工时，监测站对生产线实施籽棉含杂率、含水率和棉纤维色特征值的实时监测，实现对棉花轧花全过程的检测。检测数据通过系统控制软件进行整理和分析，通过 Intelligin—M 信号输出、PLC 科学试验控制系统的自动控制，实现棉花加工生产设备的自动调整，如对皮清机 LOUVER 及控制站、烘干机温度、皮棉清洁器旁通阀和籽棉喂入量进行控制，来保证棉花加工质量的稳定性（表 5 - 1）。

表 5 - 1 "乌斯特（Uster）"智能在线控制系统的分项组成及功能参数

序号	系统名称	系统作用	系统组成	技术参数	经济效益指标
1	在线检测系统	在线检测籽棉、皮棉的杂质面积、反射率（Rd%）、黄度（+b）、回潮率指标	籽棉检测站、皮棉检测站、主控台、信息通信网络	取样次数大于6次/分 质量信息指标检测误差小于 2.5%	技术标准与 HVI 一致，检测数据成正相关性检测棉包数据与条形码关联，数据可输出，便于统计管理，可按检测数据完成组批工作，提高工作效率
2	智能分析系统	将在线检测的质量信息输入到多变量数学模型，通过智能分析后，输出最佳加工方案，根据质量信息的变化进行自动优化调整	高性能计算机、PLC、接口程序和智能分析软件构成。计算机配置 i5 及以上性能 CPU，不小于 8G 内存。PLC 要求配备中型或大型机 CPU 模块	系统分析响应时间<2 秒	根据棉花特性制定加工方案，提供最优化的加工策略 减少对技术人员的依赖智能分析软件以基础数据模型为依据结合了众多资深棉花加工专家的经验理论，做到优质资源共享
3	调节执行系统	根据智能分析系统提供的加工方案，自动调节工艺流程和设备运行参数，使生产线运行在质量目标可控状态	PLC、变频器、电控阀门、数据分控站，控制采用 profibus 总线技术	系统响应时间<5 秒；执行机构变频调速范围 0～50 赫兹；设备转速可调；调节误差<1%	根据智能加工方案或用户需求对生产线加工工艺及设备运行参数进行调整做到"因花配车"提升皮棉质量
4	监测监控系统	实时采集生产过程中的数字信号，并分析处理，做到故障预警、报警、应急联动，减少设备故障率、控制火情危害、提升管理效率、提高设备运转率，降低劳动强度、减少用工；通过采集视频信号实现车间生产视频化管理，提高管理效率	PLC、分布式采集系统、现场通信网络、传感变送器、数据采集模块、数字高清摄像机、视频服务器、计算机、操作台、网络设备、软件等	可检测项：电流、转速、风压、轴承温升、料位、火星模拟信号模式：4～20 毫安，0～10 伏，热电阻，热电偶 开关量模式：干接点、PNP/NPN 摄像机分辨率：1920×1080 带红外夜视	生产季节设备运行故障率降低 30%～40%，生产线设备、零部件、电机等损坏率降低 25%～35%，杜绝火灾发生

（续）

序号	系统名称	系统作用	系统组成	技术参数	经济效益指标
5	信息中心	实现多个分厂多个加工车间的生产过程信息、质量信息、管理信息的快速高度集成	机房、液晶大屏幕、解码矩阵、VGA矩阵、服务器、机柜、网络设备、UPS、空调、信息管理平台等		信息高度集成，可一人管理多个加工厂或生产线，提高管理效率
6	信息化管理系统	对生产线各种信息数据归集、分类汇总、分析处理，为棉花加工企业实现精细化管理提供条件	原材料管理信息化，生产过程信息化，设备管理信息化数据库和软件，硬件：计算机、识别码读取设备、通信设备及局域网络等	部门管理；查询功能；自动统计；支持外网访问；支持网络发布；支持可扩展性	对生产线实时管理效率提高60%～70%；信息统计效率提高90%；棉模信息可追溯、过程质量可控；提供全面的平台信息，针对问题管理一步到位，提高管理效率及水平
7	节能系统	对整个动力系统进行在线自动调整，最佳的功率输出驱动生产线运行，做到高效节能	主站、采集系统、智能电表、PLC、变频器、数据库、报表系统、能效管理与分析系统	响应时间<1秒	节能效率10%～15%
8	安全防护系统	提供安全到位的防护装置和安全技术手段，保障生产加工及检测过程中的人身安全	PLC、设备电动安全锁、光电传感器、通信电缆、安全防护软件	人身防护；接近报警；检修锁定	提供安全有效的防护，最大程度减少工伤事故，有效防止对企业和家庭带来不必要的损失和心理伤害
9	远程维护支持系统	通过可靠的通信渠道提供远程技术支持与服务，实现远程诊断、维护、升级、技术指导，提高服务效率	工业以太网、企业防火墙设备、路由器、运营商网络、远程服务终端		服务效率提高70%～80%；减少服务响应时间；预防性维护和升级

资料来源：山东天鹅棉机有限责任公司。

（二）"乌斯特（Uster）"系统的功能指标

（1）实现籽棉、皮棉质量的实时在线检测。

（2）实现生产线加工工艺、设备运行参数的在线自动调整，做到"因花配车"。

（3）减少棉花加工厂对资深加工技术人员的依赖性，提供便捷的操作方式。

（4）降低劳动强度及职业危害，减少人员数量。

（5）实现生产线能效管理，成本降低。

（6）提高设备运行率，缩短加工期，提高经济效益。

（7）火情实时监控，杜绝火灾的发生。

（8）生产设备及人员的视频管理，提高安全性，提高管理效率。

（9）全面精准的电流、电压、转速、风压、轴承温升等数据的实时采集、分析、存储，做到故障预警、报警及安全联动。

（10）实现管理信息化，形成信息采集、信息处理、信息应用、信息发布完整系统。

（11）对棉模信息、生产过程信息、能耗数据、产品信息、设备管理数据等实时统计、管理。

（12）更好的人员、设备的安全防护体系。

（13）实现远程支持与维护，做到快捷、及时、全方位的技术服务。

（三）"乌斯特（Uster）"系统的性能指标

（1）棉纤维长度损伤相对减少 0.3 毫米左右，短纤指数控制在 12% 以内。

（2）加工皮棉（籽棉含杂不大于 12%）平均含杂率控制在 2% 以内。

（3）生产季节设备故障率降低 30%～40%，生产线节能 10%～15%。

（4）生产线设备、零部件、电机等损坏率降低 25%～35%。

（5）生产线杜绝发生火灾，对生产线实时管理效率提高 60%～70%。

（6）信息统计效率提高 90%。

传统方式和 Uster 智能化系统"因花配车"方式的区别如表 5-2 所示。

表 5-2　传统方式和 Uster 智能化系统"因花配车"方式的区别

项目	传统方式	智能化系统
加工质量控制	完全依靠个人的经验进行手动调整，棉花质量只能事后验证	棉花质量信息在线实时采集，利用智能分析软件制定最佳加工方案，实时调节生产线工艺流程及运行参数，由传统加工后质量不可改变的实事转变为以质量为目标过程控制，棉花质量得到保证
故障	生产线故障没有预警、报警只能靠工作人员进行巡视发现，容易造成设备堵塞、零部件损伤，甚至造成人员伤亡	实时监控设备运行参数，做到故障预警、报警及故障联动，减少故障率，减少零部件损坏
能耗	风机满负荷运行，能耗较大	根据设备参数、信息通过智能分析后，得出优化方案，调整风力系统，以最佳的功率输出驱动生产线运行，节能 10%～15%
劳动力	劳动强度大，人员需求较多	劳动强度降低，减少用工
设备管理	设备故障发生后进行维修，费时费力，影响生产进度	信息化管理，预防式维修，针对性制定维修、配件计划
安全性	在生产过程容易出现因误操作引发安全事故	提供安全到位的防护装置和安全技术手段，保障生产加工过程中的人身安全

三、"乌斯特（Uster）"智能化系统在示范团场的应用情况

（一）兵团第七师一二五团的应用情况

1. "乌斯特（Uster）"投资使用年限及使用效果　农七师一二五团自 2014 年在

MY199 生产线上安装了山东天鹅 Uster 智能化系统，经过近 6 年的使用，该系统智能化程度高、操作方便、性能稳定，棉花加工过程中实现了智能化"因花配车"，进行棉花的智能加工、智能检测和动态监控，提高了皮棉质量，为轧花厂带来了较好的经济效益，对管理促进和节约人工也有较大的帮助。

2."乌斯特（Uster）"使用中的技术特点

（1）可以在线检测籽棉、皮棉的杂质面积、反射率、黄度、颜色级、回潮等参数，并根据这些参数自动制订最佳的加工方案，自动调整生产线设备运行参数和产能配比，实现"因花配车"提高皮棉质量。

（2）系统能够实时监测设备转速、电流电压、轴承温升、管道风压等数据，在操控界面上显示每个设备状态，并做到故障预警和及时报警的功能，这样减少了故障率及故障维修时间，提高了设备运转率。

（3）对生产线风机进行了节能控制，实现了节能降耗。

（4）火情实时监控和安全联动保证了车间加工安全，当发生火情时系统能够及时识别报警并自动停止加工生产，同时指示着火点，这样能及时控制火情，减少火情损失，避免了火灾的发生。

（5）生产过程实现了信息化、视频化管理，管理者能够随时了解生产线的加工状态和加工信息，如加工质量、每班产量、能耗、每班开车率等，都能够查询汇总，大大降低了汇总统计时间，提高了管理效率。

（6）实现了远程信息发布和远程维护支持，通过外网发布后车间的生产状态和视频画面可以通过手机和电脑进行远程访问，方便了车间管理，并可提供远程维护、升级、技术指导。"乌斯特（Uster）"智能化系统在一二五团的使用效果如表 5-3 所示。

表 5-3 "乌斯特（Uster）"智能化系统使用效果

使用成效	具体效果
智能化加工提升皮棉质量	通过使用智能化系统根据籽棉的含杂、回潮率、颜色级等指标确定加工方案，采用合理的工艺、设备转速和产量控制，将加工中棉纤维的损伤降到最小，一般生产线加工中棉纤维损伤为 0.9～1.2 毫米，使用智能化系统后棉纤维损伤为 0.6～0.9 毫米，使用智能化系统的生产线棉纤维长度损伤减少 0.3 毫米左右
系统节能	每吨耗电量 212 千瓦时对比其他生产线 246 千瓦时，节能效率 13.8%
生产设备实时监控及故障预警	1. 实现有效预警、报警，故障率减少 30%～40% 2. 关键零部件损坏减少 25% 3. 智能化生产线正常运转率为 96%，另一条生产线为 88%，正常动转率提高 8%
生产数据采集及信息化、视频化管理	车间管理及时、到位，保障生产加工高效运行统计数据可以随时查询、打印
火情监控报警和安全联动	皮棉火情报警 4 次，火情得到及时控制，杜绝火灾的发生

（二）兵团第八师一四九团的应用情况

据调研，一四九团轧花二厂为提升棉花加工质量，购入了两套乌斯特系统，应用于两个棉花车间，提升了棉花加工的自动化程度。一四九团轧花二厂的乌斯特系统使用情况如下：

各车间、班、组需根据籽棉等级、回潮、色泽等因素调整车速和工艺，跟班生产的棉检员及时向生产班组提供产品质量信息，确保皮棉含杂率不高于 2.7%，棉籽毛头率不高于 4.5%，回潮率控制在 5.5%～6.5%，短纤维含量控制在 12% 以下，纤维外观形态顺畅，以确保皮棉质量。在加工过程中，根据籽棉含水、含杂率不同，通过籽棉加工工艺中的旁路系统，选择清理次数。

1. 合理配棉　对待轧籽棉按照回潮率、含杂率、马克隆值、纤维长度不同在两条开模机输送带上分类放置。加工车间根据指标的优劣，适度配备喂入量。对指标较优的籽棉将喂花量控制在 70%～80%，指标较差的籽棉将喂花量控制在 20%～30%。

2. 调整进花速度　经试验发现，籽清环节对籽棉损伤仅有 0.05 毫米左右，而皮清对纤维损伤较大，经过第二道锯齿皮清，纤维长度可损伤 0.5～0.7 毫米。为此加工厂可根据试验数据及时调整籽清和皮清的线速度。

（1）将四道籽清中的四台倾斜式籽清机的齿钉辊筒线速度提高 20%，籽清设备的排杂效率可由 60% 左右提高到 70% 以上。将皮棉锯齿皮清机线速降低 15% 左右，可减少纤维损伤 0.3 毫米左右。

（2）增加皮清机排杂刀的间隙，将原有的排杂刀上口间隙由 1.6 毫米增加为 1.8 毫米左右，理论上可减少纤维的损伤，但是会造成 P3 数量增加。

（3）控制轧花速度，中小型轧花生产线控制在每小时 16 包左右，大机型控制在每小时 15 包左右，相当于正常车速的 60%～70%。

（4）进一步完善乌斯特在线智能化控制系统，基本实现智能控制。如输入白棉三级指令，智能化控制系统将根据乌斯特在线检测出的籽棉回潮率、杂质面积率等指标，自动调整喂花量，白棉三级率可达到 80% 以上。其次，使得调整籽清和皮清的线速度方便易行，只需在车间操作台上调整变频调速装置即可完成。最后，该套系统提质作用得到了初步显现。

（5）控制籽棉、皮棉回潮率。一方面，通过地面洒水，可增加空气湿度 10%。另一方面，根据天气阴、晴，开、关一道烘干系统，严格将进入烘干塔的温度控制在 80℃ 以下，皮棉回潮可控制在 6% 左右，适度减少纤维损伤，降低短纤指数。

第二节　因花配车后质量变化的效益分析

以第八师一四九团轧花二厂、第七师一二五团棉花加工一厂、第六师芳草湖农场和第一师八团应用为例，说明 2018 年通过乌斯特系统，因花配车实现节约成本、降低故障率、增加产量和提升品质的效果。

一、直接经济效益分析

据调研，乌斯特系统分别在一四九团轧花二厂、一二五团棉花加工一厂、芳草湖农场和第一师八团应用，累计节本增效达到 1 225.08 万元，如表 5-4 所示。具体增值项目包括：

（一）智能化加工提升皮棉质量

由于国产生产线正常加工长度损失在 0.9～1.2 毫米，采用 Uster 智能化系统长度损失在 0.6～0.9 毫米，减少长度损失约 0.3 毫米，一个长度级为 400 元/吨，0.3 毫米相应价值为 120 元/吨，再与每个试点团场的皮棉产量相乘，增加经济效益 861.6 万元。

（二）系统节能

通过对乌斯特系统的测试，发现吨皮棉平均节约电 35 千瓦时，电价 0.4 元/千瓦时，相应节本增效 100.52 万元。

（三）生产设备实时监控及故障预警

与人工实施因花配车项目相比，使用乌斯特系统具备了有效预警报警，故障率减少 35％，关键零部件损坏减少 25％～35％，生产线正常运行率提升 9％，累计节本增效 108.58 万元。

（四）缩短加工期间

加工效率提升，时间缩短 10 天，累计节约电费、工资和管理费 154.38 万元。

表 5-4　2018 年各试点团场因花配车节本增效情况汇总

单位：万元

增值项目	全年增值总额（皮棉）				合计
	一二五团 轧花一厂	一四九团 轧花二厂	芳草湖	第一师八团	
智能化加工提升皮棉质量	222	216	192	231.6	861.6
系统节能	25.9	25.2	22.4	27.02	100.52
生产设备实时监控及故障预警	26	25.4	30.06	27.12	108.58
缩短加工期间	37	36	42.78	38.6	154.38
经济效益合计	310.9	302.6	287.24	324.34	1 225.08

二、间接经济效益分析

乌斯特系统在使用过程中产生的间接经济效益如表 5-5。此外，由于乌斯特系统实现了棉花的自动、均匀、连续喂花，消除了由于人工喂花不稳定性对棉花加工造成的不利影响，使整个轧花工艺系统更能发挥其自控性能，减少设备故障率提高轧花系统的生产效率，且系统兼具排杂和松棉作用（籽棉开松率≥70％，排杂效率≥30％），籽棉异性纤维清理机能够自动高效清除原籽棉中的三丝，对提高皮棉质量极为有利。

表 5 - 5　乌斯特系统带来的间接经济效益

增值项目	功能	增值效益
生产数据采集及信息化、视频化管理	对车间管理及时、到位,保障生产加工高效运行	不易衡量
火情监控报警和安全联动	杜绝火灾发生	不易衡量
人身安全保护	系统保护到位,杜绝因误操作造成安全事故	不易衡量
远程信息发布和远程维护支持	实现远程访问、诊断、维护、升级,提高服务效率,减少响应时间	不易衡量

三、社会效益分析

在因花配车过程中,乌斯特自动系列产品的使用,节省了过去许多烦琐的重复的生产环节,如重复的籽棉上垛,工人轮班检测,众多人员手工挑拣三丝,消防的过大压力。另外在过去生产环节中,由于人员活动会造成三丝的二次产生以及籽棉的破籽,对棉花质量造成了不利影响。这对人口相对短缺且机具相对不足的新疆地区,实现皮棉产量、质量的提高具有以下现实意义:

第一,因花配车的实施与完成,打破了机采棉加工质量低下的固有印象,克服技术推广的瓶颈,有利于机采棉技术的快速推广应用,实现兵团棉花加工全程机械化,从而加快兵团乃至棉花产业的快速发展。

第二,提高了棉花加工环节的科技含量,提高了劳动生产率,有效地降低了生产成本,提高了兵团的植棉水平和生产率。

第三,有利于缓解棉花采收期劳动力不足的矛盾,减轻社会治安和人员运输的压力,减少外来务工人员,降低了棉花生产成本和加工成本,社会效益较为明显。

第四,有利于推进兵团棉花高质量发展、增加农工收入、维护社会稳定和安定团结。

第三节　"因花配车"存在的问题及建议

兵团机采棉整体解决方案是提高品质,稳定产量,减少异纤,降低损失。因此,应根据纺织企业对棉花质量的需求,育种单位选育出适合机采的优良品种;农业技术研发单位制定出适合机采的标准化种植模式及管理方法;机械设备制造企业制造出先进的采摘和加工成套设备;科研机构和加工企业开发出智能化、标准化的机采棉加工工艺;检测机构对皮棉品质做科学的评价。与此同时,还需要政府给予相应的政策支持,在各个环节相互配合,形成一个强有力的技术支撑体系,促使我国机采棉规范有序、持续健康发展。

据调研,国内众多棉花加工厂都在致力于从改善加工质量环节来提高机采棉加工质量,但是多年实践证明,完全依靠机采棉的加工工艺来提高加工质量是不现实的,所有的加工工艺是建立在某种加工条件之上才能达到加工质量要求的。如果加工企业收购的籽棉不能达到机采棉加工工艺的最低要求,那么要提高加工质量是不现实的,所以机采棉提高加工质量是一个系统工程，仅靠棉花加工厂的加工工艺不能够完全解决，应从以下几方面解决：

一、使得籽棉符合机采棉加工标准

（一）在种植上要选择适宜于机采棉加工的品种

选择种植模式和田间管理，是提高机采棉质量，稳定产量的基础。机采棉的收获基本上是一次性的，所以在选择机采棉品种时，一定要考虑棉花品种成熟的特性，要选择早熟、株型紧凑、成熟集中、吐絮畅、衣分、纤维长度等各项指标良好的品种。这样可以避免皮棉指标一致性差的问题。如目前部分团场种植主栽品种早50，该品种无霜期短，成熟早，棉花色泽好，衣分高，棉花的颜色级一般在白棉3级以上，长度一般在28～30毫米之间，马克隆值在3.5～4.9，长度整齐度中等80～82.9以上，断裂比强度中等（26～28.9厘牛/特克斯以上），适合机械采棉。

（二）棉种必须统一采供，防止品种过多

选择机采棉的品种的核心是遗传品质达到优质棉标准，生育期适宜，抗病性强，吐絮集中，对脱叶剂敏感，株形符合机采人员要求。

第一，机采品种的遗传品质，应达到纤维长度在30毫米及以上，断裂比强度在30厘牛/特克斯以上，马克隆值3.5～4.9，长度整齐度在85％以上，长度整齐度85％以上，长度、细度、强度和整齐度要匹配。

第二，棉花生育期适宜（北疆121天以内，南疆135天以内）。早熟性好，霜前花率在90％以上。

第三，形态抗虫，抗枯萎病（病情指数小于10），耐黄萎病（病情指数小于30），抗倒伏稳产性好，正常情况下，单产高于和等于当地主推品种。

第四，吐絮期集中。从顶部开始结铃达到95％的天数小于50天，含吐絮期集中，机械采收时不加壳不掉絮。

第五，株型，较紧凑，叶片大小适中，第一果枝节位高度大于18厘米。

第六，该品种棉花必须对脱叶剂敏感，提升良好的脱叶效果，从而有利于机采。

二、机采棉的种植管理

在棉花种植各环节，尤其是机采棉种植模式方面，播种时间等方面要保持一致，到采收季节，要统一有计划喷施脱叶剂，尽量保证所有的籽棉质量一致。这需要所有种植职工、合作社、龙头企业及团场的通力协作。

机采棉的种植模式，其核心是以确保质量为主，兼顾产量，合理控制种植密度，考虑农艺农机相互配套。

行距配置方面。常规品种为一膜六行的（66＋10）厘米宽窄行配置或一膜三行的76厘米等行距配置，株距9.5～11.5厘米或5.6～6厘米；杂交品种实行2.05米宽膜，一膜三行三带配置模式，等行距76厘米，株距9.5厘米。实际行距与规定行距相差不超过正

负 2 厘米，行距一致性合格率和邻接行距合格率应达到 95% 以上。常规种为实行 2.05 米宽膜，一膜三行三带配置模式，等行距 76 厘米，株距 5.6～6.0 厘米。实际行距与规定行距相差不超过正负 2 厘米，行距一致性合格率和邻接行距合格率应达到 95% 以上。种植密度。对常规品种，采用高密度种植，每亩收获株数 1.3 万～1.4 万株。对杂交品种，采用低密度种植（即稀植简化栽培模式），每亩播种株数 0.8 万～1 万株，实收密度不低于 8 000 株/亩。

三、加大机采棉的田间管理

机采棉的田间管理，其核心是控制棉花的第一果枝高度在 18～20 厘米，确保脱叶、吐絮效果，防止异性纤维混入。

一是适时播种。当膜下 5 厘米地温 3～5 天内稳定通过 12℃时即可播种，4 月 25 日前结束。

二是苗期合理化调。依据棉花生长速度，合理化调，使棉花的第一果枝高度控制在 18～20 厘米。

三是适时打顶。以"枝到不等时、时到不等枝"为原则，棉花打顶 7 月 10 日结束，打顶后单株平均保留果枝 8～9 台，棉株自然高度控制在：北疆 70～80 厘米，南疆和东疆 80～90 厘米。

四是适时停放水。为防止出现贪青晚熟、早衰问题发生，须适时停肥停水。8 月 20 日停肥，北疆停水时间不晚于 8 月 25 日，南疆不晚于 8 月底，东疆不晚于 9 月 5 日。原则上，最后一水应该在吐絮初期。

五是做好病虫害防治。产量损失不超过 3%。

六是严格控制棉田残膜和周边塑料袋污染。推广应用 0.012～0.015 毫米的加厚地膜，禁止使用 0.008 毫米的超薄膜。做好残膜回收，停水后和采收前要揭净棉田残膜，回收滴灌带，回收率要达到 95% 以上；采棉机下地前，彻底清理棉田地头地边的挂枝残膜和周边的塑料食品袋和包装材料，达标（田间和周边没有塑料残膜制品）后方能开始机采；机采结束后，继续清理棉田多年遗留的残膜，避免再次污染。

七是科学使用脱叶催熟剂。坚持机车喷药"絮到不等时，时到不等絮"的原则，于 9 月 7～15 日，日平均温度 18℃以上（或最低温度 ≥14℃）时或棉花吐絮率在 30% 以上时使用脱叶剂。对低密度的棉田，9 月 5～10 日，使用一次脱叶剂即可。对高密度的棉田，建议喷施两遍脱叶剂。北疆第一次在 9 月 1～5 日，第二次在 9 月 10 日前，两次用药间隔 5～7 天。严禁提早使用脱叶剂，北疆地区不允许在 8 月下旬时使用，南疆、东疆推后 7～10 天。

四、加大机采棉的采收管理

机采棉的采收管理，其核心是：棉田脱叶率＞93%、吐絮率＞95%时进行采收，采净率＞93%；控制好采收时间和采摘籽棉的回潮率、含杂率；机采籽棉分类采收、堆放，防止纺织异纤混入。

一是采收条件。棉田除草、残膜、障碍已清除，地面滴灌管件已处理好；棉田脱叶率＞93％、吐絮率＞95以上。

二是含杂率。采收籽棉含杂率小于12％。

三是回潮率。籽棉回潮率，前期采摘控制在10％以内，后期控制在12％以内。当籽棉的回潮率大于12％时，停止采收。

四是采净率。原则上只进行一次机采作业，采净率＞93％。

五是分类堆放。采收籽棉按不同回潮率或不同品种，分区堆放，防止混杂，影响品质的一致性，为"因花配车"创造条件。

六是防止异纤混入。

七是防止火灾。除防止外来火种外，还要严格检测籽棉垛内温度变化，防止发生霉变、引起火灾。

五、棉花政策补贴导向转为以质导向

当前新疆的棉花补贴方式采用产量补贴加面积补贴相结合的方式。由于棉花种植面积基本固定，因而棉农为提升植棉收益更重视棉花产量，这体现不出当前以质导向和棉花高质量发展的政策背景。按照产量补贴的方式，对一些低效率的棉田具备保护作用，使其无法通过市场方式退出棉花种植，导致棉花产量的增加，市场上劣质棉花进一步供大于求。而国内市场上优质棉花供给不足，劣质棉花供大于求，影响国内棉花价格的稳定，给兵团的植棉产业健康发展带来不利影响。因而在棉花补贴方式中，建议转变棉花补贴方式，取消产量补贴方式，采用按照棉花种植面积＋品质补贴。该补贴方式，需要精确计算棉农的平均种植成本，按种植面积＋品质补贴使得高效率农户更注重棉花质量，从种植中获取经济利益，而低效率农户无法从补贴中获取足够的经济利益以补偿生产成本，从而退出棉花种植。通过该方式，一方面减少了低质量棉花的供给，促进了棉花市场的供求均衡，对于稳定棉花市场价格有重要作用；另一方面体现了补贴政策对棉花高质量发展的导向作用。

六、轧花厂加强棉花加工质量管理的措施

机采棉的加工管理，其核心是采用机采棉加工工艺，严格控制对棉纤维的损失，降低棉结、短纤维和异纤的含量。

（一）加强收购管理，杜绝掺杂使假

要建立更加严格的采收管理制度和奖惩制度。收购机采籽棉应严格执行"车车检"的检验制度。对进厂机采籽棉要检测其品质（颜色级、纤维长度、马克隆值）和含杂、回潮率指标，做好记录，并按品质、水分相近原则和不同品质进行分垛堆放。

在收购中营造一个质量好的棉花优先收购，质量差的棉花推迟收购的环境，并且质量差的棉花价格低，增强职工的籽棉质量意识。棉花加工厂在收购籽棉时一定要做到秉公收购，杜绝人情棉、关系棉，保证籽棉收购的水分和杂质控制在设备、工艺能够处理的范围

内，从而保证籽棉的收购质量。如一二五团籽棉收购中严格控制回潮率，严禁超水分籽棉进厂，在回潮率高于12％的籽棉不收，避免混湿、混级、避免"三丝特杂"。为了杜绝人情花、关系花，各车间籽棉收购质量监督小组在收花现场与农户、棉检员同时检测籽棉质量及回潮率，并在收购电脑程序中进行设置，籽棉回潮率高于12％时不出磅单，农户无法结算。通过这些有效措施，最大限度地避免了混湿、混级的现象，为棉花加工质量打下了坚实的基础。

籽棉进厂从卸花、垛花、喂花等各个环节，派专人负责挑拣异性纤维、硬性物等。特别是在喂花口处设3人负责严把籽花中的异性纤维进入设备，防止异纤混入皮棉中，确保皮棉中的异性纤维每吨含量接近零。

（二）做好分级分垛，为因花配车打下基础

虽说机采棉是统一采收，但是在收购中，籽棉的堆放一定要按照分品种、分水分、分杂质量等条件分类堆放，为轧花工序各项指标的调整打下基础。如："烘干温度、清杂效果、加工速度"等，保证进入轧花机的籽棉各项指标的一致性，才能保证轧花质量。防止不同品种、含杂不同和质量不同的机采棉籽棉混在一起，影响棉花加工质量。

（三）做好籽棉的存储管理，杜绝霉变

籽棉进厂后，存储工作显得尤为重要，此环节出现问题将会使籽棉降级或霉变，造成无法弥补的损失。机采棉长期储存比较困难，这是由其采收和自身特性决定的，机采棉采收比较集中，到了采收季节一般都是多台采棉机集中作业，每天近千吨籽棉集中进厂，远大于轧花机的日处理量，存储是必然的。而机采棉含杂高、回潮率高且不均匀，这就使得机采棉的堆放不能像优质手采棉那样大垛堆放，否则很容易引起变色、霉变，所以在机采棉的存储中要做到以下几点：

（1）对收购的籽棉回潮率做到心中有数，对回潮率超过12％可通过晾晒、烘干等手段尽早处理。

（2）对回潮率在12％以下的籽棉可起垛堆放，但垛高应低于4米，因为机采棉干湿不均匀有时会有较湿的棉叶、杂草等，长期大垛堆放会出现霉变问题。

（3）成垛后一定要盖严压好，以防雨水进入出现霉变。

（4）机采棉在存储中尽量做到早收的早轧，以防变色，但也不可即卸即轧，因为机采棉干湿不均，一般起垛后醒棉5～7天再轧，可使垛内籽棉干湿趋于一致，保证加工皮棉质量的一致性。

（四）处理原棉回潮率、杂质与烘干、加工速度的关系

棉纤维的回潮率对清理效果、轧花质量及棉纤维的强度起着关键的作用。回潮率越高，纤维强度越大，弹性越小，纤维易缠绕，不利于清理和轧花，轧出的皮棉外观形态不好；籽棉回潮率越低纤维强度越小、弹性越大、纤维蓬松，利于清理及轧花，轧出的皮棉外观形态好，但棉纤维长度损伤较大。

（五）控制籽棉回潮率

第一，籽棉在收获过程中严格遵守团场规定，看落叶效果实时采摘、看天气控制采摘时间段，确保籽棉回潮及含杂适宜，有利于加工。籽棉清杂时，回潮率控制在5.3％～

7.0％；籽棉加工时，回潮率控制在 7.0％～8.7％。

第二，现在所有棉花加工企业只配备了烘干系统，烘干的最主要目的是为了籽棉清理。控制好籽棉回潮率的关键是控制好烘干温度。

（1）当籽棉回潮率在 9.3％～15.0％时，烘干温度应控制在 80～130℃，最高不得超过 147℃。

（2）当籽棉回潮率在 8.7％以下时，烘干温度应控制在 80～120℃，最高不得超过 120℃。

（3）当籽棉回潮率在 8.7％以上时，烘干温度正常控制在 80～140℃，最高不超过 180℃。

清理结束后，籽棉回潮率通常在 4.5％以下，这样的回潮使得籽棉在经过轧花及皮清后会产生大量的短纤维，造成皮棉长度、强度降低。因此在进入轧花及皮棉清理环节之前，对籽棉进行适当回潮，可增加籽棉强力，减少短纤维的含量，保证纤维长度。

轧工质量是构成棉花品级的条件之一，影响轧工质量的因素较多。工艺设备是否先进，籽棉本身的内在品级好与差，因花配车是否适宜，在设备运转加工过程中速度快慢以及原棉、水杂、人员素质等，均有可能影响轧工质量。

（六）籽棉配花

轧工质量的好坏，轧花进度的快慢，与籽棉管理是分不开的，因为影响机采棉等级的因素是多方面的。各车间在收购籽棉时都分级堆垛。因每垛籽棉信息都有记录，根据信息数据进行配棉，轧出市场需求的皮棉。

要求人员在进入厂内操作车间必须做到统一着装，佩戴帽子，防止"三丝"的混入，籽棉在加工过程中确保皮棉的含杂率不高于 2.8％。棉籽毛头率不高于 4.5％，回潮率要控制在 5.5％～6.5％，短纤维含量要控制在 12％以下，纤维外观形态顺畅，以确保皮棉的质量。在加工过程中，应该根据籽棉含水率，含杂的不同，通过籽棉加工工艺中的检测系统来选择清理的次数，对不同的籽棉应该选择烘干的温度和次数，必要时采用洒水的方式来改变环境的湿度。合理配棉对待籽棉按照回潮率、含杂率、马克隆值和纤维的长度分类放置。加工车间根据指标的优劣，适度配备喂花量。对籽棉将喂花量控制在 70％～80％，指标差的籽棉将喂花量控制在 20％～30％。

七、合理调配车速

因花配车的实施过程中，经过一四九团和一二五团加工厂实地调研发现，籽清的环节对籽棉损伤仅有 0.05 毫米左右，而皮清对纤维损伤较大，必须经过二道锯齿皮清，纤维长度可损伤 0.5～0.7 毫米，为此应该及时调整籽清和皮清的转速。控制轧花的速度以前是每小时 13 包左右，现在为了提升加工皮棉的质量控制在每小时 11 包左右，相当于正常车速的 60％～70％。一四九团棉花制定了"双 60"管理法，重点籽棉管理 11 个必须和11 个不得，籽棉场地管理 24 个必须和 24 个不得，籽棉加工管理 25 个必须和 25 个不得等方面进一步加强规范。一四九团棉花加工厂并做了大力的宣传工作，宣传语在厂房内的墙上展现，车间内也有提示标语，促进了员工的警觉性和积极性，极大地促进棉花加工工作全面提升，质量也很好地得到了保障。

因花配车是轧工质量与进度的重要组成部分，它是提高产品质量的关键。抓好因花配车工作，必须要准确掌握籽棉的长度、回潮率、含杂率、衣分、成熟度等质量指标，对轧花设备进行配车、调整设备间距及轧花机的喂花量大小，以达到质量的要求后再定产量，以质定产的工作才能稳固。在棉花检验标准中，逐步降低轧工质量在决定皮棉品级中所占的比例、含杂等一些质量指标适度放宽，使得加工企业与检验机构及纺织企业三者之间的矛盾进一步淡化直至化解。

八、抓好设备检修关和设备操作关，保证轧花质量

（一）加大设备检修力度

从喂棉、清重杂、烘干，清铃、清杂、轧花、皮清、打包等各个环节的检修，都要保证设备的正常运转，这些环节任何一个位置出现问题，都会影响轧花质量。所以，在设备检修过程中，一定要按照设备的技术规范认真操作。

（二）提升设备操作水平和自动化程度

机采棉加工基本工艺为：籽棉预处理—籽棉三丝清理—籽棉烘干—籽棉清理—籽棉加湿—籽棉轧花—皮棉清理—皮棉调湿—皮棉打包—面包信息采集与自动标识。机采棉加工一般都采用二次烘干、四道籽清、三道皮清的加工工艺。

喂花时，切忌即卸即喂，或乱喂棉垛。原因是，籽棉回潮率不一，不利于烘干、加工；要确保自动喂花机各开松辊运转正常，尽量使籽棉蓬松，利于烘干、清杂。

烘干温度要随时掌控，轧花籽棉回潮率最好控制在 6.5%～8%。大于 8%，杂质附着力较大，不利于杂质排出。小于 6.5%，会破坏纤维表面的蜡质层，影响色泽，也会使棉纤维变脆，易轧断纤维，影响等级、长度；北疆地区早晚温差大，凌晨 5 点至上午 10 点之间，籽棉回潮率最大，此时应适当提高锅炉温度。交接班时，最好把各设备中的籽棉走干净。下班开机时，适当调整烘干温度待锅炉温度控制在适宜轧花回潮率的前提下再进籽花。司炉工要与测水员常联系，皮棉回潮率控制在 6.5% 左右。

籽棉清理设备要确保运转率，各部间隙调整适当，最大限度地排出杂质，使进入轧花机的籽棉含杂率适宜，确保轧花机、皮清机各部位的工作间隙，必须保证各排杂处畅通，防止堵塞，使不孕籽等杂物能够及时排出。轧花机正常工作 0.5 小时左右，打开中箱一次，清理棉籽卷中的棉杆、铃壳等杂质，保持棉籽卷合适的松紧度。

加工设备经过一段时间使用后，由于堵车、磨损后，会使各部间隙、技术参数造成不准确，必须及时检查、调整恢复到最佳状态，保证皮棉加工质量。

参考文献

布鲁斯·阿伦，尼尔·多赫提，基思·韦格尔特，等，2009. 曼斯菲尔德. 阿伦 & 曼斯菲尔德管理经济

学［M］. 北京：中国人民大学出版社．

曹建如，2007. 旱作农业技术的经济、生态与社会效益评价研究—以河北省为例［D］. 北京：中国农业科学院．

陈卫平，2006. 中国农业生产率增长、技术进步与效率变化：1990—2003 年［J］. 中国农村观察（1）：18 - 38.

戴思锐，1998. 农业技术进步过程中的主体行为分析［J］. 农业技术经济（1）：12 - 18.

韩荣青，潘韬，刘玉洁，等，2012. 华北平原农业适应气候变化技术集成创新体系［J］. 地理科学进展（11）：1537 - 1545.

郝爱民，2015. 农业生产性服务对农业技术进步贡献的影响［J］. 华南农业大学学报：社会科学版（1）：8 - 15.

何竟滔，2015. 机采棉加工如何保证皮棉内在质量［J］. 中国棉花加工（5）：19 - 20.

黄杰，熊江陵，李必强，2017. 集成的内涵与特征初探［J］. 科学学与科学技术管理（7）：21 - 23.

黄云霞，1998. 浅谈棉花加工质量检验及管理［J］. 中国棉花加工（4）：35 - 36.

蒋远胜，邓良基，文心田，2009. 四川丘陵地区循环经济型现代农业科技集成与示范——模式选择、技术集成与机制创新［J］. 四川农业大学学报（2）：228 - 233.

匡远凤，2012. 技术效率、技术进步、要素积累与中国农业经济增长——基于 SFA 的经验分析［J］. 数量经济技术经济研究（1）：3 - 18.

李大胜，李琴，2007. 农业技术进步对农户收入差距的影响机理及实证研究［J］. 农业技术经济（3）：23 - 27.

梁平，梁彭勇，2009. 中国农业技术进步的路径与效率研究［J］. 财贸研究（3）：43 - 46.

林兰，2010. 技术扩散理论的研究与进展［J］. 经济地理，30（4）：1233 - 1239.

林毅夫，2008. 制度、技术与中国农业发展［M］. 上海：上海人民出版社：209 - 229.

刘璨，于法稳，2007. 中国南方集体林区制度安排的技术效率与减缓贫困——以沐川、金寨和遂川 3 县为例［J］. 中国农村观察（3）：6 - 25.

刘进宝，刘洪，2004. 农业技术进步与农民农业收入增长弱相关性分析［J］. 中国农村经济（9）：26 - 30.

马述忠，刘梦恒，2016. 农业保险促进农业生产率了吗？［J］. 浙江大学学报：人文社会科学版（11）：131 - 144.

皮龙风，齐清文，梁启章，等，2015. 精准农业中的流程再造研发及其技术集成［J］. 农业现代化研究，36（6）：1112 - 1117.

孙莉，张清，陈曦，等，2005. 精准农业技术系统集成在新疆棉花种植中的应用［J］. 农业工程学报（8）：83 - 88.

谭淑豪，曲福田，2006. 土地细碎化对中国东南部水稻小农户技术效率的影响［J］. 中国农业科学（12）：46 - 60.

王爱民，李子联，2014. 农业技术进步对农民收入的影响机制研究［J］. 经济经纬（4）：31 - 36.

王娟，董承光，孔宪辉，等，2013. 新疆生产建设兵团机采棉育种研究及展望［J］. 中国棉花，40（4）：7 - 8.

熊彼特，1990. 经济发展理论［M］. 北京：商务印书馆．

杨普云，梁俊敏，李萍，等，2014. 农作物病虫害绿色防控技术集成与应用［J］. 中国植保导刊（12）：

65 - 68.

杨义武，林万龙，2016. 农业技术进步的增收效应——基于中国省级面板数据的检验 [J]. 经济科学
（5）：45 - 57.

佚名，2001. 2001 年棉花加工工作重点及棉花加工"十五"规划框架 [J]. 中国棉花加工 (2)：3 - 4.

战明华，吴其苗，俞来友，1999. 浙江省绍兴县种粮大户投入产出结构和技术效率分析 [J]. 农业技术
经济，（5）：58 - 67.

张春乐，2016. 提高机采棉加工质量的六项措施 [J]. 中国棉花加工 (4)：15 - 16.

张杰，刘林，2013. 新疆兵团机采棉与手采棉经济效益比较研究 [J]. 农业现代化研究 (5)：372 - 375.

张淑荣，兰德平，2012. 外资并购对我国棉花产业安全的影响分析 [J]. 天津商务职业学院学报，14
（3）：19 - 21.

张晓，2018. 兵团棉花加工质量管理研究—以 149 团为例 [D]. 石河子：石河子大学.

章力建，2006. 集成创新是当前农业科技创新的战略需求 [J]. 农业经济问题 (4)：4 - 6.

赵会薇，2013. 机采棉品种选育现状 [J]. 中国种业 (9)：18 - 19.

赵芝俊，张社梅，2005. 农业技术进步源泉及其定量分析 [J]. 农业经济问题 (5)：70 - 74.

赵芝俊，张社梅，2006. 近 20 年中国农业技术进步贡献率的变动趋势 [J]. 中国农村经济 (3)：4 - 13.

周端明，2009. 技术进步、技术效率与中国农业生产率增长——基于 DEA 的实证分析 [J]. 数量经济技
术经济研究 (12)：70 - 82.

朱孔来，2008. 关于集成创新内涵特点及推进模式的思考 [J]. 现代经济探讨 (6)：41 - 45.

Iansiti M，West J，1999. From physics to function：an empirical study of research and development per-
formance in the semiconductor industry [J]. The Journal of Product Innovation Management (16)：
385 - 399.

Sharunugam K R，Venkataramani A，2006. Technical efficiency in agricultural production and its determi-
nants：an exploratory study at the district level [J]. Indian Journal of Agricultural Economies，2 (61)：
1 - 28.

Richard G Lipsey，2002. Some implications of endogenous technological change for technology policies in
developing countries [J]. Economics of Innovation and New Technology，11 (4)：321 - 351.

第六章
新疆机采棉清理、加工技术工艺优化后效益分析

机采棉清理加工技术优化是机采棉提质增效的重要环节,通过籽棉收获加工前质量控制和配送技术研究、机采棉清理及加工技术参数优化研究,提高机采棉加工线的智能化、信息化水平和自动化调控功能,提升机采棉采收质量,优化机采棉清理加工参数,减少棉纤维损伤,提升机采棉加工品质,促进兵团机采棉提质增效。

由新疆农垦科学院主持,石河子大学棉花经济研究中心参与的项目——机采棉提质增效关键技术集成示范与效益评价,在过去的几年中,项目组四个试点团场通过实地调查与问卷发放相结合的方式进行了相关调研,详细了解了各试点团场机采棉清理加工技术情况,并进行经济效益分析。

第一节　机采棉清理、加工技术工艺优化过程

一、传统机采棉加工工艺流程

我国棉花实行机械化采收后,籽棉中杂质的清理成为棉花加工过程中首要的工作内容,其传统加工工艺流程主要包括:机采细绒棉清理、烘干、轧花、皮棉清理、加湿、打包和下脚料清理回收等工序。

工艺流程如下:

货场—重杂物清理—籽棉卸料器—自动喂花—籽棉重杂清理—籽棉卸料—籽棉异纤清理—籽棉自控喂料—籽棉烘干—籽棉清理—闭风阀—籽棉烘干—籽棉清理—籽棉清理—籽棉配棉—轧花机—气流式皮棉清理—锯齿式皮棉清理—锯齿式皮棉清理—集棉机—皮棉加湿—皮棉成包—扦取棉样—测皮棉回潮率—套包—称重—IC卡记录数据—条形码打印—在棉样和棉包上放置条形码—棉包输送—专用夹包车送入仓库。

传统棉花加工工艺存在缺陷,上面的机采棉加工流程需要采用4~6道籽棉杂质清理和3道皮棉清理工序,才能保证皮棉杂质含量达标,这样势必造成对棉纤维的过度打击,损伤纤维,并使棉杂破碎与棉纤维混合纠缠,给之后工序的清杂工作带来困难,据轧花厂实地调研发现,每一道工序对绒长的损伤在0.3~0.5毫米,工序越多,皮棉绒长的损失程度越大。生产实践表明,不仅仅是绒长的损失,在棉花加工流程每增加一道锯齿皮清工艺后,皮棉杂质面积和粒数明显减少,但棉结显著增加,纤维长度、强力、短纤维率指标都变差,皮棉的可纺系数降低。

二、机采棉清理、加工技术工艺优化原则

（一）籽棉中的杂质处理原则

对于籽棉中杂质的处理原则是采用少返少打、早落少碎。传统工艺流程通过多台籽棉清理机对籽棉进行预处理，不仅对棉纤维进行多次打击、钩拉容易损伤棉纤维和打碎大杂质，还迫使籽棉在设备和管道中滞留较长时间，大杂质经过较长路线的运动和翻滚，破碎变为更多的细小杂质，增加了清理难度。为此，机采棉加工新工艺要在保证清杂效率的前提下，尽量让籽棉少返少打，让杂质早落少碎。

（二）籽棉中的异性纤维的清理原则

对于籽棉中异性纤维的清理原则要求从可选变必选，人选变智能机选，从单道清理变成多道清理。人民群众日益增长的对美好生活的需要决定了对棉纺织品的要求越来越高，为此应当尽量减少异性纤维的含量。除了从种植采收的源头控制外，在籽棉加工环节清除异纤维应该是最经济最有效的了。由于人力成本高、劳动力紧缺以及工作环境差而使得人工挑选方式逐渐被淘汰，皮棉清理异纤维的难度又明显高于籽棉清理，因此籽棉异纤维清理就成了加工流程中的一道重要工序。鉴于籽棉异纤维清理设备（装置）的清理效率低和对异纤维种类的适应性差，建议在机采棉加工流程中设置多个清理点，最好是将异纤维清理功能与棉花加工设备其他功能结合起来，可以减少设备投入，节省使用场地。

三、机采棉加工工艺优化后的流程

机采棉加工工艺优化后的流程如下：

货场—重杂物清理—籽棉卸料器—自动喂花—籽棉重杂清理—籽棉卸料（或卸料式异纤维清理）—自控缠绕式籽棉异纤维清理—籽棉烘干—籽棉卸料（或卸料式异纤维清理）—籽棉铃秆清理—复式籽棉清理—闭风阀—籽棉烘干—籽棉卸料（或卸料式异纤清理）—复式籽棉清理—（籽棉加湿）—籽棉配棉—（复式）锯齿轧花—气流式皮棉清理—锯齿式皮棉清理—集棉机—（皮棉加湿）—皮棉成包—扦取棉样—测皮棉回潮率—套包—称重—IC卡记录数据—条形码打印—在棉样和棉包上放置条形码—棉包输送—专用夹包车送入仓库。

相对于传统的机采棉加工流程，上述新工艺流程分别减少了一或两道籽棉清理和一道锯齿皮棉清理工序，节省了设备投资和占地面积，便于手采棉生产线改造为机采棉生产线，同时籽棉异纤维清理功能全部与籽棉自控喂料及籽棉卸料相结合，无须增加专门的异纤维清理设备，可以将异纤维清理从选用工序变成必用工序，且异纤维清理成本极低，有利于提高棉花轧工质量。

第二节　机采棉加工工艺优化前后效益对比

2018 年，在试点团场经过试验后确定，机采棉清理、加工技术工艺优化后累计节本增效达到1 056.48万元，如表 6-1 所示。在节本增效方面包括减少纤维长度损失、产量

增加、加工成本减少、耗电量减少、故障率减少和质量提升等方面带来的收益等内容。

一、减少纤维长度损失

将2道皮清改为1道皮清从而减少0.2毫米的纤维损失，按照当年的皮棉市场标准，一个长度级为400元/吨，0.2毫米相应价值为80元，合计提升效益574.4万元。

2018年，一二五团轧花一厂加工皮棉1.85万吨，减少纤维损失，增加收益148万元；一四九团轧花二厂加工皮棉1.8万吨，减少纤维损失，增加收益144万元；芳草湖农场加工皮棉1.6万吨，减少纤维损失，增加收益128万元；第一师八团加工皮棉1.93万吨，减少纤维损失，增加收益154.4万元。

表6-1　2018年试点团场机采棉清理、加工技术工艺优化后节本增效汇总

单位：万元

增值项目	功能	吨皮棉收益	全年增值总额（皮棉）				
			一二五团轧花一厂	一四九团轧花二厂	芳草湖农场	第一师八团	合计
			1.85万吨	1.8万吨	1.6万吨	1.93万吨	
减少纤维长度损失	2道皮清改为1道皮清，从而减少0.2毫米的纤维损失	一个长度级（1毫米）为400元/吨，0.2毫米相应价值为80元	148	144	128	154.4	574.4
增加皮棉产量	增加0.32%的产量（2019年皮棉产量价格13 000元）	0.32%×13 000＝41.6元	76.96	74.88	66.56	80.29	298.69
节约加工成本	加工成本减少13.6元/吨		25.16	24.48	21.76	26.25	97.65
	节约耗电量、缩短皮清工序使故障率降低20%所节约的费用为6.57元/吨		12.15	11.83	10.51	12.68	47.17
缩短加工期间	加工效率提升，时间缩短3天	节约电费、工资和管理费	6	6	5.33	6.43	23.76
棉花质量提升	颜色级提高5.3%左右，长度29毫米以上提高9.7%左右，轧工质量P3（较差皮棉）减少450个		3.65	3.55	3.15	3.80	14.15
节本增效情况合计			271.92	264.74	235.31	283.85	1 055.82

二、增加皮棉产量

通过机采棉清理、加工技术工艺的优化过程后，皮棉产量每吨增加约0.32%，按照2019年皮棉市场价13 000元计算，1吨×0.32%×13 000元/吨＝41.6元，通过增加皮棉产量提升效益298.69万元。

2018 年，一二五团轧花一厂加工皮棉 1.85 万吨，增加皮棉产量，增加收益 76.96 万元；一四九团轧花二厂加工皮棉 1.8 万吨，增加皮棉产量，增加收益 74.88 万元；芳草湖农场加工皮棉 1.6 万吨，增加皮棉产量，增加收益 66.56 万元；第一师八团加工皮棉 1.93 万吨，增加皮棉产量，增加收益 80.29 万元。

三、节约加工成本

工艺优化后，加工程序减少使得效益增加约 13.6 元/吨，节约加工成本累计 97.65 万元。

2018 年，一二五团轧花一厂加工皮棉 1.85 万吨，节约加工成本，增加收益 25.16 万元；一四九团轧花二厂加工皮棉 1.8 万吨，节约加工成本，增加收益 24.48 万元；芳草湖农场加工皮棉 1.6 万吨，节约加工成本，增加收益 21.76 万元；第一师八团加工皮棉 1.93 万吨，节约加工成本，增加收益 26.25 万元。

四、减少能耗、降低故障率

经试验后确定，能耗减少、用电量降低使故障率降低 20％增加的效益约 6.57 元/吨，累计节本增效 47.17 万元。

2018 年，一二五团轧花一厂节约费用，增加收益 12.15 万元；一四九团轧花二厂节约费用，增加收益 11.83 万元；芳草湖农场节约费用，增加收益 10.51 万元；第一师八团节约费用，增加收益 12.68 万元。

五、缩短加工期

通过加工工艺优化后，加工效率提升，增加效益约 1.08 元/吨，同时，加工时间缩短 3 天，累计节约电费、工资和管理费约 23.76 万元。

2018 年，一二五团轧花一厂缩短加工时间，节约电费、管理费，增加收益约 6 万元；一四九团轧花二厂缩短加工时间节约费用，增加收益约 6 万元；芳草湖农场缩短加工时间节约费用，增加收益约 5.33 万元；第一师八团缩短加工时间节约费用，增加收益约 6.43 万元。

六、提升棉花质量

2018 年，棉花质量的提升表现在，颜色级提高 5.3％左右，长度 29 毫米以上提高 9.7％左右，轧工质量 P3（较差皮棉）减少 450 个，增加效益约 1.97 元/吨，通过棉花质量提升累计增加效益约 14.15 万元。

综上，总计增加效益约 147.05 元/吨，1 055.82 万元。

第三节　机采棉加工工艺优化问题及建议

机采棉加工工艺优化以后，显著提升了经济效益，减少了对棉花质量的负面影响，成效显著。为了促进棉花加工厂提质增效，建议如下：

一、把好种植、收获、收购关，保证进入加工环节的籽棉质量

近年来，国内众多棉花加工企业都在致力于研究如何提高机采棉加工质量，但是经过多年的实践证明，完全依靠机采棉的加工工艺来提高加工质量是不现实的。因为籽棉品质的好坏直接影响到皮棉的质量，所以提高机采棉加工质量是一个系统工程。

（一）种植上选择适宜于机采棉加工的品种

机采棉的收获基本上是一次性的，为此在选择机采棉品种时，一定要考虑棉花品种成熟的特性，选择早熟、株型紧凑、成熟集中、吐絮畅、衣分高、纤维长度等各项指标良好的品种，这样就可以避免皮棉指标一致性差的问题。长度一般在 31 毫米上下，马克隆值在 4.7 左右，长度整齐度平均值在 84％以上，断裂比强度大于 30 以上，非常适合机械采棉，也能够保证机采棉加工的质量。

（二）推荐采供棉种、种植管理统一

为了防止品种多样，种植管理上要保持高度的一致性。推荐采供棉种，在棉花种植尤其是机采棉各环节，在种植模式、播种时间等方面保持一致，采收季节统一有计划地喷施脱叶剂，尽量保证所有的籽棉质量一致。这需要全团所有种植职工自我联合、自发协作。

（三）适时采收

机采棉的采收时间是保证皮棉质量的关键，采收早了，既降低产量，又影响皮棉质量；采收晚了，同样影响皮棉质量，尤其是马克隆值和断裂比强度这两个重要的质量指标。收获早了，成熟度差，马克隆值太低；收获晚了，断裂比强度大，都会影响皮棉的质量及可纺性。为确保机采棉的采摘质量，团场及合作社应该协调推荐采棉机管理、推荐采棉机调配、推荐采棉机的进地时间。在棉花采摘前，团场要求承包户把地头地边的地膜捡拾干净，清除杂草时防止地膜被揭起，严禁回收滴管带。采棉机的采棉头与地面的距离控制在 15 厘米以上，防止将地膜和滴管带吸入采棉机，做到籽棉不落地，并要求所有承运籽棉的运输车必须配备防火罩和白布，同时运输车下配兜油布，防止机车漏油，避免籽棉污染。

（四）加强含杂率控制

（1）严格按照"吐絮率 95％""脱叶率 93％"的指标安排采收顺序，切实做到适时、精准、快速采收。采收储运环节重点控制残膜、三丝的混入。在棉花采收时统一配备质量监督员。严格检控机采棉机工作、采收、打模环节时的水分和含杂，水分和杂质含量均不能超过 10％，采收前要清洁棉田，对杂草、挂枝残膜、杂物清除不干净，膜边、毛管头没有掩埋的地块严禁采收。要求准备干净、整洁的专用棉场，要求棉杆整株拔除，人工彻底清理棉场内的残膜、残秆、石块等杂质，采用白棉垫布、篷布，实现籽棉零落地。

（2）在运棉车上磅前，必须车车都要进行籽棉含水率初验，进厂时籽棉的含水率必须小于 10％～12％，大于 12％的不得进入厂内，籽棉的含杂必须小于 15％，大于 15％不得收购，霉变的籽棉不得收购。对进厂含水率进行终检，检测点不得小于 6 个，以平均

值为定数。严格按照国家标准和棉纤检局杂质分类的新标准，"一试五定"密码检验，一车一检，打出籽棉含杂结果确保含杂不超过 2.8%，含水率不超过 8.5%，更好地控制籽棉的杂质，保证皮棉的质量。

（五）加强采收管理，杜绝掺杂使假

建立更加严格的采收管理制度和奖惩制度，同时狠抓落实。棉花加工厂在收购籽棉时一定要做到秉公收购，杜绝人情棉、关系棉，保证籽棉收购的水分和杂质控制在设备、工艺能够处理的范围内，从而保证籽棉的收购质量。严格按照"50 个必须，50 个不得"管理制度执行，通过这些有效措施，最大限度地避免混湿、混级的现象，为棉花加工质量打下坚实的基础。

二、加强堆垛存储、清理异杂、加工等环节的管理，确保加工皮棉的质量

（一）做好分级分垛，为因花配车打下基础

虽然机采棉是统一采收，但是在收购中，籽棉的堆放一定要按照品种、水分、杂质等条件分类堆放，为轧花工序各项指标（烘干温度、清杂效果、加工速度）的调整打下基础。同时，做到刚入厂的棉花不急着付轧，堆放一周后再轧，这个过程即"醒棉"，只有进入轧花机的籽棉各项指标一致了，才能保证轧花质量。

（二）做好籽棉的存储管理，杜绝霉变

籽棉进厂后，存储工作显得尤为重要，此环节出现问题将会使籽棉降级或霉变，造成无法弥补的损失。机采棉长期储存比较困难，这是由其采收和自身特性决定的，机采棉采收比较集中，到了采收季节一般都是多台采棉机集中作业，每天近千吨籽棉集中进厂，远大于轧花机的日处理量，存储是必然的。

而机采棉含杂高、回潮率高且不均匀，这就使得机采棉的堆放不能像优质手采棉那样大垛堆放，否则很容易引起变色、霉变，所以在机采棉的存储中要做到以下几点：①对收购的籽棉回潮率做到心中有数，回潮率超过 12% 的籽棉可通过晾晒、烘干等手段尽早处理；②回潮率在 12% 以下的籽棉可起垛堆放，但垛高应低于 4 米，因为在机采棉干湿不均匀的情况下，长期大垛堆放会出现霉变问题；③成垛后一定要盖严压好，以防雨水进入出现霉变；④机采棉在存储中尽量做到早收的早轧以防变色，但也不可即卸即轧，因为机采棉干湿不均，一般起垛后醒棉 5～7 天再轧，可使垛内籽棉干湿趋于一致，保证加工皮棉质量的一致性。

（三）清理籽棉杂质和异性纤维

籽棉进厂从卸花、垛花、喂花等各个环节，派专人负责挑拣，确保原棉无异杂。特别是在喂花口处设专人负责严格把控籽棉中的异性纤维进入设备，以确保每吨皮棉中的异性纤维含量接近零。

要求人员在进入厂内的操作车间必须做到统一的着装，佩戴帽子，防止"三丝"的混入，籽棉在加工过程中确保皮棉的含杂率不高于 2.8%。棉籽毛头率不高于 4.5%，回潮率要控制在 5.5%～6.5%，短纤维含量要控制在 12% 以下，纤维外观形态顺畅，以确保

皮棉的质量。在加工过程中，应该根据籽棉含水率，含杂的不同，通过籽棉的加工工艺中的检测系统来选择清理的次数，对不同的籽棉应该选择不同的烘干温度和次数，必要时采用洒水的方式来改变环境的湿度。合理配棉时，对籽棉按照回潮率、含杂率、马克隆值、纤维的长度分类放置。加工车间根据指标的优劣，适度配备喂花量。对指标较好的籽棉将喂花量控制在 70％～80％，指标差的籽棉将喂花量控制在 20％～30％。对于因花配车，经过一四九团加工厂试验发现，籽棉的环节对籽棉损伤仅有 0.05 毫米左右，而皮清对纤维损伤较大，必须经过二道锯齿皮清，纤维长度可损伤 0.5～0.7 毫米，为此应该及时调整籽清和皮清的转速。控制轧花的速度，以前是每小时 24 包左右，现在为了提升加工皮棉的质量，速度应控制在每小时 16 包左右，相当于正常车速的 60％～70％。根据实地调研发现一四九团棉花制定了"双 60"管理法，重点籽棉管理"11 个必须、11 个不得"、籽棉场地管理"24 个必须、24 个不得"、籽棉加工管理"25 个必须、25 个不得"等方面进一步对加强规范。并将以上内容作为棉花加工厂工作的一个重点，一四九团棉花加工厂做了大力的宣传工作，宣传语在厂房内的墙上展现，车间内也有提示标语，促进了员工的警觉性和积极性，极大地促进了 2018 年棉花加工工作的全面提升，质量也很好地得到了保证。

（四）籽棉回潮率对皮棉质量的影响

加工过程中协调好皮棉回潮率、杂质与烘干、加湿、加工速度的关系，提高皮棉内在质量。业内人士都知道棉纤维的回潮率对清理效果、轧花质量及棉纤维的强度起着关键的作用。回潮率越高，纤维强度越大、弹性越小，纤维易缠绕，不利于清理和轧花，轧出的皮棉外观形态不好；籽棉回潮率越低，纤维强度越小、弹性越大、纤维蓬松，利于清理及轧花，轧出的皮棉外观形态好，但棉纤维长度损伤较大。如何确保内在质量，笔者认为籽棉回潮率是关键，这就需要做到以下几点：

籽棉在收获过程中严格遵守团场规定，看落叶效果实时采摘、看天气控制采摘时间段，确保籽棉回潮率及含杂率适宜，有利于加工。现在北疆大多棉花加工企业都配备了烘干系统，烘干的最主要目的是为了降低籽棉回潮率，利于籽棉清理。清理结束后，籽棉回潮率通常会减少 4％～5％，若回潮率过低使得籽棉在经过轧花及皮清后产生大量的短纤维，造成皮棉长度、强度降低。为此在进入轧花及皮棉清理环节之前，对籽棉进行适当加湿，可增加籽棉强力，减少短纤维的含量，保证纤维长度。轧工质量是构成棉花品质的条件之一，影响轧工质量的因素较多。工艺设备是否先进、籽棉内在品质好坏、因花配车是否适宜、在设备运转加工过程中速度快慢以及皮棉、水杂、人员素质等，均有可能影响轧工质量。在加工时需做到：①籽棉配花、轧工质量的好坏、轧花进度的快慢与籽棉管理是分不开的，因为影响机采棉等级的因素是多方面的，加工厂在收购籽棉时采用分级堆垛，因为每垛籽棉信息都有记录，根据信息数据进行配棉，轧出符合市场需求的皮棉；②因花配车是轧工质量与进度的重要组成部分，是提高产品质量的关键。提高皮棉加工质量，因花配车十分重要。抓好因花配车工作，必须要准确掌握籽棉的长度、回潮率、含杂率、衣分、成熟度等质量指标，对轧花设备进行配车、调整设备间距及轧花机的喂花量大小，达到质量的要求后再定产量，以质定产的工作才能稳固。在棉花检验标准中，逐步降低轧工质量在皮棉品质中所占的比例，适度放宽含杂等一些质量指标，进一步淡化加工企业与检验机构及纺织企业三者之间的矛盾。

三、抓好设备检修关和操作关，保证顺利生产

（一）设备检修是提高轧花质量的基础

喂棉、清重杂、烘干、清铃、清杂、轧花、皮清、打包等各个环节的检修，都是为了保证设备的正常运转。因为任何一个位置出现问题，都会影响轧花质量，所以在设备检修过程中，一定要严格按照设备的技术规范执行。

（二）设备操作是提高加工质量的关键

机采棉加工一般都采用二次烘干、四道籽清、三道皮清的加工工艺。喂花时，切忌即卸即喂或乱喂棉垛，因为籽棉回潮率、等级不一致，极不利于烘干、加工；确保自动喂花机各开松辊运转正常，尽量使籽棉蓬松，利于烘干、清杂；随时掌控烘干温度，最好将付轧籽棉的回潮率控制在 $6.5\%\sim8\%$，回潮率大于 8% 时，杂质附着力较大，不利于杂质排出；回潮率小于 6.5% 时，会破坏纤维表面的蜡质层，影响色泽，也会使棉纤维变脆，易轧断纤维，影响等级、长度。北疆地区昼夜温差大，凌晨 5 点至早上 10 点之间，籽棉回潮率最大，此时应适当提高锅炉温度，建议交接班时，最好把各设备中的籽棉轧干净；晚间加工时，适当调整烘干温度，待锅炉温度控制在适宜轧花回潮率的前提下再进行轧花，要求司炉工与测水员常联系，将皮棉回潮率控制在 6.5% 左右。要确保籽棉清理设备运转率，各部间隙应调整适当，最大限度地排出杂质，使进入轧花机的籽棉含杂率适宜，保证各排杂处畅通，防止堵塞，使不孕籽等杂物能够及时排出。轧花机正常工作 0.5 小时左右打开中箱一次，清理棉籽卷中的棉杆、铃壳等杂质，保持棉籽卷合适的松紧度。采用自检和公检相结合，加工厂皮棉检验员对车间进行跟班检验，分析籽棉、皮棉质量及时反馈数据，有利于车间查找出现问题的环节，适当调整设备间隙，确保皮棉含杂率在 2.5% 以下。加工设备经过一段时间使用后，因堵车、磨损会造成各部间隙、技术参数不准确，必须及时检查、调整恢复到最佳状态，保证皮棉加工质量。

四、做好人事管理，确保各项制度的实施

（一）加强对员工的培训，提高加工厂员工的整体素质

目前，加工设备变得越来越智能，这对员工操作的要求越来越高，员工只有了解生产各个环节的工艺原理、工艺流程、设备性能，实现安全、正确的操作，才能提高棉花的加工质量。

先进的机器设备要配置高素质的技术人员来操作。提高全厂员工素质不仅有利于提高产品质量，还有利于促进成本的降低，因此，职工素质的培训工作必须受到企业管理层的高度重视。产品质量与员工素质息息相关，提高员工素质的方法之一就是要定期组织培训，补充生产加工环节先进的操作技能和知识。对于管理人员知识和管理经验的要求就处

在更高的一个层次了，管理层达到更高的知识掌握和技能应用水平，才能有效地监督、指导车间员工。不仅如此，管理人员具备高素质也是与其他管理人员进行日常工作交流的必要条件。通过培训增强员工的知识储备与技能掌握熟练度，从而提高工作效率和产品质量。"示范培训"是多种培训方式中比较好的一种，可以让员工更好地了解各部位的工作原理、检修流程和方式。其效果最好，因为言传不如身教。

（二）制定合理的管理和奖惩制度，提高工人的责任感

棉花加工厂的管理是一个有机的整体，要靠所有管理人员和员工共同去完成才能达到最佳效果。科学的管理和分配制度是工厂管理的基础，加工厂在管理上一定要分岗位、分责任制定管理制度；分贡献、分技术、分劳动强度合理制定员工的收入分配制度，从而提高员工的责任感。

（三）科学地培训员工

对加工厂员工进行定期的专业知识培训，合理定期的培训可以使培训效果达到最大化。培训业务能力，对基层员工来说，主要是生产技能和管理制度的培训，使员工树立积极的工作态度，掌握先进的生产技术对管理层人员来说，还必须在思维、观念、经营等方面进行专业培训，特别是观念的转变。有句话说得好，"不管别人管不管的事就是我的事"，员工素质的提高，是对棉花在加工过程中质量提高的一个重要的表现，它带给企业内部的转变是无形的。

（四）加强设备检查

加强设备的检查和维护，一般轧花在 8～12 月进行工作，在之前一定对轧花人员进行专业性的培训，如轧花工艺流程培训、对机器检修培训、上岗培训等，并且还要向在岗的人员建立在岗设备检修和保养的考核制度。责任落实到位，每天接班时应该主动检查设备，给下一班人交代好事宜，每周六做到全线 6 个小时的停车检修，每年的 5～6 月进行一次大规模的维修。把检查检修的目的、目标、责任落实到每个人的身上，做到分工明确，责任清楚。

参考文献

布鲁斯·阿伦，尼尔·多赫提，基思·韦格尔特，等，2009. 阿伦 & 曼斯菲尔德管理经济学 [M]. 毛蕴诗，等，译. 北京：中国人民大学出版社.

曹慧，秦富，2006. 集体林区农户技术效率及其影响因素分析——以江西省遂川县为例 [J]. 中国农村经济（7）：63 - 71.

陈丽珍，王术文，2005. 技术扩散及其相关概念辨析 [J]. 现代管理科学（2）：56 - 57.

陈卫平，2006. 中国农业生产率增长、技术进步与效率变化：1990—2003 年 [J]. 中国农村观察（1）：18 - 38.

戴思锐，1998. 农业技术进步过程中的主体行为分析 [J]. 农业技术经济（1）：12 - 18.

韩荣青，潘韬，刘玉洁，等，2012. 华北平原农业适应气候变化技术集成创新体系 [J]. 地理科学进展

（11）：1537-1545.

郝爱民，2015. 农业生产性服务对农业技术进步贡献的影响［J］. 华南农业大学学报：社会科学版（1）：8-15.

何竟滔，2015. 机采棉加工如何保证皮棉内在质量［J］. 中国棉花加工（5）：19-20.

黄光群，韩鲁佳，刘贤，等，2012. 农业机械化工程集成技术评价体系的建立［J］. 农业工程学报（16）：74-79.

黄杰，熊江陵，李必强，2007. 集成的内涵与特征初探［J］. 科学学与科学技术管理，24（7）：20-22.

蒋远胜，邓良基，文心田，2009. 四川丘陵地区循环经济型现代农业科技集成与示范——模式选择、技术集成与机制创新［J］. 四川农业大学学报（2）：228-233.

匡远凤，2012. 技术效率、技术进步、要素积累与中国农业经济增长——基于SFA的经验分析［J］. 数量经济技术经济研究（1）：3-18.

雷雨，2005. 精准农业模式下的技术集成与管理创新［J］. 西北农林科技大学学报：社会科学版（4）：30-32.

李大胜，李琴，2007. 农业技术进步对农户收入差距的影响机理及实证研究［J］. 农业技术经济（3）：23-27.

李冉，杜珉，2012. 我国棉花生产机械化发展现状及方向［J］. 中国农机化（3）：7-10.

李同升，王武科，2008. 农业科技园技术扩散的机制与模式研究——以杨凌农业示范区为例［J］. 世界地理研究（1）：53-59.

梁平，梁彭勇，2009. 中国农业技术进步的路径与效率研究［J］. 财贸研究（3）：43-46.

林兰，2010. 技术扩散理论的研究与进展［J］. 经济地理，30（4）：1233-1239.

刘璨，于法稳，2007. 中国南方集体林区制度安排的技术效率与减缓贫困——以沐川、金寨和遂川3县为例［J］. 中国农村观察（3）：6-25.

刘进宝，刘洪，2004. 农业技术进步与农民农业收入增长弱相关性分析［J］. 中国农村经济（9）：26-30.

刘平，陈东胜，2018. 机采棉加工新工艺概述［J］. 中国棉花加工（1）：41-43.

马述忠，刘梦恒，2016. 农业保险促进农业生产率了吗？［J］. 浙江大学学报：人文社会科学版（11）：131-144.

皮龙风，齐清文，梁启章，等，2015. 精准农业中的流程再造研发及其技术集成［J］. 农业现代化研究，36（6）：1112-1117.

孙莉，张清，陈曦，等，2005. 精准农业技术系统集成在新疆棉花种植中的应用［J］. 农业工程学报（8）：83-88.

谭淑豪，曲福田，2006. 土地细碎化对中国东南部水稻小农户技术效率的影响［J］. 中国农业科学（12）：2467-2473.

谭砚文，凌远云，李崇光，2002. 我国棉花技术进步贡献率的测度与分析［J］. 农业现代化研究，23（5）：344-346.

田笑明，李雪源，吕新，等，2016. 新疆棉作理论与现代植棉技术［M］. 北京：科学出版社.

王爱民，李子联，2014. 农业技术进步对农民收入的影响机制研究［J］. 经济经纬（4）：31-36.

王娟，董承光，孔宪辉，等，2013. 新疆生产建设兵团机采棉育种研究现状及展望［J］. 中国棉花，40（4）：7-8.

魏锴，杨礼胜，张昭，2013. 对我国农业技术引进问题的政策思考——兼论农业技术进步的路径选择 [J]. 农业经济问题（4）：35-41.

熊彼特，1990. 经济发展理论 [M]. 北京：商务印书馆.

杨普云，梁俊敏，李萍，等，2014. 农作物病虫害绿色防控技术集成与应用 [J]. 中国植保导刊（12）：65-68，59.

杨义武，林万龙，2016. 农业技术进步的增收效应——基于中国省级面板数据的检验 [J]. 经济科学（5）：45-57.

喻树迅，姚穆，马峙英，等，2016. 快乐植棉 [M]. 北京：中国农业科学技术出版社.

战明华，吴其苗，俞来友，1999. 浙江省绍兴县种粮大户投入产出结构和技术效率分析 [J]. 农业技术经济（5）：57-59.

张杰，刘林，2013. 新疆兵团机采棉与手采棉经济效益比较研究 [J]. 农业现代化研究（5）：372-375.

章力建，2006. 集成创新是当前农业科技创新的战略需求 [J]. 农业经济问题（S0）：4-6.

赵会薇，2013. 机采棉品种选育现状 [J]. 中国种业（9）：18-19.

赵新民，张杰，王力，2013. 兵团机采棉发展现状、问题与对策 [J]. 农业经济问题（3）：87-94.

赵芝俊，张社梅，2005. 农业技术进步源泉及其定量分析 [J]. 农业经济问题（S0）：70-74.

赵芝俊，张社梅，2006. 近20年中国农业技术进步贡献率的变动趋势 [J]. 中国农村经济（3）：4-13.

中国农业科学院棉花研究所，2013. 中国棉花栽培学 [M]. 上海：上海科学技术出版社.

周端明，2009. 技术进步、技术效率与中国农业生产率增长——基于 DEA 的实证分析 [J]. 数量经济技术经济研究（12）：70-82.

朱建新，2014. 机采棉加工工艺设备及轧工质量分析 [J]. 中国棉花加工（2）：6-10.

朱孔来，2008. 关于集成创新内涵特点及推进模式的思考 [J]. 现代经济探讨（6）：41-45.

Gee S，1981. Technology Transfer，Innovation and International Competitiveness [M]. Chichester：John Wiley & Sons.

Richard G Lipsey，2002. Some implications of endogenous technological change for technology policies in developing countries [J]. Economics of Innovation and New Technology，11：4-5.

第七章
新疆机采棉与手采棉经济效益对比分析

截至 2018 年底，新疆生产建设兵团机采棉种收面积达 800 万亩，机采棉已占全兵团植棉面积的 80％以上，兵团机采棉发展取得了长足进步。但是随着时间的推移，机采棉生产存在的问题也逐渐凸显：随着我国棉花生产要素价格的不断提高，机采棉的生产成本不断攀升；机采籽棉含杂率高，增加后续加工流程，影响皮棉品质；机采棉皮棉质量较国内纺织企业对皮棉质量的要求仍存在差距。

在当前产业政策转型与市场配置资源作用日益凸显的大背景下，在"提质增效"战略方针的指引下，对兵团机采棉生产过程中迫切需要解决的关键性技术问题进行深入系统研究，通过开展机采棉与手采棉的经济效益对比分析，促进适合机采的优质新品种选育和栽培及配套技术集成与示范；开展农机与农艺融合技术研究与集成示范等工作，以期达到提高职工劳动生产率，增加职工植棉收入，促进兵团棉花产业发展的目的。

由新疆农垦科学院主持，石河子大学棉花经济研究中心参与的项目——机采棉提质增效关键技术集成示范与效益评价，在过去的几年中，项目组对四个试点团场通过实地调查的方式进行了相关调研，详细了解了各试点团场机采棉与手采棉的效益情况，并进行对比分析。

第一节　机采棉与手采棉的成本收益对比

为最大限度控制相关变量对机采棉、手采棉成本收益造成的影响，项目在试点团场选择同一条田进行机采棉与手采棉的种植，在生产过程中使用同一品种、株行距配置模式（一膜三行）及管理措施等。在此基础上测算机采棉与手采棉的成本收益，并进行对比分析。

一、机采棉和手采棉的种植成本比较

在兵团棉花生产成本的构成中，物化费用与非物化费用平均占到了总生产成本的50％左右，物化成本的居高不下造成新疆棉花生产的高成本。在机采棉与手采棉的成本结构上，种植方式基本相同，种植管理基本相同，仅在棉花收获阶段存在较大差别。机采棉在棉花收获阶段的成本主要包括：采棉机采收作业成本、脱叶成本、辅助机械费、脱叶减产损失费等。手采棉的主要成本为：拾花工费用（联系费用、运输费用和生活费用）、采收费等。但是机采棉的清理程序多，清理费用高，含杂率高，相对手采

棉销售价格较低。

从表 7-1 可以看出，机采棉和手采棉的种植成本中，直接物化成本方面，机采棉是906.1 元/亩，手采棉是 906.1 元/亩，两者不存在差异；在间接成本方面，机采棉的田间及交花运输费比手采节约 24.18 元/亩，花场费节约 7.62 元/亩，农业保险费和防雹费相同，间接费用机采比手采节约 31.80 元/亩；滴灌费用包括滴灌带、地面管件、泵房服务费、地埋管件使用费和电费都是 191.49 元/亩，不存在差异。

棉花单产从试验条田的情况来看，机采棉的单产为 421.44 千克/亩，手采棉的单产为452.51 千克/亩，手采棉比机采棉产量高约 31 千克/亩，原因在于手采棉采摘 2～3 遍，第一遍采摘后的果实开花后还可以采摘第二遍，采摘充分，浪费较少，而机采棉受到成本限制，仅采摘一遍。

表 7-1　机采棉与手采棉亩种植成本

项目名称	机采棉常规种植成本（元/亩）	手采棉常规种植成本（元/亩）
直接物化成本	906.10	906.10
种子	48.85	48.85
化肥	430.93	430.93
农药（含职工自购）	12.14	12.14
地膜	74.16	74.16
水费	153.21	153.21
机力费	186.81	186.81
间接成本	87.02	118.82
田间及交花运输费	21.07	45.25
花场费用	—	7.62
农业保险费	40.95	40.95
防雹费	25.00	25.00
滴灌费用	191.49	191.49
滴灌带	104.18	104.18
地面管件	21.80	21.80
泵房服务费	5.00	5.00
地埋管件使用费	38.00	38.00
电费	22.51	22.51

二、机采棉与手采棉的采摘成本比较

表 7-2 为南疆试点团场机采棉与手采棉的采摘成本对比情况。

机采棉的机械采摘费为 240 元/亩，脱叶剂费用 20 元/亩，机械喷药作业费 7 元/亩，机采棉的综合采摘成本共计 267 元/亩。

手采棉的人工采摘费为 2.2 元/千克，试点团场手采棉平均产量为 450 千克/亩，采摘费用为 990 元/亩。拾花工费用（包括联系、运输拾花工及其生活费用）为 2 000 元/人（按照试验田手采棉 450 千克/亩折算，采收期 30 天，每人每天采摘 100 千克，每亩地一人拾花需要 4.5 天，则折合每人收花 30/4.5≈6.66 亩/人，折合每亩地 2 000/6.66≈300 元），则手采棉综合采摘成本为采摘费用 990 元/亩与拾花工费用 300 元/亩之和共计 1 290元/亩。

按照机采棉 267 元/亩和手采棉 1 290 元/亩的采摘成本来进行测算，可知机采棉比手采棉的亩均采摘成本低 1 023 元。

表 7-2 试点团场机采棉与手采棉的采摘成本对比

费用	机采棉	手采棉	说明
机械采摘费（元/亩）	240	—	实际费用
脱叶剂费用（元/亩）	20	—	脱叶剂配比：瑞脱龙 30 克，助剂 15 克，乙烯利 80 克
机械喷药作业费（元/亩）	7	—	机械喷施脱叶剂
人工采摘费（元/亩）	—	990	亩产 450 千克，拾花费 2.2 元/千克
拾花工费用（元/亩）	—	300	包括拾花工的联系、运输及生活费用 2 000 元
总计（元/亩）	267	1 290	

注：按照拾花工费用为 2 000 元/人，采花时间 30 天计算，每天折合为 66.67 元/人。试验田手采棉 450 千克/亩，每人每天平均拾花 100 千克，则 1 亩地需要一名拾花工工作 4.5 天，每天 66.67 元/人，则每亩拾花工费用为 4.5×66.67≈300 元/亩。

由于在测算时将拾花工费用摊算入内的方式有待商榷，机采棉与手采棉的实际采摘成本之间的差异可能存在微小误差。

三、机采棉与手采棉的清理成本比较

需要说明的是，机采棉的含杂量要远远高于手采棉，兵团机采棉的扣杂率一般在 10%～20%。由于机采棉中含有大量棉叶、残膜、异性纤维等杂质，同时机采棉含水含杂比手采棉多，在加工时比手采棉增加 3 道籽棉清理、2 道皮棉清理和 1 次在线烘干及独立烘干工序，这大大增加了机采棉的加工成本。再加上机采棉加工厂房、设备投入资金量大，机采棉加工设备、棉场设备的维修费比手采棉高，加工中耗能、耗材、人工投入均比加工手采棉费用多，有些加工厂的机采棉加工成本高出手采棉 1 倍。从试点团场的数据来看（表 7-3），机采棉在清理加工时，耗电费用、耗材费用及人工费用均高于手采棉，加工每吨籽棉时机采棉的成本要比手采棉高 63.1 元。

表 7 - 3 试点团场机采棉与手采棉的清理加工吨成本对比

清理加工费用	机采棉	手采棉
耗电费用（元/吨）	87.5	38.5
耗材费用（元/吨）	7.2	5.1
人工费用（元/吨）	12	—
合计（元/吨）	106.7	43.6

表 7 - 3 是试点团场机采棉和手采棉的清理加工成本对比，机采棉按照平均产量 380 千克/亩，手采棉按照 450 千克/亩，折合成每亩的成本如表 7 - 4 所示：

表 7 - 4 试点团场机采棉与手采棉的清理加工亩成本对比

项目	加工清理费	
	机采棉	手采棉
耗电费用（元/亩）	33.25	17.32
耗材费用（元/亩）	2.74	2.30
人工费用（元/亩）	4.56	—
加工清理费合计（元/亩）	40.55	19.62

综合清理加工两方面的成本，可知机采棉的加工成本为 40.55 元/亩，手采棉的加工成本为 19.62 元/亩，机采棉比手采棉的清理加工成本高 20.93 元/亩。

四、机采棉与手采棉的收益比较

目前机采棉与手采棉在品种上没有大的差别，产量差别也不大，但由于机采棉喷洒脱叶剂造成顶部棉铃成熟度不够，加上机械采收时的产量损耗，机采棉与手采棉的产量差别较大，减产约 10%～20%。

试点团场 2017 年在第一师八团试验表明（表 7 - 5），全团以（66＋10）厘米一膜六行模式（平均行距 38 厘米，株距 10.56 厘米，理论株数 16 614 株/亩）为主，面积 10.02 万亩。示范一膜三行模式（行距 76 厘米，株距 7.5 厘米，理论株数 11 696 株/亩）0.1 万亩。一膜三行模式较一膜六行模式相比在节约成本、提升品质方面具有一定的优势，表现为节约种子费用 14.46 元/亩，其余生产成本两者持平，手采棉棉花采摘费用高出 1.37 元/千克，但手采棉产量较机采棉常规地高 31.07 千克/亩，提高 7.37%。综合来看，手采棉亩效益较机采棉低 207.26 元，降低亩效益 16.76%，主要原因是手采棉采摘费用高。机采棉常规地产量较机采棉稀植地高 35.28 千克/亩，提高 9.14%，亩效益高 232.55 元，增加 18.81%，效益的提高主要是因为产量增加。

表 7 - 5 2017 年不同配置不同采收方式棉花亩成本统计表

项目名称	亩成本		
	机采棉稀植 76 厘米 等行距	机采棉常规 （66＋10）厘米	手采棉常规 （66＋10）厘米
亩效益（元）	1 003.86	1 236.41	1 029.15
成本费用合计（元）	1 344.54	1 364.61	2 030.92
一、直接物化成本	887.80	906.10	906.10
种子（元）	34.39	48.85	48.85
化肥（元）	330.93	330.93	330.93
农药（含职工自购）（元）	8.30	12.14	12.14
地膜（元）	74.16	74.16	74.16
水费（元）	153.21	153.21	153.21
机力费（元）	186.81	186.81	186.81
二、间接成本	85.26	87.02	118.82
田间及交花运输费（元）	19.31	21.07	45.25
花场费用（元）	—	—	7.62
农业保险费（元）	40.95	40.95	40.95
防雹费（元）	25.00	25.00	25.00
三、机采拾花费用（元）	180.00	180.00	814.52
四、滴灌费用（元）	191.49	191.49	191.49
滴灌带（元）	104.18	104.18	104.18
地面管件（元）	21.80	21.80	21.80
泵房服务费（元）	5.00	5.00	5.00
地埋管件使用费（元）	38.00	38.00	38.00
电费（元）	22.51	22.51	22.51
五、棉花单产（千克）	386.16	421.44	452.51
六、棉花平均亩上交数量（千克）	58.17	58.17	58.17

试点团场 2018 年一四九团机采棉的产量为 380 千克/亩，手采棉的产量为 440 千克/亩。同时，由于机采棉加工工序比手采棉多，机采棉纤维平均长度比手采棉短 0.5 毫米左右，杂质和短纤维含量多。同等品级的机采棉与手采棉相比，其内在质量偏低，例如：手采棉的衣分率可以达到 41％～42％，而控制较好的机采棉的衣分率仅能达到 38％，衣分相差四个百分点，机采棉的短绒率仅能达到 18％，这就直接影响了机采棉的价格。按照试点团场籽棉收购的平均价格进行测算，机采棉与手采棉的亩均收益分别为 2 280 元和 3 124 元，两者相差 844 元（表 7 - 6）。

表 7-6　机采棉与手采棉的经济效益对比分析

项目			机采棉	手采棉
产量（千克/亩）			380	440
2018 年售价（元/千克）			6	7.1
总收入（元/亩）			2 280	3 124
种植成本	直接物化成本	种子（元/亩）	48.85	48.85
		化肥（元/亩）	430.93	430.93
		农药（含职工自购）（元/亩）	12.14	12.14
		地膜（元/亩）	74.16	74.16
		水费（元/亩）	153.21	153.21
		机力费（元/亩）	186.81	186.81
		合计（元/亩）	906.1	906.1
	间接成本	田间及交花运输费（元/亩）	21.07	45.25
		花场费用（元/亩）	—	7.62
		农业保险费（元/亩）	40.95	40.95
		防雹费（元/亩）	25	25
		合计（元/亩）	87.02	118.82
	滴灌费用	滴灌带（元/亩）	104.18	104.18
		地面管件（元/亩）	21.8	21.8
		泵房服务费（元/亩）	5	5
		地埋管件使用费（元/亩）	38	38
		电费（元/亩）	22.51	22.51
		合计（元/亩）	191.49	191.49
	种植成本合计		1 184.61	1 216.41
采摘成本	机械采摘费（元/亩）		240	—
	脱叶剂（元/亩）		20	—
	人工采摘费（元/亩）		—	968
	拾花工费用（元/亩）		—	300
	机械喷药脱叶费（元/亩）		7	—
	采摘成本合计（元/亩）		267	1 268
加工清理费	耗电费用（元/亩）		33.25	16.94
	耗材费用（元/亩）		2.74	2.24
	人工费用（元/亩）		4.56	—
	加工清理费合计（元/亩）		40.55	19.18
收益对比（元/亩）			787.84	620.41
收益差（元/亩）			167.43	

注：加工费用，按照亩产量折算成每亩所需费用，以方便计算。

由机采棉与手采棉的亩均效益对比可知（表7-7），机采棉的亩均产值为2 280元，亩均种植成本为1 184.61元，亩均采摘成本267元，亩均加工成本40.55元，亩均效益为787.84元。手采棉的亩均产值为3 124元，亩均种植成本为1 216.41元，亩均采摘成本1 268元，亩均加工成本19.18元，亩均效益为620.41元。可见机采棉的亩均效益略高于手采棉167.43元。

表7-7 试点团场机采棉与手采棉亩均效益对比

项目	产量（千克/亩）	产值（元/亩）	种植成本（元/亩）	采收费用（元/亩）	加工成本（元/亩）	亩均效益（元/亩）
机采棉	380	2 280	1 184.61	267	40.55	787.84
手采棉	440	3 124	1 216.41	1 268	19.18	620.41

第二节　机采棉与手采棉的质量对比

为全面评价机采棉与手采棉的效益差别，项目除测算其经济效益外，对其产品质量也进行了对比。项目在一四九团十三连36条田试点种植了7.5亩机采棉及3亩手采棉，品种为新陆早74品种，株行距配置模式为一膜三行（行距76厘米，株距5.6厘米，理论株数15 700株/亩）。脱叶剂药剂为瑞脱龙、助剂和乙烯利分别按照35克/亩、15克/亩和100克/亩配方。在收获之后对机采棉、手采棉分别取样5千克，在一四九团二轧棉厂检室测试反射度、黄度、颜色、马克隆值、纤维长度、长度整齐度、短纤维含量、强度、杂质含量和毛衣分10项指标。

试验结果表明（表7-8）：在色特征值方面，机采棉的反射率比手采棉低10%，黄度高0.5，颜色低20，说明机采棉与手采棉在色特征值方面的差异较大；同时，机采棉马克隆值属B级，手采棉属A级；机采棉纤维长度较手采棉短0.18毫米，机采棉长度整齐度较手采棉低0.57%，短纤维含量较手采棉高0.59%，断裂比强度较手采棉低4.64厘牛/特克斯，杂质含量较手采棉高9.8%，毛衣分较手采棉低0.7%。机采棉与手采棉的纤维品质除了杂质含量和断裂比强度差异较大以外，其他差异较小，均在可控制范围内。

表7-8 机采棉和手采棉品质指标对比

质量指标	反射率（%）	黄度	颜色	马克隆值	纤维长度（毫米）	长度整齐度（%）	短纤维含量（%）	断裂比强度（厘牛/特克斯）	杂质含量（%）	毛衣分（%）
手采棉	76.3	7.7	51	4.23	29.65	81.9	18.18	34.74	2.3	39.5
机采棉	66.3	8.2	31	3.6	29.47	81.33	18.77	30.1	12.1	38.8
指标变化	10	−0.5	20	0.63	0.18	0.57	−0.59	4.64	−9.8	0.7

第三节　机采棉质量提升的原则与建议

兵团棉花产业正面临着低质棉供给过剩，优质棉供给不足的结构性生产失衡问题，同时职工植棉收益连年不佳和植棉成本过高的问题也越来越突出，成为兵团棉花产业健康发展的重要瓶颈。只有加强棉花质量管理，降低棉花种植成本，提升植棉效益，才能稳步提高兵团棉花经济发展的核心竞争力。

经过对试验结果的测算分析，可以看出，机采棉的综合成本要低于手采棉，虽然手采棉的产值更优，但机采棉的经济效益还是高于手采棉，虽然差距并不大。从纤维品质来看，机采棉与手采棉存在一定差异，多数指标差别较小，但机采棉的含杂率更高，异性纤维更多。综合以上考虑，认为要继续推进机采棉的推广与使用，促进兵团棉花生产向机械化、规模化及标准化的方向发展，但同时也要针对机采棉技术目前存在的问题做出改进。首先，机采棉品种是决定后续生产各环节和最终皮棉品质的核心因素，优良的机采品种可使机采棉发展事半功倍。因此，应加强机采棉品种的研发工作，选育出衣分高，棉纤维长，成熟相对集中、植株紧凑、高矮适中的机采新品种。其次，优化机采棉田间技术应用，选择适宜的播种期、株行距配置模式、打顶时间及脱叶剂使用等，促进机采棉田间管理的专业化、标准化发展。最后，针对机采棉纤维品质的问题，要适度调整机采棉的检验标准。棉农为追求收益的最优而注重棉花产量，加工企业为提高棉花的品级在加工过程中对机采棉进行多次清理，这都导致机采棉的棉纤维长度变短，棉结增多，棉纺企业不愿用机采皮棉。针对这些问题，要从产业链的源头控制机采棉的质量，通过建立"优质优价"的收购标准，优化轧花厂清理加工技术等措施，切实提高机采棉的纤维质量。

一、提升兵团机采棉质量的原则

（一）以棉花质量管控体系各环节匹配、协同为发展方向

棉花质量管控体系是一项环节众多的系统工程，涉及生产环节、采摘环节、收购环节、加工环节和储运环节。兵团棉花质量管控体系各个环节之间的管控办法一定要互相匹配，协同发展，这主要体现在各环节的管控主体，兵团综合配套改革后，"两委"与植棉职工共同监管棉花质量管控体系的生产环节和采摘环节，而在其后的棉花收购环节、加工环节和储运环节中，管控主体为棉花加工企业。这就需要各个环节之间的管控主体分工明确、互相配合，使得棉花质量管控体系各环节之间匹配、协同发展。

（二）以质量提升为主要目标，兼顾高产

目前，随着国民经济的发展以及纺织企业转型升级的迫切要求，纺织企业对高品质棉纤维的需求逐渐成为主流。同时，伴随着原料成本、机械成本及人工成本的不断提高，棉农的植棉收益连年不佳。棉花质量管控体系对棉花质量的提升有促进作用。但是好的棉花质量管控体系不仅体现在提升棉花品质，更重要的是实现棉农收益的提升，这就要求在棉花质量管控体系的优化进程中，不能一味地重视棉花质量，还要兼顾棉花产量，在保证棉

花质量在市场具备竞争力的情况下确保棉花产量不降低。

（三）以"优质优价"为途径，提升植棉效益

当前收购环境中，籽棉交易时不按质论价，而是按斤论价的现象日益普遍。作为理性的经济人，棉农越来越不注重棉花质量，对棉花质量的管控意识逐渐淡薄。因此，应加强棉花质量的检验工作，并将籽棉质量与收购价格挂钩，这样棉农才会转变植棉观念，由只关注棉花产量转向关注棉花质量，从而调动棉农种植高质量棉花的积极性，引导棉农改变植棉习惯。

二、提升兵团机采棉质量的建议

（一）生产环节质量提升的建议

选种时要选用国家或省级审定的品种，并符合"一主一辅"的区域规划，避免出现同一区域中棉花品种多、乱、杂的现象，达到在源头控制棉花质量的效果。使用农药时要选择国家登记在棉花上使用的药品，并且使用不能过量，从而保证残留在棉纤维中的化学物质符合标准。在选择地膜时，选用 0.012～0.015 毫米的加厚地膜或生物降解膜，并且在使用后合理揭膜并回收清理，减少棉花采摘时棉纤维异性纤维的来源。

（二）采摘环节质量提升的建议

采摘环节中，若为人工采摘则应在棉铃完全吐絮后 3～5 天内开始，保证棉花的成熟度及各项内在质量指标的完全发育。采摘时带棉帽并使用棉布袋，排除混入异性纤维的可能性；采摘后对籽棉进行四分，即分摘、分晒、分存、分售，保护棉花品质的一致性。若为机械采摘则应在棉田的脱叶率高于 93%，吐絮率高于 95% 时采摘棉花，目的是减少棉叶等杂质混入棉纤维中并保证棉花完全发育；此外，还要求籽棉的含杂率和回潮率均在 12% 以内。对含杂率的控制实际上间接控制了机械化采棉的工序道数，若进行多次工序会引起含杂率的上升。控制回潮率是为了避免棉花储运时引起棉花霉变。另外，机械化采棉前还要清理棉田地头卫生，确保没有残膜及其余杂质。采摘后要将不同回潮率、品种等分区堆放，并将病棉单独堆放，保护籽棉的一致性。

（三）收购环节质量提升的建议

收购环节中，要做到收购前确保将要收购的棉花已经排除了异性纤维和其他有害物质等严重影响棉花质量的因素，降低棉纤维混入杂质及异性纤维的可能性；其次，严格按照相关规定，对籽棉进行"一试五定"的质检要求，明确棉纤维的长度级、断裂比强度、马克隆值、含杂率、衣分率及含潮率等品质指标；另外，在收购时要根据"一试五定"的检验结果对籽棉进行评级，并做到按质论价，以鼓励棉农注重棉花质量；最后，对于已收购的棉花，根据收购后的检验结果"分品种、分等级"进行归类和堆放。

（四）加工环节质量提升的建议

加工环节中，首先应严格按照相关规定，对于手采棉和机采棉分别采用不同的加工工艺；其次，棉花加工企业要配备籽棉清理异性纤维以及调温调湿设备，以便出现温度或含潮率超标时能够及时处理；再次，加工过程中应合理控制加工设备的速率，减少棉纤维的

损伤；最后，加工后的皮棉需要经国家公证检验机关进行质检，并在通过后附上《棉花质量检验证书》。

（五）储运环节质量提升的建议

储运过程中，要保证入库存放规范，依据不同的产地、批次、等级对皮棉进行分别存放，并分垛挂签；预防工作要到位，在储运期间要随时随地做好防火、防盗、防汛、防雷、防虫蛀鼠咬、防霉变等工作；同时还要做到定期检查仓储棉花质量的变异情况，若发现出库棉花超过了有效期，必须重新抽样检验方可进入流通渠道。

第八章
新疆机采棉购销政策转变对新疆棉农种植行为的影响研究

第一节　基于经济学的农户种植行为研究现状和意义

一、国内外研究现状及述评

（一）国外研究现状

国外对于农户经济行为学的研究大致可以分为两个流派。一个是以俄国经济学家 A. 恰亚诺夫（1996）为代表的组织生产学流派，他认为农户的经济行为是追求家庭消费需求最大化，农民具有企业家和工人的双重身份，是生产、消费和劳动力的供给决策整体。农户经济发展主要依靠自身劳动力，生产目的以满足家庭消费为主，而不是追求市场利润最大化，当家庭需求得以满足后农户缺乏继续增加生产投入的动力，因而小农经济是保守的、落后的、非理性的和低效率的。由于农户的劳动投入和产出是不可分割的整体，所以在追求最大化上农户选择了满足自身消费需求和劳动辛苦程度之间的平衡，而不是利润和成本之间的平衡。相比之下，一个资本主义农场在边际收益低于市场工资时会选择停止劳动力投入；但小农农场只要家庭需求没有得到满足，就依然会投入劳动力，不管此时的边际收益是否已经低于市场工资。另一个流派是以美国经济学家西奥多·W. 舒尔茨（1987）为代表的理性小农学派。该学派认为小农经济是"贫穷而有效率"的，即农户像任何资本主义企业家一样都是经济人，资源配置符合帕累托最优。传统农民与现代资本主义的农场主在经济行为上并没有本质区别，都遵循经济学的"利润最大化"原则。S. Popkin（1979）也曾提出农户是理性的个人或家庭福利的最大化者，即个人会根据他们的偏好和价值观评估他们选择的后果，然后做出他认为能够最大化其期望效用的选择。在传统农业时期，农户使用的各种生产要素、投资收益率很少有明显的不平衡，农户的行为完全是有理性的。Taylor 和 Adelman（2003）认为不管是追求利润最大化，还是规避风险、规避劳役，农户的目标都是在一系列约束条件下，通过消费自己生产或市场购买的物品及闲暇，来获得预期效用体现最大化，该观点为理解农户行为决策目标的本质一致性提供了理论支撑。Upton（1968）的经典论文则直接将农户决策理论称为"追求最优化的农户理论"。弗兰克·艾利思（2006）的著作《农民经济学—农民家庭农业和农业发展》系统地分析了农民经济行为，拓宽了我们从政策角度对农民行为决策的理解。

以美国为代表的国外棉花由于其市场经营体系比较健全，棉花的生产和流通领域发展比较稳定。美国在棉花生产过程中实施大量补贴政策，切实保护了棉农的利益，有利于棉花生产的稳定。美国棉花轧花厂的所有权属于政府，在流通过程中棉花的市场波动影响较小。Carol·skelly（2013）表示美国是世界上第三大棉花生产国，仅次于印度和中国，并且是世界上最大的棉花出口国。可见，美国棉花在国际市场中具有很强的竞争力和话语权。美国棉花的研究多集中在国际贸易及棉花期货等方面，而关于棉花生产、棉农种植行为以及购销体系的研究相对较少。

通过以上对国内外相关文献的梳理和总结，可以看出学者关于农户经济理论、农户经济行为及农户行为与社会、经济、市场、政策等因素之间的关系方面都已经有了较为丰硕的研究成果。这对于进一步研究农户生产行为，探讨农户与政策关系，解决我国"小农户"与"大市场"的矛盾做出了贡献。

（二）国内研究现状

我国是世界上最重要的棉花生产国和消费国，而新疆是国内最大的商品棉生产基地。20 世纪 80 年代以来，在优质棉生产基地建设项目和"一黑一白"等政策的扶持下，新疆棉花产业发展迅速。1994 年至今，新疆棉花一直保持明显的优势，棉花总产量、单产、商品调拨量已连续 23 年位居全国首位，目前已形成了"世界棉花形势看中国，中国棉花市场看新疆"的格局。2015 年新疆棉花种植面积为 1 904.30 千公顷，占全国棉花种植面积的 50.15％，棉花总产量为 350.30 万吨，占全国棉花总产量的 62.52％。棉花是新疆国民经济的支柱产业之一，已成为农民收入的重要来源，据统计，农业总产值中的 50％由棉花创造，农户总收入中的 35％来自棉花，棉花主产区则占到 60％～70％，棉花产业对新疆经济发展具有举足轻重的作用。

我国对农户行为的研究虽然很丰富，但研究主体大多是农产品或者粮食，而有关棉花这种大宗农作物生产行为的研究则很少，基于政策背景探讨棉农生产行为的研究更是微乎其微。现有的研究多是从宏观角度出发，缺乏从微观角度对购销政策和棉农行为之间的关系以及深层次影响的研究。并且以往研究多停留在棉花计划体制的背景下，主要是对政府以行政手段干预棉花市场而产生的后果的描述和分析。在市场经济下我国棉花购销体制进行了重大变革，虽然谭砚文和李朝晖（2005）运用制度变迁理论和博弈理论对我国棉花流通体制改革的历程进行了梳理，但是近年来以临时收储政策和目标价格补贴政策为背景的研究还十分有限，棉花购销体制暴露出的问题更应当被广泛关注。购销体制变迁可以影响棉农的生产行为，进而影响棉花的经营绩效。学者对棉花市场竞争力的研究比较丰富，根据学者的研究 2000 年之前中国棉花生产存在明显的成本优势，并具有一定的国际竞争力，之后棉花成本优势开始丧失，国际竞争力也比较微弱，与目前我国棉花的发展情况比较符合，但可以发现研究大多集中在宏观角度，而从制度变迁的视角，用棉农的行为结果量化政策效率来探讨棉农生产行为的研究则处于空白。

本书考虑到当前新疆棉花产业在国际、国内市场的冲击下所面临的严峻形势。以临时收储政策向目标价格补贴政策的转变为背景，首先对不同政策时期的棉农种植行为进行分析，在此基础上，对不同购销体制下棉农的不同种植行为所产生的结果进行对比分析，以此评判政策得失。立足于目前研究的空白，在以往研究文献的基础上，力争对新疆棉花购销体制改革对棉花产业发展带来的影响，尤其是对农户种植行为的影响做出更全面、深入的分析，以期对于引导宏观政策制定、指导棉农规范种植、提高棉花市场竞争力有一定的帮助。研究路线如图 8-1 所示。

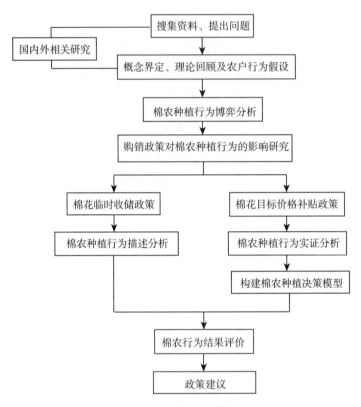

图 8-1　技术路线图

棉花是一种传统的大宗农产品，作为国民经济基础性产业，一直被政府部门视为重要的战略物资，历年来政策调控的力度很大。国家相继出台了一系列政策方针，有力地促进了棉花产业的快速发展，推进了棉花购销体制改革进程，提高了新疆棉花产业发展的整体素质和竞争力。但是近年来，受国际棉花市场的冲击，以及市场价格波动的影响，新疆棉花产业发展面临严峻的挑战，无论是棉花质量，还是价格，新疆棉花已经失去比较优势。引起我国棉花系列问题最根本的原因是棉花购销的经济政策问题，植棉比较效益下降，棉花价格波动幅度大，农户的生产种植行为也在不断发生改变。

棉花生产成本高居不下，植棉比较效益的下降严重影响了棉农的种植积极性。随着我国人口红利逐渐消失，劳动力成本快速增长，化肥、农药、种子等生产资料的价格也不断攀升，导致我国棉花的生产成本居高不下，甚至进口棉花的价格比国内生产成本还低。根据调研数据，2015 年新疆棉花的平均种植成本超过 30 000 元/公顷，最高则达到了 40 470 元/公顷，轧花企业的手采棉成本在 12 755～12 855 元/吨，与同期国际市场的价格 11 000

元/吨相比，我国棉花完全没有竞争力。粮食价格作为百价之基，粮食价格的涨跌直接关系到棉市波动。粮棉比价越来越低，棉花种植优势逐渐丧失。根据政务院规定 1950—1956 年粮棉比价在 6.8～8.5 之间波动，之后粮棉比价曾发生多次变化，但棉花的价格优势显而易见，这在一定程度上促进了棉花的生产。近几年粮棉比价仅维持在 1∶3 左右[①]。另外，粮棉比较效益也发生了重大改变，虽然棉花的总产值仍然是最高的，但亩产值增长率却是最小的。2015 年全国棉花亩产值增长率为－0.14，新疆为－0.20，均低于全国（－0.07）和新疆（－0.12）的粮食综合增长率[②]。棉花作为弱势产业，种植的周期长、用工多、成本高、风险大，植棉比较效益应高于粮食等作物，而现在棉花的比较效益已经成为种植业中最低的。

我国棉花价格波动大，对棉花生产的稳定性造成了威胁。2010 年是我国棉花史上最复杂的一年，棉价从最初的 18 002 元/吨持续上涨到 31 302 元/吨，涨幅高达 74%，紧接着下跌到谷底 19 059 元/吨，下跌幅度达到高点的 39%。为了应对国际金融的冲击，稳定我国棉花市场，保障棉农收益，2011 年我国开始实施棉花临时收储政策，三年间棉花收储总量超过 1 600 万吨，占全国棉花总产量的 80%。同时期，国际市场棉花价格波动幅度近 50%，国内市场棉价波动幅度不足 10%。收储政策对于稳定棉花市场，确保棉农利益发挥了重要作用。但同时也带来了一系列问题，随着国际市场价格持续走低，国内外棉花价格差不断拉大，价差从 2010 年的 1 000 元/吨增加到 2012 年的 5 000 元/吨，到 2013 年接近 6 000 元/吨。国家收储压力急剧增加，市场活力不断减弱，不利于棉花产业的可持续发展。2014 年在新疆启动目标价格补贴试点工作，棉花价格将彻底放开由市场决定，2015 年国内与国际的棉花价差已下降到 2 300 元/吨，市场自由配置资源的作用开始凸显。

棉农的生产种植行为受多方面影响，而棉花购销政策对棉农种植行为所产生的影响最为深远，因为棉花购销政策是引导棉花市场运作，指导棉花价格制定的有力工具，关系着整个经营主体的利益，对棉农的种植行为势必会产生直接或间接的影响。棉农是棉花产业链中最重要的微观主体，是实现新疆棉花产业可持续发展的基石，棉农的生产行为不仅影响着生产要素的配置效率，关系着农业现代化的发展，也是提高棉花市场竞争力的关键因素。因此，在放开市场、放开价格，与国际市场接轨的新形势下，探寻棉花经济增长的源泉，挖掘棉农种植行为与政策的动态联系，研究棉花产业发展的内在规律，显得尤为迫切和重要。

二、目的和意义

(一) 理论意义

棉花作为我国的大宗农产品，是推动我国农业经济增长的主要动力，也是探索农业现代化发展的重要途径。随着市场化改革的不断深入，棉花产业的发展面临更加严峻的挑

---

① 根据《中国农产品价格调查年鉴》中的籽棉价格和粮食价格（小麦）计算得出。
② 根据《全国农产品成本收益资料汇编》中棉花、籼稻、小麦和玉米的亩产值计算得出。

战。而棉花购销政策是我国进行宏观调控的有力措施，不仅影响着我国棉花市场的运行，对农户的种植行为也会产生深远影响。本研究从农户的微观视角出发，通过分析棉花购销政策转变对农户种植行为所产生的影响，以探索能够引导和提升农户标准化、集约化生产种植模式，进而优化农业生产要素配置机制，构建高效的农业发展体系，这是对我国农业现代化经营制度的重要探索。

新疆是我国重要的优质棉生产基地，可是近年来棉花种植面积变化幅度大，种植成本高，棉花质量状况堪忧，国际市场竞争力疲软，棉花产业已经丧失了比较优势，这对我国棉花产业持续健康发展产生了重要影响。在现有农村土地所有制下，农户种植行为变化是导致农业生产结构变化和对市场上农产品的供给产生影响与波动的主导因素。因此，本研究以近年来临时收储政策向目标价格补贴政策转变为背景，将农户作为研究对象，对棉农的种植行为进行系统性探索，分析在购销体制的制度变迁下新疆棉农种植行为的变化过程和因此导致的棉花竞争力的改变，以此评判政策得失，进而为制定出引导和激励农户种植行为的政策提供借鉴，这对促进棉花产业的良性发展具有深刻的意义。

（二）现实意义

首先，确保我国棉纺织业的产业安全，提升我国纺织行业的综合竞争力。棉花是纺织产业的基础原料，棉花的质量和价格不仅决定了纺织行业的发展格局，也是提升纺织业竞争力的根本保障。纺织业在中国既是传统产业，也是优势产业，为国民经济的发展做出了巨大贡献。但是近年来，纺织行业有效需求短缺现象突出，棉花质量差，价格高，造成纺织行业优质棉产品匮乏，生产成本居高不下，削弱了我国纺织行业的竞争力。研究农户的种植行为，剖析棉农生产资源配置的诱因，引导棉农规范种植，提供满足需求的棉花，这不仅能提高我国棉花的国际市场占有率和国际竞争力，对确保我国棉纺织行业，乃至整个服装产业的产业安全具有重要的现实意义。

其次，实现新疆社会稳定和民族长治久安。棉花产业是产业链延伸最长的农产品之一，是我国关系国民生计的重要战略物资。新疆是少数民族的聚居区，地方上的少数民族占 60%，其中大部分以种植棉花为生。研究农户种植行为，可以为有效促进农民收入，保障农民利益提供基础。另外，棉花产业能充分带动就业发展，有效稀释当地的富余劳动力，闲置农民不仅能得到就业保障、增加家庭收入，也能得到自身价值的提升。这在很大程度上可以促进新疆的和谐发展，对我国构建社会主义和谐社会具有深远意义。

再次，率先实现新疆农业现代化，充分发挥新疆现代化农业带头示范作用。新疆是我国最大的棉花生产基地，其棉花产业发展对我国农业发展具有一定指导作用。虽然，新疆农业发展在我国处于领先地位，但相比国外仍存在很大差距，小农经济现象十分突出，规模化、集约化、组织化程度低，棉花作为一种经济作物，要想经受得住国际市场的冲击，必须从根本上改变农户的种植行为，科技创新驱动，培育高竞争力的产品，与国际接轨，这样才能有效实现新疆农业的现代化发展，提升我国棉花产业的综合竞争力。

最后，为我国宏观调控政策提供指导。随着国际棉花市场竞争不断加剧，对国家棉花政策构建也提出了新要求，但我国棉花政策体系仍不健全，宏观调控能力弱，政策决策体系不适应市场经济的快速反应，缺乏前瞻性和科学指导性，不利于新疆棉花产业健康发展。本研究站在微观视角，通过研究购销政策转变背景下的棉农种植行为，可以为我国深化棉花供给侧结构性改革和宏观政策制定提供指导。

第二节　棉花购销政策转变中新疆棉农种植行为博弈分析

制度安排是否有效直接影响着经济发展的水平和进程，而经济的发展又反过来推动制度的变迁。棉花购销体制改革的过程实质上就是一个制度变迁的过程，同时也是一个利益关系的调整过程。因为制度本身就是不同个体、集团之间利益博弈的结果，尤其是在信息不完全的委托代理关系中，不但会出现制度选择的"路径依赖"，还会出现"逆向选择"和"道德风险"问题，从而加剧制度变迁的复杂性和艰巨性，扭曲资源配置，降低政策实施效率。棉花购销政策是国家进行宏观调控的有利手段，地方政府作为国家的附属组织，承担着国家政策落实和指导棉花生产的双重任务。随着市场经济的发展，地方政府开始成为相对独立的行为主体和利益主体，国家、地方政府和棉农在棉花的生产过程中具有不同的效用函数，三方为了各自的发展目标和行为绩效，在政策实施中进行利益博弈。棉农作为棉花生产中的微观主体，随着政策的变化和相关主体的博弈，其生产行为也在不断变化。基于此，本章主要从博弈论的视角，通过棉农、地方政府和国家的博弈机制，对比分析临时收储政策下和目标价格补贴政策下的棉农种植行为变化。

一、非对称信息条件下棉农、地方政府、国家间委托代理关系的经济学解释

从棉花购销体制制度变迁的历程看，旧制度被新制度的替代是多方利益主体的博弈结果。棉花购销政策转变过程中涉及的利益主体主要有国家、地方政府和棉农，这三者间存在双层的委托代理关系（图 8-2），第一层是国家与地方政府间的委托代理关系，第二层是地方政府和棉农之间的委托代理关系。在棉花购销政策的实施过程中三者的目的都是使自身效用达到最大化，但是三者的最终目的和利益归宿点并不相同，即具有不同的效用函数，因此导致三者间存在非合作博弈问题。

图 8-2　双重委托代理关系图

（一）国家与地方政府间的委托代理关系

国家主要通过经济权限分配制度和组织人事制度对地方政府经济行为产生影响，国家制度改革的目标是促进社会和经济的发展。在棉花购销政策安排中国家更注重棉花产业的可持续发展问题，而地方政府的目标一方面是要完成本区的经济与社会管理任务，另一方面还要在政策支持和仕途晋升上获得最大化，即地方政府更关注中短期的经济增长和财政收益，对棉花产业的长期发展缺乏重视，易使棉花产业的管理投入不足，造成产业发展受

限。在市场经济中，中央政府和地方政府的关系可以概括为委托代理关系，地方政府作为代理人实行对本地区经济的宏观管理和调控，同时也作为委托人代表非政府主体争取中央的支持，实现地区福利最大化。当国家和地方政府利益、目标一致，又或者国家的政策即使存在缺陷，但对地方政府的利益有好处时，地方政府会积极支持中央政府的政策；当二者利益不一致时，二者之间就存在博弈的可能，国家采取宏观调控政策，地方政府则会产生寻租行为。

在棉花产业发展中，国家根据其发展目标制定相应的政策，是政策的构建和安排者。地方政府是国家行使职权的代理者，是连接国家和农户的中介组织，其行为目标和行为模式具有明显的经济人色彩，即最大化地追求自身利益，而不顾整体利益。地方政府对既有政策制度作出自己的理性判断和预期，并采用相应的行动策略。博弈的结果产生所谓的政策效应，国家再根据政策效应与既定目标进行比较，以确定是否有必要对政策进行调整。如果地方政府积极落实国家政策，最终将会有效实现政策目标；若地方政府消极应付、曲解政策，为了维护自身利益获取租金，则会使调控政策的效果大打折扣，甚至出现财政赤字。因此，国家需要对地方政府的行为进行辨别，确保政策充分发挥作用。

在现实生活中，由于执行政策的监督成本非常高，作为决策人获得的信息往往是非对称的，或者是不完全、不充分的。这主要体现为：一是决策人对现实中存在着的事实缺乏了解；二是行为人利用信息不对称故意隐瞒事实真相，掩盖真实信息，甚至提供虚假信息。而且在现实社会中决策人还面临着多种信息约束：①成本约束，信息具有经济成本，过度地搜寻信息会使信息成本增加，可能会得不偿失；②时滞约束，信息可能存在滞后效应；③有限理性，人的认知能力会使接收到的信息受限。

（二）地方政府与棉农之间的委托代理关系

在委托代理关系中，地方政府的市场力量、讨价还价能力较强，能够通过影响棉花的收购价格获利。其绝对性的行政力量，使棉花在收购过程中出现寻租、压级压价、乱扣水杂等行为，棉花的定价机制缺乏弹性，最终损害了棉农的利益。棉农作为棉花购销体制改革中的微观参与主体，是国家与地方实现政策目标的关键，农户是理性经济人，小农思想根深蒂固，大局观念意识薄弱，缺乏对上层组织政策目标的考虑，易产生利己行为。农户作为代理人知道自己生产产品的类型，即知道自己的棉花种植行为和质量状况，但地方政府作为委托人并不了解棉花生产的真实情况。由于棉农与地方政府的目标函数不同，再加上信息不对称，棉农作为信息优势方的行为人可能会故意隐瞒信息，做出不负责任或不诚实的利己行为，偏离委托人的目标函数，以求在交易中获得最大收益。地方政府作为信息劣势方，难以观察到这种偏离，且不能进行有效的监管和约束，以致地方政府在与农户的博弈中丧失了"信号传递"和"信号甄别"功能，在双方博弈中不可避免地会遭受损失。

要避免由于非对称信息所产生的"逆向选择"和"道德风险"问题，关键是要设计一套最优合同、契约或机制，信息经济学认为：有私人信息的人应该享有一定的信息租金，不然他们会产生逆向选择行为，使整个社会或集体遭受损失。如果将委托人与代理人的利益进行有效捆绑，以此激励代理人做出最有利于委托人的行为，那么委托人的利益最大化就能通过代理人的效用最大化行为来实现，这就是激励相容约束。信息经济学的一个基本结论是：任何一种制度安排或政策，只有满足个人的"激励相容约束"才是可行的。

（三）基于博弈论视角的棉农、地方政府和国家行为机制分析

从博弈论的角度看，制度就是博弈规则。每一项棉花政策的实施实际上都是一种制度安排，在特定的制度安排下，博弈双方具有各自的目标和相应的支付函数，制度安排的不同也使得博弈双方的策略选择空间不同，进而会产生不同的均衡结果。假设博弈中，理性的参与者在进行策略选择时遵循自身利益最大化原则，即始终选择最优的策略获得最高的收益水平。在制度给定时，人们按上述原则进行策略选择，这样制度安排将最终决定博弈双方的行动选择和收益结构。因此，制度安排能够对参与博弈的当事人形成约束或激励，从而影响当事人的行动选择。

1. 国家与地方政府间的博弈机制分析　由于宏观经济运行中的矛盾越来越复杂，导致宏观调控面临诸多复杂的利益关系，集中表现在国家与地方政府间的利益博弈。随着市场经济的发展，中央与地方分权加剧，分利化改革使地方政府逐渐获得了较大的资源配置权利，开始成为相对独立的利益主体和行为主体，致使地方政府与中央的博弈能力增强。地方政府充分利用国家的授权进行寻租，一方面与国家讨价还价，促使其做出对本地区有利的制度安排；另一方面在满足自身利益最大化的限度内，理解和贯彻上级的政策要求。

（1）模型建立的假设条件。

参与者：在模型中将国家作为委托一方的主体；将地方政府作为代理一方的主体。并假定双方主体都是理性的经济人。

行动：受政绩考核的影响，地方政府一般重视短期内的经济增长和财政状况，使棉花产业可持续发展战略得不到贯彻。但是当棉花产业发展不利时，会遭受政府的批评指责和农户的埋怨，短期内对地方的发展和政绩考核产生负面影响；可是如果依据政策要求实现棉花产业的健康发展，势必会加大资金和物力投入，例如整合农地资源，进行土地流转，调整种植结构，实行规范化、集约化种植，其执行成本的大幅度增加会削弱政府的执行意愿，并且短期内并不会带来收益的增加和绩效的提高。棉花产业发展只是地方多重产业发展中的一个，且由于农业的弱质性、低效益性等特点，一旦棉花发展目标与其他目标发生冲突，地方政府必然在多重目标之间进行排序、协调，选择一个在短期内利益最大化的目标。如果国家加强对棉花产业的管制力度及对地方政府政策执行力度的监督，地方政府也会相应的加大棉花产业的重视力度。所以，在模型的策略选择上，政府可以采取的行动方案是监督和不监督，而地方政府可以采取的行动策略方案是积极执行和消极执行。

（2）国家与地方政府间的博弈行为。

①博弈模型的表达。国家出台政策的目的主要是为了国家棉花产业发展，确保棉花价格稳定，保障棉农及棉企利益，提高棉花国际竞争力等，国家考虑的是全国棉花总体情况及棉农的整体利益。地方政府作为中央政府的代理人，对本地的棉花市场具有垄断性，处在拥有市场信息的优势地位，充分了解当地的棉花产业发展情况。为了谋求政策的支持或获取相应的政绩，地方政府可能会向国家隐瞒当地棉花产业发展的实际情况，如虚报棉花

种植面积、棉花产量、棉花质量状况，不贯彻落实棉花质量检验标准等行为，致使国家对棉花产业的发展做出错误判断，国家利益受到侵占，阻碍了棉花产业的良性发展。假设国家建立了一定的监督机制，对地方政府的政策执行情况进行监督，并对寻租行为进行处罚。如果地方政府积极执行政策，则可以获得正常收益 B_1；如果地方政府消极执行政策，则获得的收益为 B_2，若地方政府的懈怠行为被发现，将勒令其改变消极态度，国家的收益恢复为不存在政策无效率时的水平 S_1，地方政府的收益恢复为 B_1，并对地方政府处以罚金 T，国家的监督成本为 M；若政府不实施监督，财政收入会遭受损失，此时的收益为 S_2。为了追求自身利益最大化，地方政府的策略空间是 {消极执行，积极执行}，假设地方政府消极执行政策的概率为 P，则积极执行的概率为 $(1-P)$。国家的策略空间是 {监督，不监督}，假设国家监督的概率为 Q，则不监督的概率为 $(1-Q)$。

表 8-1 给出了模型的战略表达式。

表 8-1　地方政府与国家博弈的支付矩阵

		国家	
		监督	不监督
地方政府	消极执行	$(B_1-T,\ S_1-M)$	$(B_2,\ S_2)$
	积极执行	$(B_1,\ S_1-M)$	$(B_1,\ S_1)$

②模型的博弈过程。地方政府的期望收益为：

$$E_g = PQ(B_1-T) + P(1-Q)B_2 + (1-P)QB_1 + (1-P)(1-Q)B_1 \tag{8-1}$$

国家的期望收益为：

$$E_G = PQ(S_1-M) + P(1-Q)S_2 + (1-P)Q(S_1-M) + (1-P)(1-Q)S_1 \tag{8-2}$$

对两函数的两边进行微分：

$$E_g(P) = Q(B_1-T) + (1-Q)B_2 - QB_1 - (1-Q)B_1 = 0 \tag{8-3}$$

$$E_G(Q) = P(S_1-M) - PS_2 + (1-P)(S_1-M) - (1-P)S_1 = 0 \tag{8-4}$$

解得

$$Q^* = \frac{B_2-B_1}{B_2-B_1+T} = 1 - \frac{T}{\Delta B+T} \tag{8-5}$$

$$P^* = \frac{M}{S_1-S_2} = \frac{M}{\Delta S} \tag{8-6}$$

由此可得，国家实施监督的最优概率：

$$Q^* = \frac{B_2-B_1}{B_2-B_1+T} = 1 - \frac{T}{\Delta B+T} \tag{8-7}$$

地方政府消极执政的最优概率：

$$P^* = \frac{M}{S_1 - S_2} = \frac{M}{\Delta S} \tag{8-8}$$

③博弈结果分析。Q^* 是 T 的减函数，T 越大，意味着惩罚越严厉，地方政府发生寻租行为、消极执政的代价越大，消极执政的概率就越小，监督者需要付出的最优监督努力越小；Q^* 是 ΔB 的增函数，当地方政府寻租获利越大时，其消极执政发生的概率越大，国家付出的监督努力越多。因为，地方政府拥有私人信息的优势地位并不会改变，机会主义行为也不会消失，如果没有制度约束，地方政府会竭尽所能地掠夺生产剩余和消费剩余，寻租动机的增强会使地方政府不执行国家政策成为可能。

P^* 是 M 的增函数，这是因为监督成本越高，监督越困难，地方政府消极执政的概率就越大；P^* 是 ΔS 的减函数，说明地方政府消极执政对国家造成的损害越大，就越会引起国家的关注和监督，地方政府由于不愿意受到惩罚，寻租的可能性减小。如果国家能够改进监督的方式和手段，降低监督的成本，就可以在一定程度上降低地方政府消极执政的可能性。因此，为了消除地方政府谋求自身利益、寻求租金的动机，对于国家来说降低监督成本和加大处罚力度是十分必要的。

2. 棉农与地方政府间的博弈机制分析

（1）模型建立的假设条件。

参与者：在模型中将地方政府作为委托一方的主体，将棉农作为代理一方的主体，并假定双方主体都是理性的经济人。

行动：地方政府作为国家政策的代理执行人是棉农的委托人，在棉花产业发展过程中虽然具有双重委托代理身份，但地方政府的政策决策仍以自身利益最大化为目标，当地方政府的利益与国家利益一致时，或者国家加强对地方的行政命令，地方政府会积极响应政策号召，加大对棉花生产的管理力度；否则，地方政府根据自身目标函数调整对棉农的管理措施。在模型的策略选择上，地方政府可以采取的行动方案是监督和不监督，而棉农可以采取的行动策略方案是违规和合规。

（2）棉农与地方政府间的博弈行为。

①博弈模型的表达。棉农作为棉花的生产者，很有可能利用自己掌握棉花资源的优势，在棉花的种植过程及向地方政府交售棉花时发生违规行为。假设地方政府建立了一定的监督机制，对棉农的种植及交售行为进行监督，并对违规行为进行处罚。如果棉农交售合规的棉花，则可以获得正常收益 R_1；如果棉农出现败德行为，则获得的收益为 R_2，若棉农的侵害行为被发现，将勒令其停止侵害，地方政府的收益恢复为不存在侵害行为时的水平 W_1，棉农的收益恢复为 R_1，并对棉农处以罚金 F。为了追求自身利益最大化，棉农的策略空间是 $\{$违规，合规$\}$，假设棉农违规的概率为 P，则不违规的概率为（$1-P$）。地方政府的策略空间是 $\{$监督，不监督$\}$，假设地方政府监督的概率为 Q，则不监督的概率为（$1-Q$）。

表 8-2 给出了模型的战略表达式。

表 8 - 2　棉农与地方政府博弈的支付矩阵

		地方政府	
		监督	不监督
棉农	违规	$(R_1-F,\ W_1-C)$	$(R_2,\ W_2)$
	合规	$(R_1,\ W_1-C)$	$(R_1,\ W_1)$

表中，R_1——表示在不存在棉农违规行为的情况下棉农的收益；

　　　W_1——表示在不存在棉农违规行为的情况下地方政府的收益；

　　　R_2——表示在存在棉农违规行为的情况下棉农的收益；

　　　W_2——表示在存在棉农违规行为的情况下地方政府的收益；

　　　C——表示地方政府监督的成本；

　　　F——表示对棉农进行处罚的罚金。

②模型的博弈过程。棉农的期望收益为：

$$E_c = PQ(R_1-F) + P(1-Q)R_2 + (1-P)QR_1 + (1-P)(1-Q)R_1$$

$$(8-9)$$

地方政府的期望收益为：

$$E_g = PQ(W_1-C) + P(1-Q)W_2 + (1-P)Q(W_1-C) + (1-P)(1-Q)W_1$$

$$(8-10)$$

对函数的两边进行微分：

$$E_c(P) = Q(R_1-F) + (1-Q)R_2 - QR_1 - (1-Q)R_1 = 0 \quad (8-11)$$

$$E_g(Q) = P(W_1-C) - PW_2 + (1-P)(W_1-C) - (1-P)W_1 = 0$$

$$(8-12)$$

解得

$$Q^* = \frac{R_2-R_1}{R_2-R_1+F} = 1 - \frac{F}{\Delta R+F} \qquad (8-13)$$

$$P^* = \frac{C}{W_1-W_2} = \frac{C}{\Delta W} \qquad (8-14)$$

由此可得，地方政府实施监督的最优概率：

$$Q^* = \frac{R_2-R_1}{R_2-R_1+F} = 1 - \frac{F}{\Delta R+F} \qquad (8-15)$$

棉农违规行为的最优概率：

$$P^* = \frac{C}{W_1-W_2} = \frac{C}{\Delta W} \qquad (8-16)$$

③结果分析。棉农与地方政府博弈的均衡概率取决于棉农败德行为被发现时的处罚损失 F 和未被发现时从违规行为中的获利 ΔR，以及地方政府的监管成本 C 和由于棉农违规造成的损失 ΔE。地方政府的监督管理效果与其监管成本相关，即监管成本越高，监督越困难，这会在一定程度上提高棉农败德行为的概率，反之则会降低棉农败德行为的均衡概

率。如果地方政府能改进监督方式，有效降低监督成本，就能提高监督效率，降低棉农违规的可能性；如果棉农违规会面临更高的经济处罚，那么棉农产生败德行为的可能性必然下降。

二、购销政策转变中棉农种植行为变化分析

根据舒尔茨的传统理论，农民是"贫穷而有效率"的，即虽然农民的生产效率比较高，但短视行为比较严重，农民是绝对的利己主义，没有责任意识和长远意识，而且在现行制度背景下农民所做的博弈都是零和博弈，也可以说是一次性的非合作博弈。

1. 临时收储政策下的棉农博弈行为分析　临时收储政策的实施使棉花产业回到计划经济阶段，棉花进行统购统销，计划定价使棉花品级差价的激励作用减小。农户生产棉花并把棉花交售给地方政府，临时收储价格远高于国际市场价格，且托底收购棉花导致市场机制失灵。为了追求自身利益的最大化，棉农在棉花种植和交售中出现败德行为，比如棉花的掺水掺杂现象，最突出的是为了获利，棉农片面追求高产和眼前利益，而忽视棉花的内在品质，并盲目地扩张棉花种植面积，通过地膜、灌溉、施肥等手段获得棉花产量极大化，追寻短期收益最大化，不仅造成棉花质量急剧下降，同时也对土地的可持续利用产生不利影响。由于市场价格一定，国家的监管力度和处罚力度不到位，地方政府在棉花购销政策实施期间，也在不断发生寻租行为，获得棉花的高产并从中攫取利益，这也导致地方政府对棉农生产种植行为缺乏指导和监督，致使棉农发生败德行为的概率增大，使新疆棉花竞争力下降，并对我国的财政投入也造成了巨大损失。

2. 目标价格补贴政策下的棉农博弈行为分析　临时收储时期国家承担了巨大的政策成本，虽然起到了稳定棉花市场、维护棉农利益的作用，但是也导致棉花出现增产不增收现象，纺织行业及棉商的发展举步维艰。国家为了完善棉花价格形成机制，保障棉农收益，促进棉花产业的可持续发展，于2014年以新疆为试点开始进行棉花目标价格改革。目标价格补贴政策的实施使棉花产业回归市场，在市场竞争环境下，棉农进行棉花生产可以实现优质优价。目标价格补贴政策的实施一方面是为了降低国内外棉花价差，另一方面是为了改善棉花质量，提质增效，促进棉花竞争力的提高。国家把对棉花产业发展的重视提到了一定高度，地方政府也在积极响应政策和市场变化，通过种植结构调整、先进示范技术的应用等手段不断探索棉花质量提高的新途径。并通过优质优价机制向棉农施压，同时加大了棉花产业发展中的投入，棉农如果生产不合格的棉花将面临滞销的现象，这在一定程度上有效规范了棉农的种植行为。为了降低种植成本，改善棉花质量，提高植棉效益，农户也在对棉花的生产方式进行积极的探索。在市场经济体制下，农民更加注重棉花品质，相比于临时收储时期，棉花质量水平明显上升。棉农也更愿意按照农业现代化的要求进行种植，棉花生产机械化程度不断加深，棉农败德行为发生的概率明显减小。

综上所述，临时收储政策使得棉农过分追求衣分率和产量，忽略了其他棉花质量指标，总体上导致棉花综合质量下降（王力等，2012）。由于棉花质量参差不齐，棉花供给

性缺口增大，使纺织企业用棉困难（杜珉，2015），最终造成由棉花种植成本、质量、价格引发的棉花产业发展困境（张杰等，2014）。政府制定政策的初衷总是好的，但在执行的过程中总会产生或多或少的负面效果。通过国家棉花储备的吞吐进行市场调控，虽然是很多市场经济发达国家常使用的政策，但调控应当是对市场的辅助而不是对市场的替代。三年收储的棉花约占全国棉花总产量的80%，使政府彻底成为了市场的主导者，其他市场主体被排除在外，这在很大程度上造成了市场公平竞争机制的缺失，市场自身的调节功能无法发挥。首先导致市场上棉花供不应求，供给性缺口严重，棉花价格居高不下，国内外价差不断扩大。其次，政策对市场进行强烈介入，垄断式的棉花收储政策导致市场失灵、市场价格信号被扭曲，误导资源配置。一方面，政策维持的市场高价会引导地方政府及棉农进一步增加棉花生产，使市场价格下跌压力增加；另一方面，托市政策强度大，增加了地方政府及棉农的投机行为和败德行为，造成棉花质量普遍下降。目标价格补贴政策的实施使棉花彻底进入市场，棉花质量问题开始浮出水面，并受到了社会的广泛关注。在市场化配置的作用下，地方政府和棉农对政策及市场信号做出了积极反应，均开始注重棉花质量问题，地方政府积极宣传政策，加大新技术的研究与推广力度，引导棉农与市场接轨；在地方政府的有效管理下棉农开始通过选择优良品种，改变栽培模式和种植方式，探索将常规棉的一膜六行改为一膜三行，合理进行化控化调，以及采用更先进的采棉机械，由最初的堆放式采棉到现在的一体式打膜机，做到了棉花采收全程不落地，为棉花的质量问题提供了保障。通过国家、地方政府和棉农对棉花优质高产新途径的不断探索，目前新疆棉花种植取得了显著成效，棉花市场竞争力明显提升。

从国家、地方政府、棉农之间的博弈机制分析中，可以发现，如果国家加强对地方政府的监管力度，能有利于促进地方政府政策实施效果的提升；且地方政府在国家的高压下会更注重棉花产业的发展，地方政府的积极行为可以有效引导棉农的种植行为，从源头上改善棉花质量，提高棉花竞争力。在这个过程中国家及政府要不断探索降低监督成本和加大处罚力度的措施。

第三节　不同购销体制对新疆棉农种植行为的影响分析

棉花临时收储政策是在国际金融危机背景下出台的，从稳定棉价、保护农民的角度来看是成功的政策，但也持续遭遇棉花品质下降、市场活力降低、国内外棉价差增大、棉纺业亏损面不断扩大的尴尬局面。为了破解棉花产业发展困局，我国实施棉花目标价格补贴政策，希望以此促使长期低迷的棉花产业实现新的转型升级，通过提高棉花质量，降低生产成本，缩减国内外棉花价差，来提高国内纺织企业的综合竞争力。可见，目标价格补贴政策的实施使棉花产业由计划经济彻底进入了市场经济，在市场自由配置资源的环境下，棉农若想继续种植棉花，提升自身质量才是适应新市场、新环境的根本出路。

本节主要基于棉花购销政策转变的背景，分别对临时收储时期和目标价格补贴时期的棉农种植行为进行分析。临时收储时期主要进行描述性分析，其中部分数据来自棉花经济研究中心 2012 年针对地方农户的调研所得；目标价格补贴时期的棉农种植行为主要通过问卷调查，构建模型的方式验证棉农的行为是否发生了改变。

一、临时收储政策对棉农种植行为的影响

（一）临时收储政策的实施及效果

由于 2010 年棉花市场价格出现"过山车"式的大幅度波动，使棉农、纺织企业等各棉花经营主体均受到不同程度的影响。为稳定棉花生产和市场供应，保护棉农、纺织企业市场预期及利益，国家发展改革委、财政部、农业部、工业和信息化部、铁道部、国家质检总局、供销合作总社、中国农业发展银行等八部门联合发布 2011 年度棉花临时收储预案。根据棉花临时收储政策要求，国家需在棉花播种前制定皮棉临时收储价格，新棉进入市场后，如果市场价格低于临时收储价格，国家将实行棉花临时收储制度，敞开收储。收储价格为标准级皮棉到库价格 19 800 元/吨，且皮棉的等级收储价格按照 3% 的品级差率和 1% 的长度差率计算。其中，棉花品级要求 1～4 级，长度要求 27 毫米以上（含 27 毫米），马克隆值要求为 A 级、B 级和 C 级 C2 档，其他质量要求按照国家有关标准执行。临时收储预案的发布，给棉农吃了颗"定心丸"，有利于保护棉农种植积极性，稳定棉花产业。三年临时收储制度使棉花又回归到了"统购统销"阶段。

2011—2013 年国家共收储棉花超过 1 600 万吨，约占全国棉花库存的 80%，占用国家财政资金 2 000 多亿元。截至 2013 年年底国储库存仍有 1 100 多万吨储备棉，三年共抛储棉花 420.96 万吨，占计划抛储棉（1 608.62 万吨）的 26.17%。可见，临时收储政策实施以来，棉花市场持续低迷，中国储备棉（中储棉）在交易市场的抛储成交率很低，其原因一方面在于我国棉花价格已远高于国际市场价格，中储棉公司 2012—2013 年公布的 18 500 元/吨和 19 000 元/吨，虽然已经低于当年 19 800 元/吨和 20 400 元/吨的收储价格，但每吨仍比国际市场价格高 6 000～6 600 元；另一方面在于棉花质量出现问题，储备棉出库质量不好，深受纺织企业诟病，难以满足纺织企业的要求。此外，国家每年要支付约 300 亿元的棉花收储成本，财政负担沉重。据统计资料显示，2011—2013 年全国籽棉收购平均价为 8.44 元/千克，较收储前的 2008—2010 年度增长近 20%，国内棉价（标准级）基本稳定在 19 000 元/吨以上[①]，这对于稳定棉花市场，保障棉农收益发挥了积极的作用，但同时收储政策也产生了重大的负面影响，造成价格信号失灵，市场缺乏活力，内外价差扩大，财政负担加重，棉花品质持续下降，棉纺业亏损面不断扩大等问题。

（二）非对称信息下的棉农生产决策行为

2011—2013 年，随着新疆棉区的不断发展，新疆植棉的比较优势地位凸显，我国"三足鼎立"的棉花区域种植局面被打破，劳动力成本及物化成本越来越高，内地植棉面

---

① 数据来自中国棉花网。

积加剧萎缩，棉花植棉效益快速下降。为了稳定棉花市场的供求关系，保障棉农生产利益，2011 年国家开始了为期 3 年的大规模临时收储。一方面，国家以 20 400 元/吨的价格收购棉花，又以 19 500 元/吨左右的价格抛储，临时收储政策使国内外棉花价差越来越大，纺企用棉成本高居不下，影响了我国的纺织服装业发展；另一方面，国家进行统购统销，使棉花重新进入计划体制，棉农无须考虑棉花销售等问题，为了追求高产量高效益，棉花质量问题被完全忽视，棉花多项质量检验指标值均出现大幅度下降，棉花纤维平均长度值降为 28.13 毫米，长度 30 毫米以上的棉花仅占 2.99%，影响了棉花产业的可持续发展。

棉农生产行为指棉农在棉花生产中进行的各种选择决策。棉农生产行为通过行为体系对棉花产业造成重大影响，不同行为体系的选择会导致不同的结果。农户是理性经济人，在临时收储背景下，棉农作为信息优势方通过不同的行为安排实现家庭效用最大化。

1. 棉农的种植情况 由于临时收储政策的保障，棉农仍旧能获得一定的植棉效益，88%的受访棉农棉花种植面积保持不变或呈增加趋势，棉农植棉积极性比较高，其中83%的棉农认为增加棉花种植面积的主要原因是棉花价格好。农户主要依靠传统的生产经营方式，以"矮、密、早"一膜六行的栽培模式为主，棉花行株距基本维持在19 000 株/亩以上。棉农单纯以追求产量为目的，棉花种植得越密集，相应的产量会越高，但是质量和产量成反比，高产量下的棉花质量不会达到最优。而且高密度种植，棉花不利于通风，营养吸收受到限制，如果进行机采，喷洒脱叶剂的效果比较差，影响棉花质量。

2. 棉农生产资料投入行为 棉农在棉花生产过程中的物质投入主要有化肥、农药、地膜等。棉农种植棉的目的是获得高收益，投入成本越低棉农的收益越高。肥料投入中有机肥投入较少，45%的棉农表示没有农家肥来源，38.5%的棉农则提出农家肥比较贵且见效慢，农户多采用掠夺式的生产，通过过度投入化肥追求产量的最大化，棉农亩均化肥用量分布在 20~100 千克之间，亩均使用量达到 54.44 千克。农药中除了应对病虫草害，最重要的就是机采棉脱叶剂的喷打，由于对含杂率要求低，农户所打的脱叶剂的效果往往不好，棉花含杂率很高。64%~70%棉农的化肥、农药等生产资料的投入都是依据个人经验实施，缺乏科学性、合理性。由于地膜的厚度越薄成本越低，棉农多采用 0.08 毫米的地膜，地膜较薄不易清理，再加上棉农对地膜只进行部分捡拾，清除不彻底，不仅对土地造成影响，在棉花采收过程中也会掺杂进去，严重影响棉花质量。

3. 棉农的品种选择 根据调研数据，棉农在品种选择中虽然把品种的抗病虫性排在第一位，但占比只有 48%，而品种的高产性虽然排在第二位，占比却达到 67%。有 71%的棉农在选择品种时主要是看别人的种植效果或经熟人介绍，如果效益好也会选择同样的品种。57%的受访棉农所选择的品种不是新品种，69%的棉农使用 2~3 种类型的品种，62.5%的棉农认为良种补贴对他们的品种选择不会产生影响或者产生的影响很小（表8-3）。

表 8 - 3　棉农品种选择情况

项目	选项	占比（％）
是否为新品种	是	43.00
	否	57.00
良种补贴对品种选择是否有影响	是	37.50
	否	62.50

临时收储政策的实施，使棉农在品种选择上更加重视高产量和高衣分率。为了提高棉花质量，国家进行了棉花良种补贴，但是补贴品种的产量一般低于不补贴的品种，而且补贴金额有限。自 2007 年以来，棉花良种补贴一直维持在 225 元/公顷，而棉花生产成本却高达 40 470 元/公顷，良种补贴不足总成本的 0.56％，难以对棉农的品种选择产生引导作用。在临时收储时期推行行政定价，使得市场中寻租败德行为得以施展，由于信息不对称以及市场监管机制难以发挥，棉农为了提高产量以及降低风险，一方面会使用非补贴品种，另一方面增加同一地块的品种使用数量分散风险，这不仅加剧了市场上品种多乱杂的问题，更对品种的一致性、质量等问题造成了影响。

4. 采收和交售行为　2011 年国家开始试点颜色级指标检验标准，由原先品级等同于质量和价格体系到颜色级检验过渡。临时收储政策的实施又形成了一套中储棉的收购指标。由于市场竞价体系尚未形成，在新国标取代旧国标的过程中，传统棉花收购品级调节行为导致人为抬高或压低棉花品级（卢峰，2000），为满足临时收储条件下的收购标准，存在过度加工导致棉花内在质量下降问题。以颜色级为中心的加工标准代替了采摘分类管理，使棉农在种植环节对质量的关注度进一步下降，通过降低质量、追求产量以增加收益的行为得到激励。如棉农对于棉花异性纤维的重视力度不够，采用塑料袋采摘，几乎没有使用棉布袋子，也没有佩戴相应的白帽子。在机采中过度追求采净率，导致棉花含杂率过高。在棉花交售时为了增加重量，存在往棉花里掺水加石块等掺杂行为，再次影响了棉花的质量水平。虽然棉农的一些败德行为长期以来一直存在，但事实证明临时收储政策无疑加剧了棉农的寻租、利己行为，对棉花的综合品质产生了不利影响。

二、目标价格补贴政策对棉农种植行为的影响

目标价格补贴政策实施的一个重要目的是使棉花提质增效，因此，本节研究棉农的种植行为主要体现在棉农围绕棉花质量提升所做出的改变。文章根据调研选择对质量提升至关重要的两个指标，分别是棉农的栽培模式选择和良种选择。通过建立 Logit 模型，分别探索目标价格改革对棉农栽培模式选择和良种选择行为的影响情况。

（一）基于目标价格补贴政策的新疆棉农栽培模式选择行为

1. 数据来源与样本描述

（1）数据来源。本文所用数据是针对新疆 4 个地州的 7 个县的调研所得，选取这些地区主要基于以下几个原因：首先，所选取的调研单位均是棉花种植规模较大的生产单位，

比较具有代表性；其次，由于南北疆民族结构不同，种植行为也会有所差异，因此，南疆地区与北疆地区均有所涉及，尽量降低差异。在上述 7 个县共调查了 300 户。调查方法采取座谈法、访谈法和随机抽样法，先在部分地区的政府主管部门开展座谈会，了解当地棉花生产的总体情况，然后在每个村随机抽取棉农进行访谈和问卷填写，调查方式为一对一式调查。最后获得有效样本数 225 份，被调查棉农地域分布如表 8-4 所示。

表 8-4　样本分布

地区	样本分布	户数（户）
阿克苏地区	沙雅县、新和县、柯坪县	116
巴音郭楞蒙古自治州	尉犁县	19
塔城地区	玛纳斯县、沙湾县	70
喀什地区	巴楚县	20
合计		225

（2）样本的统计描述。

①农户的基本特征（表 8-5，图 8-3）。第一，被调查农户种植面积为 25 亩及以下、25～50 亩、50～100 亩、100 亩以上的比例分别为 64.44%、13.33%、20.22% 和 12.00%，由图 8-3 可以明显发现，农户以小规模生产为主，棉农种植面积主要集中在 25 亩以下，种植规模小，区域分散化程度严重，这是导致新疆棉花生产难以推进机械化，以及难以实现现代化种植的重要原因。第二，被调查农户年龄在 45～59 岁的户主所占比例达到 44.89%，说明棉花种植的劳动力主要以中老年为主。第三，被调查农户中少数民族居多，占比 63.56%。第四，农户户主受教育程度为小学及以下的在被调查农户中所占比例为 42.22%，中学所占比例为 50.67%，棉农受教育程度普遍偏低。第五，在被调查农户中家庭主要收入来源为农业的农户所占比例为 65.78%，说明大部分农民仍然以农业为主。综合来看，被调查棉农的种植规模具有一定代表性，能反映目前新疆的棉花种植状况，即仍以小规模种植为主，大中型农户种植为辅。

表 8-5　被调查农户的基本特征

项目	选项	户数（户）	占总户数的比例（%）
种植面积	植棉面积≤25 亩	145	64.44
	25＜植棉面积≤50 亩	30	13.33
	50＜植棉面积≤100 亩	23	20.22
	100 亩＜植棉面积	27	12.00
户主年龄	30 岁及以下	18	8.00
	31～44 岁	67	29.78
	45～59 岁	101	44.89
	60 岁及以上	39	17.33

（续）

项目	选项	户数（户）	占总户数的比例（%）
少数民族	是	143	63.56
	否	82	36.44
受教育程度	小学及以下	95	42.22
	中学	114	50.67
	大专及以上	16	7.11
家庭主要收入来源	农业	148	65.78
	农业兼业	77	34.22

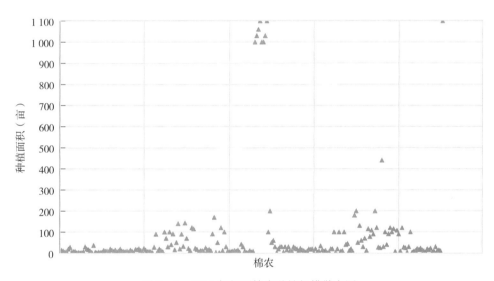

图8-3　2015年新疆棉农种植规模散点图

②棉农栽培模式选择。新疆棉花的栽培模式是以高密度高产栽培技术为核心的"矮、密、早"技术路线的延伸，即在常规密度基础上，通过缩小行株距、适当增加亩株数、充分发挥群体生产力夺取高产的一项技术，也是实现农民增收、农业增效的重大技术措施。但是，高密度高产栽培技术也存在出苗不均、打药不匀、通风性差等问题，对棉花品质造成了一定的影响。目标价格补贴政策的实施，使各主体都认识到棉花质量的重要性，新的栽培模式不断涌现。其中宽窄行稀植（一膜三行、等行距）模式受到积极推广，宽窄行稀植由于棉花密度降低，不仅可以减少水肥、种子、农药等生产资料的投入，降低成本，而且有利于采收，能有效提高棉花质量。因此，将"宽窄行稀植"和"高产矮密植"作为棉农栽培模式的选择方案，当棉农选择"宽窄行稀植"时，设为1；当棉农选择"高产矮密植"时，设为0（表8-6）。

表 8-6　被调查农户的棉花栽培模式选择意愿

栽培模式	户数（户）	占比（%）
1＝宽窄行稀植	128	56.89
0＝高产矮密植	97	43.11
合计	225	100

调查发现，愿意选择"宽窄行稀植"的棉农有 128 户，占比为 56.89%，而选择传统的"高产矮密植"的农户有 97 户，占比 43.11%。

2. 模型构建与变量说明

（1）模型的构建。如上所述，农户栽培模式只有两种选择，即要么选择"宽窄行稀植"的模式，要么选择"高产矮密植"的模式，因此，本研究采用二元选择模型中的线性 Logit 模型来分析目标价格补贴政策下棉农栽培模式的选择。

Logistic 回归模型属于离散选择模型，运用于二分类因变量的回归分析，是非线性模型。设因变量为 y，取值为 1 时表示事件发生，取值为 0 时表示事件未发生。影响 y 的 n 个自变量分别记为 x_1；x_2；…；x_n。

根据事件发生的条件概率，可得到如下 Logistic 回归模型：

$$P_i = F(Z_i) = \frac{1}{1 + e^{-Z_i}} = \frac{e^{Z_i}}{1 + e^{Z_i}} \tag{8-17}$$

式中，F 为逻辑分布函数，其中 $Z_i = \alpha + \sum_{i=1}^{n} \beta_i x_i$；$P_i$ 代表第 i 个棉农选择"宽窄行稀植"模式的概率，x_i 是影响棉农选择的第 i 个因素，β_i 为待估参数。

事件发生与不发生的概率之比 $P_i/(1-P_i)$ 被称为事件的发生比，对事件发生比做对数变换，即由式（8-17）整理可得 Logit 回归模型的线性模式：

$$\text{Logit}(P) = \text{Ln}\left(\frac{P_i}{1-P_i}\right) = \alpha + \sum_{i=1}^{n} \beta_i x_i + \varepsilon \tag{8-18}$$

因此，可以建立影响棉农种植决策的模型：

$$y = \alpha + \beta_1 x_1 + \beta_2 x_2 + \cdots + \beta_{12} x_{12} + \varepsilon \tag{8-19}$$

（2）变量说明。棉农栽培模式的选择受很多因素影响，包括自身因素、生产技术水平以及外部环境等多种因素。文章选取个体特征指标（民族、受教育程度）2 个，家庭生产特征指标（棉花种植面积、单产、单价、亩均成本）4 个，认知能力指标（对棉价变动的预期、对成本变动的预期、对质量的重视程度、参加培训、是否增加收益及对棉花政策是否了解）6 个，共 12 个指标综合分析棉农栽培模式选择行为，其中对棉花政策是否了解作为文章研究的关键指标，用来衡量目标价格补贴政策对棉农种植行为的影响。模型中各个变量的定义、赋值及均值见表 8-7。

表 8-7 变量赋值及说明

	变量名称	测量及赋值	均值	预期方向
被解释变量	栽培模式选择（y）	0＝高产矮密植，1＝宽窄行稀植	0.57	
解释变量	是否少数民族（x_1）	0＝否，1＝是	0.64	－
	受教育程度（x_2）	1＝小学及以下，2＝中学，3＝大专及以上	1.65	＋
	棉花种植面积（x_3）	2015 年的棉花实际种植面积（亩）	71.24	？
	棉花单产（x_4）	棉花亩均产量（千克/亩）	284.52	－
	棉花单价（x_5）	棉花每千克销售价格（元/千克）	5.57	？
	亩均成本（x_6）	棉花每亩总成本（元/亩）	1 630.21	＋
	对棉价变动的预期（x_7）	1＝上涨，2＝不变，3＝下跌	2.04	－
	对成本变动的预期（x_8）	1＝上涨，2＝不变，3＝下跌	2.20	＋
	对质量的重视程度（x_9）	1＝不重视，2＝比较重视，3＝非常重视	2.54	＋
	参加培训次数（x_{10}）	参加有关棉花生产培训的次数（次）	2.51	＋
	是否增加收益（x_{11}）	0＝不增加，1＝增加	0.80	＋
	是否了解棉花政策（x_{12}）	0＝否，1＝是	0.56	＋

注："＋"表示正向影响，"－"表示负向影响，"？"表示影响方向不能确定。

根据调查数据可知，愿意选择"宽窄行稀植"模式的农户占比为 56.89%，仍有 43.11% 的农户倾向于"高产矮密植"种植模式。"宽窄行稀植"模式还没有普遍的推广和试用，由于稀植降低了种植密度，势必对单产造成影响，产量的降低会直接影响棉农的收入，因此，选择该模式的数据仍很保守。被调查棉农少数民族居多，且整体文化程度不高。棉花种植面积均值达到 71.24 亩，由于调查抽取的多为种植年限长且比较有种植经验的农户，被调查农户中有部分棉农为种植大户，种植面积达到上千亩，因此被调查棉农平均种植面积偏大；单产均值为 284.52 千克/亩，单价为 5.57 元/千克，亩均成本为 1 630.21元/亩，比较符合整体调查情况。棉农预期棉价变化幅度不会很大，并且随着棉花机械化程度的加深，植棉成本会有所降低。在目标价格补贴政策下棉农普遍开始加大对质量的重视力度，并积极参加培训，棉农的平均培训次数达到 2.51 次。80% 的棉农认为采用新型的栽培模式可以有效增加收益；57% 的棉农比较了解目前推行的棉花目标价格补贴政策。

3. 模型检验结果分析 本文运用 SPSS 19.0 对所调查的数据进行 Logistic 分析，回归结果如表 8-8 所示。通过模型回归，结果中的 Cox & Snell R^2 和 Nagelkerke R^2 分别为 0.355 0 和 0.476 4，均大于线性回归中的 R^2 统计量模型的拟合效果较好。Hosmer 和 Lemeshow 检验表示零假设使模型能够很好地拟合数据，其显著性检验的 Sig＝0.697 4＞0.5，接受零假设，即模型能够很好地拟合数据。模型的 χ^2 值为 98.658 4，P 值为 0，说明模型的整体显著性水平较高。

表 8-8　棉农栽培模式选择 Logistic 模型估计结果

	回归系数	Wald 值	P 值	Exp（B）
截距项	0.389 5*	4.751 7	0.029 3	1.476 2
是否少数民族（x_1）	−0.479 3**	5.722 2	0.016 8	0.619 2
受教育程度（x_2）	0.174 8	0.903 8	0.341 8	1.191 0
棉花种植面积（x_3）	−0.021 1	0.006 2	0.937 0	0.979 2
棉花单产（x_4）	−0.259 1	1.958 1	0.161 7	0.771 7
棉花单价（x_5）	−0.094 0	0.192 4	0.660 9	0.910 3
亩均成本（x_6）	0.072 3	0.153 7	0.695 1	1.074 9
对棉价变动的预期（x_7）	−0.153 2	0.636 1	0.425 1	0.857 9
对成本变动的预期（x_8）	0.215 6	1.551 2	0.213 0	1.240 6
对质量的重视程度（x_9）	0.537 6***	7.454 1	0.006 3	1.711 8
参加培训次数（x_{10}）	0.511 2***	6.859 1	0.008 8	1.667 3
是否增加收益（x_{11}）	0.449 6**	4.955 3	0.026 0	1.567 6
是否了解棉花政策（x_{12}）	0.806 1***	20.575 6	0.000 0	2.239 2
χ^2	98.658 4	Hosmer 和 Lemeshow 检验 P 概率		0.697 4
对数似然值	208.973 1	Sig.		0.000 0

注：***、**、*分别表示变量在1%、5%和10%的统计水平上显著。

通过回归结果可以看出，模型中共有5项指标通过了显著性检验，即是否是少数民族、对质量的重视程度、参加培训次数、是否增加收益和是否了解棉花政策指标能够很好地解释新疆棉农栽培模式的选择行为。

（1）棉农栽培模式选择显著影响因素分析。

第一，是否是少数民族。该指标对棉农栽培模式选择行为影响较大。从模型结果看，该指标通过了显著性检验，且呈负相关性，说明少数民族棉农相比于汉族棉农更难以接受新的栽培模式，具有较强的农业生产依赖性。新疆地方少数民族众多，尤其是南疆地区是少数民族聚居地，少数民族汉语水平有限，接受新知识、新观念的能力比较弱，在棉花生产过程中按新型栽培模式进行生产比较困难，仍以传统的生产方式为主。

第二，对质量的重视程度。棉农对质量的重视程度通过了1%统计水平的显著性检验，且系数为正，说明棉农越具有质量意识就越愿意接受新的栽培模式。因为目标价格补贴政策使棉花回归市场，优质优价机制不断完善，棉农为了使所生产的棉花被市场接受，就必须不断提升棉花质量，而"宽窄行稀植"栽培模式是提高棉花质量的有效探索。

第三，参加培训次数。参加培训次数变量通过了显著性检验，对农户新型栽培模式的选择有积极影响。在其他条件不变的情况下，根据发生比 Odds 的变化率，棉农参加培训每增加1个单位，其采用标准化生产的概率将增加1.667 3%。通过农业技术培训与指导，可以引导棉农在科学技术认识上的转变，增加棉农对新栽培模式及标准化生产的认知，从传统生产经营模式向现代化生产种植转变，从粗放经营向集约经营转变。

第四，是否增加收益。棉农是理性的经济人，收入的增加可以使棉农非常直观地看到新型栽培模式所带来的效益。"宽窄行稀植"栽培模式使棉花的种植管理更加方便，再加上收入的提高，会使棉农采用新模式的积极性提高。

第五，是否了解棉花政策。该变量作为影响棉农种植行为的关键变量，通过了显著性检验，且对棉农的种植行为影响最大，Exp（B）的系数值达到了 2.239 2。不同于临时收储时期的统购统销，棉花目标价格补贴政策使棉花的销售方式与棉花价格都有了巨大的改变，棉花已经进入市场化的格局也使棉农开始关注国家政策。如果对棉花政策有深入的了解，就能深刻把握局势，以适应市场的需求，生产高质量的棉花，而新的栽培模式是提高棉花质量的有效途径。

（2）棉农种植意愿非显著影响因素分析。

第一，受教育程度。户主受教育程度虽然系数为正，但未通过显著性检验。棉农受教育程度普遍偏低，中学以下的占到 92.89％，导致对新型栽培模式的选择影响不明显。根据调查，少数民族棉农占比比较大，少数民族一般受教育程度比较低，文化水平受限会导致对新事物接受能力比较弱。应不断加大少数民族的教育水平，从根本上改变他们落后的传统观念，为棉花新技术的推广打下基础。

第二，棉花种植面积。棉花种植面积变量未通过显著性检验，对农户新栽培模式的选择不会产生影响。根据调查农户植棉面积在 25 亩以下的占到总调查户数的 64.44％，整体种植规模较小，即使选择新的栽培模式也不会带来明显的规模效益。对棉农实现规模经济、降低植棉成本成效甚微。

第三，棉花单产。棉花单产变量对新栽培模式选择有负面影响，但没有通过显著性检验。这可能是由于新栽培模式对棉农来说存在一定风险，种植密度的降低势必会降级棉花单产，质量是否能提升，且质量提升后增加的收益能否弥补对产量降低造成的损失，对棉农来说都是不可预计的。因此，棉农在当前种植模式下的单产越高，棉农就越不愿意放弃现有的栽培模式，因为新栽培模式带来的机会成本比较小，而农户是利己主义者。

第四，棉花单价。棉花单价变量未通过显著性检验，且影响为负，对棉农新栽培模式的选择没有促进作用。即棉农现在所生产的棉花单价越高，棉农越不愿意放弃"高产矮密植"的栽培模式，因为该模式下棉花产量有保障，单价上升可以直观的提高棉农的种植收入，农户进行农业生产的目的就是为了获得更高的经济效益，因此，棉花价格提高，农户越不会选择新型的"宽窄行稀植"栽培模式。

第五，亩均成本。亩均成本变量未通过显著性检验，但对棉农新栽培模式的选择有一定的促进作用。随着物化成本和劳动力成本的不断攀升，棉花的种植成本也在不断上升，农户的植棉压力越来越大，目前需要依靠棉花补贴才能保证微薄的收益。如果新的栽培模式可以有效降低植棉成本，棉农倾向于选择新栽培模式的概率就越大。

第六，对棉价变动的预期。棉农对棉价变动的预期系数为负，未通过显著性检验。同棉花单价变量相同，说明棉农预计棉花价格后期越高，越愿意选择高产、密植的栽培模式。在调查中棉农对棉价将会上涨的预期并不理想，仅有 12％的农户认为棉花价格可能会上升，71.56％的棉农则认为棉花价格基本不会变化，另外有 16.44％的农户预计棉价会下跌，可能目前的棉花价格对棉农来说已经很低了，继续下跌的可能性比较小，所以棉农仍愿意选择"高产矮密植"栽培模式。

第七，对成本变动的预期。新疆地方棉花种植在劳动力逐渐稀缺的背景下，随着棉花种植的不断发展和劳动力工资水平的不断提升，植棉生产成本的不断攀升致使植棉收益越来越低。在生产成本逐渐升高的预期下，棉农将转变生产方式，探索新的经营模式。未通过显著性检验可能是由于目前的植棉成本已经很高，棉花成本的变化幅度不会太大，对棉农不会产生太大影响。

3. 结论与讨论　本节以棉花主产区调研数据为依据，研究了目标价格补贴政策下棉农栽培模式的选择行为。结果表明有 56.89％的农户选择新型栽培模式的意愿比较强烈。农户栽培模式选择受民族、文化程度、质量意识、培训、收益及政策等因素的影响。基于以上讨论，要加快棉花新的栽培管理模式的革新与应用，促进新疆棉花产业健康可持续发展，以下几点值得关注：①棉花种植农户整体素质状况可能会成为新疆棉花产业长远发展的一个隐忧。因此，提高棉花种植的比较优势，吸引更年轻、受教育程度更高的农户种植棉花，是保证新疆棉花产业健康发展的重要问题。②不断加强培训，提高棉农的质量意识、规范化种植意识，是推动棉花新技术应用的前提。农户搜集信息能力弱，在新的市场环境下，要加强对农户的引导和指导，从源头出发，不断提高棉花的竞争力。③棉花种植生产的经济效益直接决定棉农的种植决策，不断创新生产管理理念，大力推动棉花机械化发展是降低植棉成本、提高效益的唯一路径，政府要引导棉农进行现代化生产。④目标价格补贴政策对棉农的种植行为所产生的影响最大，因此政府相关部门要加大对棉花政策的宣传力度，并积极协调、简化棉花目标价格补贴程序，提高棉农的政策满意度，充分发挥政策优势。

（二）基于目标价格补贴政策的新疆棉农良种选择行为

品种是决定棉花产量与内在品质的核心要素，农户为了追求收益最大化通常只考虑棉花的产量和衣分率，而不关心棉花质量，最终导致棉花种植品种多乱杂的问题普遍存在，对棉花品质的一致性造成了严重影响。根据调研，2012—2015 年新疆地方规模以上品种共分别种植了 34 个、38 个、37 个和 45 个，植棉面积 10 多万亩的乡镇棉花种植品种多达30 个[①]，品种"多、乱、杂"的局面十分突出，加工流通企业"买棉难"与纺织企业"用棉难"的困境难以破除。目标价格补贴政策的实施使棉花产业走向市场，棉花质量问题得到了前所未有的关注，而品种问题无疑是造成棉花困局的重要源头之一。基于此，在当前目标价格补贴政策实施背景下，通过研究农户棉花良种购买意愿，对该政策的实施能否引导棉农进行合理的品种选择进行探讨。

1. 变量选取及预计影响方向　本节研究数据同样来源于对棉花主产区农户所进行的

---

225 份调查问卷（表 8 - 5）。以样本地区农户选择新品种发生比率的自然对数为被解释变量，以农户家庭生产特征、农户认知及政策因素为解释变量。在农户家庭生产特征方面，本文主要选取了户主受教育程度和棉花种植面积两个变量。户主作为家庭主要决策者，其偏好往往体现了家庭的整体偏好，一般认为，受教育程度高的家庭对新事物的接受能力较强，选择新品种的可能性比较大。棉花种植面积对棉花新品种选择的影响还要受农户风险类型的影响，因此，种植面积的大小既可能增大农户新品种选择的概率，也可能降低农户新品种选择的概率。

此外，作为理性消费者，棉农决定是否采用新品种与其对新品种的认知程度相关，农户是风险意识较强的群体，棉花品种的选择直接关系到棉农一年的收益，棉农只有对新品种的特性比较了解，认为它适宜种植才会选择该品种。农户作为弱势群体，信息闭塞，获取市场信息的交易成本巨大，如果处在一个开放的环境，随时能了解到品种的信息，这将有助于棉农的新品种选择。所以，当地政府、种子机构对某品种推广或培训力度的加大，农户选择使用新品种的概率也会相应增大。农户若是有较强的质量意识或者认为新品种能增加收益，则农户越倾向于选择新品种。除了上述各种原因外，政策因素也是决定农户是否选择新品种必不可少的关键因素，良种补贴可以降低棉农使用新品种的成本，目标价格补贴政策会驱使棉农生产优质的棉花，在很大程度上提高了棉农新品种选择概率。各变量的含义及预期影响方向如表 8 - 9 所示。

表 8 - 9　棉农良种选择模型相关变量定义及预期方向

	变量名称	变量定义	均值	预期方向
被解释变量	良种选择（y）	0＝不愿意，1＝愿意	0.64	
	受教育程度（x_1）	1＝小学及以下，2＝中学，3＝大专及以上	1.65	＋
	棉花种植面积（x_2）	2015 年的棉花实际种植面积（亩）	71.24	？
	是否了解新品种特性（x_3）	0＝不了解，1＝了解	0.76	＋
	种子公司宣传力度（x_4）	1＝没有宣传，2＝很少，3＝一般，4＝宣传比较多，5＝宣传力度很大	3.32	＋
解释变量	是否参加培训（x_5）	0＝否，1＝是	0.60	＋
	政府行为（x_6）	0＝不积极，1＝积极	0.58	＋
	对质量的重视程度（x_7）	1＝不重视，2＝比较重视，3＝非常重视	2.54	＋
	是否增加收益（x_8）	0＝不增加，1＝增加	0.80	＋
	是否享有良种补贴（x_9）	0＝否，1＝是	0.46	＋
	是否了解目标价格补贴政策（x_{10}）	0＝否，1＝是	0.56	＋

注："＋"表示正向影响，"－"表示负向影响，"？"表示影响方向不能确定。

2. 分析结果　基于表 8 - 4、表 8 - 5、图 8 - 3 等的调查数据，使用 SPSS 19.0 统计软件对数据进行 Logistic 回归，结果如表 8 - 10 所示。从总体回归结果来看，模型具有统计意义，影响农户棉花新品种选择行为的主要因素有户主受教育程度、新品种特性的了解、培训、政府行为、质量意识、收益、良种补贴和目标价格补贴政策变量，其中目标价格补贴政策变量是模型的关键变量。

表 8-10 棉农良种选择 Logistic 模型估计结果

	回归系数	Wald 值	P 值	Exp（B）
截距项	0.852 1*	3.517 6	0.060 7	2.344 6
受教育程度（x_1）	0.590 3*	2.894 8	0.088 9	1.804 4
棉花种植面积（x_2）	−0.090 3	0.046 2	0.829 9	0.913 6
是否了解品种特性（x_3）	0.727 3**	5.267 7	0.021 7	2.069 6
种子公司宣传力度（x_4）	0.371 6	1.126 6	0.288 5	1.450 0
是否参加培训（x_5）	0.944 6***	9.931 0	0.001 6	2.571 8
政府行为（x_6）	1.260 1***	13.235 2	0.000 3	3.525 6
对质量重视程度（x_7）	1.103 1***	9.252 2	0.002 4	3.013 5
是否增加收益（x_8）	1.855 0*	5.591 9	0.018 0	6.391 7
是否享有良种补贴（x_9）	0.939 7***	8.640 0	0.003 3	2.559 3
是否了解目标价格补贴政策（x_{10}）	0.922 4***	8.017 3	0.004 6	2.515 2
χ^2	213.562 3	Hosmer 和 Lemeshow 检验 P 概率		0.979 3
对数似然值	79.305 8	显著性水平		0.000 0

注：***、**、*分别表示变量在 1%、5%和 10%的统计水平上显著。

（1）家庭生产特征。农户受教育程度越高，文化水平越高，对新事物、新知识的接受能力比较强，具有较高的思想觉悟。目标价格补贴政策的实施使他们意识到，只有生产出高质量的棉花，才能被市场认可。

（2）农户认知程度。农户对新品种特性越了解，采用新品种的概率越大。因为新品种一般抗逆性较强、质量高、易管理。从回归结果看，是否了解新品种特性变量在 5%的水平下通过了显著性检验，棉农对品种特性的了解每增加 1 个单位，对新品种的选择概率将会增加 0.727 3 个单位。棉农积极参加培训会，以及政府加大推广指导力度，可以使农户更加直观地认识新品种，会在很大程度上增加农户选择新品种的概率。如果农户具有较强的质量意识，比较注重棉花质量的提升，选择新品种的概率会加大，通过调研数据可以发现 67.11%的棉农表示对质量非常重视。可见，目标价格补贴政策的实施已经对棉农产生了潜移默化的影响，使棉农开始关注棉花质量，这也可以在一定程度上优化棉花种子市场。棉农预期收益提高对棉农选择新品种的影响最大，根据发生比 Odds 的变化率，棉农预期收益每增加 1 个单位，选择新品种的概率将增加 6.391 7%。

（3）政策因素。政策因素是影响农户生产决策的关键因素，良种补贴政策的实施对棉农新品种的采用具有积极的影响。是否了解目标价格补贴政策变量也通过了显著性检验，且对农户新品种选择有正向影响，了解目标价格补贴政策的棉农已经意识到在该政策背景下，只有高质量的棉花才具有竞争力，同时能获得更高的价格，而低质量的棉花正在慢慢被淘汰，若想实现棉花收益的提高，只有种植高质量的棉花，基于此，农户选择新品种的概率会提高，可见，目标价格补贴政策的实施对棉农的品种选择行为产生了重要的影响。

（4）其他因素。种植面积和种子公司宣传力度变量对棉花新品种的选择没有显著影响。可能是由于种植面积比较小，普遍集中在 25 亩以下，对品种的选择影响不大；种子公司宣传力度的增加虽然对农户新品种的选择有正的影响，但农户对其信息的可信度存在一定质疑，所以影响较小。

4. 结论与讨论　综合以上研究结果，要推广棉花良种，提高良种采用率，带来棉花质量的提升。首先，应充分利用政策推动农户更换品种，在培育的新品种中优先确定能满足产业发展需要的补贴品种，为更好地实现政策目标奠定基础。目标价格补贴政策的实施不仅使品种在市场竞争中实现优胜劣汰，也向棉农传递了优质优价的信号，因此要积极宣传政策，强化政策的引导作用。其次，降低棉农换种市场风险，提高预期收益。实证分析显示，预期收益是决定棉农选择新品种与否的重要因素。现实中农民选择品种，更多是考虑从有限的耕地上获取最大收益，因此，政府在推广新品种时要充分考虑农民的利益。最后，优化种子市场环境，加大对优良品种的宣传力度。棉花种子制售企业数量多、规模小、创新能力不足，多数企业在市场竞争中"重审定，轻育种""重品种，轻繁育"，导致棉花种子年均审批数量上升至 20~30 个左右，2012 年审批通过的棉花品种数量高达 38 个，截至 2013 年新疆已审定的棉花品种数量达 254 个。根据调研，相对于种子价格棉农更看重种子质量，但市场品种多乱杂，农户难以辨别。政府和种子机构一方面要加强种子的监管力度，另一方面要对农户给予合理的引导，只有多管齐下，才能对品种进行规范和溯源。提高棉花品种质量、规范棉花品种数量是提高棉花质量的关键点。

综上可知，通过对临时收储政策下棉农种植行为的描述，以及目标价格补贴政策下棉农栽培模式选择和棉花良种选择行为的实证分析可以发现，直补政策的实施对棉农的种植行为产生了重要影响。首先，实现了最根本的政策目的，农户在棉花生产过程中更加注重质量的提高，在市场竞争环境下优质优价机制形成，有利于建立良好的市场秩序和健康的市场环境。其次，目标价格补贴政策可以有效规范棉农种植行为，这不仅体现在棉农对先进生产模式的探索和优良品种的选用上，也体现在棉农在生产过程中对化肥、农药和激素的选择上，临时收储时期棉农进行的都是短利行为，以高产品种为主，过度投入化肥、激素等迫使产量极大化；在采收过程中过度追求采净率，无视棉花的含杂率、三丝率等重要质量问题，最终使棉花竞争力急剧下降。但在目标价格补贴政策下棉农开始以确保绒长和质量为主，对脱叶剂的选择和喷打时间、三丝率、含杂率等质量行为进行严格控制与操作，这对实现棉花生产的现代化机械化、提高棉花质量和竞争力发挥了积极作用。相比临时收储时期的棉花计划经济体制，目标价格补贴时期使棉花产业进入市场经济，市场是农民配置资源的基础，可以刺激指导农户做出生产决策，并根据市场需求不断优化资源配置，提高棉花要素投入效率和棉花的市场竞争力。

第四节　不同购销体制下的棉农行为结果评价

根据新制度经济学理论，制度变迁影响行为，行为影响绩效。通过棉花购销政策的转变可以发现，临时收储时期和目标价格补贴时期的棉农种植行为具有明显的不同，相比临时收储时期，目标价格补贴时期的棉农在棉花生产过程中更加注重标准化生产和先进管理模式及新技术的应用。本章希望通过对棉农行为结果的评价，衡量政策绩效，以寻找出适合我国棉花产业发展的路径，不断增强棉花竞争力。

一、棉农行为结果评价指标体系的构建

由于本章主要对临时收储时期和目标价格补贴时期的棉农不同种植行为结果进行对比，因此构建指标应与棉农的种植行为紧密相关，本节分别从棉花生产力与潜力、棉花价格、植棉成本收益和棉花质量四个方面来比较。

（一）棉花生产力与潜力

棉花的生产能力与潜力是反映一个国家棉花综合实力的重要指标，包括棉花种植面积、总产量、单产及资源禀赋指标。其中资源禀赋衡量了一国（地区）棉花资源占世界（或全国）的份额与该国（地区）国内生产总值占世界生产总值（或全国生产总值）的份额。一国（地区）各指标值越大，说明该国（地区）的棉花综合生产能力越强，越具有国际竞争力。

（二）棉花价格

棉花价格是棉花商品价值的货币表现，当棉花的质量相同或相近时，棉花价格越低说明棉花竞争力越强。

（三）植棉成本收益

棉花产业竞争力强调通过更低的生产成本获得更多的竞争优势。棉花生产成本是指生产一定数量的棉花所需支出的各项费用总和，由物质费用和非物质费用两部分组成[①]。棉花生产成本作为衡量棉花竞争力的重要指标，是形成价格的基础，一般只有成本越低，价格才越低，通过较低的生产成本才能获得更多的竞争优势。

（四）棉花质量

棉花质量是指消费者在棉花产品的消费过程中所获得的满足程度。在国内外棉花价格相同或相近的情况下，棉花质量越高，越具有竞争力。在棉花市场中，棉纺织企业作为初级原棉的最大消费者，判断棉花质量的高低，主要看原棉所表现出的物理性状能否最大限度地满足当前纺织机械和纺织技术的要求。一般棉花质量主要由以下指标来衡量：

---

① 根据《全国农产品成本收益》，棉花生产成本分为物质费用和非物质费用两部分，棉花生产物质费用指棉花生产过程中的物质与服务费用，即直接费用和间接费用，直接费用包括种子费、化肥费、农家肥费、农药费、农膜费、租赁作业费、燃料动力费、技术服务费、工具材料费、修理维护费和其他直接费用，间接费用包括固定资产折旧、保险费、管理费、财务费、销售费等；非物质费用是指棉花生产的人工成本，由家庭用工折价和雇工费用构成。

1. 纤维长度 长度是衡量棉花内在品质的重要指标之一，与棉花的整体使用价值密切相关。纤维长度是指纤维延伸之后的长度，一般以毫米表示。棉花纤维与纺纱质量关系密切，当其他品质相同时，纤维越长其纺纱支数越高，可纺号数越小，强度越大。

2. 纤维长度整齐度 长度整齐度指数用来表示棉纤维长度分布均匀或整齐的程度，对纱线的条干、强度、原棉制成率有重要影响。一般纤维越整齐，短纤维含量越低，成纱表面越光洁，纱的强度越高。

3. 马克隆值 马克隆值是棉花细度和成熟度的综合反映，一般棉花的马克隆值越高，棉纤维成熟度越好。但是马克隆值过高，会导致成熟过度，纤维粗、抱合力差，成纱强力和条干均匀度不理想；马克隆值过低，纤维细度小，成熟不足，易产生有害疵点，造成织物染色性能差；只有马克隆值适中、成熟适度，才具有最高的纺纱性能。马克隆值共分为三级五档，分别是 C1 档、B1 档、A 档、B2 档、C2 档，其中 B 级为马克隆值的标准级（表 8 - 11）。

表 8 - 11 棉花马克隆值的分级范围

分级	C1 级	B1 级	A 级	B2 级	C2 级
马克隆值	<3.4	3.5～3.6	3.7～4.2	4.3～4.9	>5.0

4. 断裂比强度 断裂比强度与纱线的成纱强力有很强的相关性，是指拉伸一根或一束纤维在即将断裂时所能承受的最大负荷。

二、不同购销体制下的棉农行为结果度量

（一）棉花生产力和潜力的评价与分析

新疆是我国最大的棉花生产基地，为了衡量临时收储时期和目标价格补贴时期棉农棉花种植情况，利用 2011—2016 年棉花的播种面积、产量及单产三个指标进行对比分析。

由表 8 - 12 可以看出，相比临时收储时期，目标价格时期棉农的棉花种植面积明显增多，总产量基本维持不变，单产水平有所下降。棉花种植面积出现大幅度扩张，主要是由于目标价格最初实行 60% 按面积补贴，一方面新疆棉花隐性种植面积浮出水面，另一方面植棉主体认为国家会继续保护棉花种植面积，棉花效益仍比较乐观，棉农植棉积极性高涨，致使种植面积增多。但是紧接着 2015 年和 2016 年新疆棉花种植面积不断缩减，目标价格补贴政策开始发挥效应，在棉花种植结构调整下，次宜棉区逐渐退出，棉花种植结构不断得到优化。

表 8 - 12 2011—2016 年新疆棉花生产力情况

年份	播种面积（千公顷）	产量（万吨）	单产（千克/公顷）
2011	1 638.06	289.77	1 769.01
2012	1 720.83	353.95	2 056.84

（续）

年份	播种面积（千公顷）	产量（万吨）	单产（千克/公顷）
2013	1 718.26	351.75	2 047.16
2014	1 953.30	367.70	1 883.00
2015	1 904.30	350.30	1 840.00
2016	1 805.20	359.50	1 991.50

注：数据来源于中国统计年鉴。

表8-13和表8-14分别显示了新疆棉花国内和国际的资源禀赋系数，可以看到，无论是国内还是国际，新疆的棉花生产都具有较强的资源优势。目标价格时期新疆的资源禀赋系数明显都高于临时收储时期，可见，随着目标价格补贴政策的实施新疆棉花综合生产能力更具优势。

表8-13　2011—2016年新疆棉花国内资源禀赋系数

项目	年份					
	2011	2012	2013	2014	2015	2016
新疆占全国棉花总产量比	0.439 2	0.517 8	0.558 4	0.595 1	0.625 2	0.672 7
新疆占全国 GDP 比	0.154 8	0.166 9	0.177 7	0.183 3	0.170 6	0.156 5
资源禀赋系数	2.837 7	3.102 8	3.142 5	3.247 0	3.664 1	4.297 7

注：数据来源是根据中国统计年鉴、USDA 和世界银行有关数据计算得到。

表8-14　2011—2016年新疆棉花国际资源禀赋系数

项目	年份					
	2011	2012	2013	2014	2015	2016
新疆占世界棉花总产量比	0.105 1	0.131 2	0.134 2	0.141 7	0.166 7	0.162 5
新疆占世界 GDP 比	0.015 2	0.017 2	0.019 3	0.020 8	0.020 1	0.019 0
资源禀赋系数	6.917 5	7.610 2	6.965 4	6.811 6	8.278 3	8.541 3

注：数据来源是根据中国统计年鉴、USDA 和世界银行有关数据计算得到。

（二）棉花价格的评价与分析

新疆棉花多用于内销，因此，新疆棉花价格用中国棉花价格指数[①]（CNCotton B）表示，其反映了发布日当日国内 328 级棉花到国内纺织企业的综合平均价格水平。目标价格

---

① 国家棉花价格指数（即 CNCotton A、CNCotton B），简称国棉 A、B 指数，是国家棉花市场监测系统通过分布在内地主产销区的 165 个棉花和纺织监测站，对当地皮棉成交价格进行跟踪监测，经审核后加权汇总得出国家棉花价格指数。该指数自 2002 年 7 月 29 日正式推出以来，已成为国内最为成熟和具有影响力的棉花现货价格指数。其中 CNCotton A 指数代表当日内地 2 129B 级皮棉成交均价，CNCotton B 指数代表内地 3 128B 级皮棉成交均价。根据棉花国家标准（GB1103—2012），指数标的的其他质量指标为：轧工质量中档、马克隆值 B 级、断裂比强度 S3（中等）、长度整齐度 U3（中等）、异纤含量 L（低）。2013 年 9 月 1 日前，CNCotton A 指数和 CNCotton B 指数分别代表内地 229B 级和 328B 级棉花均价。

补贴政策实施后，市场将会出现两种棉花，一种是新棉，另一种是轮出的国储棉。为了衡量国储时期的棉花价格，在目标价格时期以折标准级 3128B 级的国储棉竞卖底价代表轮出的国储棉价格。国际棉花价格指数（CNCotton SM 和 CNCotton M）[①] 由国家棉花市场监测系统发布，反映了国际棉花现货市场价格的变化。新国标实行后，SM 1-1/8 "棉花相当于国棉 2129B，M 1-3/32" 相当于国棉 3 128B。因此，本文选择 CNCotton SM 指数和 CNCotton M 指数代表国际棉花价格指数。

2011 临时收储政策对保护农户利益和稳定市场起到了重要作用（王士海、李先德，2013），但是"托市"政策也干扰了市场价格的形成机制，导致农产品的市场竞争力削弱（徐志刚、习银生、张世煌，2010），而且不断抬高的农产品价格提高了下游加工业的生产成本，致使很多加工企业出现开工不足和工人失业等现象（贺伟，2010）。由图 8-4 可看出，2005—2010 年，中国棉花价格平均比进口棉花到岸价格高 22％左右，进口棉花完税[②]后与中国棉花价格相差不大。自 2011 年实施棉花临时收储政策以来，中国棉花市场价格显著高于国际市场价格，且国内外价差不断扩大，价差最高达到了 6 672.97 元/吨，国内棉花价格比进口棉价格平均高出 46％以上。由于"托底"收购棉花，且市场价格高，导致棉农在棉花种植过程中一味地追求高产、高衣分率，造成棉花质量急剧下降，棉花进口压力增大，中国更是成为了棉花的"库存地"。随着目标价格补贴政策的实施，2014 年中国棉花价格与进口棉花到岸价格价差比例降到 41％，2016 年价格比例缩小到 34％左右，棉花市场价格形成机制已经基本建立。此外，国储棉花在临时收储时期价格为 19 800 元/吨，

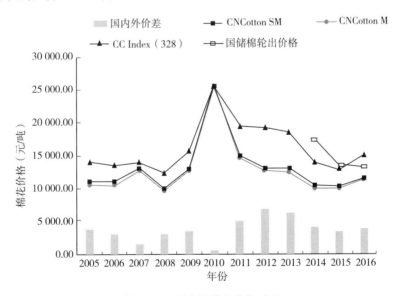

图 8-4 国内外棉花价格对比

① CNCotton SM 指数和 CNCotton M 指数分别代表大型国际棉商在中国及其他主要亚洲棉花进口国港口 SM1-1/8 "等级及 M1-3/32" 等级棉花报价的加权平均价。
② 进口棉花实行 5％的关税和 13％的增值税。

但是目标价格补贴政策时期国储棉轮出价格不断下降，2016年的轮出价格仅为13 000元/吨。由于国储棉质量相对目标价格补贴时期的棉花质量不具有优势，市场针对国储棉所形成的价格远低于国储时期的收购价格，也低于新棉价格，这充分说明棉花已经回归市场，在市场的竞争环境下优质优价机制形成，也说明棉花质量在不断提升。

（三）棉花成本收益的评价与分析

图8-5是近10年来新疆棉花成本收益图，相比于2011—2013年和2014—2015年的产值、亩均收益及劳动力成本均出现了下降，且总成本有所提高。但据调查资料显示，启动目标价格补贴后，棉农的收益状况有所好转。2016年，阿克苏一受访农户表示其棉花亩均产量320千克，籽棉平均售价7.3元/千克，亩均总收入达到2 336元，扣除每亩植棉总成本2 100元，每亩收益为236元（不包含补贴）。由于第二批补贴标准还没有公布，暂且按照首批补贴金额计算，2016年棉农补贴资金在160元/亩，每亩总利润达到396元①。另外，轧花厂棉花收购均价比2013年降低了30%，棉花纺织企业及下游产业的生产成本明显下降，提高了中国纺织业的国际竞争力。根据棉花成本构成，人力资本的匮乏以及劳动力价格的不断攀升一直是制约新疆棉花发展的重大因素。相比临时收储时期，目标价格时期雇工成本开始有所下降，说明目标价格时期在棉花生产过程中投入了更多机械，取代了一定的雇工成本；总成本提高主要是由于目标价格时期棉农更注重标准化生产，良种选择、先进生产模式和技术的应用等使棉农的生产资料投入增加。

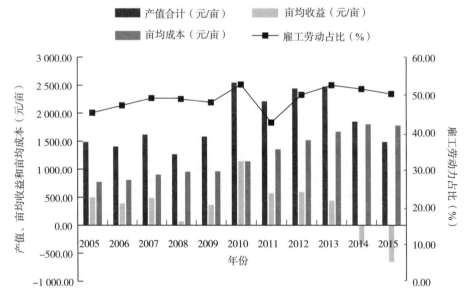

图8-5　棉花成本收益图

（四）棉花质量的评价与分析

新疆棉花品牌优势明显，一直以质量好著称，无论是长度、强度、成熟度等各项指标

---

① 数据来源于中国棉花网。

的综合值都很高。同时，新疆棉花种类多，能生产不同类型的纱适应纺织企业的多元化需求，因此，新疆棉花一直以来都是我国高品质棉纺织工业的主要原料，也是重要的出口产品基地。但是近年来，新疆棉花的质量状况堪忧，能满足纺织企业的有效棉花减少，市场对于新疆棉花的整体评价下降。事实证明，临时收储时期对棉花质量的影响最大，政府的统购政策使棉农和轧花厂都忽视了棉花质量的重要性，因为不管什么层次的棉花总能卖出去。目标价格补贴政策实施后，棉花回归于市场，新疆棉花质量问题开始浮出水面，在市场配置资源的情况下，目前新疆棉花质量水平明显提升。由表 8 - 15 可以发现，目标价格补贴政策时期的棉花整体质量高于临时收储时期的质量状况（2015 年棉花马克隆值比较低，一方面是由于当时产生机采棉影响棉花质量的误区，很多地方限制棉花进行机采，而手采棉周期长，容易导致棉花成熟过度，影响马克隆值；另一方面是由于当年受高温、风灾等自然灾害影响），新疆棉花的质量状况不断得到改善，其市场竞争力开始逐渐提高。

表 8 - 15　新疆棉花公检质量情况对比

年份	公检总量（×10⁵ 包）	白棉1 - 3 级比率（%）	轧工质量P1 - P2 级比率（%）	加权平均长度值（毫米）	马克隆值A+B 级比率（%）	平均断裂比强度（厘牛/特克斯）	平均长度整齐度值（%）
2011	148.1	85.86	—	28.33	90.72	28.35	82.78
2012	196.91	89.91	—	28.09	96.23	27.61	82.56
2013	207.35	99.10	98.71	27.97	82.56	27.22	82.41
2011—2013 平均	184.12	91.62	98.71	28.13	89.84	27.73	82.58
2014	183.69	96.99	95.35	28.26	88.53	27.90	82.73
2015	144.33	93.26	96.01	28.08	62.12	28.15	82.70
2016	166.32	89.00	97.30	28.61	79.70	27.80	82.90
2014—2016 平均	164.78	93.08	96.22	28.32	76.78	27.95	82.78

注：数据来源于中国纤维检验局中的中国棉花公证检验。

　　综上所述，不同购销体制下由于棉农的种植行为不同，所产生的行为结果也不尽相同。相比于临时收储时期，目标价格补贴时期的棉花综合竞争力较强，棉花优质优价机制已经形成，与国际市场棉花价格的差距在逐渐缩小。棉花生产总成本有所上升，正是在新政策形势下棉农不断对棉花新型经营模式探索及新技术应用的结果，这会在一定程度上抬高生产成本，但由此使棉花质量提升而带来的收益将是不可估计的。临时收储政策下的棉花计划经济导致棉花与市场脱轨，各经营主体和经营环节出现投机行为，只追求棉花生产利润最大化，完全忽视了棉花品质的提升，最终造成新疆棉花产业面临崩盘的局面，使新疆棉花信誉度降低。而目标价格补贴政策使棉花彻底进入市场，在市场自由竞争机制的促进下，棉农开始进行规范化种植，棉花生产资源配置不断得到优化，棉花的市场竞争力也逐步回升，这对促进新疆棉花产业的可持续发展发挥了积极作用。同时，这也说明任何对市场的管控行为都是无效的，政策的出台应让利于市场，为市场的自由运行机制服务，只有这样才能实现产业的良序发展。

第五节　不同购销体制下棉农生产种植行为提高的政策建议

新疆棉花能否保持长期稳定增长、植棉农户收入能否稳步提高，关系着新疆的农业经济能否顺利转型和健康发展，同时也影响着新疆能否顺利向构建和谐社会的目标迈进。根据新古典经济学理论，农民都是理性"经济人"，自身利益最大化是其经济活动的根本动力。因此，棉农会对政策信号做出及时、理性的回应，通过调整行动战略实现自身利益最大化。棉花购销政策是政府对棉花进行宏观调控的有利手段，只要政府政策对棉农提供了适当和有效的刺激以及支持，就可以正向地影响棉农的选择，进而可以有效地实现政策的预期目标。棉花购销制度的变迁过程会对棉农的生产种植行为产生重大影响，而棉农的不同行为选择会影响到棉花的生产经营绩效，最终影响棉花的市场竞争力。因此，制定有效的棉花购销政策，对于积极引导棉农规范种植，实现棉花生产的优质高效，提升棉花综合竞争力显得十分迫切和重要。基于此，从优化棉花购销体系、转变棉农生产经营方式、加强棉花质检标准体系建设、完善棉花生产支持政策和建立健全法律法规制度五个方面提出相应的政策建议，以促进新疆棉花产业的可持续发展。

一、优化棉花购销体系和调节机制，确保市场机制的基础配置作用

通过对临时收储时期以及目标价格补贴时期棉花生产情况的对比分析可以发现，任何对市场的管控行为都是缺乏效率的，宏观政策的制定必须确保棉花回归市场。目标价格政策实施以后，国家收储放开，原棉采购渠道畅通，纺织企业的买方地位提升，棉花购销体系开始重建，市场形成价格的机制逐步发挥作用。但是现有棉花流通市场主体多且杂乱无章，市场竞争结构仍然混乱无序，必须进一步完善市场购销体系和调节机制，确保市场机制的基础配置作用。首先，要实现棉花生产与加工环节的有效对接，棉花的流通主体（棉农、轧花厂与纺织企业）各行其是，缺乏有效沟通。棉花加工企业和棉纺企业作为共生共存的产业链企业，需要加强合作，形成共识，棉农则要按需生产。因此，要尽快推动轧花与生产融合，建议轧花企业只收取轧花费用，而皮棉产权归棉花生产企业或农业合作社（美国模式），并鼓励棉纺企业直接从棉花合作社和棉花种植经营公司直接订单收购，实现棉花的个性化订制。只有这样，才能从根本上提高棉花的质量和流通效率，实现优胜劣汰，减少无效配置，降低交易费用，最终提高棉花的国际市场竞争力。其次，应引入市场竞争机制，通过制定相应的法律法规以规范棉花流通体系，并设立严格的行业标准提高棉花流通企业的进入门槛，将没有资格认证的小作坊、小企业一并淘汰，鼓励具有先进管理技术、品牌信用度高、有一定规模的流通企业及多种形式的流通主体积极参与竞争和棉花流通，形成稳定、多元化的棉花流通市场竞争格局。同时，充分利用棉花期货市场，并增设棉花交割库，鼓励涉棉企业参与棉花交易，充分发挥期货价格和规避风险的作用，完善

棉价调节机制。

二、强化政策实施效应，转变棉农生产经营方式

在棉花产业发展过程中，各微观主体追求自身利益时很难了解和考虑到整个棉花产业的总体状态和演进，有时甚至为了追求自身利益最大化，还会出现一些对宏观总体发展不利的行为，如对产品品质的危害、对生态环境的破坏和对自然环境的掠夺等。因此，政府必须通过不断强化政策目标，确定棉花产业的发展方向，以此对棉农种植行为进行指导。同时在政策制定过程中要注重政策间的协调性，充分发挥政策的合力作用和资源配置的调控作用。因此，要实现政策目标，首先要转变棉花生产经营制度，大力推广"家庭农场"，引入公司化管理模式。新疆棉花种植规模相比国外发达农业国家仍然是小而分散的，棉花小规模经营模式不利于农业现代化生产技术的实现，小农经济交易费用高、生产资料配置效率低，制约了棉花产业的现代化发展。尤其是南疆主要植棉区少数民族居多，思想传统，种植模式落后，生产效率低下，小而分散的生产种植模式严重限制了先进生产技术的推广，这也是南疆地区机采棉推广举步维艰的主要原因。为了减少甚至消除棉农在生产活动中的随意性、盲目性，提高棉花的全要素生产率，应进一步深化棉花供给侧结构性改革，按照推进现代农业专业化、组织化、规模化、集约化发展的要求，鼓励农户土地经营权进行有序流转，以推动棉花种植由单一的"小农模式"向规模化、企业化的家庭农场经营模式转变。其次，要加快棉花生产技术集成改革，提高棉花生产效益与效率。随着植棉成本的不断提高，以及农业标准化发展的要求，实施棉花全程机械化成为推动农业现代化的根本途径。应积极探索和推广机采棉配套生产技术体系，对机采新品种研发、栽培管理、灌溉、脱叶催熟、采收、烘干、储运、轧花等技改项目进行大力投入，不断引进和发展与机采棉相关的加工配套设施，引导机采棉生产体系走向成熟。在此基础上，要多途径、多形式开展农业技术宣传和技能培训，及时将新知识、新技术和新观念有效传递给农民，指导棉农进行规范化、标准化生产，充分发挥技术效率的水平扩散效应（王力、韩亚丽，2016）。

三、加强棉花质检标准体系建设，严控棉花质量指标

加强棉花质量检验标准体系建设是我国棉花流通体制改革的重要组成部分，也是建立棉花市场体系、发展棉花现代物流的关键。棉花质量检验体制的改革和创新，对提高棉花流通效率，降低棉花流通成本，提高棉花质量和效益，增强我国纺织品综合竞争力，都具有十分重要的意义。完善棉花质检标准体系，不仅要考虑我国棉花技术发展水平和纺织企业的现实需求，也要汲取国际先进技术标准的成功经验。在此基础上，研究制定符合我国国情、与国际行业标准接轨、科学可行的棉花质量检验标准体系。完善棉花质检标准体系的首要任务是解决标准缺失问题，包括棉花生产基地环境标准、棉花规范化种植标准、棉花生产技术标准、棉花质量标准、棉花采收标准和棉花加工技术标准等一系列"良好棉花"的标准体系，形成从生产、加工、流通等各环节有机结合，并能与国际标准、技术规

范接轨的一套标准体系。同时，完善棉花的检验制度，对棉花生产、加工、销售实行全过程严格监管，督促棉花经营企业严格执行国家棉花标准，对不同等级、类型的棉花做到分级、分类存放、加工，因花配车、因质改进，提高棉花加工质量。在棉花加工环节实行仪器化、普遍性的权威检验、公证检验，用国际通用棉包包型，并使用条形码等新技术，对成包皮棉逐包编码实行信息化管理，促进棉花加工企业加快联合、兼并、重组，实现规模化、产业化经营。最重要的是要细化棉花质量检验指标，结合纺织企业的要求标准，在棉花的质量检验体系中引入棉花三丝率、异性纤维率等对棉花质量产生重要影响的关键指标。

四、完善棉花生产支持政策，促进棉花产业可持续发展

新疆作为我国重要的商品棉生产基地，虽然综合生产能力较强，但缺乏成本优势和质量优势，影响了棉花产业的健康发展。而补贴政策是使我国棉花取得价格竞争优势的有效手段，为此，政府应通过不断完善棉花产业的支持政策来促进棉花产业的可持续发展。首先，从提高棉花品种质量入手，一方面通过加大对棉花科研单位良种培育的支持，提高育种水平；另一方面继续加大对棉农的良种补贴力度，积极宣传和推广高质量品种，提高棉花的内在品质。其次，要加大对机采棉配套生产技术体系和加工体系的资金投入和补贴力度，不断优化棉花产、供、销产业体系，以便充分发挥国家财政资金的使用效率。最后，价格作为经济杠杆在农业生产中发挥着非常大的作用，通过稳定农产品价格水平，制定合理的价格波动区间，是确保农民收益和保障农业生产稳定的重要手段之一。价格支持政策作为保护农民利益免受市场风险影响的有效工具，被欧美农业发达国家普遍采用。因此要继续坚定不移的实施棉花目标价格补贴政策，该政策使棉花产业回归于市场，通过市场对资源的合理配置，棉花生产效率及国际市场竞争力得到了明显提升。在此基础上，要不断优化棉花补贴政策，因为现行的直补政策没有与棉花价格直接挂钩，只是部分解决了市场价格与目标价格之间的价差补偿问题，总补贴额度大，已经违反了WTO规则。而且现行目标价格补贴政策的补贴依据仍是产量，棉农重视产量忽视质量的问题没有得到根本解决，应强化按面积补贴的标准，建议以"平均成本＋比较收益"确定目标价格，或者借鉴美国的反周期补贴以及作物平均收入方案，锁定棉农的收入。同时，也要充分发挥"绿箱"补贴措施，通过提高棉农购买生产资料的补贴标准，特别是提高对化肥、农药和农用机械等器具的购置补贴标准，加大对棉田质量改良的投资力度、加强水利等基础设施的改建，确保棉农收益，稳定播种面积，以促进新疆棉花产业的可持续发展。

五、建立健全法律法规制度，制约失德、败德行为

首先，依据现行法律法规建立激励相容的棉花生产、流通、消费体制。在经济活动中，产权制度对其运转效率起关键作用，不同的产权安排对经济活动中的个体行为会产生不同的激励效果。如果棉花全产业链中各个环节的个体在追求利益最大化的同时，恰好与棉花产业长期发展的战略目标相吻合，这便形成了激励相容机制。通过重塑棉花生产、流

通、消费主体的权责，将有效解决棉花产业链各环节交易中的信息不对称问题，大大减少棉花市场中的道德风险和逆向选择问题。受经济利益的驱使，植棉农户片面追求棉花产量以增加自身收益，忽略甚至刻意回避棉花品质下降和品种杂乱的问题。考虑到成本因素，棉花加工厂在对这些棉花进行加工的过程中不愿也难以实施分品种、分级别轧花，导致棉花的混级、混轧，严重影响了棉花质量的提高，生产出的棉花难以满足纺织企业的需求。棉花产业健康发展的立足点应该是通过建立激励相容的棉花生产、流通、消费体制，规避产业链上各个利益主体间由信息不对称产生的机会主义行为，通过不断完善、优化激励相容体制，协调产业链中各个利益主体间的矛盾冲突，使各利益相关主体的行为选择朝着有利于棉花产业可持续发展的方向迈进。其次，最重要的是培养农户诚信意识，建立农户败德档案，并制定相应的惩处机制，约束农户的失德行为，形成良好的制度机制和社会环境。

参考文献

A. 恰亚诺夫，1996. 农民经济组织 [M]. 北京：中央编译出版社.

蔡立旺，2009. 农户决策影响因素的实证研究——步凤镇农民植棉及品种更新的过程分析 [J]. 江西农业学报，21（2）：133-137.

程保平，2000. 论中国农户行为的演化及校正思路 [J]. 经济评论（3）：53-58.

池泽新，2003. 农户行为的影响因素、基本特点与制度启示 [J]. 农业现代化研究，24（5）：368-371.

杜珉，1995. 对改革开放以来我国棉花生产波动原因的思考 [J]. 中国农村经济（11）：33-38.

杜珉，1996. 棉花流通企业在双重角色冲突中的行为选择 [J]. 中国农村经济（12）：25-28.

杜珉，2015. 目标价格实施科学合理建议加大对棉花的绿箱支持力度 [J]. 中国棉麻产业经济研究（1）：4-5.

弗兰克·艾利思，2006. 农民经济学——农民家庭农业和农业发展 [M]. 上海：上海人民出版社.

郝伯特·A·西蒙，1947. 管理行为 [M]. 北京：机械工业出版社.

贺伟，2010. 我国粮食最低收购价政策的现状、问题及完善对策 [J]. 宏观经济研究（10）：32-36.

胡雪梅，2008. 我国棉农棉花播种面积决策——基于价格变化视角的研究 [D]. 南京：南京农业大学.

黄季焜，王丹，胡继亮，2015. 对实施农产品目标价格政策的思考——基于新疆棉花目标价格改革试点的分析 [J]. 中国农村经济（5）：10-18.

李辉，易法海，2005. 世界棉花市场的格局与我国棉花产业发展的对策 [J]. 国际贸易问题（7）：30-34.

李勤昌，昌敏，2011. 提升中国棉花产业国际竞争力的路径选择 [J]. 国际贸易问题（10）：34-47.

梁幸平，2000. 透视棉花流通体制改革 [J]. 经济问题（6）：40-41.

刘恒芳，张毅，1988. 棉花购销政策和价格问题 [J]. 价格理论与实践（10）：44-47.

卢峰，2000. 价格干预稳定绩效——我国棉花行政定价与供求波动关系的研究 [J]. 管理世界（6）：136-145.

罗英姿，王凯，2003. 中国棉花生产成本分析及国际比较 [J]. 农业技术经济（4）：36-40.

马骥，2006. 中国农户化肥需求行为实证研究 [M]. 北京：中国农业大学出版社.

马瑛，2011. 基于农户行为的新疆南疆棉农生产与土地退化关系研究［D］. 乌鲁木齐：新疆农业大学.

祁春节，毛尔炯，2004. 中美棉花生产成本及收益的比较研究［J］. 中国棉花，31（2）：8-11.

祁雪莲，2006. 农户生产决策的博弈模型及均衡分析［J］. 东北农业大学学报，37（3）.

时明国，1997. 不同地区农户经营行为比较分析［J］. 调研世界（4）：21-24.

谭砚文，2004. 中国棉花生产波动研究［D］. 武汉：华中农业大学.

谭砚文，2014. 我国棉花储备调控政策的实施绩效与评价［J］. 华南农业大学学报（2）：69-77.

谭砚文，李朝晖，2005. 制度变迁与我国棉花流通体制改革［J］. 生产力研究（12）：51-86.

谭砚文，李崇光，汪晓银，等，2003. 中美棉花生产成本的比较——方法拟合与实证研究［J］. 农业技术经济（6）：35-40.

王春晓，李达，2006. 棉花政策、价格波动与棉农的生产投资行为分析——以新疆棉区为例［J］. 价格理论与实践（11）：40-41.

王慧军，2003. 中国农业推广理论与实践发展研究［D］. 哈尔滨：东北农业大学.

王慧敏，吴强，刘志清，2009. 新疆棉花购销政策运行分析［J］. 农业经济问题（5）：50-53.

王力，韩亚丽，2016. 中国棉花全要素生产率增长的实证分析——基于随机前沿分析法［J］. 农业技术经济（11）：95-105.

王力，张杰，赵新民，等，2012. 新疆棉花产业发展的困境与对策研究［J］. 新疆农垦经济（11）：9-13.

王士海，李先德，2013. 中国政策性粮食竞价销售对市场价格有影响吗？——以小麦为例［J］. 中国农村经济（2）：61-70.

王跃升，1999. 家庭责任制、农户行为与农业中的环境生态问题［J］. 北京大学学报：哲学社会科学版（3）：44-51.

西奥多·W·舒尔茨，1987. 改造传统农业［M］. 上海：商务印书馆.

肖双喜，刘小和，2008. 棉花种植面积影响因素分析［J］. 农业技术经济（4）：79-84.

熊晓山，谢德林，宋光煜，2006. 基于参与性调查的农业结构调整中小农户种植行为的选择与调控［J］. 中国农学通报（3）：430-434.

徐玲，2007. 中国棉花政策评述：1995—2005［J］. 新疆农垦经济（5）：40-43.

徐志刚，习银生，张世煌，2010. 2008/2009 年度国家玉米临时收储政策实施状况分析［J］. 农业经济问题（3）：16-23.

薛冰，孙璐，2012. 新疆棉花国际竞争力分析［J］. 新疆农垦经济（8）：28-33.

叶依广，1997. 引导与优化农户经济行为促进可持续农业发展［J］. 经济问题（2）：26-29.

张海森，2005. 不同市场协整条件下取消 MFA 对中国棉业经济的影响［D］. 北京：中国农业大学.

张杰，杜珉，2016. 提升新疆棉花质量的意见建议［J］. 中国棉花产业经济研究（3）：4-8，10.

张杰，王力，赵新民，2014. 我国棉花产业的困境与出路［J］. 农业经济问题（9）：28-34.

张泉欣，1998. 棉花购销制度改革研究［J］. 中国农村经济（4）：33-40.

J Edward Taylor，Irma Adelman，2003. Agricultural household models：Genesis，evolution，and extensions［J］. Review of Economics of the Household，1（1）：33-58.

S Popkin，1979. The rational peasant［M］. California，USA：University of California Press.

第九章
新疆机采棉提质增效技术质量管控体系优化研究

当前形势下，兵团棉花低成本、高质量的比较优势正在逐渐减弱，居高不下的生产成本、不具优势的棉花质量成为制约兵团棉花产业发展的突出瓶颈。这不但影响职工收入，制约兵团棉花产业持续健康发展，而且严重地影响了兵团农业经济的发展。"十三五"规划中李克强总理明确提出要实现中国经济"提质增效"这一重要的战略性任务（"十三五"规划，2014）。从 2015 年起，我国中央 1 号文件中多次提到我国农业产业"提质增效"的相关要求，达到推进农村深化改革，促进农业转型升级的目的。在此背景下研究兵团棉花质量管控体系，提升兵团棉花产业的市场竞争力已成为亟需开展的重要课题。只有加强棉花质量管理，才能稳步提高兵团棉花经济发展的核心动力。因此，本文基于棉花质量管控体系的各个环节对兵团各个植棉师的棉花质量管控体系现状进行深入调查，以定量分析的方法测评十个植棉师棉花质量管控体系中各个环节的得分及综合得分，并探究其对各植棉师棉花质量及植棉效益的影响，从而为兵团棉花质量管控体系提出具体的优化内容及建议，以达到兵团棉花品质提升、职工收益增加的目的，进而提高兵团棉花产业在国内外棉花市场的产业竞争力。

第一节　研究现状和意义

一、国内外研究现状

（一）国外研究现状

美国、澳大利亚是世界上棉花产业发展较为先进的棉花主产国，在棉花质量管控工作中组织内分工明确，工作有序，对棉花质量有着良好的把控，早已经形成较为完善且成熟的棉花质量管控体系。因此，近年来国外几乎没有关于棉花质量管控体系的农业经济类或产业经济类研究文献，而是主要围绕棉花质量管控体系中各个环节的技术问题进行研究，以达到技术创新，进一步提高棉花质量及经济效益的目的，多为自然科学的研究范畴。

1. 生产环节对棉花质量的影响　生产环节涉及棉花种植的各个工序均会对棉花品质造成影响。首先，棉花品种对棉花质量有重要影响作用，Vasant P Gandhi 等（2016）对比试验了印度瓦多达拉和拉杰科德的 45 组转基因棉和非转基因棉，发现相对转基因棉来说，非转基因棉的品质更好。Clement J D 等（2015）对比分析三个棉花种群的优质高产性能并运用纱线质量指数来衡量纤维综合品质，最终得出三个种群在单株培育后复制三个品种中最佳基因的 11％质量序列和 27％产量序列，此时对于获得高产优质棉最有效。其次，栽培环节各项技术的变动对棉花品质也会产生相应影响，Bednarz C W 等（2005）通过研究发现不同地区的最佳种植密度受生态条件所影响，但种植密度对棉花品质的影响较小。Timothy Bartimote 等（2017）对比试验了行间距为 1 米和 1.5 米两种植棉情形，最终发现行间距为 1.5 米时棉花纤维品质更佳，此时棉花产量虽略有下降但可通过售卖高质棉获得的额外差价将其补齐。Khalid Usman 等（2013）对比分析了减耕、保护性耕作和零耕三种耕作模式，发现保护性耕作植棉效果最优，尤其在结合广谱除草剂时，棉花纤维质量和净回报率最高。最后，田间管理也会对棉花质量产生一定的影响，Faircloth J C 等（2004）发现合理的脱叶催熟剂喷施时间，会降低对棉花产量及质量的负面影响。Ioannis T 等（2016）分别在希腊和澳大利亚试验了两个旱地棉花品种，发现钾元素供给可以增加旱地棉花纤维的长度。

2. 采摘环节对棉花质量的影响　世界范围内美国率先开展棉花机械化采收的相关研究，早在 20 世纪 40 年代美国就大规模生产机采棉。经过短短二十多年的技术创新，到 20 世纪 60 年代美国的棉花机械化采收技术已经相当娴熟，在此期间内并已将这门技术推广至全国。截至到 1975 年美国已经实现了百分之百机械化采收棉花，取得了棉花采摘效率的最大化。Hughs S E 等（1991）通过相关研究发现机械化采摘会导致棉花含杂率过高，并且对机采棉采净率的要求越高，籽棉的含杂率也会越高。Sui R 等（2010）运用 HVI 和 AFIS 仪器研究并测定了机采棉采摘过程中机械对棉纤维品质的影响程度，发现机械采收棉花增加了棉纤维的棉结数，并损伤了棉纤维的长度。Tian JS 等（2017）调查分析了新疆 42 个植棉试验点的棉纤维数据，结果发现与手工采摘棉花相比，机械化采收损伤了棉纤维的长度和断裂比强度。

3. 收购环节对棉花质量的影响　不同国家的棉花质量检验体制不同，执行主体也不同。例如美国农业部设立第三方公证检验机构来对棉花质量进行监管，墨西哥通过设立棉花质量检测和仲裁委员会来管制棉花质量，而澳大利亚将棉花质量检验的权利交给了棉花加工企业。相比之下美国的棉花质量检验体制取得的效果最佳，并被称为国际棉花质量检验标准。目前，美国运用相关仪器对棉花质量检测的各项指标进行检测，HVI 仪器用于测量棉纤维的长度级、断裂比强度、马克隆值、长度整齐度以及黄度和反射度等指标。而需要人工检测的指标包括棉花的轧工质量和异性纤维含量等。Abhijit Majumdar 等（2014）在前人研究的基础上，提出一种运用生物学相关知识和管理学相关理论来测算棉纤维品质的新方法，通过这一方法可以测度棉纤维的权重，接着可以进一步判断棉纤维是否符合成纱标准，进而确定棉花品质的好坏。Maria Ivanda S. Gonçalvesa 等（2016）基于多元校正分析和数字图像（包括红黄蓝、色相、饱和度、灰度信道频率分布和值）发现了一种测量白棉纤维和彩棉纤维中蜡、反色率和黄色含量的新方法，这种方法经济实惠，虽然不使用试剂，但是结果却相当精确。

4. 加工环节对棉花质量的影响　在加工环节中各种机械的运用对棉纤维质量的影响

较大。Boykin J C（2005）研究了对籽棉预处理进行烘干和加湿步骤时对棉纤维品质的影响，结果得出籽棉回潮率过高或者过低都会引起加工清理难度，并且回潮率过低还会恶化棉纤维品质。Le S（2006）通过相关试验发现籽棉清理时清理机的转速和隔条栅的形状会对棉纤维质量造成一定的损伤，采用方形的隔条栅并提高清理机转速虽然会提高籽棉的清杂效率，但是也会加大对棉纤维的损伤程度。此外，加工环节中所选用的轧花机类型也是影响棉纤维品质的重要因素，Holt G A 等（2008）研究发现与其他种类的轧花机相比，锯齿轧花机对棉纤维的品质影响较低。Mangialardi G J（1992）测量了皮棉清理分别进行零道、一道、两道、三道皮清后锯齿皮清对棉纤维质量的损伤程度，得出皮棉清理道数越多对棉纤维的破坏性较强，经过三道皮清后棉纤维的短绒率明显升高。在棉花加工工艺方面，Barker G L 等（1991）运用相关参数构造轧花加工质量模型，以预测棉花加工品质。

5. 储运环节对棉花质量的影响　国外学者对现代棉花储运环节的质量管理已经较为完善，因此在棉花储运环节其研究多集中于如何节约储运成本以及如何提高储运效率这两方面。Tatsiopulos I P 等（2003）设计了一种棉花稻轩，将其用于可再生能源整合的物流运输网络中。Robinson J R C 等（2007）回忆了以往三十年间美国棉花运输模式的变化历程，发现美国棉花出口量的增加促进了美国物流模式的变动。Simpson S L 等（2007）通过设置运输道路和棉田位置两个可控变量，并运用系统分析软件测度及对比分析了棉包机和半轨道拖拉机的成本和经济效益。Ravula P P 等（2008）运用离散事件模拟模型及程序，测算了棉包仓库运输车的利用率及利用系数，并运用贪婪算法进一步提升了车辆的利用系数及利用率。

（二）国内研究现状

随着经济的发展及纺织企业转型升级的迫切需求，我国棉花有效供给不足的问题越来越突出，因此，近年来国内农业经济学界和产业经济学界越来越关注棉花质量的相关问题，当前研究范围主要集中在棉花质量问题、影响棉花质量的因素、提升棉花质量的办法，而对棉花质量管控体系的研究还处于初级探索阶段。

1. 棉花质量面临的问题　罗良国、任爱荣（2006）对我国纺织企业面对的棉花质量问题进行了相关调查，发现我国棉花存在等级不全、异性纤维含量高、棉结多、棉纤维长度级别低、断裂比强度不达标等问题。姚穆（2015）发现近年来我国大力发展并推广转基因抗虫棉，用单产衡量品种的优劣，导致全国范围内棉花品质急速下降，出现棉纤维长度级降低、断裂比强度下降、马克隆值增大等质量问题。李国锋等（2018）运用 Topsis 法测评了 2017 年新疆不同植棉区的棉花品质，发现与南疆和东疆植棉区相比，北疆植棉区棉花品质的接近程度较高。此外，通过分析相关数据还进一步得出新疆各地州之间棉花品质差异较大的研究结论。王扬等（2018）发现新疆棉花在 2011—2013 年间长度级和断裂比强度呈下滑趋势。通过分析全国棉花数据并结合当前棉花市场现状，发现当前我国高级棉仍供应不足，棉纤维一致性差、混等混级、短纤维率上升、异性纤维含量高的矛盾日益突出，不利于纺织业提质增效。中国棉麻流通经济研究会（2018）在关于提升和保障棉花质量的研究报告中指出，我国棉花产业面临着高品质棉花少、异性纤维含量多、品质一致性差等突出问题。盖文桥等（2018）通过分析相关数据得出棉花国储政策的实施对棉花质量的影响既有正也有负。

2. 影响棉花质量的因素　王新江、丁纪文（2017）认为棉花品种、种植管理、采摘方式、籽棉交售及棉花加工对棉花的质量具有重要作用，并提出完善宏观政策、培育机采棉新品种、做好田间管理及加强棉花加工企业的质量意识等建议，以促进提升我国棉花质量。王扬、吴晓红等（2018）认为以下因素对棉花质量具有明显的影响作用：生产环节中棉花品种多乱杂、良种补贴政策的不明显作用、棉花生产管理规范度低及技术服务体系不健全；收购环节中缺乏对棉花经纪人的限制性规定；加工环节中棉花加工能力过剩、棉花加工企业质量管理水平低及质量诚信体系的不健全。同时，他们认为产业政策和市场供需也是影响棉花质量的核心因素。赵建所（2018）认为棉花机械化采收质量与多种技术的协调互助离不开，并且这极大程度上影响着棉花的品质。中国棉麻流通经济研究会（2018）指出我国棉花质量下降的主要原因有：品种培育和栽培技术跟不上；生产收购加工方式上相对落后；政策导向上重"量"轻"质"；管理体制上重"检测"轻"监管"。叶迎东和秦桂英（2018）提出棉花加工设备对机采棉长度有显著影响，因为某些机械设备并不符合棉花加工标准，同时某些棉花加工企业尚未健全机采棉加工流程、加工标准以及相应的改进措施。

3. 提升棉花质量的办法　杨春安等（2010）提出在棉花生产这一污染源头中应狠抓质量管控工作，此后棉花收购企业及加工企业应加强棉花质量的检测，收购时实行优质优价原则，以促进棉农重质的意识。韩若冰（2015）提出建立以龙头企业为主导的棉花产业链整合模式，形成涉及各个主体各个环节的棉花产业的完整产业链，可以实现家庭经营向规模化经营的转变，进而提升棉纤维品质。王扬等（2018）提出以"生产＋流通＋加工＋纺织"或棉花专业合作社的形式可以实现产业链中各环节的整合，可进一步促进棉花质量的全程控制。中国棉麻流通经济研究会（2018）分别对政府、行业和企业三个主体提出促进我国棉花产业质量提升的建议：以政府为主导改变品种审定区试制度和评价机制、加强棉花全程质量控制技术研究，熟化配套高品质棉花技术体系、建立区域种植品种和查处假冒伪劣品种机制、扶持适度规模化种植与机械化采收、采取有效措施减少异性纤维混入、实行补贴政策与质量挂钩制度，把优质优价信息传递给种植者、尽快修订棉花国家标准、创新监督管理体制机制；通过行业促进落实好《棉花质量保证体系行业行为规范》、发布好《中国棉花协会国产棉质量差价表》、协调好质量法规规章和标准的制定修订、制订好行业贸易规则、推进行业信用体系建设、构建好棉花大数据的采集与应用；企业参与以《棉花质量保证体系行业行为规范》为指引，履行各自职责等办法，以促进我国棉花产业质量的提升。张啟来（2018）通多调研山东菏泽棉花公证检验的相关实施状况，发现地产棉仪器化公证检验量严重萎缩，但产地仪器化公检是棉花检验体质改革中的重要一环，主旨思想主要包括：确保样品形态、防止样品丢失和重复抽取样品、及时缝合棉包防止棉包霉变、规范条码打印防止条码丢失、做好监督巡查工作。

4. 棉花质量管控体系　谢英胜和谢思和（2002）认为我国尚未形成科学的棉花质量

保障体系。吴喜朝（2004）在棉花质量管控领域中首次提出"棉花质量体系"的概念，认为我国要想加强建设棉花质量体系就应该从生产环节、收购环节、加工环节及质量检验、国家政策支持等方面入手。李临宏（2007）提出构建棉花质量诚信体系要注重生产和加工两大环节，还要注意市场有序竞争、公检检验有效、设备符合标准、人员有效管理等问题，这些方面需要共同发力才能保证有效提高我国棉花质量。丁建刚和赵春晖（2010）提出在棉花质量检验改革的基础上应该加强对收购过程中的棉纤维质量管理与控制。杜卫东和马玉香（2012）通过研究探讨棉花品质相关问题，进一步建立起政府监管、市场调节、企业主体、行业自律、社会参与的棉花质量管理长效机制。王毅（2013）认为我国棉花产业在质量管控中存在以下问题：棉花质量保障体系在棉花流通这一环节还没有形成"优棉优价"的价格机制，棉花经营者的资格认定制度也还不完善，此外在储运环节中还没有建立现代化的棉花专业仓库。唐淑荣等（2016）从生产环节、采摘与收购环节、加工环节、贸易流通环节、质量检验环节、国库储备环节等阐述我国棉花质量监控现状并提出相关对策建议。王新江和丁纪文（2017）提出在棉种选取、种植采收、籽棉交售、皮棉加工等多个环节共同发力，才能提高棉花质量及其在市场中的竞争力，具备质量管控体系的意识。中国棉麻流通经济研究会（2018）提出了保证棉花质量提升是我国棉花产业的未来发展趋势，其中涵盖生产环节、加工环节、质量检测、流通环节、消费环节及监管环节，也具备质量管控体系的意识。

（三）研究述评

从国内外已有文献来看，美国、澳大利亚等国外棉花主产国在棉花质量管控工作中产业组织内分工明确，工作有序，基本实现了从棉花生产环节、采摘环节、收购环节、加工环节到储运环节的完善且成熟的棉花质量管控体系。因此，近年来国外关于棉花质量的研究内容主要围绕棉花质量管控体系中对棉花质量有影响的各个环节的技术问题展开，主要包括选种育种、种植密度、行间距管理、耕作模式、化控元素、采收装置、棉花质检技术及加工技术等内容，多为自然科学的研究范畴。而在国内学术研究中，关于棉花质量管控体系的学术研究很少，近年来对棉花质量的研究主要集中在棉花质量问题、影响棉花质量的因素、提升棉花质量的办法等单个领域，而对棉花质量管控体系的研究还处于初级探索阶段，仅有研究多局限于产业链中的某个环节，缺乏系统的研究，并且现有的研究大多数采用描述性分析。再者，以往的研究多集中于区域整体的概括研究，虽然各个植棉师同属于兵团植棉区，但各个植棉师的棉花质量管控状况仍有差异，因此本文以兵团内各个植棉师为研究对象，深入调查各个植棉师棉花质量管控体系的各个环节。基于上述认识，本文将棉花质量管控体系视为一个系统，基于棉花质量管控体系的各个环节对兵团各个植棉师的棉花质量管控体系现状进行深入调查，以定量分析的方法测评十个植棉师棉花质量管控体系中各个环节的得分以及综合得分，并探究棉花质量管控体系对各植棉师棉花质量及职工植棉效益的影响，从而为兵团棉花质量管控体系提出具体的优化内容及建议，以达到兵团棉花品质提升、职工收益增加的目的，进而提高兵团棉花产业在国内外棉花市场的产业竞争力。

二、研究目的意义

(一)理论意义

1. 丰富我国棉花产业的质量管理理论,为棉花质量管控的相关研究提供理论基础 本研究基于棉花质量管控的各个环节,以兵团棉花质量管控体系为中心,分析并测评当前兵团各个植棉师棉花质量管控体系中各个环节的得分及综合得分,进而提出优化建议。为提高兵团棉花质量和增加兵团职工植棉收益提供充分的理论基础。

2. 拓宽制度经济学、产业经济学、行为经济学相关理论的运用领域 本研究运用质量管理理论、交易费用理论及产业链理论分析兵团棉花质量管控体系的现状,有利于拓宽制度经济学、产业经济学、行为经济学相关理论的运用领域。

(二)现实意义

1. 优化兵团棉花质量管控体系,实现兵团棉花产业提质增效 棉花产业是兵团的支柱性产业,也是兵团职工收益的主要来源。研究本问题对于优化兵团棉花质量管控体系、实现兵团棉花质量的提升与团场职工植棉收益的增加、促进兵团经济发展、稳定兵团社会稳定、发挥兵团屯垦戍边特殊职责具有重要的现实意义。

2. 稳定兵团棉花生产与供给,保障我国棉花产业安全 作为棉花主产区,兵团棉花产业的良好发展对于我国棉花产业安全具有重要的战略意义。因此,研究兵团棉花质量管控体系,实现兵团棉花产业"提质增效",这对于稳定兵团棉花生产与供给,保障我国棉花产业安全具有重要的现实意义。

3. 提升兵团棉花质量,进而提高兵团棉花产业在国内外市场的竞争力 当前形势下兵团棉花"低成本、高质量"的比较优势荡然无存,严重制约了兵团棉花产业的发展。研究兵团棉花质量管控体系,有助于提高兵团棉花质量,这对于提升兵团棉花产业的品牌知名度、提高兵团棉花产业在国内外市场的竞争力具有重要的现实意义。

第二节　棉花质量管控体系变迁历程

一、兵团棉花产业相关概况

长久以来,我国形成了长江流域、黄河流域和西北内陆三大棉区,且其重心逐渐向以新疆棉区为代表的西北内陆棉区转移。位于新疆境内的新疆生产建设兵团,作为我国重要的棉花生产基地,其棉花产业的生产规模、机械化程度、单产水平等与我国其他棉区相比具有明显的比较优势,在我国棉花产业中具有举足轻重的地位。

(一)兵团棉花生产水平概况

1. 兵团棉花种植面积概况 兵团植棉面积居于新疆地方之后,位居全国第二,在我国棉花产业发展中具有重要意义。2001 年以来兵团棉花种植面积及其与全国、全疆的对比如表 9-1 所示,可以发现,兵团棉花种植面积在 2001—2006 年间维持在 450 千公顷左右,2007 年以 25.62% 的增长率骤增至 613.06 千公顷。而受 2008 年国际金融危机的影响，其植棉面积在 2009 年大幅度下降，同比降幅为 13.37％。之后在 2010—2013 年内经过小幅增长后于 2014 年达到最大值 700.57 千公顷，同比增长 18.58％，随后在 2015 年以 10.15％的幅度呈下降趋势，这是由于 2014 年起在兵团开始实行棉花目标价格补贴政策，该政策与此前临时收储政策相比之下的低收益降低了棉农的植棉积极性。近几年兵团植棉面积维持在 650 千公顷左右。总的来说，兵团植棉面积呈上升趋势，从 2001 年的 452.61 千公顷增加到 2017 年的 686.93 千公顷，年均增长 14.65 公顷。此外，兵团棉花种植面积的全国占比也呈上升趋势，从 2001 年的 9.41％上升到 2017 年的 14.18％，但其在全疆的占比却在下降，从 2001 年的 40.06％下降到 2016 年的 34.40％。目前，兵团棉花植棉面积大约保持在全国植棉面积的 15％以及全疆植棉面积的 35％。

表 9-1　兵团棉花种植面积及其与全国、全疆的对比

年份	全国植棉面积（千公顷）	新疆植棉面积（千公顷）	兵团植棉面积（千公顷）	兵团植棉面积全国占比（％）	兵团植棉面积全疆占比（％）	兵团植棉面积同比增长（％）
2001	4 809.80	1 129.70	452.61	9.41	40.06	—
2002	4 184.20	943.90	437.25	10.45	46.32	−3.39
2003	5 110.53	1 055.50	453.59	8.88	42.97	3.74
2004	5 692.87	1 136.86	472.07	8.29	41.52	4.07
2005	5 061.80	1 160.51	471.74	9.32	40.65	−0.07
2006	5 815.67	1 684.07	488.01	8.39	28.98	3.45
2007	5 926.12	1 782.60	613.06	10.35	34.39	25.62
2008	5 754.14	1 718.60	563.16	9.79	32.77	−8.14
2009	4 948.72	1 409.31	487.86	9.86	34.62	−13.37
2010	4 848.72	1 460.60	497.98	10.27	34.09	2.07
2011	5 037.81	1 638.06	534.62	10.61	32.64	7.36
2012	4 688.13	1 720.83	557.97	11.90	32.42	4.37
2013	4 345.63	1 718.26	590.81	13.60	34.38	5.89
2014	4 222.33	1 953.30	700.57	16.59	35.87	18.58
2015	3 797.00	1 904.30	629.49	16.58	33.06	−10.15
2016	3 344.74	1 805.15	621.00	18.57	34.40	−1.35
2017	4 845.00	—	686.93	14.18	—	10.62

　　资料来源：全国数据、新疆数据及兵团数据分别来源于《中国统计年鉴》《新疆统计年鉴》和《新疆生产建设兵团统计年鉴》。

　　2. 兵团棉花产量概况　兵团棉花产量概况与其植棉面积概况基本一致，是我国棉花供给的第二大区域。2001 年以来兵团棉花产量及其与全国、全疆的对比如表 9-2 所示，可以发现，除受 2008 年国际金融危机及 2014 年补贴政策变动的影响导致兵团棉花产量在2009 年和 2015 年呈下降趋势以外，其余年份中兵团棉花产量均呈上升趋势，2017 年棉花产量达到最大值，同比增长 12.24％。总体上来说，兵团棉花产量呈上升趋势，从 2001

年的 63.89 万吨增加到 2017 年的 167.88 万吨，年均增长量为 6.50 万吨。此外，兵团棉花产量的全国占比也呈上升趋势，从 2001 年的 12.00％上升到 2017 年的 30.60％。再者，在兵团棉花产量与全疆棉花产量的对比中，2002—2005 年间兵团棉花产量全疆占比较高，约为 50％，随后从 2006—2016 年一直保持在 40％左右。可见兵团棉花产量全疆占比总体呈下降趋势。目前，兵团棉花产量大约保持在全国棉花产量的 25％以及全疆棉花产量的 40％。

表 9-2　兵团棉花产量及其与全国、全疆的对比

年份	全国棉花产量（万吨）	新疆棉花产量（万吨）	兵团棉花产量（万吨）	兵团棉花产量全国占比（％）	兵团棉花产量全疆占比（％）	兵团棉花产量同比增长（％）
2001	532.35	145.80	63.89	12.00	43.82	—
2002	491.62	147.70	79.61	16.19	53.90	24.60
2003	485.97	160.00	81.17	16.70	50.73	1.96
2004	632.35	178.30	87.78	13.88	49.23	8.14
2005	571.42	187.40	98.68	17.27	52.66	12.42
2006	753.28	290.60	110.82	14.71	38.13	12.30
2007	762.36	301.27	124.72	16.36	41.40	12.54
2008	749.19	302.57	131.34	17.53	43.41	5.31
2009	637.68	252.42	113.43	17.79	44.94	−13.64
2010	596.11	247.90	115.01	19.29	46.39	1.39
2011	659.80	289.77	129.31	19.60	44.63	12.43
2012	683.60	353.95	141.77	20.74	40.05	9.64
2013	629.90	351.75	146.52	23.26	41.65	3.35
2014	617.83	367.72	163.61	26.48	44.49	11.66
2015	560.34	350.30	146.53	26.15	41.83	−10.44
2016	529.90	359.38	149.57	28.23	41.62	2.07
2017	548.60	408.20	167.88	30.60	—	12.24

资料来源：全国数据、新疆数据及兵团数据分别来源于《中国统计年鉴》《新疆统计年鉴》和《新疆生产建设兵团统计年鉴》。

3. 兵团棉花单产概况　棉花单产指单位土地面积上所收获的棉花的数量，用来反映土地的生产能力和农业生产水平。随着机械化水平的提高、相关植棉技术的应用，兵团棉花单产水平逐年提高，在新疆、全国具有明显的比较优势。2001 年以来兵团棉花单产水平及其与全国、全疆的对比如表 9-3 所示，自 2001 年起兵团棉花单产水平稳步提升，由 2001 年的 1 421.00 千克/公顷上升至 2006 年的 2 271.00 千克/公顷。2007 年兵团的棉花单产以 10.44％的幅度降至 2 034.00 千克/公顷，这是由于兵团大部分植棉区在 2007 年经历了春播期间的大风以及秋收时节的降温等一系列灾害天气。2008 年后其单产再度回升，

在 2008—2011 年间维持在 2 300.00 千克/公顷以上，此后实现大幅增长，于 2012 年兵团棉花的单产达到研究期内的峰值 2 541.00 千克/公顷。2012 年后兵团棉花单产连续三年呈现下降趋势，于 2015 年降至 2 328 千克/公顷，其中 2014 年降幅显著，同比下降 5.85%，这是因为 2014 年受阶段性低温冷害、热量资源不足的影响，使得棉花出现了不同程度减产。而后兵团棉花单产水平再度提升，于 2017 年达到 2 444.00 千克/公顷的较高水准。此外，通过对比兵团与全国及全疆的棉花单产水平，发现兵团棉花单产水平高于全疆平均水平，但远远超出全国棉花的平均水平。近年来，兵团棉花单产大约维持在全疆棉花单产水平的 1.2 倍、全国棉花单产水平的 1.5 倍。

表 9 - 3　兵团棉花单产及其与全国、全疆的对比

年份	全国棉花单产（千克/公顷）	新疆棉花单产（千克/公顷）	兵团棉花单产（千克/公顷）	兵团棉花单产与全国相比	兵团棉花单产与全疆相比	兵团棉花单产同比增长（%）
2001	1 106.80	1 290.61	1 412.00	1.28	1.09	—
2002	1 174.96	1 564.70	1 821.00	1.55	1.16	28.97
2003	950.92	1 515.87	1 790.00	1.88	1.18	−1.70
2004	1 110.78	1 568.35	1 859.00	1.67	1.19	3.85
2005	1 128.88	1 614.80	2 092.00	1.85	1.30	12.53
2006	1 295.26	1 725.58	2 271.00	1.75	1.32	8.56
2007	1 286.44	1 690.08	2 034.00	1.58	1.20	−10.44
2008	1 302.00	1 760.56	2 332.00	1.79	1.32	14.65
2009	1 288.57	1 791.08	2 325.00	1.80	1.30	−0.30
2010	1 229.42	1 697.25	2 310.00	1.88	1.36	−0.65
2011	1 310.00	1 769.01	2 419.00	1.85	1.37	4.72
2012	1 458.15	2 056.84	2 541.00	1.74	1.24	5.04
2013	1 449.50	2 047.16	2 480.00	1.71	1.21	−2.40
2014	1 463.25	1 882.53	2 335.00	1.60	1.24	−5.85
2015	1 475.87	1 839.52	2 328.00	1.58	1.27	−0.30
2016	1 584.41	1 990.87	2 409.00	1.52	1.21	3.48
2017	1 132.30	—	2 444.00	2.16	—	1.45

资料来源：全国数据、新疆数据及兵团数据分别来源于《中国统计年鉴》《新疆统计年鉴》和《新疆生产建设兵团统计年鉴》。

（二）兵团棉花质量概况

2007—2011 年间我国使用 GB1103—2007《棉花细绒棉国家强制性标准》，用以衡量细绒棉质量。此后相关部门于 2012 年发布了 GB1103.1—2012《锯齿加工细绒棉国家标准》并沿用至今。本部分所涉及的棉花质量指标为 2007 和 2012 年新旧标准中均涵盖的长度级、马克隆值、长度整齐度和断裂比强度四项指标。此外，由于所有棉花中 98% 以上

为锯齿加工的细绒棉，所以本部分采用锯齿加工的细绒棉相关数据来表示当年棉纤维的相关数据。另外本部分的棉花年份指当年棉花采收期起到下一年度棉花采收期止，即当年 9 月 1 日到次年 8 月 31 日。其中 2018—2 019 棉花年度的起止时间为 2018 年 9 月 1 日到 2018 年 11 月 30 日。

1. 长度级　长度级是评判棉花质量的一个重要指标，也是棉花定价的关键依据之一，用来反映棉纤维的长度。细绒棉长度将 25 毫米至 32 毫米共分为八个等级，其中 28 毫米为标准级，25～26 毫米的棉花使用价值偏低，30～32 毫米的棉花使用价值较高。2008—2018 年间全国、新疆及兵团棉花的长度级平均值如表 9－4 所示，在此期间兵团棉花平均长度均比全国低，更落后于新疆棉花的平均长度，且这一区间内兵团、新疆、全国的棉花平均长度均呈波动式下降趋势；2016—2018 年间，兵团棉花长度取得了显著提升，2017 年和 2018 年一举反超新疆和全国的平均水平，其中 2018 年棉花平均长度更是达到了研究期的峰值 29.46 毫米。

表 9 - 4　全国、新疆及兵团棉花长度级平均值

年份	全国棉花平均长度（毫米）	新疆棉花平均长度（毫米）	兵团棉花平均长度（毫米）
2008—2009	29.24	29.32	29.13
2009—2010	28.85	29.06	28.51
2010—2011	29.10	29.51	28.89
2011—2012	28.71	28.94	28.53
2012—2013	28.48	28.64	28.32
2013—2014	28.37	28.53	28.19
2014—2015	28.64	28.81	28.56
2015—2016	28.50	28.65	28.37
2016—2017	29.02	29.06	29.04
2017—2018	29.05	28.97	29.29
2018—2019	29.22	29.13	29.46

资料来源：中国棉花公正检验网 http：//www.ccqsc.gov.cn/。

由图 9－1 可知：在市场化改革时期（2008—2010 年），兵团棉花纤维长度普遍较高，在此期间的三年内 29 毫米及以上的高品质棉花占比分别达到 58.72％、30.94％ 和 37.39％；而在临时收储时期（2011—2013 年），兵团棉花纤维长度迅速下降，这是由于国储时期国家对所有棉花照单全收，棉农为了追求最大利益更注重棉花的单产，而忽略了棉花质量，从而造成棉纤维长度骤降的态势。这一时期的三个植棉年份中 29 毫米及以上的高品质棉花占比仅为 28.46％、19.85％和 15.53％，与市场化改革时期的状况形成鲜明对比；从 2014 年起，我国开始在新疆和兵团试点目标价格补贴政策并沿用至今，该时期内棉花的定价权又回归市场，市场的优质优价原则驱使棉农及相关利益主体再次重视棉花质量，这一阶段内兵团棉花纤维长度不断回升，但2015年兵团棉花长度普遍偏低，25～27毫米的棉纤维占比达到65.37％，该年度棉花纤维长度较其前后两年均有所下滑。2016—2018年兵团更加注重棉花质量，29～32毫米的棉花比率大幅提高，分别为54.41％、68.49％和78.44％，超过了市场化改革时期的长度级水平，棉花的纤维长度有巨大提升。

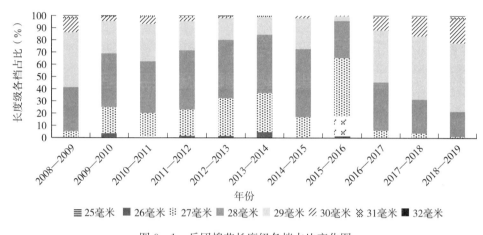

图9-1　兵团棉花长度级各档占比变化图

资料来源：中国棉花公正检验网 http://www.ccqsc.gov.cn/。

2. 马克隆值　马克隆值用来衡量棉纤维的成熟度和细度，与成纱质量有着密切的关联。只有马克隆值适中（成熟度适当、细密程度符合）的棉花才拥有较高的可纺纱性。根据国家现行的细绒棉标准，马克隆值共分为 A、B、C 三大等级，其中 A 级（3.7～4.2）的使用价值较好，最适合纺高支纱，且具有较好的成色、强力等性能；B 级的使用价值次之，包含 B1（3.5～3.6）以及 B2（4.3～4.9）两个区间；C 级的使用价值较差，包括 C1（≤3.4）和 C2（≥5.0）两个区间。2008—2018 年间全国、新疆及兵团棉花马克隆值各档占比及兵团棉花马克隆值各档占比变化如表9-5和图9-2所示，可以发现，市场化改革期间（2008—2010 年），马克隆值为 A 级的兵团棉花占总量的42.53％～47.25％，所占比例较高并且明显高于新疆和全国的相关水平；随后，在临时收储时期（2011—2013年），新政策实施之初兵团棉花处于马克隆 A 级的比例大幅下滑，2011 年马克隆值为 A 级的兵团棉花比例迅速跌落至 27.82％，而临时收储政策实施的后两年中虽然兵团棉花的马克隆值逐步恢复至先前的水平，但这一时期兵团棉花的马克隆值相较新疆和全国的优势不再明显；2014 年至今我国对棉花实施目标价格补贴政策，该政策实施初期对于促进改善棉花马克隆值起到了巨大的影响，2014 年兵团棉纤维马克隆值 A 级占比达到了接近一半的最高比率（49.94％）。然而紧接着在 2015—2018 年间，兵团、新疆和全国棉花的马克隆值均下降，在 2015 年降至历史最低点，极大地影响了兵团棉花的性能和价值。这一时期内，虽然与全国和新疆对比，兵团棉花的马克隆值优势又重新显现，但与其自身在市场化改革和临时收储时期相比仍有很大差距。

表9-5　全国、新疆及兵团棉花马克隆值各档占比

年份	马克隆A级 (3.7~4.2)			马克隆B级 (3.5~3.6和4.3~4.9)			马克隆C级 (≤3.4和≥5.0)		
	全国 (%)	新疆 (%)	兵团 (%)	全国 (%)	新疆 (%)	兵团 (%)	全国 (%)	新疆 (%)	兵团 (%)
2008—2009	34.92	37.83	42.53	60.90	59.32	53.60	4.18	2.85	3.87
2009—2010	33.80	34.07	44.25	47.80	48.22	38.96	18.40	17.72	16.79
2010—2011	36.95	37.17	47.25	45.88	46.92	42.82	17.18	15.91	9.93
2011—2012	33.30	18.82	27.82	56.85	71.59	63.39	9.85	9.59	8.79
2012—2013	31.35	27.19	29.88	58.76	69.07	66.29	9.89	3.74	3.83
2013—2014	29.97	31.46	39.37	48.51	48.98	47.14	21.52	19.56	13.49
2014—2015	35.01	34.09	49.94	47.61	51.27	43.04	17.38	14.64	7.02
2015—2016	7.80	9.05	7.04	53.93	49.95	59.14	38.26	41.00	33.82
2016—2017	12.32	10.30	16.75	67.11	65.18	71.26	20.58	24.52	11.99
2017—2018	15.15	14.42	17.67	64.47	63.88	70.17	20.39	21.70	12.17
2018—2019	23.31	20.00	30.51	59.52	58.55	64.43	17.17	21.45	5.06

资料来源：中国棉花公正检验网 http://www.ccqsc.gov.cn/。

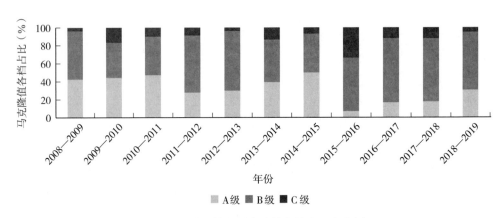

图9-2　兵团棉花马克隆值各档占比变化图

资料来源：中国棉花公正检验网 http://www.ccqsc.gov.cn/。

3. 长度整齐度指数　长度整齐度能反映棉纤维的分布状态是离散或是集中，同时也很大程度影响棉花的成纱质量和成品率。根据 GB1103.1—2012《锯齿加工细绒棉国家标准》，棉花长度整齐度分为很低（≤77.0%）、低（77.0%~79.9%）、中等（80.0%~82.9%）、高（83.0%~85.9%）和很高（≥86.0%）五个等级。2008—2018年全国、新疆及兵团棉花平均长度整齐度值如表9-6所示，研究期间内全国、新疆及兵团的棉花平均长度整齐度值在82.08%~83.24%的范围间，表明无论在横向区域对比中还是在各区域自身的纵向对比中，该值没有较大的差别。可见在 2008—2018 年间，无论自然条件和

政策制度发生怎样的变更，兵团、新疆乃至全国的棉花长度整齐度指数始终维持在中等档
（80.0％～82.9％）偏高的水平。除 2011 年以外，其余年份中均有新疆棉花平均长度整齐
度值＞全国棉花平均长度整齐度值＞兵团棉花平均长度整齐度值，表明兵团棉花的长度整
齐度指标在全国以及全疆范围内不具有比较优势。

表 9－6　全国、新疆及兵团棉花平均长度整齐度值

年份	全国棉花平均 长度整齐度值（％）	新疆棉花平均 长度整齐度值（％）	兵团棉花平均 长度整齐度值（％）
2008—2009	82.84	83.03	82.73
2009—2010	82.54	82.83	82.13
2010—2011	82.73	83.24	82.67
2011—2012	82.50	82.92	82.57
2012—2013	82.48	82.73	82.25
2013—2014	82.41	82.59	82.08
2014—2015	82.64	82.92	82.46
2015—2016	82.68	82.78	82.60
2016—2017	82.91	82.95	82.90
2017—2018	82.49	82.57	82.36
2018—2019	82.68	82.74	82.60

资料来源：中国棉花公正检验网 http：//www.ccqsc.gov.cn/。

由图 9－3 兵团棉花长度整齐度各档占比变化图可知，市场化改革时期（2008—2010
年）兵团棉花长度整齐度指数处于高档（83.0％～85.9％）水平的比例分别有 42.42％、
27.37％和 42.17％，只有在 2009 年处于劣势，同时在 2009 年长度整齐度指数较低的比
例达到了研究期内的最高水平 5.38％；临时收储时期（2011—2013 年），兵团棉花长度整
齐度指数总体呈下滑趋势，其中长度整齐度值处于高档（83.0％～85.9％）的棉纤维比例

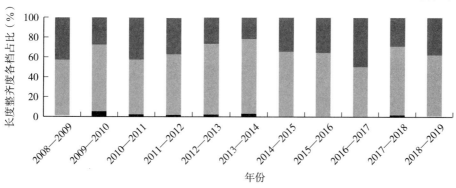

图 9－3　兵团棉花长度整齐度各档占比变化图
资料来源：中国棉花公正检验网 http：//www.ccqsc.gov.cn/。

持续下降，由 2011 年的 36.36% 跌至 2013 年研究期内的最低谷（21.45%）；2014 年起我国对棉花实行目标价格补贴政策，该政策的实施扭转了兵团棉花长度整齐度指数连续下跌的颓势并逐渐恢复到市场化改革时期的水平，2014—2016 年间，长度整齐度指数较高的占比持续上升，并在 2016 年达到了研究期内的峰值（49.40%）；虽然近两年，兵团棉花长度整齐度指数较高的占比再度出现波动，但总体上来看目标价格时期内兵团棉花长度整齐度指数高于临时收储时期。

4. 断裂比强度 断裂比强度用来反映不同粗细的棉纤维抵抗外力破坏的能力，即棉纤维的拉伸断裂性质，是棉纺企业衡量棉花内在质量的重要指标之一。根据 GB1103.1—2012《锯齿加工细绒棉国家标准》，断裂比强度值按照从低到高依次分很差（≤23.9 厘牛/特克斯）、差（24.0～25.9 厘牛/特克斯）、中等（26.0～28.9 厘牛/特克斯）、强（29.0～30.9 厘牛/特克斯）及很强（≥31.0 厘牛/特克斯）五个档位。2008 年以来全国、新疆及兵团棉花平均断裂比强度值如表 9-7 所示，在市场化改革时期（2008—2010 年）和临时收储时期（2011—2013 年），全国棉花的平均断裂比强度值＞新疆棉花的平均断裂比强度值＞兵团棉花的平均断裂比强度值，且新疆基本接近全国的平均水平。此外，临时收储时期内全国、新疆及兵团的棉花平均断裂比强度值与市场化改革时期相比较均有所下滑；2014 年起在新疆及兵团实施目标价格补贴政策，该政策的实施对于提升棉花断裂比强度起到了积极影响，其中兵团棉花平均断裂比强度值的增幅最为显著。2016 年后兵团已经成功反超了新疆和全国平均水平，2018 年兵团棉花的平均断裂比强度值达到了 29.01 厘牛/特克斯，为近十年来的最高值。

表 9-7　全国、新疆及兵团棉花平均断裂比强度值

年份	全国棉花平均断裂比强度（厘牛/特克斯）	新疆棉花平均断裂比强度（厘牛/特克斯）	兵团棉花平均断裂比强度值（厘牛/特克斯）
2008—2009	28.82	28.80	28.45
2009—2010	28.02	27.95	27.33
2010—2011	28.23	28.26	27.72
2011—2012	28.56	28.59	27.97
2012—2013	28.12	27.80	27.28
2013—2014	27.99	27.40	26.90
2014—2015	28.04	27.90	27.75
2015—2016	28.23	28.13	28.17
2016—2017	27.94	27.71	28.07
2017—2018	28.03	27.72	28.49
2018—2019	28.61	28.35	29.01

资料来源：中国棉花公正检验网 http://www.ccqsc.gov.cn/。

由图 9-4 兵团棉花断裂比强度各档占比变化图可知，在市场化改革时期（2008—2010 年），兵团棉花断裂比强度值处于中等水平的占比逐渐上升，断裂比强度值较差档和较强档的比例上下波动；在临时收储期间（2011—2013 年），兵团棉花断裂比强度值居于

中等水平的占比稳中有降，与此同时断裂比强度值较差档的比例持续上升，断裂比强度值较强档的比例不断下降，整体来说这一时期兵团棉花断裂比强度有所下滑；目标价格补贴政策实施以来，兵团棉花断裂比强度处于中等水平的占比开始稳步减少，而与此同时断裂比强度值较强档的比例则大幅提升，截至到 2018 年，断裂比强度处于 29.0～30.9 厘牛/特克斯的比例已超过 40%，兵团棉花断裂比强度在这一时期内总体上呈快速提升的态势。

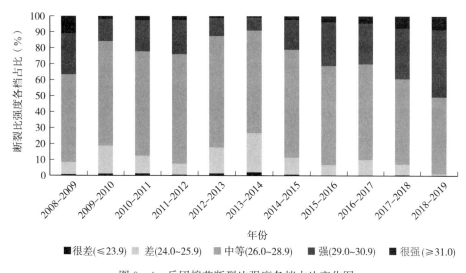

图 9-4　兵团棉花断裂比强度各档占比变化图

资料来源：中国棉花公正检验网 http://www.ccqsc.gov.cn/。

（三）兵团职工植棉效益概况

2011—2016 年兵团棉花成本收益如表 9-8 所示，可以发现近年来兵团棉花种植成本颇高，整体呈上升趋势，尤其在临时收储时期兵团植棉成本由 2011 年的 1 642.34 元/亩上升至 2013 年的 2 035.03 元/亩，年均增长 130.90 元/亩。但在目标价格补贴政策执行以后兵团植棉成本基本维持在 2 150 元/亩左右。六年间兵团植棉的各项成本均呈上升态势，再加上棉花价格的持续低迷，植棉收益呈下降趋势。2016 年兵团棉花生产成本为 1 771.55 元/亩，较 2011 年的 1 355.41 元/亩增加 416.14 元/亩，增幅为 30.70%；2016 年人工成本 935.66 元/亩，较 2011 年的 575.63 元/亩增加 360.03 元/亩，增幅高达 62.55%；2016 年土地成本 380.42 元/亩，较 2011 年的 286.93 元/亩增加 93.49 元/亩，增长 32.58%。而 2016 年兵团棉花平均出售价格为 14.57 元/千克，较 2011 年 17.81 元/千克的皮棉单价减少 3.24 元/千克，下降幅度为 18.19%；2016 年每亩净利润 6.60 元，较 2 011 的亩均净利润 570.59 元，下降幅度高达 98.84%。临时收储时期国家对生产的棉花照单全收，可观的收益助长了植棉各项成本的提升，其中人工成本的提升尤为明显。2014 年起国家提出在新疆和兵团试点棉花目标价格补贴政策，使棉花的定价权回归市场，在国内外棉花市场的影响下，这一时期棉花价格失去了临时收储时期的托市保障，致使国内棉花价格骤降，在植棉成本不断上升、棉花价格骤然下降的双重挤压下，目标价格补贴时期兵团棉花种植收益大幅度下滑，除去植棉补贴棉农收入甚微，在 2014 年和 2015 年其至呈较大的亏损状态。

表 9 - 8　2011—2016 年兵团棉花成本收益

项目	2011 年	2012 年	2013 年	2014 年	2015 年	2016 年
总成本（元/亩）	1 642.34	1 854.01	2 035.03	2 193.06	2 140.09	2 151.97
土地成本（元/亩）	286.93	336.57	366.45	390.25	360.15	380.42
生产成本（元/亩）	1 355.41	1 517.44	1 668.58	1 802.81	1 779.94	1 771.55
物质与服务费用（元/亩）	779.78	760.04	792.79	875.00	887.26	835.89
人工成本（元/亩）	575.63	757.40	875.79	927.81	892.68	935.66
家庭用工折价（元/亩）	276.52	437.42	498.30	405.85	418.70	449.25
雇工费用（元/亩）	299.11	319.98	377.49	521.96	473.98	486.41
净利润（元/亩）	570.59	588.38	439.30	−345.04	−653.78	6.60
成本利润率（%）	34.74	31.74	21.59	−15.73	−30.55	0.31
平均出售价格（元/千克）	17.81	17.74	18.57	12.71	11.29	14.57

数据来源：《2012—2017 年全国农产品成本收益汇编》。

注：总成本＝生产成本＋土地成本；生产成本＝物质与服务费用＋人工成本；人工成本＝家庭用工折价＋雇工费用；平均出售价格指皮棉价格。

二、团场综合配套改革前兵团棉花质量管控体系

　　2018 年兵团实行团场综合配套改革，此前的六十多年中兵团在农业上实行高度统一的管理模式，其对于促进兵团农业规模化、专业化、集约化生产等起到了积极的影响。而在棉花生产中一直实行"五统一"模式，即统一供种、统一种植、统一农机作业层次和收费标准、统一关键和重大技术措施、统一农资采供服务。在棉花质量管控中兵团相关单位曾先后出台《关于加强兵团棉花质量管理的指导意见》《兵团棉花优势区域布局方案》等文件。下面从棉花质量管控体系的各个环节分别概述团场综合配套改革前兵团棉花质量管控体系的相关概况。

（一）生产环节的质量管控

　　支持兵团棉花育种力量加速选育具有基本丰产性的优质、早熟、适宜机采、抗病的突破性棉花品种。鼓励内地和疆内棉花育种力量参与兵团棉花新品种选育。建设和用好兵团新品种试验、展示平台，对选育、引进的棉花新品种进行同台展示竞争。根据展示示范结果，按照"产量和品质并重，质量优先"的原则，做好棉花纤维长度、断裂比强度达到"双 30"及马克隆值、长度整齐度、短纤维指数、成熟度优的品种推介和选用，未进入兵团棉品种推介目录的品种，严禁进入大田生产推广。加强良繁体系建设，制定和落实棉花原种、良种生产技术规程，确保种性稳定，种子质量优。按照提质增效要求，坚持良种良法配套、农机农艺融合，充实和完善"矮、密、早、膜、匀"栽培技术路线，实施棉花全程机械化配套栽培模式。充分发挥滴灌条件下水肥一体化技术优势，结合测土配方平衡施肥、苗情诊断等技术，促进棉花稳健生长，提质节本增效。

（二）采摘环节的质量管控

按照《兵团机采棉脱叶剂喷施技术规范》《兵团机采棉田机械施药技术规范》喷施脱叶剂。坚持"絮（吐絮率）到不等时，时到不等絮"的原则，在棉花顶部铃期 45 天以上或棉花田间吐絮率达到 40％左右时，结合天气条件择期喷施，科学把握脱落叶剂喷施温度、时间、药剂配比和喷施次数。正常天气情况下，一般北疆 9 月 5～10 日、南疆和东疆9 月 15～20 日喷施。棉田脱叶率达 90％，吐絮率达 95％以上及时进行机械采收。机采前清除杂草、棉株、地头、运输沿线路边和树枝上的残膜，验收合格后方可作业。严格控制采摘籽棉的水分及杂质，要求含杂率、回潮率均低于 10％，采棉机作业速度≤3 千米/小时，采净率不高于 95％。籽棉采收时由植棉团场或连队指定专人统筹安排采棉机采收作业，实行分条田、分品种、分水杂分批采收，分类堆放，分级轧花。北疆于 10 月 30 日前，南疆 11 月 10 日结束正采。

（三）收购环节的质量管控

严格落实籽棉交售"车车检"质量管理制度，实行优质优价。建立条田信息卡、籽棉信息卡、加工信息卡，依据条田、籽棉等信息内容，在轧花场内实现分品种、分长度、分水分、分杂质堆放。将皮棉棉包公检信息、分级分堆信息、加工管理信息等具体内容整合处理，建立相对应的质量可追溯信息体系。条田信息卡由植棉连队指定专人建立，分类造册，为机采作业统筹调度和籽棉分类交售创造基础条件。籽棉信息卡主要包括分类地块、品种、采收时间，以及"一试五定"检验结果等内容，实行模块管理的籽棉要增加相应的制棉模时间、制棉模机组、质量监管员等内容，在籽棉交售前由连队发放给每个棉农，连队统一安排装车、拉运、交售籽棉，轧花厂凭卡收购。

（四）加工环节的质量管控

在检修方式上可实行棉花加工设备检修技术服务外包，积极推广棉花加工全程机械化、信息化等技术装备，实行籽棉分类堆放，在轧花时实时调整工艺参数，因花配车。同时，最大限度地减少加工环节对皮棉纤维的损伤，棉纤维损伤控制在 0.5 毫米左右，异性纤维及残膜等杂质控制在质量目标范围内，P2 以上占比不低于 95％。建立加工信息卡和轧花质量信息库，实行轧工质量可追溯。完善轧花厂管理考核指标，实行质量产量并重、以质量为主的质量效益型工资考核办法。

（五）储运环节的质量管控

各植棉师的轧花厂对棉花储运提出了相关管理办法：首先，在棉花入库前做好质量验收，看其是否满足入库条件，若有质量问题应该及时更换或者处理；其次，做好仓储管理工作，定期检查预防出现棉花霉变、虫蛀等现象，并及时清扫落地棉，经常清除电器周围的棉花飞絮，保持地面清洁；最后，加快物流周转。籽棉存放时间越长，越容易出现霉变、虫蛀、变质等问题。不仅会占用仓库中的空间，还要花费更多的资金。所以，籽棉的周转应该适当加快。

三、团场综合配套改革后兵团棉花质量管控体系

2018 年起兵团正式推进团场综合配套改革，兵团的农业生产发生了较大的变化。

政策全面推广后，兵团各师开展土地确权颁证，对各个职工划分相应的身份地并全面取消农业生产中的"五统一"管理模式，这就意味着从选择种植何种农作物到购买农资、农机作业及后期的产品销售统统由职工自行决定。但是兵团棉花产业的质量管控体系仍然存在，只是管控主体有所变动。政策改革后，团场下各个连队由职工选举产生"两委"，与团场综合配套改革前不同的是，目前的"两委"没有干部身份，其收入与职工的收入直接挂钩。这就导致"两委"服务团场职工的意识大大加强，在棉花种植过程中"两委"的职责由过去的强制管理转变为以服务引导为主的生产管理。在棉花种植的生产环节和采摘环节，"两委"会给予技术指导及相关建议。因此在棉花生产环节和采摘环节中"两委"与植棉职工一起共同管控棉花质量。而在其后的棉花收购环节、加工环节和储运环节中，管控主体与之前相比也有所变化，由之前的各师轧花厂转变为棉花加工企业，例如第八师的棉花加工职能交给了银力集团。下文对团场综合配套改革后棉花质量管控在收购环节、加工环节、储运环节的相关举措均以银力集团为例进行相关介绍。

（一）生产环节的质量管控

在播种种植期，连队"两委"引导职工选择早熟优质高产的品种，宣传使用达标的农资标准规格，组织学习植棉技术。具体生产环节的棉花质量管控办法与原有生产环节中的质量管控措施大体相同，唯一不同的是连队"两委"中的技术员对植棉职工只起到引导性的作用，不再是之前的强制性管理。

（二）采摘环节的质量管控

连队"两委"在棉花采摘期也会给植棉职工提供相关的技术指导及培训服务，指导棉农在合适的时间进行棉花采摘的各道工序、引导配比相关的农药及正确指导使用相关的农用物资等。另外，第八师银力集团向各植棉团场无偿提供包装布料，制作棉布包和拾棉兜，要求拾花人员进地必须戴布帽，严禁用化纤袋拾花装花。

（三）收购环节的质量管控

第八师棉花收购加工企业银力集团根据国家相关标准制定相关籽棉收购标准，2018年执行标准如下：手采棉、机采棉回潮率在 8.5%～10% 之间"不补不扣"、回潮率＜8.5%"少一补一"、回潮率＞10%"超一扣一"、手采棉回潮率＞12% 机采棉回潮率＞15% 视为不达标棉花；籽棉收购价格遵循市场形成价格规律，参考周边市场价格和优质优价，收购企业当日开秤前公布当日收购价格；职工交售籽棉的发票 5 个工作日完成兑现，使用网银向职工转账付款，结算时间以银行结算时间为准。此外，集团还要求各加工厂坚持按"一试五定"的检验规程收购棉花，分级存放。

（四）加工环节的质量管控

在棉花正式采摘前，第八师银力集团会举办棉花加工企业安全生产培训班，促使集团各级各层管理人员更全面地了解当前安全生产工作法律法规和政策重点，掌握安全生产工作的方法，全面提升集团质量管理水平。培训班主要为各棉花加工厂主要负责人和安全管理人员讲解棉花加工厂安全生产检查的类型和内容，同时还结合实际情况，讲解现场检查、电气电路、车间现场检查和消防设施等项目在日常生产中的注意事项。此外，培训班还从企业责任落实、各岗位操作管理、重要岗位隐患防控和应急管理等方面对各棉花加工厂进行了详细要求。要求在棉花收购加工中，任何人进厂必须戴白帽子，拉花车辆一律加盖棉制白布，各加工环节以质定档，因花配车。同时银力集团为了加强驻厂安全督导员的管理，做到工作规范、督导科学、执行有力，集团特制定了驻厂安全督导员管理制度，明确了驻厂安全督导员的职责和工作要求。培训要求，银力集团要层层抓落实，签订安全生产责任书；加工厂内的消防安全设施设备要配备到位；所有进入厂区工作的人员要开展岗前培训；各加工厂的安全员在轧花期间要 24 小时进行安全巡视检查。

（五）储运环节的质量管控

为了杜绝异性纤维、保证棉花质量，第八师银力集团规定在装棉、运棉、售棉过程中严禁使用编织袋、塑料袋、麻绳，另外规定在棉花入库前做好质量验收。采购结束后对籽棉质量进行验收并登记其规格、品种、产地、等级等信息，看是否满足入库条件。其次，做好合理布局措施。对棉花储存仓库的选址进行定夺，合理布置其仓库内部格局，并对棉花仓储区域下达相关管理办法，防止出现棉花自燃、虫蛀、霉变等情况。

第三节　棉花质量管控体系的评价

一、熵权法介绍

为测定兵团棉花质量管控体系中各个指标的权重，选取熵权法这一客观赋权方法。熵权法利用评价指标值构成的判断矩阵确定指标权重，克服了人为赋权的主观性，其结果更具科学性。步骤如下：

（1）指标无量纲化处理。因为棉花质量管控体系中各个指标的量纲及其对棉花质量的影响方向有所差别，因此在使用熵权法确定各指标权重前应先对各个指标进行无量纲化处理。此外，本文评价指标实际值的变化在不同的发展阶段上表示的意义也不同，本文运用指数型功效函数对各指标进行无量纲化处理，它的"凸性"可以解决这一问题，数学形式为：

正向指标无量纲化处理：

$$f_{ij} = A\,\mathrm{e}^{(X_{ij}-X_{js})/(X_{jh}-X_{js})B} \tag{9-1}$$

逆向指标无量纲化处理：

$$f_{ij} = A\,\mathrm{e}^{(X_{jh}-X_{ij})/(X_{jh}-X_{js})B} \tag{9-2}$$

其中，f_{ij} 和 X_{ij} 表示第 j 项指标第 i 个研究对象的评价值与实际值；X_{js} 和 X_{jh} 为阈值，分别表示第 j 项指标的不允许值和满意值；A、B 为正待定参数，为使评价值落在 60～100 之间，本文取 A＝60，B＝－ln0.6。

（2）计算第 i 个研究对象占 j 项指标的比重 P_{ij}。如式（9-3）所示：

$$P_{ij} = \frac{f_{ij}}{\sum_{i=1}^{n} f_{ij}} \tag{9-3}$$

（3）计算第 j 项指标的熵值 e_j。如式（9-4）所示：

$$e_j = -k \sum_{i=1}^{n} P_{ij} \ln P_{ij} \qquad (9-4)$$

其中 $k>0$，$e_j \geqslant 0$，$k=1/\ln n$，n 为样本数量。

（4）计算第 j 项指标的信息效用值 g_j。如式（9-5）所示：

$$g_j = 1 - e_j \qquad (9-5)$$

（5）计算第 j 项指标的权重 w_j。如式（9-6）所示：

$$w_j = \frac{g_j}{\sum_{i=1}^{n} g_j} \qquad (9-6)$$

（6）计算样本综合评价值 v_i。如式（9-7）所示：

$$v_i = \sum_{j=1}^{n} w_j f_{ij} \qquad (9-7)$$

二、数据来源

2018 年兵团共有第一师、第二师、第三师、第四师、第五师、第六师、第七师、第八师、第十师及第十三师十个师种植棉花。为评价兵团各植棉师 2018 年的棉花质量管控相关状况，特对各植棉师从事棉花产业工作的相关工作人员进行问卷调查，问卷设计见附录，各个指标均采用五级量化，用 1 代表非常不符合，2 代表不符合，3 代表不一定，4 代表符合，5 代表非常符合。问卷调查对象包括各师农业局职员、科研单位工作人员、植棉技术指导员、团场"两委"职工。调研时分别给各师发放问卷 20 份，十个植棉师合计发放问卷共 200 份，收回问卷 189 份，其中各个植棉师收回问卷分别为 19 份、20 份、17 份、18 份、17 份、20 份、18 份、20 份、20 份和 20 份。有效问卷 181 份，各师分别包括 18 份、18 份、16 份、18 份、17 份、20 份、18 份、19 份、19 份和 18 份，问卷整体有效率为 90.50%。有效问卷中共调查各师农业局职员 52 人次，科研单位工作人员 34 人次，植棉技术指导员 56 人次，团场"两委"职工 39 人次。可见各个植棉师所回收的棉花质量管控体系相关问卷均能用于反映各师棉花质量管控体系的相关状况。

三、指标体系的建立与权重的计算

（一）指标体系的构建原则

1. 科学性原则 棉花质量管控体系评价指标体系中各指标的选取必须要保证能够科学、客观的阐述兵团整体棉花质量管控的相关状况，另外还要保证有较高的实际应用性，能够真实反映各个植棉师棉花质量管控的具体特征。

2. 整体性原则 棉花质量管控体系评价指标体系的构建是一项系统工程，所选取的每一个评价指标都是这个系统工程的一部分，而评价棉花质量管控的指标有许多，因此在构建该指标体系时要选取最合适、最准确的指标，从而保证所选择的指标全面综合，如此就可以充分准确地展示各个研究对象棉花质量管控体系的整体特征。另外要注意各个指标之间的关系，保证高层次指标的概括性以及低层次指标之间合理分类，避免出现重合现象。

3. 可操作性原则　要确保所构建的棉花质量管控体系评价指标体系中每个指标都可观测调查，在实际研究工作中其资料可获得，其次还要保证定性指标可量化处理。

（二）指标体系的建立

建立兵团棉花质量管控体系评价指标体系，应该结合上述原则及兵团棉花产业中棉花质量管控的相关情况，全面反映各个研究对象棉花质量管控的相关措施，全方位、客观与系统地涵盖其棉花质量管控的各个环节。因此，本文把兵团棉花质量管控体系设置为目标，一级指标包括生产环节、采摘环节、收购环节、加工环节和储运环节五个方面，二级指标如表 9-9 所示：

表 9-9　兵团棉花质量管控体系评价指标体系

目标层	一级指标		二级指标	指标说明及解释	指标属性
兵团棉花质量管控体系	X_1：生产环节		X_{11}：品种审定	选用国家或省级审定的品种	正
			X_{12}：品种区域规划	选用规定的"一主一辅"品种	正
			X_{13}：农药选用	选用国家登记在棉花上使用的农药，且不过量	正
			X_{14}：地膜选用	选用 0.012～0.015 毫米的加厚地膜或生物降解膜	正
			X_{15}：残膜回收	合理揭膜并回收清理	正
	X_2：采摘环节	手采棉	X_{21}：手采时间	棉铃完全吐絮后 3～5 天内开始	正
			X_{22}：装备规范	带棉帽并使用棉布袋	正
			X_{23}：采后四分	籽棉要进行"四分"，即分摘、分晒、分存、分售	正
		机采棉	X_{24}：采摘条件	棉田脱叶率≥93％、吐絮率≥95％时开始采摘	正
			X_{25}：含杂率、回潮率	籽棉的含杂率和回潮率均控制在 12％以内	正
			X_{26}：地头卫生	采棉机下地前清理棉田地头卫生，确保没有残膜	正
			X_{27}：分区堆放	不同回潮率、品种等分区堆放，病棉单独堆放	正
	X_3：收购环节		X_{31}：排除异性纤维	收购棉花前排除异性纤维和其他有害物质	正
			X_{32}：质检规范	采用"一试五定"方式	正
			X_{33}：按质论价	收购棉花时按质论价	正
			X_{34}：堆放规范	已收购的棉花，按检验结果"分品种、分等级"堆放	正
	X_4：加工环节		X_{41}：分别加工	手采棉和机采棉需采用不同的加工工艺分别加工	正
			X_{42}：必要机械配备	配备籽棉清理异性纤维、调温调湿设备	正
			X_{43}：公证检验合格	皮棉经国家公证检验并附《棉花质量检验证书》	正
			X_{44}：设备速率	加工时设备速率控制合理	正
	X_5：储运环节		X_{51}：入库存放规范	按产地、批次、等级分别存放，分垛挂签	正
			X_{52}：预防工作	储运期间做好防火、防盗、防雷、防虫蛀鼠咬、防霉变等工作	正
			X_{53}：检查工作	定期检查仓储棉花质量变异情况	正
			X_{54}：有效期管理	出库棉花超过有效期，须重新抽样检验	正

（三）指标体系权重的计算

根据熵权法的运算步骤，确定兵团棉花质量管控体系评价指标体系中各个指标的权重值，具体如表 9-10 所示。一级指标中，对棉花质量影响最大的是"X_1：生产环节"的质量管控，其权重值为 0.282。其次为"X_4：加工环节"的质量管控，权重值为 0.253，略小于生产环节质量管控的重要程度，接着是采摘环节和收购环节的质量管控，其在棉花质量管控中的影响程度分别为 0.191 和 0.157，最后是储运环节的质量管控，其权重值仅为 0.117。在二级指标中，品种审定和残膜回收对生产环节的质量管控影响最大，权重值分别为 0.266 和 0.204；手采棉的采后四分、装备规范及机采棉的采后分区堆放对采摘环节的质量管控影响最大，权重值分别为 0.173、0.164 和 0.153；收购环节中各个二级指标对该环节棉花质量管控的影响程度差别不大，其中最为重要的是排除异性纤维，其权重值为 0.270；加工环节中手采棉和机采棉是否分别加工对该环节的棉花质量管控影响最大，权重值为 0.317；储运环节中入库存放规范和预防工作对该环节棉花质量管控的影响最大，二者权重值几乎相同，分别为 0.286 和 0.285。

表 9-10 兵团棉花质量管控体系评价指标体系各指标权重赋值

一级指标	二级指标	一级指标	二级指标
X_1 生产环节 （0.282）	X_{11}：品种审定（0.266）	X_3 收购环节 （0.157）	X_{31}：排除异性纤维（0.270）
	X_{12}：品种区域规划（0.199）		X_{32}：质检规范（0.222）
	X_{13}：农药选用（0.169）		X_{33}：按质论价（0.257）
	X_{14}：地膜选用（0.163）		X_{34}：堆放规范（0.252）
	X_{15}：残膜回收（0.204）	X_4 加工环节 （0.253）	X_{41}：分别加工（0.317）
X_2 采摘环节 （0.191）	X_{21}：手采时间（0.127）		X_{42}：必要机械配备（0.183）
	X_{22}：装备规范（0.164）		X_{43}：公证检验合格（0.233）
	X_{23}：采后四分（0.173）		X_{44}：设备速率（0.267）
	X_{24}：采摘条件（0.123）	X_5 储运环节 （0.117）	X_{51}：入库存放规范（0.286）
	X_{25}：含杂率、回潮率（0.136）		X_{52}：预防工作（0.285）
	X_{26}：地头卫生（0.125）		X_{53}：检查工作（0.217）
	X_{27}：分区堆放（0.153）		X_{54}：有效期管理（0.212）

注：括号内数值代表该指标的权重。

由以上分析及棉花质量管控体系指标体系中各指标权重值可得各个植棉师棉花质量管控的综合得分 X 可以表示为式（9-8）：

$$X = X_1 * w_1 + X_2 * w_2 + X_3 * w_3 + X_4 * w_4 + X_5 * w_5 \quad (9-8)$$

式中，X_1、X_2、X_3、X_4、X_5 和 w_1、w_2、w_3、w_4、w_5 分别表示生产环节、采摘环节、收购环节、加工环节及储运环节所对应的分数和权重，计算如式（9-9）～（9-13）：

$$X_1 = X_{11} * w_{11} + X_{12} * w_{12} + X_{13} * w_{13} + X_{14} * w_{14} + X_{15} * w_{15} \quad (9-9)$$

$$X_2 = X_{21} * w_{21} + X_{22} * w_{22} + X_{23} * w_{23} + X_{24} * w_{24} + X_{25} * w_{25} + X_{26} * w_{26} + X_{27} * w_{27}$$

$$(9-10)$$

$$X_3 = X_{31} * w_{31} + X_{32} * w_{32} + X_{33} * w_{33} + X_{34} * w_{34} \qquad (9-11)$$

$$X_4 = X_{41} * w_{41} + X_{42} * w_{42} + X_{43} * w_{43} + X_{44} * w_{44} \qquad (9-12)$$

$$X_5 = X_{51} * w_{51} + X_{52} * w_{52} + X_{53} * w_{53} + X_{54} * w_{54} \qquad (9-13)$$

（四）评价结果与分析

1. 兵团棉花质量管控体系评价与分析 根据指标权重值，计算出兵团各植棉师棉花质量管控体系的各环节评分、综合评分及综合排名，如表9-11所示。由综合评分及综合排名可得：十个植棉师棉花质量管控体系的综合评分在67.80和88.95之间，最高得分与最低得分相差21.15，表明各个植棉师之间棉花质量管控体系有很大差别。其中综合得分80以上的有五个植棉师，分别为第七师、第六师、第八师、第十师和第二师，并且除第二师以外其余四个植棉师的综合得分均在85以上，而第二师的综合得分为80.11；综合得分在70～80的植棉师有三个，分别为第五师、第四师和第一师；此外，综合得分在最低档60～70的植棉师有两个，分别是第十三师和第三师，其中第三师的棉花质量管控体系的综合得分最低，仅为67.80。

由各环节单项评分可得：第七师、第六师、第八师和第十师四个植棉师的棉花质量管控体系综合评分不仅很高，而且在整个质量管控体系中每个环节的得分均很高，分数都在80以上，说明排名前四的植棉师对生产、采摘、收购、加工和储运这五个环节都进行了严格的质量管控。第二师在生产环节、采摘环节和收购环节的质量管控得分大于80，而在加工环节和储运环节的得分偏低，说明该师在棉花质量管控体系中各个环节的质量把控不是均衡的。第五师只有在储运环节的得分为81.2，高于80，其余各环节的得分均在70～80之间。第二师和第五师可以通过严加管控个别评分较低的环节来提高质量管控体系的综合水平。第四师、第一师、第十三师和第三师这四个植棉师棉花质量管控体系中大部门环节的评分都只有60，只有在极个别环节的质量管控工作做得还不错，说明这四个植棉师需要慎重考虑当前棉花质量的管控体系的可行性，并需要针对每一个环节的具体特征做出相应的质量管控方法，才能从根本上不断完善棉花质量管控体系，增强棉花的市场竞争力。

总体来看北疆区域植棉师的棉花质量管控水平优于南疆区域和东疆区域植棉师的棉花质量管控水平，在生产环节、采摘环节、收购环节、加工环节和储运环节中均表现出一定的优越性，这也导致北疆区域植棉师的棉花质量管控综合得分优于南疆区域和东疆区域植棉师。

表9-11 兵团各植棉师棉花质量管控体系评分及排名

区域	生产环节得分	采摘环节得分	收购环节得分	加工环节得分	储运环节得分	体系综合得分（排名）
第一师	73.27	69.84	67.43	71.04	68.27	70.55（8）
第二师	80.89	81.10	84.38	78.58	74.21	80.11（5）
第三师	67.81	60.87	66.95	71.44	72.40	67.80（10）
第四师	67.84	79.36	74.32	77.5	67.69	73.48（7）

（续）

区域	生产环节得分	采摘环节得分	收购环节得分	加工环节得分	储运环节得分	体系综合得分（排名）
第五师	77.74	76.36	72.95	78.26	81.20	77.26 (6)
第六师	88.02	86.68	84.46	86.82	93.29	87.52 (2)
第七师	86.31	90.69	87.89	90.82	89.82	88.95 (1)
第八师	88.68	87.06	86.18	84.75	87.27	86.82 (3)
第十师	83.03	86.51	84.14	88.90	86.48	85.76 (4)
第十三师	68.42	62.02	67.17	81.89	63.30	69.81 (9)

2. 聚类分析结果及分析 聚类分析是在事先未知分类标准的前提下对研究对象或指标按照自身的诸多特征属性，将样本按照性质上的亲疏程度进行合理分类的一种分析方法。为进一步揭示各师棉花质量管控体系的发展特征，本文借助 SPSS21.0 利用组间连接法对十个师棉花质量管控体系的综合得分进行聚类分析，结果见图 9-5。

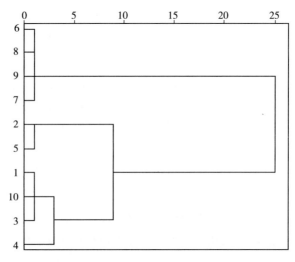

图 9-5　植棉师棉花质量管控聚类分析树状图

注：图中左侧数字 1~10 分别代表第一至第八师、第十师、第十三师。

根据每个师棉花质量管控体系的综合得分情况，十个师被分为三类，根据其棉花质量管控体系的相关概况分别被命名为质量管控优异型植棉师、质量管控中等型植棉师和质量管控差弱型植棉师，具体如表 9-12 所示。

表 9-12　植棉师棉花质量管控聚类分析结果图

类别	名称	单位
第一类	质量管控优异型	第六师、第七师、第八师、第十师
第二类	质量管控中等型	第二师、第五师
第三类	质量管控差弱型	第一师、第三师、第四师、第十三师

在聚类分析的基础上将每一类植棉师的平均得分与行业平均得分进行比较，通过对比每一类植棉师的棉花质量管控体系各个环节的管控水平并对之进行归纳。文中用十个植棉师的平均得分代替兵团棉花产业质量管控的平均水平。质量管控优异型植棉师与兵团棉花质量管控体系平均发展水平的对比如图9-6所示，该类植棉师包括第六师、第七师、第八师和第十师，其棉花质量管控体系各个环节的管控水平均明显高于行业的平均水平，这说明该类植棉师在兵团这一植棉区域中其棉花质量管控工作做得的比较好，在整个兵团中是最具优势和最完善。

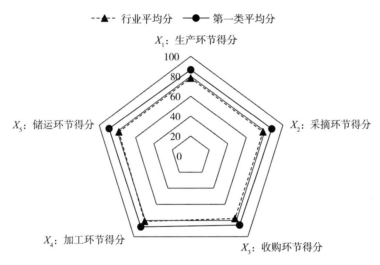

图9-6　质量管控优异型植棉师与兵团棉花质量管控体系平均发展水平对比图

质量管控中等型植棉师与兵团棉花质量管控体系平均发展水平的对比如图9-7所示，该类植棉师包括第二师和第五师，其棉花质量管控体系各个环节的管控水平与行业的平均水平几乎持平，这说明该类植棉师在兵团里其棉花质量管控工作处于整体平均水平。

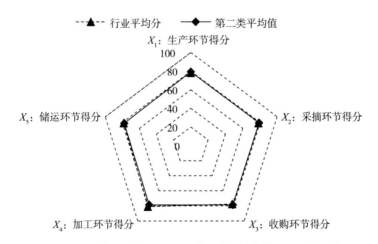

图9-7　质量管控中等型植棉师与兵团棉花质量管控体系平均发展水平对比图

质量管控差弱型植棉师与兵团棉花质量管控体系平均发展水平的对比如图9-8所示，该类植棉师包括第一师、第三师、第四师、第十三师，其棉花质量管控体系中除了加工环节的平均得分略微低于行业的平均发展水平之外，在其余生产环节、采摘环节、收购环节和储运环节中均明显低于行业的平均发展水平。这说明该类植棉师的棉花质量的管控情况远远低于行业平均水平，其棉花质量管控体系中各个环节中的质量管控都需要加强。

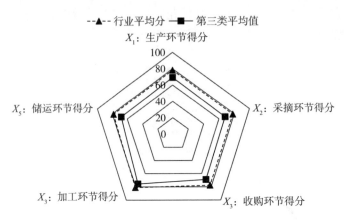

图9-8 质量管控差弱型植棉师与兵团棉花质量管控体系平均发展水平对比图

整体来说，质量管控优异型植棉师和质量管控中等型植棉师的棉花质量管控工作都达到了兵团棉花质量管控的行业平均水平，这说明前两类植棉师中所包括的六个植棉师的棉花质量管控工作较好。其中，质量管控中等型植棉师棉花质量管控体系中各个环节的管控水平只是刚达到行业平均水平，说明其在棉花质量管控体系中各个环节的质量管控还有待进一步改善和提升。而质量管控差弱型植棉师则在棉花质量管控中没有一个环节的管控水平优于行业平均水平，这就需要该类植棉师所包括的四个植棉师应重视棉花质量管控工作所涉及的每一个环节，并加强每个环节的质量管控，从而不断完善其棉花质量管控体系，以提高市场竞争力。

四、兵团棉花质量管控体系中存在的问题

为了解兵团各植棉师棉花质量管控的相关状况，将调研所得的问卷整理，各个指标均采用五级量化，1代表非常不符合，2代表不符合，3代表不一定，4代表符合，5代表非常符合。通过对各指标进行统计性描述从中总结兵团棉花质量管控体系中所存在的问题。

（一）生产环节中品种多、乱、杂，地膜使用、回收不合理

生产环节中各指标统计性描述如表9-13所示，可见：在生产环节中，兵团棉花质量管控在品种审定和农药选用时较为规范，其平均值、最小值、最大值均大于4；而在品种区域规划、地膜选用及残膜回收时却不合理，其平均值分别为2.78、3.04和2.98，几乎维持在合格分及之下。通过数据整理及实际调研访谈，发现兵团棉花质量管控在生产环节中存在品种多、乱、杂，地膜使用、回收不合理的问题。

优良的棉花品种决定着棉纤维的特性与内在品质。因此，选择优良品种是全面加强棉

花质量管控的关键和基础，可达到事半功倍的效果。当前兵团正实行团场综合配套改革，在棉花种植中不再强制实行"五统一"，很多职工不听取两委指导，自主盲目的选取高产的棉花品种。导致兵团棉花产业在棉花生产环节中存在着品种多、乱、杂的问题。通过实地调研发现某些团使用的棉花品种多达十余个，一个植棉师竟有数十个品种。并且某些职工为了分散风险，有时竟会出现一个职工种植 2~3 个品种的现象，这大大增加了异种花粉杂交的可能性，对棉纤维的一致性及其余内在品质指标有巨大负面影响。

兵团棉花产业的生产规模大，为了保证产量和职工收益，在棉花种植中都要使用地膜覆盖。然而团场多一半的职工在棉花种植中未使用符合规定的 0.012~0.015 毫米的加厚地膜或生物降减膜，使用地膜后又不合理揭膜、及时回收清理。只在来年重新播种前机械耙地，而此时地膜已经风化，只能把大块地膜带出来，小片地膜仍然留在了土地里，这样成年累月的堆积使得土地里积累越来越多的地膜碎片，这就导致在棉花采摘时会混杂地膜，增大了棉纤维异性纤维的含量。

表 9 - 13　生产环节各指标统计性描述

指标	平均值	最小值	最大值	标准误差
X_{11}：品种审定	4.43	4.13	4.87	0.25
X_{12}：品种区域规划	2.78	2.34	3.29	0.32
X_{13}：农药选用	4.32	4.11	4.57	0.15
X_{14}：地膜选用	3.04	2.76	3.41	0.22
X_{15}：残膜回收	2.98	2.71	3.31	0.20

（二）采摘环节中采摘管理混乱，职工棉花质量管控意识弱

采摘环节中各指标统计性描述如表 9 - 14 所示，可见：在采摘环节中，除了机采采摘条件这一指标的平均值（4.13）大于 4 以外，其余各项指标的平均值范围均在 3~4 分之间，维持在较低水平，手采装备规范和机采地头卫生两项指标的平均值分别为 3.53 和 3.69，大于 3.5。而手采时间、手采采后四分*、机采含杂率和回潮率、机采分区堆放四项指标的平均值都小于 3.5，分别为 3.38、3.41、3.37 和 3.34，仅满足及格。说明在采摘环节中，除机采采摘条件以外其余六个指标下所指的质量管控均存在或大或小的问题，综合概括即兵团棉花质量管控在采摘环节中管理混乱，职工质量管控意识弱。

兵团棉花产业在采摘环节中采摘方式不尽相同，其中南疆多为人工采摘，北疆和东疆多为机械采摘。人工采摘棉花时，由于近年来棉花采摘雇工困难，因此对采摘的质量要求放松很多，棉花早采现象比较普遍。再加上手采速度较慢，因此未能及时采摘的情况也时常发生，延长了棉花的日照时间，降低了棉花的颜色级，从而影响了棉花的品质。另外，职工对于棉花质量的管控意识不强烈，棉花采摘时不重视"头戴白帽、手握棉袋"的相关要求，依然反复使用易老化的塑编袋。有些职工为防止棉花被偷，甚至把大量未成熟的棉

＊　在收花时将僵瓣花、雨锈花、病虫危害花，霜前、霜后花和不同品种棉花进行分摘、分晒、分存、分交。

桃采摘下在家进行剥离，造成棉花质量下降。

　　而用机械采摘棉花时也存在管理混乱的问题，对棉花质量产生了负面影响。首先，兵团棉花机采棉的配套技术尚未完善，造成机械采摘棉花时对棉花内在性状损耗大。再者，作为理性经济人，职工为了追求利益最大化经常选择在阴雨天或者晚上采摘棉花，并选择在同一棉田中进行两次机采，这就导致籽棉的杂质大、回潮率高问题的出现。另外，在棉花机械化采摘前职工不注重采前地头卫生的处理。棉花采摘后职工在户外摊晒籽棉时，由于环境条件所限，周围地上的动物毛发等杂物很容易被风吹刮到棉花上，某些职工甚至对籽棉不予晾晒，异性纤维和"超水棉"存在的概率大大增加。

表 9－14　采摘环节各指标统计性描述

指标	平均值	最小值	最大值	标准误差
X_{21}：手采时间	3.38	2.81	3.61	0.30
X_{22}：手采装备规范	3.53	3.16	4.09	0.33
X_{23}：手采采后四分	3.41	3.12	3.92	0.29
X_{24}：采摘条件	4.13	3.68	4.37	0.23
X_{25}：机采含杂率和回潮率	3.37	3.08	4.12	0.36
X_{26}：机采地头卫生	3.69	3.34	3.91	0.19
X_{27}：机采分区堆放	3.34	3.16	3.82	0.22

（三）收购环节中质量检测和价格机制不健全

　　收购环节中各指标统计性描述如表 9－15 所示，可见：在收购环节中，兵团棉花质量管控在排除异性纤维和堆放规范中较为规范，其平均值、最大值均大于 4；而在质检规范和按质论价时却不太合理，其平均值分别为 3.24 和 3.09，几乎维持在合格分。通过数据整理及实际调研访谈，发现兵团棉花质量管控在收购环节中质检不规范，此外，也未形成"优质优价"的价格机制。

　　为了降低交易费用，兵团收购籽棉时无暇顾及"一试五定"的质检要求。收购企业仅重视与棉花重量相关的含潮率指标和衣分率指标。测量含潮率时仅用简单的仪器进行测量，而不是试轧后进一步确认，测量后若籽棉回潮率大于 8.5％则折扣相应的籽棉重量。而对于衣分的测定多是通过肉眼确定，人为降低衣分率，进而克扣棉纤维重量，"人情棉""关系棉"时有发生。兵团大多数棉花收购企业都通过粗略衡量的含潮率和衣分率将棉花定为三个等级，各个等级之间的棉花价差仅为 0.08～0.10 元/千克，根本没有形成与棉花长度级、断裂比强度、马克隆值等内在品质指标相关的定价，"优质优价"的价格机制完全不存在。在这种收购环境中，籽棉交易时不按质论价，而是按斤论价的现象日益普遍，作为理性经济人的棉农越来越不注重棉花质量，棉花质量管控意识逐渐淡薄，因此选择顺从收购标准一味地追求棉花产量与衣分，有些植棉职工由于不满于这一收购现状甚至故意参水、参沙。当前形势下，棉花产业在棉花收购时并没有建立最为关键的监管机制，因而使得棉花收购处于严重失控状态，造成棉花质量无法在收购环节得到有效控制。

表 9-15　收购环节各指标统计性描述

指标	平均值	最小值	最大值	标准误差
X_{31}：排除异性纤维	4.07	3.82	4.33	0.17
X_{32}：质检规范	3.24	2.87	3.89	0.36
X_{33}：按质论价	3.09	2.82	3.41	0.20
X_{34}：堆放规范	4.12	3.84	4.39	0.18

（四）加工环节加工企业质量责任意识差，从业人员素质低

加工环节中各指标统计性描述如表 9-16 所示，可见：在加工环节中，兵团棉花质量管控在必要机械配备和公证检验合格中较为规范，其平均值、最大值均大于 4；而在分别加工和设备速率两方面却不太合理，其平均值分别为 3.22 和 3.34，几乎维持在合格分。通过数据整理及实际调研访谈，发现兵团棉花质量管控在加工环节中存在企业质量责任意识差、从业人员素质低的问题。

棉花加工企业伴随着棉花流通改革而逐渐发展起来，绝大部分从业人员的文化水平相对较低、工作流动性强，企业经营理念参差不齐，管理模式相对粗放低下，没能做到迎合局势变化、与时俱进提升质量管理水平。部分棉花加工企业质量责任意识不强，严重缺乏社会责任感，为了避免市场波动造成的损失，纷纷采取快加快销的模式，片面追求效率。再者，棉花加工企业为了节约成本，缺乏对工作人员的技术培训，工作人员只要会按电钮就能操作，员工对于设备的工艺参数以及棉花加工环节对于棉花质量的影响等知之甚少，因而加工出的皮棉中棉结、索丝、短纤维等含量较高。另外，棉花加工企业根据质量需求随意切换机器运转速度并随意混合高质棉与低质棉的现象普遍存在，因为调低棉花加工器械的运转速度则可以减少棉花品质损耗，配比一定比例的高质棉也会拉高棉纤维的品质指标，如此就增加了棉花的不一致性。当前形势下，棉花加工企业缺乏对加工质量进行全过程以及各个环节的全面控制，也没有主动去履行保障棉花质量的义务和责任。

表 9-16　加工环节各指标统计性描述

指标	平均值	最小值	最大值	标准误差
X_{41}：分别加工	3.22	2.86	3.63	0.26
X_{42}：必要机械配备	4.14	3.87	4.68	0.28
X_{43}：公证检验合格	4.03	3.83	4.46	0.22
X_{44}：设备速率	3.34	3.17	3.93	0.29

（五）储运环节物流体系不健全，仓库管理信息化程度低

储运环节中各指标统计性描述如表 9-17 所示，可见：在储运环节中，兵团棉花质量管控在预防工作中较为规范，其平均值为 4.14；而在入库存放规范、检查工作和有效期管理三方面却不太合理，其平均值分别为 3.25、3.37 和 3.44。通过数据整理及实际调研

访谈，发现兵团棉花质量管控在储运环节中存在仓库管理程度低的问题。

兵团棉花产业在储运环节中部分检测人员没有按照国家执行的标准进行检测，在仓储时没能及时做到入库前质量的检验。另外，在布局方面也没有做到"因花配车，合理配棉"的原则。没有按照规定分级、分垛，分品种堆放棉花，导致棉花的纤维长度受损，对棉花的总体品质具有严重影响。此外，仓库管理的信息化程度不高，影响到物流的效率，严重阻碍了棉花的流通速度。棉花作为一种经济作物，经长时间储运后其色泽、纤维强度、弹性等内在品质会发生变化，大大降低棉花的使用品级。

表 9 - 17　储运环节各指标统计性描述

指标	平均值	最小值	最大值	标准误差
X_{51}：入库存放规范	3.25	2.93	3.67	0.25
X_{52}：预防工作	4.14	3.86	4.47	0.20
X_{53}：检查工作	3.37	3.01	3.75	0.25
X_{54}：有效期管理	3.44	3.21	3.87	0.23

第四节　棉花质量管控体系对质量、效益的影响

一、兵团各植棉师棉花质量综合测度

（一）AHP 模型介绍

美国运筹学家萨蒂（T. L. Saaty）教授于 20 世纪 70 年代提出层次分析法（Analytic Hierarchy Process，简称 AHP），该方法有效结合定性分析与定量分析，旨在对多方案、多目标事件进行决策分析。步骤如下：

（1）建立层次分析结构模型。将所研究的评价对象看作一个系统，从系统论的视角明确评价对象的目标及所考虑的因素，并按照相互所属关系构造递阶层次结构，从高到低依次分为目标层（最高层）、系统层（中间层）和指标层（最底层）。

（2）构造判断矩阵 $\boldsymbol{M}$。在同一层次中对各个因素的重要程度进行两两比较，并引入德尔菲 1～9 标度法来构造判断矩阵以提高准确度，各标度值及其对应含义如表 9 - 18 所示。

$$\boldsymbol{M} = \begin{bmatrix} w_1/w_1 & w_1/w_2 & \cdots & w_1/w_n \\ w_2/w_1 & w_2/w_2 & \cdots & w_2/w_n \\ \cdots & \cdots & \cdots & \cdots \\ w_n/w_1 & w_n/w_2 & \cdots & w_n/w_n \end{bmatrix} \tag{9-14}$$

判断矩阵 $\boldsymbol{M}$ 如式（9 - 14）所示，其中 w_i/w_j 表示因素 i 的重要性与因素 j 的重要性相比较得到的重要度。

表 9 - 18　德尔菲 1～9 标度法各标度值及其对应定义

标度	含义（对比因素 i 与因素 j 的重要程度）
1	表示因素 i 与因素 j 同样重要
3	表示因素 i 比因素 j 稍微重要
5	表示因素 i 比因素 j 较强重要
7	表示因素 i 比因素 j 强烈重要
9	表示因素 i 比因素 j 绝对重要
2、4、6、8	表示两个相邻判断因素的中间值
倒数	因素 i 与因素 j 相比较得到重要度 a_{ij}，则因素 j 与因素 i 相比的重要度为 $a_{ji}=1/a_{ij}$

（3）层次单排列。即计算判断矩阵 $\boldsymbol{M}$ 的特征向量 $W=[w_1,w_2,\cdots,w_3]^{\mathrm{T}}$，也就是说在上层某因素下对本层各指标的重要程度进行排序及赋权。用向量 $W=[w_1,w_2,\cdots,w_3]^{\mathrm{T}}$ 右乘判断矩阵 $\boldsymbol{M}$，则有：

$$\boldsymbol{MW}=\begin{bmatrix} w_1/w_1 & w_1/w_2 & \cdots & w_1/w_n \\ w_2/w_1 & w_2/w_2 & \cdots & w_2/w_n \\ \cdots & \cdots & \cdots & \cdots \\ w_n/w_1 & w_n/w_2 & \cdots & w_n/w_n \end{bmatrix} \times \begin{bmatrix} w_1 \\ w_2 \\ \vdots \\ w_n \end{bmatrix} = \begin{bmatrix} \lambda_{\max}w_1 \\ \lambda_{\max}w_2 \\ \vdots \\ \lambda_{\max}w_n \end{bmatrix} = \lambda_{\max}W$$

$$(9-15)$$

由式（9-15）可知，$\lambda_{\max}$ 是 $\boldsymbol{M}$ 的特征值，也是 $\boldsymbol{M}$ 的唯一非零解和最大特征值。W 是最大特征值 $\lambda_{\max}$ 所对应的 M 的特征向量。

（4）检验判断矩阵的一致性。假设存在以下重要程度排序：在同一层次中，若有 X 比 Y 重要，同时 Y 比 Z 重要，则 X 一定比 Z 重要，否则存在逻辑矛盾。对判断矩阵的一致性检验其实就是检验判断思维的逻辑性是否一致，即不存在逻辑矛盾，可用一致性比率 CR 进行评判：

$$CR=\frac{CI}{RI} \qquad (9-16)$$

$$CI=\frac{\lambda_{\max}-n}{n-1} \qquad (9-17)$$

一致性比率 CR 可用式（9-16）表示，其中 CI 表示一致性指标，具体如式（9-17）所示，n 表示判断矩阵 $\boldsymbol{M}$ 的阶数，当 $CI=0$ 时表示判断矩阵 $\boldsymbol{M}$ 一致，CI 越大表示判断矩阵 $\boldsymbol{M}$ 的不一致性越严重。RI 代表随机一致性指标，其值是通过多次重复计算随机判断矩阵的特征值，而后取其算术平均值得到的，其中 1～15 维矩阵的平均随机一致性指标 RI 如表 9-19 所示。当 $CR<0.1$ 时，表示判断矩阵 $\boldsymbol{M}$ 的不一致性程度在容许范围内，此时可以用 $\boldsymbol{M}$ 的特征向量作为权向量。当 $CR>0.1$ 时，表示判断矩阵 $\boldsymbol{M}$ 的不一致性程度超出了允许范围，此时需要修正判断矩阵 $\boldsymbol{M}$，需要对各因素重新进行两两比较。

表 9 - 19　各维度下随机一致性指标平均值

阶数	1	2	3	4	5	6	7	8	9	10	11	12	13	14	15
RI	0	0	0.58	0.89	1.12	1.26	1.36	1.41	1.46	1.49	1.52	1.54	1.56	1.58	1.59

（5）层次总排序。即从最高层次到最低层次依次对某层各个因素对总目标的重要性进行排序权值。

（二）数据来源

为测评兵团十个植棉师 2018 年的棉花质量综合状况，从 i 棉网上查找各师 2018 年棉花质量各个指标的相关数据，包括颜色级、长度级、马克隆值、断裂比强度、长度整齐度及轧工质量六个要素，又在各个要素下各选取 2 个指标来分别衡量这些要素。值得注意的是本文在 i 棉网中查阅的 2018 年棉花质量相关数据仅截至到 2018 年 12 月 10 日，当时正处于棉花加工的中后期阶段，经统计截至到 2018 年 12 月 10 日棉花加工企业已经完成 2018 年度棉花加工进度的 75.02%，因此该期的棉花质量数据可以用来代表 2018 整个棉花生产年度中的棉花质量概况。此外，在各指标权重确定的过程中，本文采用业内专家匿名评分法让其对各个指标的重要程度进行评判及打分，并围绕德尔菲的 1～9 标度使分数范围控制在 1～9 分之间。业内专家包括从事棉花产业研究的政府工作人员、研究员、教师及企业职工等，合计 10 人次。

（三）指标体系的建立与权重的计算

1. 建立层次结构模型　棉花质量综合测评指标体系的构建原则：

（1）科学性原则。棉花质量综合测评指标体系中各个指标的选取及权重值的确定必须要保证能够科学、客观的阐述整体棉花内在质量的相关状况，并能反映棉花质量的具体特征。与此同时，还要充分考虑各个指标之间的相关性，避免出现各个指标之间重叠的现象。

（2）整体性原则。棉花质量综合测评指标体系的构建是一项系统工程，所选取的每一个评价指标都是这个系统工程的一部分，因此所选择的指标要全面综合，如此就可以充分准确地展示棉花质量的整体特征。

（3）可操作性原则。要确保所构建的棉花质量综合测评体系中每个指标都可观测调查，保证资料的可获得性，其次还要保证定性指标可量化处理，最好能从相关资料中获取具体数据信息。

根据上述 AHP 模型的基本构建流程及建立棉花质量综合测评指标体系的原则，在这一系统工程中以棉花质量综合测评为目标层。又根据棉花质量检测标准设置多级指标作为其子系统（即系统层），包括颜色级、长度级、马克隆值、断裂比强度、长度整齐度及轧工质量六个方面，各个指标之间相互联系、互为补充。各个子系统下又分别设立两个指标，颜色级用来反映棉花的颜色类型和级别，其中类型由黄色的深度决定，而级别由明暗程度决定。因此在该子系统下设立白棉 1 级和 2 级占比以及淡点污棉 1 级和 2 级占比两个指标用来反映颜色级最高档和最低档的相关情况；长度级用以反映棉纤维的长度，设立长度值平均值和长度级 29 毫米及以上占比两个指标；马克隆值用以反映棉纤维的成熟度和细度，分别设立马克隆 A 级占比和马克隆 C 级占比，用来说明马克隆值最高档和最低档的相关状况；断裂比强度用以反映棉纤维能承受拉伸力的强度，设立断裂比强度平均值和断裂比强度强档及很强档占比两个指标；长度整齐度用以反映棉花纤维长度的聚集程度，设立长度整齐度平均值和长度整齐度高档及很高档占比两个指标；轧工质量反映籽棉经过处理加工后皮棉外观形态粗糙及所含疵点种类的程度，设立轧工质量 P1 级占比和轧工质量 P3 级占比，用来说明轧工质量最高档和最低档的相关状况。具体如表 9 - 20 所示：

表 9 - 20　棉花质量综合测评指标体系

目标层	系统层	指标层	单位	指标属性
棉花质量综合测评	A：颜色级	A_1：白棉 1 级 2 级占比	％	正
		A_2：淡点污棉 1 级 2 级占比	％	逆
	B：长度级	B_1：长度值平均值	毫米	正
		B_2：长度级 29 毫米及以上占比	％	正
	C：马克隆值	C_1：马克隆 A 级占比	％	正
		C_2：马克隆 C 级占比	％	逆
	D：断裂比强度	D_1：断裂比强度平均值	厘牛/特克斯	正
		D_2：断裂比强度强档及很强档占比	％	正
	E：长度整齐度	E_1：长度整齐度平均值	％	正
		E_2：长度整齐度高档及很高档占比	％	正
	F：轧工质量	F_1：轧工质量 P1 级占比	％	正
		F_2：轧工质量 P3 级占比	％	逆

2. 构造判断矩阵 M　在第一步构建了棉花质量综合测评指标体系后，需要进一步构造判断矩阵并赋值。所赋值根据每一层次中各个要素相对于上一层要素的重要性而得出，并使用具体的量化数值表示出来。在各指标权重确定的过程中，本文采用专家匿名评分法让其对各个指标的重要程度进行评判及打分，围绕德尔菲的 1～9 标度使分数范围控制在 1～9 分之间。专家包括从事棉花产业研究的政府工作人员、研究员、教师及企业职工等，合计 10 人次。系统层中颜色级（A）、长度级（B）、马克隆值（C）、断裂比强度（D）、长度整齐度（E）和压花质量（F）对目标层的影响如表 9 - 21 所示。

表 9 - 21　系统层对目标层的影响（构造判断矩阵 M）

	A	B	C	D	E	F	M_i	$\overline{w_i}$	w_i
A	1	1/9	1/5	1/7	1/3	1/2	1/1 890	0.284	0.030
B	9	1	5	3	7	8	7560	4.430	0.475
C	5	1/5	1	1/3	3	4	4	1.260	0.135
D	7	1/3	3	1	4	5	140	2.279	0.244
E	3	1/7	1/3	1/4	1	2	1/14	0.644	0.069
F	2	1/8	1/4	1/5	1/2	1	1/160	0.429	0.046

在指标层对系统层中 A 颜色级的影响评判中，通过专家匿名评分得出指标 A_1 白棉 1 级 2 级占比与指标 A_2 淡点污棉 1 级 2 级占比相比较强重要，因此所构造判断矩阵 M_A 如表 9-22 所示：

表 9-22　指标层对系统层（A 颜色级）的影响（构造判断矩阵 M_A）

	A_1	A_2	M_i	$\overline{w_i}$	w_i
A_1	1	5	5	2.236	0.833
A_2	1/5	1	1/5	0.447	0.167

在指标层对系统层中 B 长度级的影响评判中，通过专家匿名评分得出指标 B_2 长度级 29 毫米及以上占比与指标 B_1 长度值平均值相比较强重要，因此所构造判断矩阵 M_B 如表 9-23 所示：

表 9-23　指标层对系统层（B 长度级）的影响（构造判断矩阵 M_B）

	B_1	B_2	M_i	$\overline{w_i}$	w_i
B_1	1	1/5	1/5	0.447	0.167
B_2	5	1	5	2.236	0.833

在指标层对系统层中 C 马克隆值的影响评判中，通过专家匿名评分得出指标 C_1 马克隆 A 级占比与指标 C_2 马克隆 C 级占比相比介于稍微重要与较强重要之间，因此所构造判断矩阵 M_C 如表 9-24 所示：

表 9-24　指标层对系统层（C 马克隆值）的影响（构造判断矩阵 M_C）

	C_1	C_2	M_i	$\overline{w_i}$	w_i
C_1	1	4	4	2.000	0.800
C_2	1/4	1	1/4	0.500	0.200

在指标层对系统层中 D 断裂比强度的影响评判中，通过专家匿名评分得出指标 D_2 断裂比强度强档及很强档占比与指标 D_1 断裂比强度平均值相比稍微重要，因此所构造判断矩阵 M_D 如表 9-25 所示：

表 9-25　指标层对系统层（D 断裂比强度）的影响（构造判断矩阵 M_D）

	D_1	D_2	M_i	$\overline{w_i}$	w_i
D_1	1	1/3	1/3	0.577	0.250
D_2	3	1	3	1.732	0.750

在指标层对系统层中 E 长度整齐度的影响评判中，通过专家匿名评分得出指标 E_2 长度整齐度高档及很高档占比与指标 E_1 长度整齐度平均值相比介于稍微重要与较强重要之

间，因此所构造判断矩阵 $\boldsymbol{M}_E$ 如表 9 - 26 所示：

表 9 - 26　指标层对系统层（E 长度整齐度）的影响（构造判断矩阵 $\boldsymbol{M}_E$）

	E_1	E_2	M_i	$\overline{w}_i$	w_i
E_1	1	1/4	1/4	0.500	0.200
E_2	4	1	4	2.000	0.800

在指标层对系统层中 F 轧工质量的影响评判中，通过专家匿名评分得出指标 F_1 轧工质量 $P1$ 级占比与指标 F_2 轧工质量 $P3$ 级占比相比较强重要，因此，所构造判断矩阵 $\boldsymbol{M}_F$ 如表 9 - 27 所示：

表 9 - 27　指标层对系统层（F 轧工质量）的影响（构造判断矩阵 $\boldsymbol{M}_F$）

	F_1	F_2	M_i	$\overline{w}_i$	w_i
F_1	1	5	5	2.236	0.833
F_2	1/5	1	1/5	0.447	0.167

3. 层次单排列　根据第二步中所构造的判断矩阵 $\boldsymbol{M}$，计算判断矩阵 $\boldsymbol{M}$ 的特征向量 $W = [w_1, w_2, \cdots, w_3]^T$，从而得出同一层次中各个因素的权重值，具体如表 9 - 22 至表 9 - 27 中的 w_i 所示：

$$\boldsymbol{MW} = \begin{bmatrix} 1 & 1/9 & 1/5 & 1/7 & 1/3 & 1/2 \\ 9 & 1 & 5 & 3 & 7 & 8 \\ 5 & 1/5 & 1 & 1/3 & 3 & 4 \\ 7 & 1/3 & 3 & 1 & 4 & 5 \\ 3 & 1/7 & 1/3 & 1/4 & 1 & 2 \\ 2 & 1/8 & 1/4 & 1/5 & 1/2 & 1 \end{bmatrix} \times \begin{bmatrix} 0.030 \\ 0.475 \\ 0.135 \\ 0.244 \\ 0.069 \\ 0.046 \end{bmatrix} = \begin{bmatrix} 0.191 \\ 3.009 \\ 0.855 \\ 1.528 \\ 0.427 \\ 0.284 \end{bmatrix}$$

$$M_A W_A = \begin{bmatrix} 1 & 5 \\ 1/5 & 1 \end{bmatrix} \times \begin{bmatrix} 0.833 \\ 0.167 \end{bmatrix} = \begin{bmatrix} 1.667 \\ 0.333 \end{bmatrix}$$

$$M_B W_B = \begin{bmatrix} 1 & 1/5 \\ 5 & 1 \end{bmatrix} \times \begin{bmatrix} 0.167 \\ 0.833 \end{bmatrix} = \begin{bmatrix} 0.333 \\ 1.667 \end{bmatrix}$$

$$M_C W_C = \begin{bmatrix} 1 & 4 \\ 1/4 & 1 \end{bmatrix} \times \begin{bmatrix} 0.800 \\ 0.200 \end{bmatrix} = \begin{bmatrix} 1.600 \\ 0.400 \end{bmatrix}$$

$$M_D W_D = \begin{bmatrix} 1 & 1/3 \\ 3 & 1 \end{bmatrix} \times \begin{bmatrix} 0.250 \\ 0.750 \end{bmatrix} = \begin{bmatrix} 0.500 \\ 1.500 \end{bmatrix}$$

$$M_E W_E = \begin{bmatrix} 1 & 1/4 \\ 4 & 1 \end{bmatrix} \times \begin{bmatrix} 0.200 \\ 0.800 \end{bmatrix} = \begin{bmatrix} 0.400 \\ 1.600 \end{bmatrix}$$

$$M_F W_F = \begin{bmatrix} 1 & 5 \\ 1/5 & 1 \end{bmatrix} \times \begin{bmatrix} 0.833 \\ 0.167 \end{bmatrix} = \begin{bmatrix} 1.667 \\ 0.333 \end{bmatrix}$$

4. 检验判断矩阵的一致性 计算判断矩阵 M 的最大特征值 λ_{max}，并通过一致性比率 CR 来评判判断矩阵的一致性。

$$\lambda_{max} = \sum_{i=1}^{n} \frac{(Mw_i)}{nw_i} = \frac{1}{6}(6.271 + 6.336 + 6.331 + 6.253 + 6.176 + 6.162) = 6.255$$

$$n = 6 \text{ 时}, CI = \frac{\lambda_{max} - n}{n - 1} = \frac{6.225 - 6}{6 - 1} = 0.045$$

$RI = 1.26$，则有：$CR = \dfrac{CI}{RI} = \dfrac{0.045}{1.26} = 0.036 < 0.1$，说明判断矩阵 M 的不一致性程度在容许范围内，此时可以用 M 的特征向量作为权向量。同理，得出指标层对各个系统层的判断矩阵 M_A、M_B、M_C、M_D、M_E 和 M_F 均通过了一致性检验。

5. 层次总排序 根据以上结果，得出棉花质量综合测评指标体系中各个层次中各个因素的权重值，如表 9-28 所示。系统层对目标层的影响中，长度级对棉花质量的影响最大，其权重值为 0.475，占到接近一半的水平，其次是断裂比强度和马克隆值，权重值分别为 0.244 和 0.135。长度整齐度、轧工质量和颜色级对棉花质量的影响较小，其权重值分别为 0.069、0.046 和 0.030，三项的权重总和仅为 0.145。系统层中六个要素对棉花质量综合水平的影响程度从大到小依次为：长度级＞断裂比强度＞马克隆值＞长度整齐度＞轧工质量＞颜色级。另外，指标层对系统层中各要素的影响不具体说明，具体权重值详情如表 9-28。

表 9-28　棉花质量综合测评指标体系各指标权重值

目标层	系统层	指标层
棉花质量综合测评	A：颜色级 （0.030）	A_1：白棉 1 级 2 级占比（0.833）
		A_2：淡点污棉 1 级 2 级占比（0.167）
	B：长度级 （0.475）	B_1：长度值平均值（0.167）
		B_2：长度级 29 毫米及以上占比（0.833）
	C：马克隆值 （0.135）	C_1：马克隆 A 级占比（0.800）
		C_2：马克隆 C 级占比（0.200）
	D：断裂比强度 （0.244）	D_1：断裂比强度平均值（0.250）
		D_2：断裂比强度强档及很强档占比（0.750）
	E：长度整齐度 （0.069）	E_1：长度整齐度平均值（0.200）
		E_2：长度整齐度高档及很高档占比（0.800）
	F：轧工质量 （0.046）	F_1：轧工质量 P1 级占比（0.833）
		F_2：轧工质量 P3 级占比（0.167）

注：括号内数值代表该指标的权重。

由以上分析及棉花质量综合测评指标体系中各指标权重值可得棉花质量综合分数 Y_1，可表示为式（9-18）：

$$Y_1 = A * w_A + B * w_B + C * w_C + D * w_D + E * w_E + F * w_F$$

$$(9-18)$$

式（9-18）中，A、B、C、D、E 及 F 分别表示棉花颜色级、长度级、马克隆值、断裂比强度、长度整齐度及轧工质量所对应的分数，计算公式如式（9-19）～（9-24）：

$$A = A_1 * w_{A_1} + A_2 * w_{A_2} \qquad (9-19)$$
$$B = B_1 * w_{B_1} + B_2 * w_{B_2} \qquad (9-20)$$
$$C = C_1 * w_{C_1} + C_2 * w_{C_2} \qquad (9-21)$$
$$D = D_1 * w_{D_1} + D_2 * w_{D_2} \qquad (9-22)$$
$$E = E_1 * w_{E_1} + E_2 * w_{E_2} \qquad (9-23)$$
$$F = F_1 * w_{F_1} + F_2 * w_{F_2} \qquad (9-24)$$

（四）测度结果与分析

1. 指标无量纲化处理　2018 年兵团各植棉师棉花质量相关数据如表 9-29 所示，因为棉花质量综合评价中各个指标的量纲及其对棉花质量的影响方向有所差别，在综合测评其结果之前，先将各个指标下对应的数据无量纲化处理。此外，本文评价指标实际值的变化在不同的发展阶段上表示的意义也不同，本文运用指数型功效函数对各指标进行无量纲化处理，它的"凸性"可以解决这一问题，因此，棉花质量综合测评体系中正向指标和逆向指标的无量纲化处理算法分别如式（9-25）和式（9-26）所示：

正向指标无量纲化处理：

$$x_{ij}^{\cdot} = A \, e^{(X_{ij}-Min_j)/(Max_j-Min_j)B} \qquad (9-25)$$

逆向指标无量纲化处理：

$$x_{ij}^{\cdot} = A \, e^{(Max_j-X_{ij})/(Max_j-Min_j)B} \qquad (9-26)$$

其中，x_{ij} 表示 j 项指标下的第 i 个研究对象未经处理的原始数据，$x_{ij}^{\cdot}$ 表示经过归一化处理后的数据，Max_j 和 Min_j 分别表示 j 项指标下所有研究对象中的最大值和最小值。A、B 为正待定参数，为使评价值落在 $60 \sim 100$ 之间，本文取 $A=60$，$B=-\ln 0.6$。

2. 计算兵团各植棉师棉花质量系统层相关得分　将归一化处理后的各项数据通过公式（9-19）～（9-24）来计算兵团各植棉师在系统层中颜色级、长度级、马克隆值、断裂比强度、长度整齐度及轧工质量六项所得的分数，各项得分的分数范围具体如表 9-30 所示。在颜色级得分中，第十三师得分最高，而第六师得分最低；长度级得分中，第七师得分最高，第十三师得分最低；马克隆值得分中，第六师得分最高，第三师得分最低；断裂比强度得分中第十师得分最高，第二师得分最低；长度整齐度得分中第五师得分最高，第十三师得分最低；轧工质量得分中第十三师得分最高，第六师得分最低。

表9-29 2018年兵团各植棉师棉花质量概况

植棉师	颜色级		长度级		马克隆值		断裂比强度		长度整齐度		轧工质量	
	白棉1级2级占比(%)	淡点污棉1级2级占比(%)	长度值平均值(毫米)	长度级29毫米及以上占比(%)	马克隆A档占比(%)	马克隆C档占比(%)	断裂强度平均值(厘牛/特克斯)	断裂比强度强档及很强档占比(%)	长度整齐度平均值(%)	长度整齐度高档及很高档占比(%)	轧工质量P1档占比(%)	轧工质量P3档占比(%)
第一师	25.10	0.00	29.20	64.00	10.70	10.40	28.60	40.40	82.70	41.20	2.50	1.60
第二师	39.50	1.00	29.20	68.70	21.10	6.00	27.90	17.20	82.50	33.80	0.50	0.60
第三师	51.60	0.00	29.10	62.50	6.20	25.10	28.00	22.00	82.70	38.30	3.70	2.00
第四师	19.70	0.50	29.20	62.60	72.40	8.50	29.10	54.30	82.40	27.70	0.00	0.50
第五师	9.80	0.30	29.40	77.80	16.20	1.20	28.40	29.10	82.90	49.30	0.30	0.20
第六师	3.60	1.80	29.40	79.10	79.40	0.20	29.80	74.90	82.80	44.50	0.00	5.10
第七师	16.10	0.20	29.80	89.80	16.10	3.40	29.70	71.50	82.50	33.50	0.10	0.40
第八师	4.60	0.70	29.50	82.40	35.80	1.10	29.00	50.40	82.40	30.20	0.10	1.50
第十师	7.10	1.00	29.50	82.80	64.30	3.00	30.10	83.30	82.70	39.70	0.00	0.00
第十三师	56.20	0.00	29.10	61.90	16.60	5.40	28.00	22.90	82.40	27.50	9.90	0.30

数据来源：i棉网 https://www.i-cotton.org/。

表 9-30　兵团各植棉师棉花质量系统层相关得分

区域	颜色级得分	长度级得分	马克隆值得分	断裂比强度得分	长度整齐度得分	轧工质量得分
第一师	78.29	62.72	65.76	71.48	82.47	71.09
第二师	83.40	67.39	71.02	60.00	68.93	67.01
第三师	96.36	60.55	60.00	62.05	78.13	74.16
第四师	72.93	61.40	93.05	79.76	60.23	65.86
第五师	68.42	79.34	71.06	66.18	100.00	67.13
第六师	60.00	80.95	100.00	93.60	89.55	60.00
第七师	72.21	100.00	70.16	91.25	68.54	66.28
第八师	64.16	86.16	78.65	77.53	63.13	64.61
第十师	64.28	86.70	90.88	100.00	80.19	66.68
第十三师	100.00	60.00	69.59	62.38	60.00	99.51

3. 计算兵团各植棉师棉花质量综合得分　根据以上分析结果及公式（9-18）测评兵团各植棉师棉花质量综合得分，结果如表 9-31 所示。可以发现：兵团各植棉师棉花质量综合得分范围在 63.70～89.18 之间，说明各个植棉师棉花质量的差距较大。十个植棉师中仅有第七师（棉花质量综合得分为 89.18）、第十师（棉花质量综合得分为 88.38）和第六师（棉花质量综合得分为 85.53）三个师的棉花质量综合得分高于 80 分，其余七个植棉师的棉花质量综合水平均较低，有待进一步提升。根据综合得分数据可知十个植棉师其棉花质量综合得分从高到低依次为：第七师、第十师、第六师、第八师、第五师、第四师、第一师、第二师、第十三师和第三师。

表 9-31　兵团各植棉师棉花质量综合得分

项目	植棉师									
	第一师	第二师	第三师	第四师	第五师	第六师	第七师	第八师	第十师	第十三师
棉花质量综合得分	67.42	66.58	63.70	70.56	75.47	85.53	89.18	79.71	88.38	64.83

二、兵团各植棉师棉花效益综合状况

通过调研将 2018 年兵团各植棉师的棉花种植成本收益状况汇总，结果如表 9-32 所示，可以发现团场综合配套改革后植棉成本大幅度下降，主要原因可归结为政策改革后兵团职工都分到了身份地，大大减少了地租的成本。另外，棉农在充满竞争的市场中自主选择各种植棉物资及服务，导致物资成本也有所下降，再者近年来兵团机采棉比率一直呈上升趋势，棉花采摘的机械化也大大降低了棉花的采摘成本。2018 年，十个植棉师的棉花生产总成本在 1 682.22～1 892.22 元/亩，差值为 210 元/亩，仍然具有一定的差别，而造成这一差别的主要原因在于其棉花采摘方式的不同。位于北疆区域的植棉师包括第四师、第五师、第六师、第七师、第八师和第十师共六个植棉师，其植棉总成本在十个植棉师中处于最低水平，均在1 700元左右，原因是这几个师在棉花种植及采摘过程中机械化水平较高，大大减少了高额的人力成本。其中第六师、第七师和第八师实现了100%的机械采收，只有在地头或者树荫下进行人工采摘以便后续机械化采摘的开展，此外第四师、第五师和第十师的棉花机采率分别达到86.2%、93.2%和91.3%，第四师的棉花机采率最低，因此导致其植棉成本在北疆区域处于最高水平。而位于南疆区域的第一师、第二师、第三师和东疆区域的第十三师其植棉成本与北疆区域的植棉师相比略高，除第三师以外，其余三个师的植棉总成本均高于1 800元。原因是这些植棉师的棉花机采率与北疆区域植棉师相比偏低，分别为80.4%、85.5%、13%和62.7%，因此这四个植棉师的植棉成本在所有植棉师中处于最高级。但由于第三师的劳动力资源充分，棉花人工采摘成本相对较低，使得其植棉成本也不至于过高，并且还略低于南疆区域其他植棉师的植棉总成本。

棉花的单产、单价与职工的植棉收益（利润）息息相关，2018年籽棉单价与目标价格补贴政策执行以来的其他年份相比较高，籽棉单价在6.80~7.10元/千克，各师的籽棉单价无太大区别，而各个植棉师的棉花单产水平却相差较大。南疆区域和东疆区域具有良好的植棉资源禀赋，有适于棉花生长的温度条件、光照条件，尤其在棉花吐絮期光照条件好、晴好天气多，同时新疆热量丰富，雨水稀少，这都有利于棉花高产，因此第一师、第二师、第三师及第十三师的棉花单产均很高，籽棉单产水平在384.68~408.33千克/亩之间，而位于北疆区域的植棉师其棉花单产水平与南疆相比略有不足，但由于其机械化的应用，使得其植棉收益也比较可观。十个植棉师中，植棉利润在539.96~943.61元/亩之间，各师之间有较大的差异，其中植棉利润最高且达到900元/亩以上的有第十三师和第一师，分别为943.61元/亩和927.65元/亩；其次植棉利润在800~900元之间的有第五师、第二师、第七师和第三师，分别为881.73元/亩、839.01元/亩、821.11元/亩和801.09元/亩；然后植棉利润在700~800元/亩之间的只有第八师，为726.85元/亩；植棉收益最低的为第六师、第十师和第四师，植棉利润分别为654.10元/亩、573.87元/亩和539.96元/亩。相比之下，南疆区域和东疆区域的植棉利润高于北疆区域，虽然北疆区域的植棉成本较低，但是这一优势并不明显，最大成本与最低成本之间仅仅相差210元/亩。而相比之下南疆区域的单产水平相比北疆区域具有极大的优势，因此导致南疆植棉师的植棉利润高于北疆地区。

表9-32 2018年兵团各植棉师棉花种植成本收益状况

植棉师	总成本（元/亩）	单产（千克/亩）	单价（元/千克）	利润（元/亩）
第一师	1 823.07	392.96	7.00	927.65
第二师	1 892.22	384.68	7.10	839.01
第三师	1 756.39	408.33	6.90	801.09
第四师	1 762.45	338.59	6.80	539.96
第五师	1 695.79	376.28	6.85	881.73

（续）

植棉师	总成本（元/亩）	单产（千克/亩）	单价（元/千克）	利润（元/亩）
第六师	1 703.39	346.69	6.80	654.10
第七师	1 713.95	367.4	6.90	821.11
第八师	1 682.22	349.14	6.90	726.85
第十师	1 736.91	339.82	6.80	573.87
第十三师	1 882.64	403.75	7.00	943.61

数据来源：由调研数据整理而得。

三、兵团棉花质量管控体系对质量、效益的影响

（一）联立方程模型介绍

联立方程模型指的是在经济系统中多个变量之间并不是简单的单向因果关系，而是相互依存、互为因果的，所以仅仅用单方程模型无法体现变量之间的复杂关系，故需要用两个或两个以上相互关联的单方程组合在一起，共同体现一个经济系统中多个经济变量之间相互关联性的模型。联立方程模型中的每一个方程都表达了变量间的一个因果关系，所描述的经济系统中有多少个因果关系，联立方程模型中就会有多少个对应的方程。

简单方程模型中的变量一般分为两类，分别是解释变量和被解释变量，但是在联立方程模型中的变量存在着相互依存、互为因果的关系，故在这样的情况中如果还只是把变量简单的划分为解释变量和被解释变量这两类，就没办法清晰的表示变量之间的复杂关系。为了更好的区分和解释每个变量，所以需要对变量重新进行分类如下：

1. 内生变量　内生变量的取值是由模型系统决定的，它可以是某个单方程中的解释变量，同时也有可能是其他单方程中的被解释变量。同时内生变量一般会受到随机干扰项的影响，是一个随机变量。

2. 外生变量　外生变量的取值是由模型系统以外的其他因素来决定的，它的取值在模型求解之前就是已知的，是一个非随机变量，也就是说外生变量不会受到其他变量的影响，只会影响到系统中的其他变量，所以只能作为解释变量。

（二）数据来源及描述性统计

1. 数据来源　本文各个师的质量数据、质量管控综合得分由前文第四章及第五章第一部分计算而来。降水量、积温数据来源于中国气象数据网，这两项数据的时间区间为2018 年的棉花生长季，即 2018 年 4～10 月，其中降水量数据为这七个月的降水总量，积温数据的计算公式为 $AT = \sum \max(0, T_i - T_b)$，式中 T_i 表示第 i 天的平均气温，T_b 表示棉花的生物学下限温度，本文 $T_b = 10\ ℃$。各个师的亩均收益、植棉成本及单产数据来源于调研数据，问卷见附录一的基本信息部分。问卷调查对象包括各师农业局职员、植棉技术指导员、团场"两委"职工、棉农、各师加工企业领导和职工等。调研时分别给各师发放问卷 20 份，十个植棉师合计发放问卷共 200 份，收回问卷 189 份，有效问卷 181 份，

问卷有效率为 90.50％。

2. 变量描述　各变量的统计性描述如表 9 - 33 所示，其中各个方程中的被解释变量和解释变量如下：

（1）内生变量。本部分的研究主体是在提质增效的背景下探究兵团棉花质量管控体系，即看棉花质量管控体系对棉花质量和职工植棉效益的影响，因此共有两个内生变量，即棉花质量（ZL）和植棉效益（XY）。

（2）外生变量。本部分的主体为探究棉花质量管控体系对棉花质量及职工植棉效益的影响，因此质量管控体系综合得分（ZLGK）为两个方程的共同外生变量。此外，根据邱吉辉（2015）、何磊等（2016）、赵光全（2016）、张永梅（2018）等研究发现，降水量（JSL）、积温（JW）是影响棉花质量的重要因素。根据赵焕文等（2015）、王俊铎（2016）、宋国军（2016）、陆光米（2018）等研究发现，机采率（JCL）和单产（DC）是影响植棉效益的重要影响因素。因此共有质量管控体系综合得分（ZLGK）、降水量（JSL）、积温（JW）、机采率（JCL）和单产（DC）五个外生变量。

表 9 - 33　主要变量统计性描述

	变量名	变量符号	单位	平均值	最小值	最大值	标准误差
	棉花质量	ZL	—	75.14	63.70	89.18	9.96
方程 1	降水量	JSL	毫米	81.82	49.3	112.9	22.69
	积温	JW	℃	1 865.48	1 344.7	2 314.7	449.194
	植棉效益	XY	元/亩	760.90	539.96	943.61	141.99
方程 2	机采率	JCL	％	81.23	13.00	100.00	27.26
	单产	DC	千克/亩	370.76	338.59	408.33	26.39
共同变量	质量管控综合得分	ZLGK	—	78.81	67.80	88.95	8.12

（三）联立方程模型构建

孙晓华（2009）、李建忠（2011）、孙大超（2012）和陈娜（2013）通过对截面数据建立联立方程对自己的研究领域进行相关研究。本文为探究棉花质量管控体系对棉花质量、棉农植棉效益（利润）的影响，特对截面数据建立联立方程模型。为减少异方差及相关偏误差对实证结果带来的不确定性，本文首先将所有变量取自然对数（方程中以"L"表示）。结合上述分析可知，影响棉花质量及植棉效益的因素较多，为避免各因素之间的相关性采用三阶段最小二乘法就棉花质量管控体系以及其他因素对棉花质量及植棉效益的影响进行分析。根据相关文献得出棉花质量管控体系及其他因素对棉花质量及植棉效益影响的联立方程如下：

$$\begin{cases} LZL = \alpha_1 LZLGK + \alpha_2 LJSL + \alpha_3 LJW \\ LXY = \beta_1 LZLGK + \beta_2 LJCL + \beta_3 LDC \end{cases} \quad (9 - 27)$$

（四）结果与分析

棉花质量管控体系及其他因素对棉花质量和植棉效益影响的估计结果如表 9-34 所示。两个方程中回归直线对观测值的拟合优度统计量可决系数 R^2 分别为 0.957 7 和 0.808 6，均接近于 1，说明回归直线对观测值的拟合程度较好。结合回归结果，得出棉花质量管控体系及其他因素对棉花质量和植棉效益影响的联立方程可表示如下：

$$\begin{cases} LZL = 0.955LZLGK - 0.005LJSL - 0.208LJW + 7.451 \\ LXY = 0.666LZLGK + 0.046LJCL + 3.397LDC - 12.707 \end{cases} \quad (9-28)$$

在方程 1 中，即棉花质量管控体系和其他因素对棉花质量的影响估计方程中，质量管控体系综合得分、降水量、积温、机采率和籽棉单价均通过了显著性检验，在不同程度上影响着棉花质量，而光照没通过显著性检验，对兵团棉花质量的影响可忽略。质量管控综合得分在 1% 的显著水平下对棉花质量有正向影响，质量管控体系综合得分每提高 1% 单位，就会导致棉花质量提升 0.955%，这与客观规律相一致，棉花质量综合得分高说明在棉花生产、采摘、收购、加工、储运环节中对棉花质量的管控更加严格，保证了优良品质的棉花；降水量在 1% 的显著水平下对棉花质量有负向影响，降水量每增加 1% 单位，导致棉花质量下降 0.005%，这是因为在棉花生长的不同阶段降水量对棉花的生长发育有不同的作用，在播种期降水量的增加会提升种子的发霉率和烂苗率，势必会影响后期棉花的长势和品质；而在生长期，降水量偏多会严重影响棉纤维的成熟度和色泽，更有甚者在降雨和高温切换的气候下还会引起棉花发病；此外，在棉花吐絮期降水量过多会导致棉花吐絮不畅、烂铃，从而影响棉花的品质。积温在 1% 的显著水平下对棉花质量有负向影响，积温每提高 1% 单位，就会导致棉花质量下降 0.208%。与降水量相同，积温在棉花的生长中扮演着重要的角色，并且在不同的生长阶段棉花的充分发育与生长对积温的要求也不同。播种期温度太高会影响种子的发芽率，对根系的健康发展也极其不利；在出蕾期温度过高会并加快棉花的现蕾并缩短开花时间，不利于形成优质棉；等到棉花结铃时，高温天气会导致雄蕊的扭曲发展，这也严重影响着棉花的质量；另外，在棉花吐絮时积温过高会加速棉花早衰，使得棉花没有完全发育。

在方程 2 中，即棉花质量管控体系和其他因素对植棉效益的影响估计方程中，质量管控体系综合得分、机采率、单产在不同的显著水平下均显著影响着植棉效益。质量管控体系综合得分在 5% 的显著水平下对植棉效益有正向影响，质量管控体系综合得分每提高 1% 单位，就会导致植棉效益提升 0.666%，因为在当前目标价格补贴政策下，棉花的定价权回归市场，而市场中优质优价的规律会驱使商家对优质棉花报以相对更高的价格。棉花质量综合得分高说明在棉花生产、采摘、收购、加工、储运环节中对棉花的质量管控更加严格，保证了优良品质的棉花，也能卖到更高的价钱，从而获得更高的收益；机采率在 1% 的显著水平下对植棉效益有正向影响，机采率每增加 1% 单位就会导致植棉效益增加 0.046%。与客观规律相一致，棉花机采率越高，意味着采摘棉花的机械化水平越高，从而节约了大量的劳动力，而机械采摘棉花的人工成本远远低于劳动力采摘棉花的成本，导致职工从中获得更高的效益。单产在 1% 的显著水平下对植棉效益有正向效应，并且在三个自变量中单产对植棉效益的影响最大，单产每增加 1％单位就会引起植棉效益增加 3.397％。棉花单产越高，意味着植棉生产力水平越高，可以使植棉职工从中获得更多的收益。

表 9 - 34　联立方程估计结果

变量	LZL（方程1）	LXY（方程2）
LZLGK	0.955 (7.40)***	0.666 (1.91)**
LJSL	−0.005 (−2.62)***	
LJW	−0.208 (−3.91)***	
LJCL		0.046 (2.98)***
LDC		3.397 (6.08)***
Cons	7.451 (3.88)***	−12.707 (−2.20)**
R^2	0.957 7	0.808 6

注：表中括号内数值表示 z 值；***、**、* 分别表示 1％、5％、10％的显著水平。

第五节　棉花质量管控体系的优化及其建议

一、兵团棉花产业的发展方向

受国际棉花市场影响，2010 年我国棉花价格起伏不定，为保护棉花产业国家从 2011 年起实行棉花临时收储政策。该政策保障了棉农收益，稳定了棉花生产，但也凸显出种植成本上升，质量大幅度下滑，库存持续上升以及国内外价格倒挂等问题。基于此，国家提出于 2014 年在新疆和兵团试点棉花目标价格补贴政策，并于 2017 年提出继续执行此项政策，且目标价格由之前的一年一定改为三年一定。该政策在完善棉花价格形成机制、保护棉花产业链上各利益主体等方面取得了显著成效，但"增产抑或升质""成本居高不下，价格持续低迷"等多重矛盾依然是制约兵团棉花产业发展的掣肘。

随着经济水平的提高，国民对优质棉制品的需求逐渐成为主流，再加上纺织企业转型升级的迫切要求，因此需要不断优化与完善原料棉纤维的质量管控工作，提高棉纤维长度级、断裂比强度、马克隆值、长度整齐度等内在指标品质，以促进兵团棉花产业供给侧结构性改革，为纺织企业提供高品质的原料棉。再者，作为植棉受益者的棉农，伴随着原料成本、机械成本及人工成本的不断提高，其植棉效益连年不佳。因此，通过优化棉花质量管控体系，规范各个环节中的棉花质量管控办法，在提质保量的基础上带动棉花品质上升，并通过优质优价的价格机制提高植棉职工的收益。另外，兵团是我国优质棉生产基地，其植棉面积和棉花产量在全国各植棉区中居于新疆地方之后位居第二，在我国棉花产业中具有举足轻重的地位。兵团棉花产业"提质增效"可以促进兵团棉花产业良性发展，对于保护兵团棉花产业、带头示范全国植棉区、保证我国棉花产业的供给具有重要作用。

兵团棉花产业正面临着低质棉供给过剩、优质棉供给不足的结构性生产失衡问题，同时职工植棉收益连年不佳的问题也越来越突出，成为兵团棉花产业健康发展的突出瓶颈。"十三五"规划中李克强总理明确提出要实现中国经济"提质增效"这一重要的战略性任务（"十三五"规划，2014）。从 2015 年起，我国中央 1 号文件中多次提到我国农业产业"提质增效"的相关要求，达到推进农村深化改革、促进农业转型升级的目的。在此背景下，研究兵团棉花质量管控体系、提升兵团棉花产业的市场竞争力、促进兵团棉花产业供给侧结构性改革已经尤为重要。只有加强棉花质量管理，才能稳步提高兵团棉花经济发展的核心动力。优化兵团棉花质量管控体系、形成完善的棉花质量管控体系、通过优质优价获得额外收益即是实现兵团棉花产业提质增效的基础，也是近期内兵团棉花产业的发展方向。

二、兵团棉花质量管控体系的优化内容

（一）兵团棉花质量管控体系的优化原则

以棉花质量管控体系各环节匹配、协同为发展方向。棉花质量管控体系是一项环节众多的系统工程，涉及生产环节、采摘环节、收购环节、加工环节和储运环节。兵团棉花质量管控体系各个环节之间的管控办法一定要互相匹配，协同发展，这主要体现在各环节的管控主体，兵团综合配套改革后，"两委"与植棉职工共同管控棉花质量管控体系的生产环节和采摘环节，而在其后的棉花收购环节、加工环节和储运环节中，管控主体为棉花加工企业。这就需要各个环节之间的管控主体分工明确、互相配合，使得棉花质量管控体系各环节之间匹配、协同发展。

以质量提升为主要目标，兼顾高产。目前，随着国民经济的发展以及纺织企业转型升级的迫切要求，纺织企业对高品质棉纤维的需求逐渐成为主流。同时，伴随着原料成本、机械成本及人工成本的不断提高，棉农的植棉收益连年不佳。棉花质量管控体系对棉花质量的提升有促进作用，但是好的棉花质量管控体系不仅体现在提升棉花品质，更重要的是实现棉农收益的提升，这就要求在棉花质量管控体系的优化进程中，不能一味地重视棉花质量，还要兼顾棉花产量，在保证棉花质量在市场具备竞争力的情况下确保棉花产量不降低。

以"优质优价"为途径，提升植棉效益。当前收购环境中，籽棉交易时不按质论价，而是按斤论价的现象日益普遍。作为理性的经济人，棉农越来越不注重棉花质量，对棉花质量的管控意识逐渐淡薄。因此，应加强棉花质量的检验工作，并将籽棉质量与收购价格挂钩，这样棉农才会转变植棉观念，由只关注棉花产量转向关注棉花质量，从而调动棉农种植高质量棉花的积极性，引导棉农改变植棉习惯。

（二）兵团棉花质量管控体系的优化内容

通过前文概述兵团棉花产业发展方向、讨论兵团棉花质量管控体系的优化原则，本节提出兵团棉花质量管控体系的优化内容，具体如表 9 - 35 所示。

表 9 - 35　兵团棉花质量管控体系的优化内容

环节	具体优化内容
生产环节	选用国家或省级审定的品种，并符合"一主一辅"区域规划；选用国家登记在棉花上使用的农药，且不过量；选用 0.012～0.015 毫米的加厚地膜或生物降减膜，使用后合理揭膜并回收清理
采摘环节	人工采摘：棉铃完全吐絮后 3～5 天内开始；带棉帽且使用棉布袋；籽棉要进行"四分" 机械采摘：棉田脱叶率≥93%、吐絮率≥95%时开始采摘；籽棉的含杂率和回潮率均控制在 12%以内；采棉机下地前清理棉田地头卫生；不同回潮率、品种等分区堆放，病棉单独堆放
收购环节	收购棉花前排除异性纤维和其他有害物质；采用"一试五定"方式；收购棉花时按质论价；已收购的棉花，按检验结果"分品种、分等级"堆放
加工环节	手采棉和机采棉需采用不同的加工工艺分别加工；配备清理异性纤维、调温调湿设备；加工时设备速率控制合理；皮棉经国家公证检验并附《棉花质量检验证书》
储运环节	按产地、批次、等级分别存放，分垛挂签；储运期间做好防火、防盗、防雷、防虫蛀鼠咬、防霉变等工作；定期检查仓储棉花质量变异情况，出库棉花超过有效期，须重新抽样检验

生产环节中，选种时要选用国家或省级审定的品种，并符合"一主一辅"的区域规划，避免出现同一区域中棉花品种多、乱、杂的现象，达到在源头控制棉花质量的效果；使用农药时要选择国家登记在棉花上使用的药品，并且使用不能过量，从而保证残留在棉纤维中的化学物质符合标准；而在选择地膜时，选用 0.012～0.015 毫米的加厚地膜或生物降解膜，并且在使用后合理揭膜并回收清理，减少棉花采摘时棉纤维中异性纤维的来源。

采摘环节中，若为人工采摘则应在棉铃完全吐絮后 3～5 天内开始，保证棉花的成熟度及各项内在质量指标的完全发育；采摘时带棉帽并使用棉布袋，排除混入异性纤维的可能性；采摘后对籽棉进行四分，即分摘、分晒、分存、分售，保护棉花品质的一致性。若为机械采摘则应在棉田的脱叶率高于 93%，吐絮率高于 95%时采摘棉花，目的是减少棉叶等杂质混入棉纤维中并保证棉花完全发育；此外，还要求籽棉的含杂率和回潮率均在12%以内。对含杂率的控制实际上间接控制了机械化采棉的工序道数，若进行多次工序会引起含杂率的上升。控制回潮率是为了避免棉花储运时引起棉花霉变；另外，机械化采棉前还要清理棉田地头卫生，确保没有残膜及其余杂质；采摘后要将不同回潮率、品种等分区堆放，并将病棉单独堆放，保护籽棉的一致性。

收购环节中，要做到收购前确保将要收购的棉花已经排除了异性纤维和其他有害物质等严重影响棉花质量的因素，降低棉纤维混入杂质及异性纤维的可能性；其次，严格按照相关规定，对籽棉进行"一试五定"的质检要求，明确棉纤维的长度级、断裂比强度、马克隆值、含杂率、衣分率及含潮率等品质指标；另外，在收购时要根据"一试五定"的检验结果对籽棉进行评级，并做到按质论价，以鼓励棉农注重棉花质量；最后，对于已收购的棉花，根据收购后的检验结果"分品种、分等级"进行归类和堆放。

加工环节中，首先应严格按照相关规定，对于手采棉和机采棉分别采用不同的加工工艺；另外，棉花加工企业要配备籽棉清理异性纤维以及调温调湿设备，以便出现温度或含潮率超标时能够及时处理；另外，加工过程中应合理控制加工设备的速率，减少棉纤维的损伤；加工后的皮棉需要经国家公证检验机关进行质检，并在通过后附上《棉花质量检验证书》。

储运过程中，要保证入库存放规范，依据不同的产地、批次、等级对皮棉进行分别存放，并分垛挂签；预防工作要到位，在储运期间要随时随地做好防火、防盗、防汛、防雷、防虫蛀鼠咬、防霉变等工作；同时还要做到定期检查仓储棉花质量的变异情况，若发现出库棉花超过了有效期，必须重新抽样检验方可进入流通渠道。

（三）兵团棉花质量管控体系优化的对策建议

（1）建立兵团棉花质量管控示范基地，充分发挥优势棉区质量管控工作的引导推广作用。不同于自然资源禀赋无法人为管控的特性，棉花质量管控体系由人为控制，通过改善相关管控措施可有效促进兵团棉花产业实现提质增效。为提高兵团棉花质量管控体系相关工作的成效，首先应重点学习探究质量管控优异型植棉师的棉花质量管控相关办法并构建兵团棉花质量管控示范基地，起到引导推广的作用；其次，召集质量管控中等型植棉师和质量管控差弱型植棉师的技术指导员及其他棉花生产主体学习参观示范基地的棉花质量管控办法，并不断完善其棉花质量管控体系中存在的欠缺，不断追赶从而缩短与棉花质量管控优异型植棉师在棉花质量管控中的差距。此外还需开展多种形式的宣传与培训活动，发挥兵团棉花质量管控示范基地相关管控措施的扩散效应。

（2）深化土地基本经营制度改革，鼓励发展多种形式的棉花生产经营主体。传统的农业种植模式导致兵团土地利用率较低，棉花的生产调整滞后，棉农植棉风险性较高。在兵团取消"五统一"措施的实施基础上，进行土地基本经营制度改革，鼓励土地流转，发展多种形式的棉花生产经营主体。坚持依法有偿自愿原则，建立土地要素向新型经营主体流转的有效机制，引导土地平稳流转。适度规模经营不仅有助于提高棉花种植的机械化水平和植棉技术的采用率，还能提升棉花生产主体规避风险的能力和市场交易中的谈判地位，如此一来植棉主体可以从中获得额外的规模效益。此外，规模化植棉有助于突破一家一户自行管控棉花质量的态势，利于形成规范的棉花质量管控体系。因此，当务之急应深化兵团土地基本经营制度改革，培育新型植棉主体，如植棉大户（家庭农场）、棉花合作社、植棉大户＋企业等多种形式，促进棉花生产的规模化发展，实现土地产出的最大化。

（3）统一品种区划，从源头控制兵团棉花质量。根据兵团各个植棉师不同的自然条件和土壤条件划分不同的棉花品种区，在同一品种区内种植纤维品质相同或相近的品种，满足"一主一辅"，解决同一区域品种多杂乱的问题。这样每个区域统一品种有助于后续环节的采收和加工，从而形成各地的品牌特色，振兴兵团棉花声誉。

（4）优化机采棉技术集成体系，加大植棉科技投入，推进棉花产业现代化。棉花产业属于劳动密集型产业，在植棉成本只高不跌的情形下推进棉花产业现代化发展、以机械代替人工是我国棉花产业持续发展的必然趋势。优化机采棉技术集成体系、提升农艺农机装备水平、增强各生产环节契合度是实现兵团棉花产业优质高效生产的前提。因此，应加大科学技术投入，培育适宜兵团种植的优质高产品种、试验与之配套的栽培模式、精量播种技术、脱叶催熟技术、储运轧花技术等，以此促进兵团棉花产业由资源型向技术型转变，达到节本增效的目的。具体包括以下内容，继续加强品种研发力度，选育出适宜兵团各个植棉师的优质、高产机采棉品种；加快推进棉田平整工作，形成适合大规模机采的棉田地块，提高大型农机具的作业效率，发挥其对劳动力的替代优势，提高兵团机采棉的劳动生产率；结合棉花精量播种技术，推进稀播高株种植理念转变；深化水肥统筹技术改革，向有机液体肥施用方向发展，推广使用有机液体肥水肥一体化；结合机采棉对棉株株型要求，优化化学药剂调控规程；引进与研发采棉机械，形成兵团棉花高效机采模式。结合科研院所与高校科研力量，进行技术攻关，吸收国外采棉机优点，在模仿的基础上进一步创新，形成兵团具备自主知识产权的大型机采棉研发生产体系；配套打模运输装备，确保籽棉在田间不混入各类杂质。

（5）加强棉花质量检验工作，规范"优质优价"定价原则，激励棉农的提质意识。棉花生产中质量与产量不可兼得，产量高的棉花往往质量较差，而质量高的棉花产量往往较低。在当前形势下兵团籽棉收购企业大多不进行棉花质量的"一试五定"（即批批试轧定衣分，按照标准定品级，手扯尺量定长度，电感测湿定水分，估验对照机检定杂质）检验工作，籽棉定价时虽会根据棉花质量有所差别，但棉花质量一般靠衣分率和含杂率确定，并且价格差距微乎其微。目前"优质优价"的定价优势并不明显，棉农为了追求植棉利益最大化，在选取棉种时倾向于产量更高的品种，而忽视棉花的质量。因此，当前形势下应加强棉花质量的检验工作，并加强对公检结果的利用，严格按照仪器化公证检验程序规范检验行为，保证公检质量公正、精确。只有将籽棉质量与收购价格挂钩，并提高高质量棉花的市场价格，棉农才会转变植棉观念，由只关注棉花产量转向关注棉花质量，从而调动棉农种植高质量棉花的积极性，引导棉农改变植棉习惯。

（6）调整棉花产业宏观政策，探索棉花"期货＋保险"新型补贴模式，提高植棉主体的抗风险能力。棉花目标价格补贴政策的实施保护了棉农的利益，改善了棉花品质低下的状况，同时使棉花生产效率取得了较大的提升，但它属于WTO《农业协议》中所限制的黄箱政策。因此，借鉴当前目标价格补贴政策的优点，探索新型棉花补贴模式是当前亟待解决的问题。参考目标价格补贴政策中补贴目标价格与实际棉花价格差价的办法，借助棉花现货优势及期货市场套期保值的功能，针对棉花市场价格波动的风险构建"政府＋保险公司＋期货市场"三方主体共同作用的棉花"期货＋保险"政策，一来减少了巨额的交易费用，为政府减轻了财政负担；二来通过保险机制向棉农提供了价格保障，提高了植棉主体的抗风险能力；三来利用期货市场分散了保险公司的经营风险，达到风险分散的目的。通过这一政策最终实现了对各方利益的保护与产业稳定发展的双重保障。

参考文献

陈娜，顾乃华，2013. 我国生产性服务业与制造业空间分布协同效应研究［J］. 产经评论，4（5）：

35 – 45.

丁建刚，赵春晖，2010. 疯狂的棉花 [J]. 瞭望（42）：6 – 9.

杜卫东，马玉香，2012. 创新监管体系，建立棉花质量管理长效机制 [J]. 中国纤检（17）：52.

盖文桥，陈强，董丛丛，等，2018. 国储棉政策对棉花市场的影响及棉花质量问题 [J]. 中国纤检
　　（10）：33 – 35.

韩若冰，2015. 山东棉花生产的衰退与应对战略研究 [D]. 济南：山东农业大学.

何磊，刘向新，赵岩，等，2016. 棉花机械采收质量影响因素分析 [J]. 甘肃农业大学学报，51（1）：
　　150 – 155.

黄季焜，王丹，胡继亮，2015. 对实施农产品目标价格政策的思考——基于新疆棉花目标价格改革试点
　　的分析 [J]. 中国农村经济（5）：10 – 18.

李国锋，王莉，王新厚，2019. 基于模糊相似优先比方法评估新疆不同植棉区细绒棉纤维品质 [J/OL].
　　现代纺织技术：1 – 4 [2019 – 02 – 27].

李建忠，俞立平，2011. 基于联立方程模型的信息化与经济发展关系研究 [J]. 情报杂志，30（11）：
　　192 – 195.

李临宏，2007. 构建棉花质量诚信体系 推进两大体制改革进程 [J]. 中国棉麻流通经济（2）：21 – 23.

陆光米，2018. 我国棉花生产比较效益及其影响因素研究 [D]. 武汉：华中农业大学.

罗良国，任爱荣，2006. 异性纤维：困扰纺织企业最突出的棉花质量问题——对我国纺织企业面对的棉
　　花质量问题调查 [J]. 调研世界（6）：31 – 33.

邱吉辉，2015. 影响棉花质量的因素及建议 [J]. 中国纤检（19）：28.

宋国军，2016. 加强质量管理　提高棉花效益 [J]. 中国棉花加工（1）：16 – 18.

孙大超，司明，2012. 自然资源丰裕度与中国区域经济增长——对"资源诅咒"假说的质疑 [J]. 中南
　　财经政法大学学报（1）：84 – 89，144.

孙晓华，李传杰，2009. 需求规模与产业技术创新的互动机制——基于联立方程模型的实证检验 [J].
　　科学学与科学技术管理，30（12）：80 – 85.

唐淑荣，马磊，魏守军，等，2016. 谈我国棉花质量安全监控现状与应对措施 [J]. 中国纤检（1）：
　　36 – 39.

王俊铎，梁亚军，龚照龙，等，2016. 中美澳棉花生产的成本和效益与优势比较 [J]. 棉花科学，38
　　（6）：13 – 18.

王新江，丁纪文，2017. 生产环节对棉花质量的影响因素分析 [J]. 中国棉花加工（5）：8 – 9.

王扬，吴晓红，贾四仟，2018. 完善棉花质量保障体系的研究报告 [J]. 中国棉麻产业经济研究（1）：
　　7 – 14.

王毅，2013. 对棉花质量保障体系存在问题的思考及建议 [J]. 中国纤检（1）：40 – 41.

吴喜朝，2004. 谈谈如何构筑我国棉花质量管理体系 [J]. 中国棉麻流通经济（2）：21 – 23.

谢英胜，谢思和，2002. 试论完善棉花质量保障体系——兼论棉花掺假的根源及防范措施 [J]. 中国棉
　　麻流通经济（1）：27 – 30.

杨春安，郭利双，李玉芳，等，2010. 棉花三丝的危害及控制对策 [J]. 现代农业科技（9）：95.

姚穆，2015. 新疆棉纺织产业的发展优势及转型升级建议. 棉纺织技术，43（10）：1 – 3.

叶迎东，秦桂英，2018. 棉花加工设备对机采棉长度的影响 [J]. 中国纤检（11）：46 – 47.

张啟来，2018. 提高产地仪器化棉花公检质量的几点思考 [J]. 中国纤检（1）：35 – 36.

张永梅，2018. 影响皮棉内在质量因素 [J]. 中国棉花加工 (1)：24-25.

赵光全，2016. 影响博州棉花质量的因素及对策 [J]. 中国纤检 (5)：38-39.

赵焕文，方桂清，汪暖，等，2015. 浅析浙西棉区棉花生产效益的影响因素与对策 [J]. 棉花科学，37 (1)：57-59.

赵建所，2018. 棉花机采所要求的特征特性及对采收质量的影响探讨 [J]. 棉花科学，40 (6)：16-18.

赵新民，张杰，王力，2013. 兵团机采棉发展：现状、问题与对策 [J]. 农业经济问题，34 (3)：87-94.

中国棉麻流通经济研究会，2018. 关于提升和保障棉花质量的研究报告 [J]. 中国棉麻产业经济研究 (3)：1-9.

Abhijit Majumdar，Surya Prakash Singh，2014. A new approach to determine the quality value of cotton fibers using multi - criteria decision making and genetic algorithm [J]. Fibers and Polymers：15 (12)：2658-2664.

Barker G L，Baker R V，Laird J W，1991. GINQUAL：A cotton processing quality model [J]. Agricultural Systems，35 (1)：1-20.

Bednarz C W，Shurley W D，Anthony W S，et al，2005. Yield，quality，and profitability of cotton produced at varying plant densities [J]. Agronomy Journal，97：235-240.

Boykin J C，2005. effects of dryer temperature and moisture addition on ginning energy and cotton properties [J]. Journal of Cotton Science，9 (3)：155-165.

Faircloth J C，Edmisten K L，Wells R，Stewart A M，2004. The influence of defoliation timing on yields and quality of two cotton cultivars [J]. Crop Science，44 (1)：165-172.

Holt G A，Laird J W，2008. Initial fiber quality comparisons of the power roll gin stand to three different makes of conventional gin stands [J]. Applied Engineering in Agriculture，24 (3)：295-300.

Hughs S E，Gillum M N，1991. Quality effects of current roller - gin lint cleaning [J]. Applied Engineering in Agriculture，7 (6)：673-676.

Ioannis T Tsialtasa，Sergey Shabalab，Demetrios Baxevanosc，et al，2016. Effect of potassium fertilization on leaf physiology，fiber yield and quality in cotton (*Gossypium hirsutum* L.) under irrigated Mediterranean conditions [J]. Field Crops Research (193)：94-103.

Clement J D，Constable G A，Stiller W N，et al，2015. Early generation selection strategies for breeding better combinations of cotton yield and fibre quality [J]. Field Crops Research (172)：145-152.

Khalid Usman，Niamatullah Khan，Muhammad Umar Khan，et al，2013. Impact of tillage and herbicides on weed density，yield and quality of cotton in wheat based cropping system [J]. Journal of Integrative Agriculture (12)：1568-1579.

Le S，2006. Cleaning performance of modified cylinder cleaners [J]. Journal of Cotton Science，10：273-283.

Mangialardi G J，1992. Lint cleaning effect on seed - coat fragment size distribution in cotton [J]. Textile Research Journal，62 (6)：335-340.

Maria Ivanda S Gonçalvesa，Welma T S Vilara，Everaldo Paulo Medeirosb，et al，2016. An analytical method for determination of quality parameters in cotton plumes by digital image and chemometrics [J]. Computers and Electronics in Agriculture (123)：89-94.

Ravula P P，Grisso R D，Cundiff J S，2008. Cotton Logistics as a model for a biomass transportation system [J]. Biomass and Bioenergy，32（4）：314-325.

Robinson J R C，Park J L，Fuller S，2007. Cotton transportation and logistics：A dynamic system [C]. Transportation Research Forum，48th Annual Forum.

Simpson S L，Hamann M，Parnell C，et al，2007. Engineering of seed cotton transport alternatives [C]. Proceedings of the 2007 Beltwide Cotton Conferences，National Cotton Council，Memphis，TN.

Sui R，Thomasson J A，Byler R K，et al，2010. Effect of mechanical actions on cotton fiber quality and foreign-matter particle attachment to cotton fibers [C] Proc. Beltwide Cotton Conf.

Tatsiopulos I P，Tolis A J，2003. Economic aspects of the cotton-stalk biomass logistics and comparison of supply chain methods [J]. Biomass and Bioenergy，24（3）：199-214.

Tian J S，Hu X B，Gou L，et al，2014. Growing degree days is the dominant factor associated with cellulose deposition in cotton fiber [J]. Cellulose，21（1）：813-822.

Timothy Bartimote，Richard Quigley，John Mc L Bennett，et al，2017. A comparative study of conventional and controlled traffic in irrigated cotton：II. Economic and physiological analysis [J]. Soil and Tillage Research（168）：133-142.

Vasant P Gandhi，Dinesh Jain，2016. Farmers' perceptions on various features of Bt cotton in andhra pradesh [J]. Introduction of Biotechnology in India's Agriculture（7）：115-128.

第十章
新疆机采棉提质增效技术集成体系构建与优化研究

第一节　研究进展及意义

一、国内外研究现状

（一）关于农业生产技术效率提升的研究

1. 在农户层面，国内外就农业生产效率问题开展了大量的研究　Battese 等（1992）建立了在时间变化情况下适合分析面板数据的随机前沿生产函数，并运用该方法测算了印度水稻生产的技术效率。Alfons Oude Lansink（2000）通过对虚拟价格的引入建立了测定投入需求和产出供应关系的二重方程，根据该方法计算全要素生产率，并进一步对产出的技术效率进行分解，利用 1976—1995 年荷兰的盆景公司生产数据实证测算了该公司农业生产的技术效率。Vangelis Tzouvelekas 等（2002）利用随机变量系数回归模型对希腊有机硬粒小麦与传统小麦的产出技术效率以及投入技术效率进行了对比分析。Luanne Lohr 等（2007）通过随机前沿生产函数模型对农业生产中因采用有机改良土壤而获得的收益进行分析，从而测算新技术采用后的技术效率，得出土壤改良收益与农业生产的效率水平成正比的结论。国内的相关研究同样在此方面取得了较大进展，战明华等（1999）利用浙江绍兴种粮大户的生产数据，通过确定性边界生产函数分析了该地种粮大户的技术效率。刘璨（2004）通过安徽省金寨县 93 个样本农户数据，采用随机前沿分析法测算了该县 1978—1997 年的技术进步情况与制度变迁的贡献率，并且对技术效率、纯效率、规模经济效率进行了进一步测定，表明该地区可以通过生产力发展解决贫困问题。谭淑豪等（2006）在对中国东南部一个水稻主要产区农户生产情况实地调研的基础上，利用两阶段随机前沿函数法分析了该水稻产区土地细碎化对农业生产技术效率的影响。曹慧等（2006）通过利用随机前沿分析法对江西省遂川县 138 个农户 12 年多投入-多产出变量的面板数据进行了分析，计算了样本区域内农户的技术效率，并深入分析了该地农业生产技术效率的变化规律以及对技术效率产生影响的主要因素。刘璨等（2007）利用 1990—2001 年四川省、安徽省以及江西省三地 299 个样本农户生产数据，采用随机前沿分析法分析了我国南方集体林区的家庭经营规模、木材收购与销售制度、林业税费负担等主要制度安排对样本农户技术效率的影响情况。

2. 在较为中观层面，国外对于某类农业产业或者作物的生产技术效率也进行了大量的实证研究　Michael R. Caputo 等（2005）以加州圣约魁谷的棉花加工企业为研究对象，分析棉花加工行业劳动力投入、物资资本、用电以及场地与设备租金的相对价格变动引致的技术进步问题，通过实证分析的方法得出要素相对价格变化将会引致以追求成本最小化为目标的企业采用新型生产技术的结论。Jeffrey Vitale 等（2011）通过对西非 4 个棉花主产国棉花产业可持续发展问题的研究，得出在科技发展滞后的现实条件制约下该地区 4 个棉花主产国棉花生产的经济绩效不断下降；并且在已有测算的基础上认为转基因棉花种植可以使棉花产量增加 21.3%，并在生产过程中减少 6.6% 的投入消耗，提出西非国家可以通过发展转基因棉花来提高棉花的经济效益促进棉花产业的可持续发展。Debnarayan Sarker 等（2004）采用数据包络分析方法对印度技术先进村庄与技术落后村庄的技术效率进行了对比研究，发现高成本、高投入的现代农业生产技术使用并不一定就能获得高的农业生产技术效率水平。K. R. Shanmugam 等（2006）采用随机前沿分析法对印度部分地区农业生产技术效率进行了测算，并进一步找出了影响该地区农业生产技术效率的因素。

（二）关于农业技术进步的研究

1. 农业技术是如何进步与发展的问题一直是国内专家的研究重点　戴思锐（1998）从农业生产各个环节参与主体的角度出发，对我国农业技术进步过程中各参与主体行为进行了分析，认为政府部门在农业技术进步过程中扮演政策制定者以及资金与物质主要供应者的重要角色，是推动我国农业技术进步的关键因素与核心力量，同时政府部门也是引导农业技术进步与农户先进农业生产技术采用的主要力量。政府部门应当通过政策调控与支持、管理约束以及指导性分工等方式，充分发挥各参与主体在推动农业技术进步中的潜在力量，又同时通过其行政力量对各参与主体行为进行引导与规范，最终实现农业科技资源的优化配置，加快促进农业技术进步的产生。赵芝俊等（2005）通过层次分析法对各种不同类型的技术进步对农业生产作用影响程度大小进行了定量分析，认为农业技术进步可以分为农业生产技术、农业政策与经营管理技术以及农业服务技术，各类型技术进步对产出的影响程度存在明显差异。梁平等（2009）利用 1986—2006 年全国农业生产数据对我国农业技术进步的路径以及技术效率进行了分析，得出农业技术进步的产生源自于本国的自主创新水平、农业从业人员受教育程度以及国家财政对农业科技研发活动的经费投入。魏锴等（2013）对国内农业技术引进的现实情况进行了描述分析，认为通过域外技术引进能够加快国内农业技术进步，实现农业生产的跨越式发展。郝爱民（2015）通过对农业生产性服务业体系对农业技术进步的影响机理的分析，利用 2004—2012 年各省农业生产面板数据，构建统计模型进行分析发现，农业生产性服务体系对我国农业技术进步有着较为明显的正向促进作用。马述忠等（2016）以农业保险为切入点，利用我国 2007—2012 年的省级面板数据进行了实证检验，认为在目前我国尚不完善的保险市场中，农业保险会通过抑制农业技术进步进而对农业生产率的提升起到负向的促进作用。

2. 农业技术进步能够促进农民增收，其影响机制也成为国内学者的研究重心　在农民增收方面，刘进宝（2004）通过实证分析发现当农产品具有需求价格弹性小于供给价格弹性的普遍特征，并且当农产品供给价格弹性与其需求价格弹性之间的差值在 0 与 1 之间时，农业生产技术进步会对农民增收带来负向影响。李大胜等（2007）对农业技术进步于农户收入差距之间的关系以及产生影响的作用机制进行了分析，发现从 20 世纪 90 年代到 21 世纪初我国农业技术进步率逐年提高，并且农业技术进步对农户内部收入差距的影响呈现先扩大而后逐渐收敛的动态变化过程。王爱民等（2014）农业技术进步于农户收入差距之间的关系以及产生影响的作用机制展开了更为深入的探讨，发现农业技术进步对农民增收的主要影响机制包括：促进劳动生产率提升、优化农产品内在品质、促使农产品多样化以及促使农村剩余劳动力向外转移。杨义武等（2016）运用动态广义矩阵估计方法对我国农业技术促进农户增收效应进行了实证检验与分析，发现农业技术进步对农户收入增加有着明显的正向促进作用，并且这种正向促进会随着农户受教育水平的提升而持续增加。

3. 主要利用生产率指数测定、全要素生产率测定以及随机前沿分析等方法对农业生产率增长进行测算　陈卫平（2006）通过非参数的曼奎斯特生产率指数法的使用，利用我国各省农业生产面板数据，对我国各省的农业全要素生产率进行了测算分析，得出绝大部分省区农业技术进步与农业效率损失情况并存的研究结论。与前者的研究方法类似，周端明（2009）也利用非参数的曼奎斯特生产率指数法，对我国自改革开放以来农业全要素生产率的时序演进以及空间分布特征情况进行了测算与探讨，发现我国自改革开放以来农业技术进步的年增长率达 1.7%，农业技术效率提升的年均增长率达 1.6%，但是农业全要素生产率在不同省份之间存在明显的差异。匡远凤（2012）利用随机前沿方法对 1988—2009 年间我国农业劳动生产率进行了测度并进一步将其分解为技术效率变动、技术进步、要素投入变动以及人力资本提升，并对这些构成单元逐个进行了实证检验，发现技术进步以及技术效率变动对我国农业经济增长的贡献程度最大。

4. 在农业技术进步贡献率的度量方面，国内学者进行了积极的探索　广义的技术进步泛指新知识的增长与产生、规模经济、资源配置效率的提高以及生产要素质量的相对提高等因素的改变。对农业技术进步贡献率来说，其衡量的是农业技术进步在农业经济增长中起到的作用，即农业技术进步对农业经济增长的贡献程度大小，农业技术进步贡献率通常是用农业技术进步率与同期农业生产总值增长率之间的比值来测度。在实证分析中对技术进步的测度一般通过全要素生产率计算，目前关于全要素生产率的测量主要方法可以分为以下几种：Solow 余值法、SFA 以及 DEA 数据包络分析法。例如赵芝俊等（2009）采用分省面板数据对 1985—2005 年我国农业技术进步情况与农业总产出增长情况进行了定量研究，测算出研究时间区间内各年度的农业生产投入要素产出弹性与技术进步贡献率，并进一步对农业技术进步率作了定量分解。研究结果发现，农业技术进步已成为保持我国农业可持续增长的主要原因。

（三）关于技术集成与技术集成效益的研究

1. 技术集成概念从提出到发展，经历了一定的历史积淀　在美籍奥地利经济学家熊彼特（1912）首次提出创新理论之后，技术集成的思想就有了雏形，此后的时间中，国内外学者不断对技术集成的概念与内涵进行理论研究与实践应用。在熊彼特看来"创新"就是"建立一种新的生产函数"，换言之就是要实现各项生产投入要素与生产外部环境条件之间形成一种新的组合，这种新组合主要包括引进新型产品、开发与引入新技术、寻找新市场、控制原材料供应来源以及形成新的生产组织。当整个社会不断地去实现与完成这种组合，就能够促使经济不断发展。"创新"的本质是促进先进科技的潜在生产能力向直接的生产能力转化。自熊彼特提出技术创新概念以来，国内外诸多学者继续沿着其研究思路重构与发展创新理论，使得技术创新理论的研究内容更加丰富、更加完善。其中大部分学者认为提高技术创新产出效果的关键是要处理好企业技术创新过程中相互之间发生交互作用的各投入要素的匹配关系，发挥技术要素之间的协同作用。在此过程中，"集成"的思想与理论逐渐清晰，并逐步在现实生产活动中得到进一步推广与应用。到 20 世纪 80 年代末期，在美国电子行业整体利润严重亏损的行业背景下，哈佛大学商学院 Iansiti 教授正式提出了"技术集成"概念，并通过改进电子行业传统的研究以及开发模式，使得美国电子行业从萧条逐渐走向复苏。Iansiti（1999）认为随着外部环境的复杂程度逐渐增加，生产企业仅仅将研究重点集中在基础研究上是远远不够的，新型技术的研究与开发必须与生产企业面临的实际外部环境相匹配，虽然通过技术集成不能完全代替生产制造流程具体技术研究，但却能够在很大程度上对生产企业的制造能力进行优化与提升。国内学者如章力建等（2006）对我国农业技术创新的特点以及现状进行了分析，认为集成创新是我国当前农业技术创新的现实需求与战略选择，是建立技术创新长效机制的坚实基础。朱孔来（2013）认为狭义的集成创新可以理解为"技术集成创新"，单纯从技术上的角度上来讲技术集成是创新集成的基础与核心。

2. 我国关于农业技术集成的推广与应用研究起步较晚，但是依旧取得较多的研究成果　雷雨（2005）结合我国农业生产现实情况对精准农业模式下的技术集成构成以及其相应运行机制进行了研究，并在此基础上提出了技术集成与管理集成创新的策略，认为农业技术集成体系的构建首先必须建立国家高新技术试验基地，并配套设立有效的示范与推广模式。孙莉等（2005）结合新疆生产建设兵团棉花种植的现实情况与自然禀赋条件，利用一系列的新棉花生产技术进行了棉花的精准种植试验研究工作，最终形成一套适宜新疆各个生态区的先进棉花生产管理智能化管理决策系统。汪有科等（2005）对陕西省杨凌市节水农业综合技术体系集成与示范基地的技术构成与运作模式进行了介绍，并提出相应的对策建议。蒋远胜等（2009）以四川丘陵地区农业生产技术为研究对象，从模式选择、技术集成与机制创新三个维度对该地区循环经济型现代农业技术集成进行了全方面地分析，认为在丘陵地区实施循环农业模式、构建与之适宜的技术集成体系尤为重要。黄光群等（2012）对农业机械化技术集成评价体系应当如何建立的问题进行了深入探讨，并在此基础上建立了具备可推广性的农业机械化工程集成与评价的方法体系。韩荣青等（2012）以气候变化为切入点，对适应华北平原气候变化特征的技术集成创新体系进行了相应研究，认为气候变化情况下的技术集成创新是应对目前越来越频繁的气候变化的最佳选择，当然在不同的研究领域适应气候变化的技术集成创新研究的具体要求存在明显差异。杨普云等（2014）在对农作物病虫害绿色防控技术集成与应用研究的基础上，认为绿色病虫害防控技术集成必须遵循简单便携同时兼顾标准化与规范化的原则。皮龙凤等（2015）在我国现有精准农业流程的基础上进一步进行改造研发，通过已有系统中各个技术子模块的有机协调、匹配与集成，使得整个系统性能更加优化并且更加适宜农业生产的实际需求，从而有效地提高了精准农业中的资源利用效率并为管理决策提供了准确依据。

（四）关于兵团机采棉技术集成方面的研究

生产技术对兵团机采棉生产影响的文献并未形成体系，研究内容较为分散。主要的内容包括品种研发、种植模式、田间管理、机械化采收以及清理加工等方面。例如，在机采棉品种方面，赵会薇（2013）认为机采适用型棉花新品系筛选与培育研究是今后棉花育种工作的发展趋势，新疆生产建设兵团研发成功并推广的机采棉品种主要有新陆中36、新陆早43、新陆早48以及中棉35等。王娟等（2013）通过对新疆生产建设兵团机采棉育种的现状分析，发现兵团目前机采棉育种工作中存在无法准确掌握控制符合机采的棉花性状基因以及符合机采的性状定位不准确等问题，认为必须进一步加强优异种质资源的引进与筛选，加强符合机采性状要求的分子遗传育种研究。

（五）国内外研究述评

综上所述，国外学者对农业技术集成的关注与研究态度是非常贴合现实农业生产情况的，研究以农业技术进步效率以及技术集成模式等方面为主。另外在农业技术集成相应的规章制度以及与政府的关系等方面，研究者也进行了较为深入的研究，其研究结果能够有利于技术集成理论发展与实践应用。目前国内研究兵团机采棉生产技术集成的研究鉴于经济发展背景不同，理论研究视角有别，难以形成较为成熟的体系。不过在兵团机采棉技术一些基本问题上已经达成共识，比如说机采棉面临着兵团机采棉品级与品质较低，采棉机械可靠性不足，相应配套服务缺乏，国家对机采棉支持力度不够等问题。但是，就整套的技术集成体系研究而言，兵团机采棉生产技术集成相关研究较少，仍然有较长的路要走，故而有关于此方面的研究也成为后续研究的方向。

二、研究背景与意义

（一）研究背景

我国棉花生产模式正处于传统手工生产模式向现代化机械生产模式转变的过渡阶段，两种棉花生产模式在我国各棉花主产区并存，传统型的棉花生产模式主要集中在长江流域棉区以及黄河流域棉区，该模式需要大量的劳动力投入；现代化的棉花生产模式则以西北内陆棉区为代表，尤其是新疆生产建设兵团（以下简称兵团）机采棉生产最为典型，该模式极大地提高了劳动生产率。1996年，兵团投资3 000万元立项实施《兵团机采棉引进试验示范项目》，标志着机采棉正式在兵团产生，通过不断地探索与创新，兵团已经初步建立了机采棉生产体系，兵团机采棉面积逐年增加。截至到2016年，兵团棉花机械化播种面积931.50万亩，按照机采模式栽培面积播种率达100%，机械化采收面积792.56万亩，机械采收率达85.08%。但是，机采棉降低兵团职工生产成本的同时仍然存在着诸如机采棉品质不高、生产中各个环节协同不一致、配套不完善、品种研发投入不足等问题。

近年来，我国农业已经迈入传统农业向现代农业转型发展的关键时期，逐步形成了以生产为基础、以市场为导向、以流通为纽带的现代化农业产业体系新格局。与此同时，随着社会经济水平的提高，消费者对优质棉纺产品的需求不断增加。这使得兵团棉花生产的重点逐渐从片面追求产量目标向优质高产目标转变，提升兵团棉花质量尤为迫切。

在宏观经济层面，国内经济增长由高速转向中高速，经济结构面临优化升级，经济发展的驱动力由早期的要素与资本驱动向创新驱动转变。在速度换挡节点、结构调整节点、动力转换节点交汇叠加条件下，实现创新发展的途径在于着力推进供给侧结构性改革。结合我国目前经济发展实际情况，供给侧结构性改革的重点是解放和发展社会生产力，用改革的方式推进供给结构调整，减少供给中无效与低端部分，增加有效和中高端部分，增强国民经济中供给结构对社会实际需求变化的适应性以及灵活性，从而提高全要素生产率。中央农村工作会议强调，要着力加强农业供给侧结构性改革，提高农业供给体系质量和效率，使农产品供给数量充足、品种和质量契合消费者需要，真正形成结构合理、保障有力的农产品有效供给，强调当前要高度重视去库存、降成本、补短板。加快推进农业供给侧结构性改革，落实深化改革、创新驱动发展战略，是推进新时期农业提质增效转型升级的一项重要而紧迫的任务。

在这种背景下，选取兵团机采棉生产技术集成体系为研究对象，就兵团机采棉生产技术集成效率与经济效益进行分析和验证，进而对机采棉生产技术集成的构建与优化提出相应建议，对于提高兵团棉花质量，增加兵团职工植棉效益，维护兵团棉花产业的稳定发展具有较强的现实意义。

（二）研究意义

1. 理论意义

（1）运用技术集成理论研究兵团棉花生产技术集成体系的基础上，引入技术变迁与技术创新理论研究该问题，有助于从多角度充实兵团棉花生产技术集成体系构建的理论基础和分析框架。

（2）探求适宜"提质增效"目标的兵团机采棉生产技术集成模式，探讨各参与主体间的组合与链接机制，探索兵团机采棉技术集成采用的发展方向与展望，有助于从理论上指导机采棉生产技术集成效益优化进程。

2. 现实意义

（1）兵团从 1996 年开始引进机采棉试验示范项目，二十多年间机采棉在兵团的推广取得显著成效，但是完善的机采棉生产技术集成体系的建立仍然任重道远。运用科学的方法对兵团机采棉技术集成效益进行测度，去发现目前机采棉生产技术各个环节中存在的问题，进而提出相关政策改进意见和建议，为兵团机采棉产业规范化发展奠定基础并强化兵团棉花产业的市场竞争力。

（2）运行机制是兵团机采棉产业生存与发展的关键，能够促进和提高兵团棉花生产效益。探讨兵团机采棉生产过程中技术集成的运行机制能够了解通过技术集成所产生的经济效益的内在机能、影响机采棉技术集成效益提升因素之间的结构与关系以及这些因素发挥功能的作用过程和原理。通过对兵团机采棉技术集成效益的测度，从微观层面分析各个生产环节的技术投入或者改进带来的产出变化，宏观层面剖析整个技术集成体系的推广与发展对兵团机采棉产业产值增长的促进作用，对提高兵团机采棉产业生产效率，合理利用兵团现有资源，促进兵团机采棉产业可持续发展具有现实意义。

　　本节从问题的发现与提出着手进行研究设计，通过理论研究与实证研究相结合的方式利用超效率 DEA 模型对兵团机采棉技术集成体系产出效率进行分析，进而提出兵团机采棉生产技术集成体系优化与构建的思路，具体技术路线如图 10-1 所示。

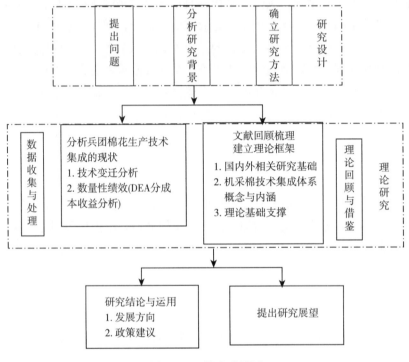

图 10-1　技术路线图

第二节　棉花生产技术变迁历程

　　兵团棉花种植生产的历史最早可以追溯到 20 世纪 50 年代初，经过近七十年的发展，兵团棉花种植生产在其农业发展中起着支柱性的作用，植棉技术进步也取得了诸多成就。棉花生产技术发展大致可以分为四个阶段，第一阶段为 20 世纪 50 年代初期至 70 年代后期，棉花生产技术沿袭了以棉农生产经验为依托的内地传统型棉花生产技术体系；第二阶段为 20 世纪 80 年代初期至 90 年代中期，针对南北疆各植棉团场有效积温不如内地棉区的自然资源禀赋条件，提出棉花生产"矮、密、早、膜"生产技术模式；第三个阶段为 20 世纪 90 年代中期至 21 世纪初，为了提升水资源利用效率，形成了棉花生产膜下滴灌水肥一体化技术体系；第四阶段为 21 世纪初期至今，随着农业现代化进程的不断推进，兵团棉花现代植棉全程机械化技术体系逐步形成。

（一）传统经验型棉花生产技术时期

1. 棉花生产发展起步晚，棉花种植历史较短　兵团传统经验型棉花生产技术时期的具体时间范围是 20 世纪 50 年代初期至 70 年代后期，最早可以追溯至 1950 年，中国人民解放军解放新疆之后就地安置，在南北疆广大地区进行屯垦生产。中国人民解放军第一兵团第二军第五师在南疆阿克苏地区的前进农场、草湖农场等地开荒植棉，第二十二兵团第九军第二十五师在沙湾县境内的炮台、小拐乡等地也进行了开荒耕作，进行棉花种植生产。

2. 棉花生产技术原始，棉花种植面积小、产量低　在该段时期内，兵团并无相应的棉花种植生产研究单位，棉花种植生产技术完全沿袭了以农民生产经验为依托的内地传统型棉花生产技术体系。该棉花生产技术体系注重总结历年棉花种植生产经验，主要内容为适时施肥、合理灌溉、棉花整枝以及土地中耕等常规植棉技术，这些技术内容均是简单利用棉花生长发育各个阶段的植株形态信息进行水肥管理与施用，只能通过田间管理措施改善棉花生长条件，少有进行品种选育等技术研究。总体来说，该时期兵团棉花生产具备典型小农生产特征，棉花生产技术原始而落后。到 1954 年，兵团棉花种植面积仅为 6.93 万亩，皮棉单产仅为 27.4 千克/亩。

（二）"矮、密、早、膜"棉花生产技术时期

1. 适应区域气候特点，改善露地直播劣势　"矮、密、早、膜"棉花生产技术模式在兵团产生于 20 世纪 80 年代初期，针对兵团各植棉团场春季气温低、回温晚、有效积温不足的自然资源禀赋条件特点，棉花科技工作者研究开发出以地膜覆盖为基础，以缩节胺化学调控植株生长为手段，以"矮、密、早"为核心，以病虫害综合防治为保障的植棉栽培模式。"矮、密、早、膜"模式中，"矮"即是将棉花株高控制在 60～80 厘米；"密"即是将每公顷的播种密度控制在 18 万～22.5 万株；"早"即是将棉花整个生育周期控制在 120～145 天；"膜"即是进行地膜覆盖栽培。"矮、密、早、膜"栽培技术模式是充分利用区域光照、积温、水源以及土地资源条件实现棉花高产高效优质目标的科学体系。该种以"大群体、小个体、高效益"为理念的栽培模式极大地丰富了我国棉花栽培学的理论基础与实践经验，是对以往露地直播、低密度植棉模式的一次突破式革命，大幅度地提升了兵团棉花的单产水平，"矮、密、早、膜"棉花栽培的植棉效益超过以往任何的棉花生产技术措施，在北疆地区平均增产幅度达 61.8%，南疆地区平均增产幅度达 44%，东疆地区平均增产幅度达 12.4%，实现了兵团棉花生产的跨越式发展。

2. 配套农机设备提升，适宜大规模作业　"矮、密、早、膜"栽培技术模式对棉花栽培农艺技术以及农机装备提出了新的要求，1981—1983 年，兵团第一师、第三师、第七师、第八师等单位先后研制出了 12 种不同型号适用于膜下条播和膜上穴播的联合铺膜播种机，能够一次性完成整地、铺膜、压膜、打孔、播种、覆土等多项功能，为"矮、密、早、膜"栽培技术模式的大面积推广提供了重要保障。到 20 世纪 90 年代，在"矮、密、早、膜"栽培技术模式基础上，发现"宽膜、高密度、优质、高产高效"综合配套植

棉技术，将地膜覆盖面由 60～70 厘米的窄膜改为 145～150 厘米的宽膜以及 160 厘米的加宽膜，膜上点播取代膜下条播，并与各棉区自然禀赋条件以及生产条件相匹配形成适应的种植方式、施肥、灌溉、化调等多项植棉技术相结合的综合技术体系。

3. 突出棉花产量优势，棉花高产抗病为主要追求　在此期间，由于兵团棉花种植面积不断扩大，棉花连作情况变得普遍，加之八十年代之前选育的棉花品种抗病性较差，南北疆各植棉团场棉花枯萎病、黄萎病危害日益严重，对棉花抗病品种的需求尤为急切。棉花科技工作者采取引进结合自育的方式，先后引进了中棉 12、中棉 19 以及中棉 36 等抗虫抗病棉品种，选育了新陆早 10 号、新陆早 12、新陆中 14、新陆中 26 以及新海 18 等抗枯萎病、黄萎病的棉花品种，有效解决了兵团棉花品种抗虫抗病性能较差的问题。此外，再大力培肥地力，开始棉花测土平衡施肥，确保棉花高产。

(三) 膜下滴灌水肥一体化技术体系时期

1. 改变大水漫灌的灌溉方式，灌溉理念向集约化发展　膜下滴灌水肥一体化技术体系的发展阶段为 20 世纪 90 年代中期至 21 世纪，该技术体系是滴灌技术与地膜覆盖植棉技术的有机结合，兴起于兵团水土资源与棉花种植快速发展矛盾凸显的背景下。1996 年，兵团第八师水利局在一二一团进行棉花膜下滴灌技术试验并取得成功，紧接着对棉花膜下滴灌技术涉及的滴灌灌溉制度、滴灌施肥技术、滴灌高产机理、滴灌综合效益、滴灌系统器材国产化等问题进行了深入研究，使得棉花膜下滴灌的综合管理技术日益成熟。棉花膜下滴灌技术结合了滴灌技术、地膜覆盖植棉技术，形成了高效节水、增产的棉花生产技术体系，是对传统地面大水漫灌灌溉方式的突破式革命，为兵团农业发展优质高产、高效节水农业开拓了新的道路。

2. 滴灌与覆膜栽培相结合，高效利用水利资源　膜下滴灌水肥一体化技术体系将滴灌管道铺设于地膜下，通过滴灌枢纽系统将化肥溶解于灌溉用水中，根据棉花不同生育期的生长需要，通过滴灌管道定时、定量的浸润棉花根系，为棉花提供及时的水分与养分。滴灌技术和地膜栽培技术的有机结合，充分发挥了两者在节水、增产、增效方面的优势，实现了增温保墒，提高了光能、水资源以及养分的利用率。在以往的试验中，膜下滴灌水肥一体化技术能够将氮肥利用率提高 18％～25％，磷肥利用率提高 5％～8％，灌溉用水利用率高达 97％，整体节约用水 40％～50％。

(四) 兵团机采棉生产技术集成探索时期

自"矮、密、早、膜"栽培技术模式与膜下滴灌水肥一体化技术体系推广以来，兵团棉花单产取得巨大提升。1997 年，兵团棉花皮棉单产突破 100 千克/亩，在之后的几年中皮棉单产水平徘徊不前，在劳动生产率方面与美国、澳大利亚等其他植棉大国相比仍然存在较大差距，棉花产业在抵御国际市场风险能力方面明显不足。20 世纪 90 年代末，兵团将精准农业在棉花生产领域的应用研究纳入重点科技攻关内容，以期通过提升现代农业装备水平以及科学管理水平，加快兵团农业现代化进程，增强兵团棉花在国内国际市场中的竞争力。在传统经验型棉花生产技术、"矮、密、早、膜"棉花生产技术体系以及膜下滴灌水肥一体化技术体系三个阶段的基础上，引入棉花生产全程机械化理念。一方面借助农业生产机械研发与运用，加大各植棉环节的机械投入，另一方面对前期形成的整套棉花生产技术体系进行改进，在此期间，棉花机械采收相关技术问题一直是研究的重点，具体的改进环节包括以下几个方面：

1. 选育和推广早熟、高产、适宜机采的棉花品种　目前，适应机采的棉花种质资源稀缺已经成为制约兵团机采棉发展的重要因素。一方面，受制于新疆地区自然资源禀赋限制，要求棉花生长周期集中在110～140天左右，其中北疆地区从出苗到吐絮需保持在110～125天，南疆地区从出苗到吐絮一般不超过145天；另一方面，为了弥补资本密集与劳动密集型的高投入以及体现棉花生产的区域优势，兵团棉花籽棉单产需达到350千克/亩以上；再者，兵团棉花机械采收所使用的采棉机大多为进口采棉机，技术参数无法改变，要求棉花品种第一果枝较高、果枝较短、棉花植株株行紧凑、适合高密度种植并且对脱叶催熟剂敏感。上述三个品种特性是当前兵团棉花选育工作的方向与重点研究内容。

2. 加快土地平整工作，发挥技术投入规模优势　兵团棉花的全程机械化生产，使得大型联合播种机、大型喷药装备以及大型采棉机等农用机械在兵团棉花种植、田间管理以及收获的过程中逐渐发挥其对劳动力的替代优势，极大地提高了劳动生产率。另外，随着GPS卫星定位技术在棉花播种中的推广应用，各类大型农用机械想要发挥其高效率作业优势，对棉田的平整度要求日益严格。借助国家高标准基本农田建设契机，结合兵团土地地块规模较大优势，对在兵团范围内对土地进行土地平整，不仅能够提高大型农机具的作业效率，而且能够通过土地平整去除原有棉田之间的田埂，一定程度上增加了可耕地面积。

3. 选择各生态区棉花适宜播期，确保棉花出苗质量　新疆棉区地处西北，属于早熟棉区，春季气温回升缓慢且不稳定，时常有寒流天气，夏季光热资源丰富，昼夜温差大，秋季降温快，霜冻天气较早。兵团棉花种植分布在南北疆各地，各团场自然资源禀赋条件各异。过早的棉花播种会由于积温过低而导致出苗慢、烂种，出苗率降低，过晚的棉花播种会导致棉苗株型松散、幼苗不壮，并且由于生长期缩短，产量与质量均受影响。气候变化特点成为了制约棉花生长的不利因素，合适的播期选择尤为重要。南疆、东疆大部植棉团场棉花适播期较早，北疆、南疆西部植棉团场播期较前者略晚，集中在4月中上旬。结合气候与资源条件，积极探索各植棉团场最佳棉花播期，能够在很大程度上确保棉花出苗质量、促进棉花增产提质。

4. 耕作模式持续改进，逐渐向稀播高株模式转变　由于兵团棉花生产地理禀赋条件属于内陆早熟棉区、无霜期较短，栽培模式以"矮、密、早、膜"为主导，其中具有代表性的株行距配置模式为"一膜六行"株行距配置，亩均棉株数达18 000～20 000株/亩，是较为传统的机采棉种植株行距配置模式，在兵团范围内推广范围较广。针对兵团机采棉采收时含杂率过高，导致籽清次数增加从而对皮棉品级造成不利影响的问题，以往通过密植发挥棉花群体优势的耕作栽培理念逐渐向稀播高株转变。目前，探索的株行距配置模式为"一膜三行"株行距配置模式，该模式亩均株数为10 000株左右，一方面，通过精量播种降低了棉种成本；另一方面，稀播的株行距配置模式能够使棉株个体长势更旺从而提升籽棉品质；再者，该株行距配置模式各行之间宽度更大，更利于提升脱叶催熟效果，降低棉花机采含杂率。

5. 利用化学药剂喷施，人工干预棉株生长进程　棉花的化学调控技术发端于"矮、密、早、膜"优质高产栽培模式，是该模式中的关键技术环节之一，在兵团棉花技术集成体系探索中已是不可或缺的重要部分。该项技术的原理是通过利用棉花生长调节剂，对棉株的内源激素系统进行调节，从而改变棉株内部激素的平衡关系，最终达到调节棉花植株生长与发育的目的。对棉花植株的生长调控作用，可以分为棉花生长促进剂与棉花生长抑制剂，其中棉花生长促进剂主要为赤霉素，棉花生长抑制剂主要有缩节胺等。其中，缩节胺用量范围变幅较大，使用的时段长，方法灵活，并且具有见效快、效果好的优点，已经成为目前兵团机采棉生长调控的最主要调控药剂。缩节胺可以通过对棉株生长速度及生育期长短的调节，对植棉产量以及品质起到一定的提升作用。

6. 探索新型打顶方式，解决人工打顶成本过高问题　棉花打顶解除了棉株的顶端优势，使侧芽生长激素含量减少，从而达到增产的目的。随着打顶时间的推迟，株高和果枝台数增加，主茎间距加大，平均单枝节位数减小，这说明打顶越早，果枝越长，果枝横向生长越快，适当的提早打顶能够打破顶端优势，使养分更多的横向运输，供应结实器官，提高单铃重。但是过早的打顶会造成株高过矮、果枝台数不够等问题，从而影响产量。棉花打顶的原则概括来说就是"枝到不等时，时到不等枝"。兵团各植棉团场棉花打顶方式主要有人工打顶、化学药剂打顶以及机器打顶三种，目前兵团各植棉团场仍以人工打顶为主，但是高昂的人工成本已经成为兵团棉花打顶急需解决的问题，在棉花打顶时节，兵团各植棉团场人工打顶费用平均可达 150 元/天，而且时常出现雇不到人打顶的情况，人工打顶高成本、低效率的弊端使得对新型打顶技术的需求不断增强。化学药剂打顶技术已经日趋成熟，化学打顶时间比人工打顶略晚 3～5 天，近年来已经逐渐推广应用，机器打顶技术还不成熟，未进行大面积推广应用。

7. 脱叶催熟技术要求更高，药剂喷施机更具智能化　运用化学技术对棉花进行脱叶与催熟，是机采棉生育后期的一项重要技术措施，该技术不仅提高了采收效率，解决了棉花后期晚熟问题，也降低了棉花含杂率，减少烂铃率。对于兵团机采棉生产而言，利用化学药剂对棉花进行脱叶催熟是实现棉花机械化采收的必要环节，可以防止贪青晚熟造成的纤维品质下降，脱叶催熟药剂合理使用也能提高籽棉质量，降低机采棉含杂率。利用无人飞机喷施各种药剂，尤其是棉花脱叶催熟剂，极大地提升了脱叶催熟剂喷施作业效率，从药剂加装到喷施完成每亩棉花平均只需 2 分钟时间。与此同时，无人飞机药剂喷施能够减少农药用量、节省人力成本，提高作业效果，减轻农药对环境的污染。另外，智能遥控直升机无需跑道，随起随降，操作方便，是今后棉花大面积生化防治工具的发展方向与主要手段。兵团棉花植保无人机的引入开辟了棉花脱叶催熟和病虫害防治社会化服务的先例，无人机喷施技术采用喷雾喷洒方式至少可以节约 50% 的农药施用量，节约 90% 的用水量，为棉花脱叶催熟和有害生物防治模式探索出了一条新的道路。

8. 棉花机采配套设施不断完善，采棉机研发需进一步提高　棉花机械化采收是一项系统工程，不仅包括棉花收获机械化，还包括籽棉打包、运输等工序。目前，兵团棉花机械采收使用的农机具主要分为进口采棉机与国产采棉机两类，其中进口采棉机品牌主要为美国约翰迪尔与凯斯，约翰迪尔牌采棉机可分为自走式、自走打包式以及牵引式，自走打包式采棉机最为先进，能够实现田间采棉与机载打包流水化作业。凯斯牌采棉机可分为自走式与自走打包式，与约翰迪尔牌采棉机一样，实现了棉花田间采收与机载打包同步作业。国产采棉机以贵航平水牌水平接锭式采棉机为主，是目前国内能够量产的较为先进的一体化采棉机械，但是与进口采棉机相比，其操作稳定性以及工作效率均有所不足，国产采棉机具的自主研发与应用问题尤为迫切。另外，针对棉花机械采收过程中极易发生籽棉阴燃问题，我国自主研发了采棉机配套田间火灾预警系统，有效地避免了由于籽棉阴燃引发火灾造成的损失。与此同时，还配套了机采棉打模、运输装备，实现了籽棉田间打模、棉模运输一体化，有效地减少了由于人工操作可能带来的异性纤维，保护了籽棉品质。

总之，兵团棉花生产技术经历了传统经验型棉花生产时期、"矮、密、早、膜"棉花生产技术时期、膜下滴灌水肥一体化技术体系时期再到目前的兵团机采棉技术集成探索时期，不同阶段的技术类型反映的不仅是对自然禀赋的适应，同时也包含发展理念的转变，从初时的以密植高产为唯一目标到如今的稀播高株兼顾效率与质量，可以发现从总体上看，棉花生产技术取得了长足的进步。虽然棉花生产在兵团起步较晚，但是经过近七十年的发展，兵团棉花生产技术水平在国内已经处于领先地位。

第三节　机采棉生产技术集成体系评价
——以"试点"团场为例

一、兵团机采棉生产的阶段性特点

2016—2017 年，作者依托《兵团机采棉提质增效关键技术研究与集成示范》项目，对兵团机采棉生产情况进行了实地走访调研，梳理总结了兵团机采棉生产的特征规律，分析提出了兵团机采棉生产面临的问题挑战以及发展方向。兵团主要植棉师 2016—2017 年棉花质量指标如表 10 - 1。

（一）兵团机采棉生产技术应用水平位于全国前列，示范作用突出

经过 20 余年的试验与推广，兵团在机采棉播种、田间管理、机械化采收、籽棉加工以及皮棉质量控制等诸多棉花生产关键技术环节均取得了重大突破，机采棉技术日渐成熟。目前兵团已经成为我国唯一大规模推广应用机采棉的棉花产区，2016 年兵团棉花种植面积 931.50 万亩，按照机采模式栽培面积 931.50 万亩，占植棉面积的 100％，机械采收面积 792.96 万亩，占植棉面积的 85.13％。兵团作为我国机采棉技术研发推广的前沿阵地，示范作用突出。

（二）兵团机采棉质量波动明显，近两年皮棉质量有所回升，重拾国内纺织企业认可

经历了前期质量明显下降后，2016、2017 年兵团棉花质量回升显著。从主要的棉花质量指标比较来看，2017 年兵团各主要植棉师棉花平均纤维长度达 29.43 毫米，较 2016

年提升 1.20%；断裂比强度均值达 28.81 厘牛/特克斯，较 2016 年提升 2.67%；马克隆值均值 4.58，属 B2 级，较 2016 年高 0.08，表明该年兵团棉花据马克隆值反映的质量指标较上年有所降低；长度整齐度达 82.59%，较上年低 0.29 个百分点，表明长度整齐度指标有所回落。整体而言，兵团棉花质量开始回升，在国内纺织企业中的认可度逐渐回升。

表 10-1　兵团主要植棉师 2016—2017 年度棉花质量指标

植棉师	质量指标							
	平均纤维长度（毫米）		断裂比强度（厘牛/特克斯）		马克隆值		长度整齐度（%）	
	2016 年	2017 年	2016 年	2017 年	2016 年	2017 年	2016 年	2017 年
兵团第一师	28.50	29.37	27.00	28.12	4.70	4.56	82.70	82.27
兵团第二师	29.50	29.85	27.30	27.88	4.30	4.40	82.80	82.73
兵团第三师	28.70	28.56	26.20	26.58	4.90	4.94	82.50	82.28
兵团第四师	28.60	29.92	28.50	30.31	4.10	3.96	82.80	82.70
兵团第五师	29.40	29.20	28.60	29.04	4.40	4.90	83.20	82.70
兵团第六师	28.90	29.83	28.80	30.55	4.10	4.14	82.90	82.91
兵团第七师	29.60	29.36	29.30	29.72	4.70	4.82	83.20	82.41
兵团第八师	29.30	29.40	28.20	29.13	4.50	4.58	83.10	82.60
兵团第十三师	29.20	29.38	28.60	27.97	4.80	4.94	82.70	82.68
均值	29.08	29.43	28.06	28.81	4.50	4.58	82.88	82.59

数据来源：由 i 棉网提供各项皮棉质量指标数据整理而得。

注：马克隆值为 3.7~4.2，划为 A 级，皮棉品质最好；3.5~3.6 以及 4.3~4.9，划为 B 级，其中 3.5~3.6 为 B1 级，4.3~4.9 为 B2 级，皮棉品质一般；<3.4 或者>5.0，划为 C 级，其中<3.4 为 C1 级，大于 5.0 为 C2 级，皮棉品质最差。

二、试点团场机采棉技术集成体系构成

各"试点"团场借助《兵团机采棉提质增效关键技术研究与集成示范》项目开展契机，在原有的机采棉技术内容上进行进一步的优化提升，在棉花适宜播期选择、优化株行距配置、优化棉花化学调控药剂配比、新型棉株打顶技术研发、脱叶催熟技术优化、优化脱叶催熟剂施用规程以及药剂喷施智能化等方面进行了积极探索。

（一）结合区域自然禀赋特点，选择适宜棉花播期

各"试点"团场棉花种植分布在南北疆各地，自然资源禀赋条件各异。过早的棉花播种会由于积温过低而导致出苗慢、烂种，出苗率降低，过晚的棉花播种会导致棉苗株型松散、幼苗不壮，并且由于生长期缩短，产量与质量均受影响。气候变化特点成为了制约棉花生长的不利因素，合适的播期选择尤为重要。位于南疆的第一师八团棉花适播期较早，北疆、南疆西部植棉团场播期略晚，集中在 4 月中上旬。由于各"试点"团场自然资源禀赋条件各异，具体棉花播种适宜播期如表 10-2 所示。

表 10-2　各"试点"植棉团场棉花适宜播期

"试点"团场	第一师八团	第七师一二五团	第六师芳草湖农场	第八师一四九团
气候特征	暖温带极端大陆性 干旱荒漠气候	温带大陆性 干旱气候	中温带 大陆性气候	温带大陆性 干旱气候
适宜播期	4月上旬	4月中旬	4月中旬	4月中旬

（二）以稀播高株理念为发展方向，优化株行距配置

近年来，为了更好地利用光热资源、增强脱叶催熟效果、提升籽棉品质，"一膜三行"的株行距配置模式逐渐成为推广应用的主流，在各个"试点"团场均开始推广。"一膜三行"株行距配置为76厘米等行距，可分为：杂交棉76厘米等行距，以兵团第七师一二五团为主；常规早熟棉76厘米等行距，以兵团第六师芳草湖农场、第八师一四九团为主。杂交棉76厘米等行距株行距配置模式，株距8.5～9.0厘米，分为18穴、16穴以及15穴三种，其中18穴亩均棉株数为11 400株/亩，16穴亩均棉株数为9 700株/亩，15穴亩均棉株数为9 000株/亩。常规早熟棉76厘米等行距株行距配置模式，分为24穴、28穴两种，其中24穴亩均棉株数为17 500株/亩，28穴亩均棉株数为15 000株/亩。

（三）优化棉花化学调控药剂配比，形成高效棉株生长调节规程

棉花的化学调控技术是目前新疆兵团棉花优质高产栽培模式的关键技术之一。该项技术的原理是通过利用棉花生长调节药剂，对棉株的内源激素系统进行调节，从而改变棉株内部激素的平衡关系，最终达到调节棉花植株生长与发育的目的。目前，化学调控药剂施用的阶段主要包括保苗阶段、一次化控阶段、二次化控阶段，"试点"植棉团场机采棉生长各个阶段化调规程如表10-3所示。

表 10-3　机采棉化学调控药剂施用规程

施用阶段	防治对象及作用	药剂名称	主要成分	剂型
保苗	防治叶螨 保护棉花苗芽	独高	5%阿维菌素	EC
		妙诛	34%螺螨酯	SC
		联农	20%啶虫脒	WP
一次化控	防治伏蚜、叶螨 控制棉株生长	甲哌鎓	98%甲哌鎓	SP
		瀚生锐击	8%阿维菌素 20%四螨嗪	SC
		联农	20%啶虫脒	WP
二次化控	防治伏蚜、叶螨 控制棉株生长	甲哌鎓	98%甲哌鎓	SP
		妙诛	34%螺螨酯	SC
		必应	600克/升吡虫啉	SC

数据来源："试点"团场示范基地试验数据。

注：剂型为化学药剂原药经加工配置而成的各类型制剂，其中EC表示乳油，SC表示悬浮剂，WP表示可湿性粉剂，SP表示可溶性粉剂。

（四）继续实施棉株打顶，解除顶端发育优势

各"试点"植棉团场棉花打顶的原则可以概括为"枝到不等时，时到不等枝"，在目前较高密度的栽培模式下，北疆打顶的最佳时间为6月末至7月初，南疆植棉团场较北疆植棉团场约晚一个星期。兵团各植棉团场棉花打顶方式主要有人工打顶、化学药剂打顶以及机器打顶三种，目前兵团各植棉团场仍以人工打顶为主；化学药剂打顶技术已经日趋成熟，化学打顶时间比人工打顶略晚3～5天，近年来已经大面积推广应用，机器打顶技术还不成熟，未进行大面积推广应用。由于各"试点"植棉团场自然资源禀赋条件各异，适宜的棉花打顶时间有所差异，具体情况如表10-4所示。

表10-4　各"试点"植棉团场棉花打顶适宜时间

"试点"团场	第一师八团	第七师一二五团	第六师芳草湖农场	第八师一四九团
气候特征	暖温带极端大陆性干旱荒漠气候	温带大陆性干旱气候	中温带大陆性气候	温带大陆性干旱气候
适宜播期	7月初	6月末	6月末	6月末

（五）优化脱叶催熟剂施用规程，降低籽棉含杂率

对于"试点"团场机采棉生产而言，利用化学药剂对棉花进行脱叶催熟是实现棉花机械化采收的必要环节，可以防止贪青晚熟造成的纤维品质下降，脱叶催熟药剂的合理同时也能提高籽棉质量，降低机采棉的籽棉含杂率。兵团各植棉团场施用的脱叶催熟药剂一般为：脱吐隆及其助剂、瑞脱隆及其助剂以及棉海及其助剂，并且对以脱吐隆、棉海两种主要脱叶催熟药剂进行了施用对比分析。北疆地区"试点"植棉团场脱叶催熟药剂施用时间一般为9月初，南疆地区"试点"植棉团场脱叶催熟药剂施用时间一般比北疆略晚一周。具体脱叶催熟药剂施用规程如表10-5所示。

表10-5　机采棉脱叶催熟药剂施用规程

施用阶段	药剂作用	药剂名称	主要成分	施用量（克/亩）
一次脱叶催熟	促进棉铃吐絮加快叶片脱落	瑞脱隆	80%噻苯隆	30
		助剂	专用助剂	30
		乙烯利	40%乙烯利	60
二次脱叶催熟	促进棉铃吐絮加快叶片脱落	棉海	37%噻苯隆17%敌草隆	15
		助剂	专用助剂	60
		乙烯利	40%乙烯利	80

数据来源："试点"团场示范基地试验数据。

（六）大力发展无人机药剂喷施，推进药剂喷施智能化

利用无人飞机喷施各种药剂，尤其是棉花脱叶催熟剂，极大地提升了脱叶催熟剂喷施作业效率，从药剂加装到喷施完成喷施每亩棉花平均只需 2 分钟时间。与此同时，无人飞机药剂喷施能够减少农药用量、节省人力成本，提高作业效果，减轻农药对环境的污染。另外，智能遥控直升机无需跑道，随起随降，操作方便，是今后农作物大面积生化防治工具的发展方向与主要手段。兵团棉花植保无人机的引入开辟了棉花脱叶催熟和病虫害防治社会化服务的先例，无人机喷施技术采用喷雾喷洒方式至少可以节约 50％的农药施用量，节约 90％的用水量，为棉花脱叶催熟和有害生物防治模式探索出了一条新的道路。同时需要克服叶片受药不均，底层叶片受药较少的问题。目前，第一师八团、第七师一二五团、第六师芳草湖农场以及第八师一四九团都已经开始无人机药剂喷施试点工作。

第四节　试点团场机采棉生产技术集成体系生产效率评价

一、实证分析方法与模型选取

DEA，全称 Data Envelopment Analysis，即数据包络分析，是 20 世纪 80 年代美国知名运筹学家 Charnes A 与 Cooper W W 共同提出的，目前已经广泛应用在各类不同的部门与行业中。因其在衡量多项投入与产出指标时具有的避免主观因素干扰、算法简便以及误差较小等优点，日渐被相关领域研究者所重视。

数据包络分析的来源可以追溯到 20 世纪 60 年代，英国经济学家 Farrell 在研究英国农业生产力时提出了早期的数据包络思想。接下来的研究将这种思想运用到运筹学上，并以之为基础不断演进发展，至今已成为稳定、可靠的经济计量分析方法，是评价经济系统运行效率的主要方法之一。在要素规模报酬不变，并且具有较强的可处置性并且要素投入给定的假设条件下，在一个经济体中的 Q 个经营决策主体，第 k 个经营主体的要素投入数学表现形式为：

$$x^k = (x_{k1}, x_{k2} \cdots\cdots, x_{ki-1}, x_{ki}) \tag{10-1}$$

第 k 个经营主体的要素产出数学表现形式为：

$$y^k = (y_{k1}, y_{k2} \cdots\cdots, y_{ki-1}, y_{ki}) \tag{10-2}$$

则产出的可行集形式数学表现形式为：

$$P(x \mid C, S) = \left\{ (y_1, y_2, \cdots y_j) : \sum_{k=1}^{K} z_k y_{kj} \geqslant y_{kj} (j = 1, 2, \cdots J); \right.$$

$$\left. \sum_{k=1}^{K} z_k x_{ki} \leqslant x_i (i = 1, 2, \cdots I); z_{k \geqslant 0} (k = 1, 2, \cdots, K) \right\} \tag{10-3}$$

利用一个经营决策主体的投入产出（x，y）来定义该主体的技术效率程度，其数学表现形式为：

$$F_0(x, y \mid C, S) = \max\{\theta : \theta_y \subseteq P(x \mid C, S)\} \tag{10-4}$$

接着对产出函数进行进一步定义，如下所示：

$$D_0(x,y \mid C,S) = 1/F_0(x,y \mid C,S) \qquad (10-5)$$

按照经营主体利润最大化目标，其必然要求最优的生产效率下进行生产活动，即投入 x 能够得到目前产出 y 的最大倍数。由此可见，θ 越大，意味着生产的产出效率水平越低。

将 t 时期作为起始时期，则曼奎斯特（Malmquist）生产力指数的定义可以表示为：

$$M_0^t = D_0^t(x^{t+1}, y^{t+1} \mid C,S)/D_0^t(x^t, y^t \mid C,S) \qquad (10-6)$$

将 $t+1$ 时期作为起始时期，则曼奎斯特（Malmquist）生产力指数的定义可以表示为：

$$M_0^{t+1} = D_0^{t+1}(x^{t+1}, y^{t+1} \mid C,S)/D_0^{t+1}(x^t, y^t \mid C,S) \qquad (10-7)$$

全要素生产率（TEP）可以用上述两种曼奎斯特（Malmquist）生产力指数的几何平均数计算而得，则全要素生产率的数学表现形式为：

$$M_0^t = \underbrace{\frac{D_0^{t+1}(x^{t+1}, y^{t+1} \mid C,S)}{D_0^t(x^t, y^t \mid C,S)}}_{EC} \cdot \underbrace{\left(\frac{D_0^t(x^{t+1}, y^{t+1} \mid C,S)}{D_0^{t+1}(x^{t+1}, y^{t+1} \mid C,S)} \cdot \frac{D_0^t(x^t, y^t \mid C,S)}{D_0^{t+1}(x^t, y^t \mid C,S)} \right)^{\frac{1}{2}}}_{TC}$$

$$(10-8)$$

从上式可以发现，全要素生产率由两个部分组成，其一是技术效率指数，即 EC（Efficiency Change），该指数表示产出向最优生产边界线的收敛，其二是技术进步指数，即 TC（Technical Change），该指数表示技术水平的提高程度。

但是在传统 DEA 模型的分析结果中，会出现同时多个有效的决策单元，即有多个效率值=1 的情况，从而不能按效率值高低对各个决策单元进行排序，对于这种情况，Banker 和 Gifford 在 1989 年首次提出在测算效率时将 DMU 有效的决策单元从生产前沿面分离出去的基础上构建超效率 DEA（Super-Efficiency）模型的想法。这一想法最终在 1993 年 Anderson 和 Perterson 的努力下变成现实。超效率 DEA 分析法可以将同时有效的决策单元进一步分析，对所有 DMU 进行重新排序。

超效率 DEA 模型变量的定义与传统 DEA 模型基本一致，主要差异在于超效率 DEA 在对决策单元进行效率分析时，生产前沿面发生了改变，生产前沿面的构成中将第 i 个 DMU 排除在外，其余 DMU 的投入和产出的线性组合形成一个新的生产前沿面，依次进行比较每个 DMU 的效率大小。在规模报酬可变的情况下，假定松弛变量为 m，剩余变量为 n，则超效率 DEA 模型的数学表现形式为：

$$\min(\theta - \varepsilon(e^T m + e^T n))$$

$$s.t. \sum_{i=1}^{j} \lambda_i x_i + n = \theta x_0$$

$$\sum_{i=1}^{j} \lambda_i y_i + m = y_0$$

$$m \geq 0, n \geq 0, \lambda_i \geq 0, i = 1, 2, \cdots, j \qquad (10-9)$$

将上述模型计算出的效率称为超效率，该效率值较传统 DEA 方法计算出的效率值而言优势在于能够在当多个效率值=1 时对各个决策单元进行有效排序。

二、"试点"团场技术集成生产效率测算

机采棉生产技术集成效率投入产出指标选取。结合兵团机采棉生产现实状况，本研究选取如下投入产出指标。

1. 棉花种植面积　选取各"试点"植棉团场当年棉花种植面积，单位为万亩。

2. 亩均植棉投入　亩均植棉投入分为植棉物质资本投入与技术投入，将各项植棉技术投入直接反应在亩均植棉投入中，单位为元/亩。

3. 亩均劳动力投入　将"试点"植棉团场棉花生产亩均耗费人工数作为劳动力投入指标，单位为人/亩。

4. 植棉收益　选取当年"试点"植棉团场当年棉花种植亩均收益作为产出指标，单位为元/亩。

样本数据来源。本次研究针对第一师八团、第六师芳草湖农场、第七师一二五团以及第八师一四九团在开展《兵团机采棉提质增效关键技术研究与集成示范》项目前后各项棉花生产要素投入效率变化情况，在研究各"试点"植棉团场技术集成体系效率时选择2014—2017年机采棉投入产出一手调研数据。

利用 DEA‐SOVER 软件，对各"试点"植棉团场2014—2017年的棉花生产效率进行分析，可知其平均技术效率，详细结果如表10‐6所示。第一师八团2014—2017年机采棉技术集成体系技术超效率均值达到1.047 9，其中第一师八团植棉技术超效率有效的年份分别为2014、2016、2017年，植棉技术超效率无效的年份为2015年。就该团植棉技术超效率变动情况来看，自2015年植棉技术超效率下滑至0.967 6以后开始反弹，2016年植棉技术超效率值达1.102 4，到2017年植棉技术超效率值达到近年最高的1.121 4。第六师芳草湖农场2014—2017年机采棉技术集成体系植棉技术超效率均值达到1.115 3，其中第六师芳草湖农场植棉技术超效率有效的年份分别为2014、2015、2017年，植棉技术超效率无效的年份为2016年。对该团植棉技术超效率变动情况进行分析可以发现，其变动趋势呈先降低后回升态势，植棉技术超效率值由2014年的1.275 8降至2016年的0.960 4，之后开始反弹，到了2017年其植棉技术超效率值回升至1.000 0。第七师一二五团2014—2017年机采棉技术集成体系技术超效率均值达到1.014 2，其中第七师一二五团植棉技术超效率有效的年份分别为2014、2015、2016和2017年，无植棉技术超效率无效的年份。就该团植棉技术超效率变动情况来看，第七师一二五团近四年始终保持植棉技术超效率有效的状态，但是值得注意的是，其植棉技术超效率值不断降低，由2014年的1.036 9降至2017年的1.000 0。第八师一四九团2014—2017年机采棉技术集成体系植棉技术超效率均值达到1.013 6，其中第六师芳草湖农场植棉技术超效率有效的年份分别为2014、2015和2017年，植棉技术超效率无效的年份为2016年。对该团植棉技术超效率变动情况进行分析可以发现，其植棉技术超效率值呈先下降后上升态势。首先从2014年的1.000 0下降到2016年的0.994 8，紧接着又回升到2017年的1.055 6。

表 10-6　基于 BBC 模型的各"试点"植棉团场棉花生产平均技术效率

试点	年份	效率	排序	超效率	排序
第一师八团	2014	1.000 0	1	1.000 0	3
	2015	0.967 6	4	0.967 6	4
	2016	1.000 0	1	1.102 4	2
	2017	1.000 0	1	1.121 4	1
	均值	0.991 9	—	1.047 9	—
第六师芳草湖农场	2014	1.000 0	1	1.275 8	1
	2015	1.000 0	1	1.225 1	2
	2016	0.960 4	4	0.960 4	4
	2017	1.000 0	1	1.000 0	3
	均值	0.990 1	—	1.115 3	—
第七师一二五团	2014	1.000 0	1	1.036 9	1
	2015	1.000 0	1	1.013 2	2
	2016	1.000 0	1	1.006 5	3
	2017	1.000 0	1	1.000 0	4
	均值	1.000 0	—	1.014 2	—
第八师一四九团	2014	1.000 0	1	1.000 0	3
	2015	1.000 0	1	1.003 8	2
	2016	0.994 8	4	0.994 8	4
	2017	1.000 0	1	1.055 6	1
	均值	0.998 7	—	1.013 6	—

　　从四个"试点"植棉团场的植棉技术超效率测定整体情况来看，各"试点"植棉团场的机采棉生产技术集成体系是有效率的，并且具备向高效方向发展的趋势。超效率值越大表明能够保持植棉技术有效的稳定性越强，比如说 2017 年第八师一四九团的超效率值为 1.055 6，这就意味着第八师一四九团棉花生产投入扩大倍数小于 1.055 6，可以继续保持棉花生产有效的状态。结合四个"试点"植棉团场机采棉技术集成体系超效率测算值可以看出，自《兵团机采棉提质增效关键技术研究与集成示范》项目开展后，各"试点"植棉团场机采棉生产技术集成体系仍然具备继续提升空间。那么该在哪些植棉生产要素投入方面进行优化，如何进一步提高各"试点"团场的植棉效率成为进一步需要关注的问题。

　　通过超效率 DEA 模型分析可以得知各"试点"团场某些年机采棉生产技术集成体系的技术效率是无效的，即使机采棉生产技术集成体系的技术效率有效，也存在着各要素投入的冗余或者不足的情况。接下来，对各"试点"植棉团场棉花生产投入要素投入差额分析，进而确定投入要素的冗余与不足，具体最优值情况如表 10-7 所示。

　　第一师八团在 2014 年时各要素投入达到相对最优，并无某类要素投入的冗余或不足情况，2015 年，棉花种植面积投入与最优值之间的差异为－0.328 9，表明当年棉花种植

表 10 - 7 各"试点"植棉团场棉花生产投入要素改进空间

试点	年份	差额			百分率（%）		
		种植面积	物资成本与技术投入	劳动力投入	种植面积	物资成本与技术投入	劳动力投入
第一师八团	2014	0.000 0	0.000 0	0.000 0	0.00	0.00	0.00
	2015	−0.328 9	−46.540 7	−0.415 2	−3.24	−3.24	−5.86
	2016	0.939 9	−54.113 7	−0.380 1	10.24	−3.80	−5.49
	2017	0.007 7	83.538 6	0.793 6	0.77	6.10	12.14
第六师芳草湖农场	2014	6.453 5	77.611 6	0.402 6	27.58	4.62	27.58
	2015	4.299 7	−60.016 8	−0.720 0	22.51	−3.45	−33.03
	2016	−0.989 4	−78.832 0	−0.582 1	−3.96	−4.47	28.12
	2017	0.000 0	0.000 0	0.000 0	0.00	0.00	0.00
第七师一二五团	2014	0.856 3	−50.532 0	−0.002 2	3.69	−2.73	−1.23
	2015	0.318 4	23.880 0	−0.017 3	1.33	1.33	−0.97
	2016	0.159 4	−34.078 1	0.001 1	0.65	−1.84	0.65
	2017	0.000 0	0.000 0	0.000 0	0.00	0.00	0.00
第八师一四九团	2014	0.000 0	0.000 0	0.000 0	0.00	0.00	0.00
	2015	0.006 0	7.222 5	−0.118 3	0.38	0.38	−8.76
	2016	−0.082 4	−9.312 6	−0.000 7	−0.52	−0.52	−0.52
	2017	−0.052 4	95.663 1	0.002 2	−0.33	5.56	1.75

面积与最优棉花种植面积之间存在冗余，棉花种植面积冗余 0.328 9 万亩；亩均物质资本与技术投入与最优值之间的差异为−46.540 7，表明当年棉花亩均物质资本与技术投入与最优亩均物质资本与技术投入之间存在冗余，棉花亩均物质资本与技术投入冗余 46.540 7 元/亩；亩均劳动力投入与最优值之间的差异为−0.415 2，表明当年亩均植棉劳动力投入与最优亩均植棉劳动力投入之间存在冗余，亩均植棉劳动力投入冗余 0.415 2 人/亩。2016 年棉花种植面积投入与最优值之间的差异为 0.939 9，表明当年棉花种植面积与最优棉花种植面积之间存在不足，棉花种植面积可以再追加 0.939 9 万亩；亩均物质资本与技术投入与最优值之间的差异为−54.113 7，表明当年棉花亩均物质资本与技术投入与最优亩均物质资本与技术投入之间存在冗余，棉花亩均物质资本与技术投入冗余 54.113 7 元/亩；亩均劳动力投入与最优值之间的差异为−0.380 1，表明当年亩均植棉劳动力投入与最优亩均植棉劳动力投入之间存在冗余，亩均植棉劳动力投入冗余 0.380 1 人/亩。2017 年，棉花种植面积投入与最优值之间的差异为 0.007 7，表明当年棉花种植面积与最优棉花种植面积之间存在不足，棉花种植面积可以再追加 0.007 7 万亩；亩均物质资本与技术投入与最优值之间的差异为 83.538 6，表明当年棉花亩均物质资本与技术投入与最优亩均物质资本与技术投入之间存在不足，可以继续追加物质资本与技术投入 83.538 6 元/亩；亩均劳动力投入与最优值之间的差异为 0.793 6，表明当年亩均植棉劳动力投入与最优亩均植棉劳动

力投入之间存在不足，可以继续追加亩均植棉劳动力投入 0.793 6 人/亩。

第六师芳草湖农场 2014 年棉花种植面积投入与最优值之间的差异为 6.453 5，表明当年棉花种植面积与最优棉花种植面积之间存在不足，棉花种植面积有 6.453 5 万亩的提升空间；亩均物质资本与技术投入与最优值之间的差异为 77.611 6，表明当年棉花亩均物质资本与技术投入与最优亩均物质资本与技术投入之间存在不足，棉花亩均物质资本与技术投入不足量为 77.611 6 元/亩；亩均劳动力投入与最优值之间的差异为 0.402 6，表明当年亩均植棉劳动力投入与最优亩均植棉劳动力投入之间存在不足，亩均植棉劳动力投入不足量为 0.402 6 人/亩。2015 年，棉花种植面积投入与最优值之间的差异为 4.299 7，表明当年棉花种植面积与最优棉花种植面积之间存在不足，棉花种植面积有 4.299 7 万亩的提升空间；亩均物质资本与技术投入与最优值之间的差异为 -60.016 8，表明当年棉花亩均物质资本与技术投入与最优亩均物质资本与技术投入之间存在冗余，棉花亩均物质资本与技术投入冗余 60.016 8 元/亩；亩均劳动力投入与最优值之间的差异为 -0.720 0，表明当年亩均植棉劳动力投入与最优亩均植棉劳动力投入之间存在冗余，亩均植棉劳动力投入冗余 0.720 0 人/亩。2016 年棉花种植面积投入与最优值之间的差异为 -0.989 4，表明当年棉花种植面积与最优棉花种植面积之间存在冗余，棉花种植面积投入冗余 0.989 4 万亩；亩均物质资本与技术投入与最优值之间的差异为 -78.832 0，表明当年棉花亩均物质资本与技术投入与最优亩均物质资本与技术投入之间存在冗余，棉花亩均物质资本与技术投入冗余 78.832 0 元/亩；亩均劳动力投入与最优值之间的差异为 -0.582 1，表明当年亩均植棉劳动力投入与最优亩均植棉劳动力投入之间冗余，亩均植棉劳动力投入冗余 0.582 1 人/亩。2017 年，各要素投入达到相对最优，并无某类要素投入的冗余或不足情况。

第七师一二五团 2014 年棉花种植面积投入与最优值之间的差异为 0.856 3，表明当年棉花种植面积与最优棉花种植面积之间存在不足，棉花种植面积有 0.856 3 万亩的追加投入空间；亩均物质资本与技术投入与最优值之间的差异为 -50.532 0，表明当年棉花亩均物质资本与技术投入与最优亩均物质资本与技术投入之间存在冗余，棉花亩均物质资本与技术投入冗余 50.532 0 元/亩；亩均劳动力投入与最优值之间的差异为 -0.002 2，表明当年亩均植棉劳动力投入与最优亩均植棉劳动力投入之间存在冗余，亩均植棉劳动力投入冗余 0.002 2 人/亩。2015 年，棉花种植面积投入与最优值之间的差异为 0.318 4，表明当年棉花种植面积与最优棉花种植面积之间存在不足，可以继续追加棉花种植面积 0.318 4 万亩；亩均物质资本与技术投入与最优值之间的差异为 23.880 0，表明当年棉花亩均物质资本与技术投入与最优亩均物质资本与技术投入之间存在不足，可以继续追加棉花亩均物质资本与技术投入 23.880 0 元/亩；亩均劳动力投入与最优值之间的差异为 -0.017 3，表明当年亩均植棉劳动力投入与最优亩均植棉劳动力投入之间存在冗余，亩均植棉劳动力投入冗余 0.017 3 人/亩。2016 年棉花种植面积投入与最优值之间的差异为 0.159 4，表明当年棉花种植面积与最优棉花种植面积之间存在不足，棉花种植面积可以再追加 0.159 4 万亩；亩均物质资本与技术投入与最优值之间的差异为 -34.078 1，表明当年棉花亩均物质资本与技术投入与最优亩均物质资本与技术投入之间存在冗余，棉花亩均物质资本与技术投入冗余 34.078 1 元/亩；亩均劳动力投入与最优值之间的差异为 0.001 1，表明当年亩均植棉劳动力投入与最优亩均植棉劳动力投入之间不足，可以再追加亩均植棉劳动力投入冗余 0.001 1 人/亩。2017 年，各要素投入达到相对最优，并无某类要素投入的冗余或不足情况。

第八师一四九团 2014 年各要素投入达到相对最优，并无某类要素投入的冗余或不足情况。2015 年，棉花种植面积投入与最优值之间的差异为 0.006 0，表明当年棉花种植面积与最优棉花种植面积之间存在不足，棉花种植面积有 0.006 0 万亩的追加投入空间；亩均物质资本与技术投入与最优值之间的差异为 7.222 5，表明当年棉花亩均物质资本与技术投入与最优亩均物质资本与技术投入之间存在不足，可以继续追加棉花亩均物质资本与技术投入 7.222 5 元/亩；亩均劳动力投入与最优值之间的差异为－0.118 3，表明当年亩均植棉劳动力投入与最优亩均植棉劳动力投入之间存在冗余，亩均植棉劳动力投入冗余 0.118 3 人/亩。2016 年棉花种植面积投入与最优值之间的差异为－0.082 4，表明当年棉花种植面积与最优棉花种植面积之间存在冗余，棉花种植面积冗余 0.082 4 万亩；亩均物质资本与技术投入与最优值之间的差异为－9.312 6，表明当年棉花亩均物质资本与技术投入与最优亩均物质资本与技术投入之间存在冗余，棉花亩均物质资本与技术投入冗余 9.312 6 元/亩；亩均劳动力投入与最优值之间的差异为－0.000 7，表明当年亩均植棉劳动力投入与最优亩均植棉劳动力投入之间冗余，亩均植棉劳动力投入冗余 0.000 7 人/亩。2017 年，棉花种植面积投入与最优值之间的差异为－0.052 4，表明当年棉花种植面积与最优棉花种植面积之间存在冗余，棉花种植面积冗余 0.052 4 万亩；亩均物质资本与技术投入与最优值之间的差异为 95.663 1，表明当年棉花亩均物质资本与技术投入与最优亩均物质资本与技术投入之间存在不足，可以继续追加物质资本与技术投入 95.663 1 元/亩；亩均劳动力投入与最优值之间的差异为 0.002 2，表明当年亩均植棉劳动力投入与最优亩均植棉劳动力投入之间存在不足，可以继续追加亩均植棉劳动力投入 0.002 2 人/亩。

三、"试点"团场技术集成生产效率评价

通过对"试点"团场技术集成生产效率分析可知，从四个"试点"植棉团场的植棉技术超效率测定整体情况来看，各"试点"植棉团场的机采棉生产技术集成体系是有效率的，并且整体具备向高效方向发展的趋势。2017 年，第一师八团植棉技术超效率值较上年提升了 0.019 0，第六师芳草湖农场植棉技术超效率值较上年提升了 0.039 6，第七师一二五团植棉技术超效率值较上年提升了－0.006 5，第八师一四九团植棉技术超效率值较上年提升了 0.060 8。进而对各要素投入的冗余或者不足的情况分析可以发现，第一师八团在棉花种植面积、亩均物质资本与技术投入以及亩均植棉劳动力投入可追加投入，第六师芳草湖农场各要素投入达到相对最优，并无某类要素投入的冗余或不足情况，第七师一二五团各要素投入达到相对最优，并无某类要素投入的冗余或不足情况，第八师一四九团应当减少植棉面积，追加亩均物质资本与技术以及亩均植棉劳动力投入。

总的来说，棉花种植在南北疆各个师均有分布，兵团机采棉自 21 世纪以来经历了从

无到有、从优到精的发展历程，目前兵团棉花生产已经实现机采模式栽培面积全覆盖，机械采收面积大幅度推广，在采棉机械以及籽棉清理加工设备配套方面已经具备全面机采的潜力。机采棉在兵团的发展机遇与挑战并存，结合现实情况分析，兵团机采棉发展的方向可以分为两个层面，培育兵团机采棉生产专业化组织、理顺各主体关系、提升参与主体生产积极性是兵团机采棉发展的前提，构建新型机采棉技术集成体系、提升农艺农机装备水平、增强各生产环节契合度是兵团机采棉良性发展的保障。通过《兵团机采棉提质增效关键技术研究与集成示范》项目的开展，各"试点"团场借助该契机在原有的机采棉技术内容上进行进一步的优化提升，在棉花适宜播期选择、优化株行距配置、优化棉花化学调控药剂配比、新型棉株打顶技术研发、脱叶催熟技术优化、优化脱叶催熟剂施用规程以及药剂喷施智能化等方面进行了积极探索，从项目开展以来，各"试点"团场机采棉生产情况来看，籽棉产量与各项质量指标均有一定程度的提升，提质增效效果较为明显。对"试点"团场机采棉技术集成体系生产效率进行分析可以发现，各"试点"植棉团场的机采棉生产技术集成体系是有效率的，并且具备向高效方向发展的趋势，但棉花生产投入要素与最优值之间存在一定差距。

第五节　机采棉生产技术集成体系构建

一、机采棉生产的目标

兵团棉花生产面临着低质棉供给过剩、优质棉供给不足的结构性生产失衡问题。棉花供给侧结构性改革的核心在于产业层面的"提质增效"，通过植棉技术研发，进行棉花标准化生产，降低棉花生产成本，提升产业竞争力。对兵团机采棉生产而言"提质增效"首先主要表现在纺织企业需求发生新变化，随着国内居民生活水平提升，对优质棉制品的需求逐渐成为主流，进而需要作为原料源头的棉花生产更加注重籽棉品质。其次，创新驱动成为经济发展的新引擎，新型植棉技术与植棉理念的应用切合了国内经济发展的大趋势。再者，资源配置动力内生化，在机采棉产业发展中，需要对棉花投入要素资源进行优化，使棉花产出效率达到最优状态。通过包括棉纤维长度、断裂比强度、马克隆值、长度整齐度等内在质量指标的提升，提高兵团棉花市场竞争力，从而促进产业经济效益增长。

构建与优化机采棉技术集成体系、提升农艺农机装备水平、增强各生产环节契合度是实现兵团机采棉优质高效生产的前提。兵团作为我国唯一大规模推广机采棉并且机采棉发展水平最高的地区，机采棉技术集成体系是一个高科技、综合性技术问题，但是由于相关配套技术不完善，使得机采棉短绒率高、含杂率高、棉结多、品质低，机采棉加工生产线投入高、回报慢，品种、种植模式、脱叶、采收、运输以及清理加工协同效果差，优质种质资源研发投入不足等问题凸显。一般情况下，机采棉生产装备技术与农艺技术的匹配主要发生在机采棉生产的各个环节内部，通过增强机采棉生产各个环节契合度，提升相应农艺技术水平与农机技术水平，构建新型的机采棉技术集成体系是解决目前兵团机采棉生产过程中存在问题实现机采棉提质增效的最佳途径。

二、机采棉技术集成体系构建与优化方向

（一）提高籽棉生产环节管理水平

对兵团机采棉技术集成体系优化的最前端应当是对籽棉生产环节的管理水平提升，主要体现在三个方面：品种选择、种植制度以及田间管理。其中，品种选择是核心、种植制度是关键、田间管理是保障。

近年来兵团机采棉原棉纤维长度和纤维断裂比强度低、长度整齐度差、含杂率与短绒率高等问题较为突出，开展机采棉种植区域布局、筛选适宜南北疆各植棉团场种植的早熟、早中熟机采棉品种、建立品种良种繁育体系工作尤为迫切。通过试点团场示范进而辐射推广，最终结合区域布局，挑选出遗传品质达标、生育期适宜、形态抗虫抗倒伏、吐絮集中以及对脱叶剂敏感的适合不同生态区植棉团场的推荐品种，为兵团机采棉优质高效生产提供品种与技术支持是提升籽棉生产管理水平的核心内容。

传统的"矮、密、早、膜"棉花栽培种植制度以"大群体、小个体、高效益"为理念，能够确保棉花产量稳定，但是对棉花品质的关注不够。兵团机采棉种植制度的发展方向应当以确保质量为主，兼顾产量合理控制种植密度。在"试点"植棉团场推广的"一膜三行"76厘米等行距株行距配置模式调减了棉花亩株数，以稀播高株为种植理念，使得籽棉品质一定程度提升并且能够降低植棉含杂率，是保证籽棉质量的关键。

机采棉田间管理活动通过选定最佳播期、适时播种、对棉花苗期进行合理化调、适时打顶去除顶端优势、水肥统筹施用、棉田病虫害防治、残膜控制以及脱叶催熟剂施用为兵团机采棉"优产、高产"提供了相应的技术保障。

（二）培育兵团机采棉生产专业化组织

理顺各主体关系，培育兵团机采棉生产专业化组织，提升参与主体生产积极性。在兵团机采棉推广过程中由于棉花机械采收节省成本基本上由种棉职工收益以及采棉机手赚取，加之籽棉清理加工生产线改造升级成本、加工程序增多产生的额外成本、由于机采棉质量较手采棉质量等级低造成的销售差价以及纺织企业用棉成本上升。各生产主体目标不一致，利益分配不公平使得各利益分配主体间产生"两高四低"的现象，即种棉职工与采棉机手积极性高，团场、棉花加工企业、棉花流通销售机构以及纺织企业积极性低。解决机采棉生产过程中，解决主体目标不一致的关键在于培育机采棉生产专业化组织，对参与主体之间关系、利益分配进行梳理重塑，提升从机采棉种植、采收、加工再到销售环节各利益主体参与生产的积极性。

（三）建立兵团机采棉高效采收服务体系

随着机采棉在兵团范围内的逐步推广，兵团棉花机械化采收面积不断增加，但是棉花采收过程主体分散，采收、打膜、运输等环节间衔接程度不紧密，极易造成诸如残膜混入情况严重、异性纤维难以杜绝等问题，因此建立兵团机采棉高效采收服务体系是解决问题的关键。

建立兵团机采棉高效采收服务体系首先要解决的问题是采棉机的权属问题，目前，兵

团采棉机产权主要有团属、个人两种模式。建立兵团机采棉高效采收服务体系要求在明晰权属关系的前提下，形成统一组织，为兵团广大植棉地区提供棉花机采服务，采棉机驾驶人员必须经过专业的技术培训，持有相应驾驶证方可上岗。其次，要优化机采流程，通过形成组织的方式，确保制定的机采规程能够有效的实施。从采棉机组准备到机械采收、卸棉管理、籽棉质量保持等各个环节做到无缝链接。

（四）提升兵团机采棉质量监控机制

兵团机采棉质量监控机制应当包括以下两个内容：机采棉原棉产地品质控制以及机采棉质量追溯体系建设。

机采棉原棉产地品质控制，首先要求根据各植棉师自然资源禀赋条件选择适宜的优质种质资源，保持一主两辅的棉花品种种植制度，实现"主辅相济、丰歉互补"；其次根据兵团机采棉种植制度的发展方向，选择确保质量为主、兼顾产量的种植制度，合理控制种植密度。

机采棉质量追溯体系建立的目的在于进一步提高机采棉质量监控水平，建立皮棉和种植品种之间的对应关系，实现棉花从种植到销售的信息化管理及质量追溯。通过棉包条码编制规则信息录入，实现棉花品种、种植区域、加工企业、生产线、生产日期等信息的回溯，通过皮棉质量信息反馈和纺织企业纺纱配棉的使用效果，选择出满足市场需求的机采棉种植品种。

（五）兵团机采棉生产技术集成体系构建

1. 兵团机采棉生产技术集成体系构建原则

（1）以质量提升为主要目标，兼顾高产。虽然国内纺织企业对原材料的需求是分层次的，需要市场中存在高、中、低各类原材料，但是随着国内居民生活水平提升，对优质棉制品的需求逐渐成为主流，国内纺织企业进而需要作为原料源头的棉花生产更加注重籽棉品质。兵团作为我国先进植棉技术示范区，其机采棉生产技术集成体系的构建应当发挥其机采棉生产优势，以棉花质量提升为主要生产目标，适应国内纺织企业对原棉质量要求逐步提升的发展趋势。与此同时，兼顾棉花产量，在保证棉花质量具备市场竞争力的前提下，确保棉花产量水平不出现大幅度下滑。

（2）以各生产环节技术匹配、协同为发展方向。机采棉生产是一项环节众多的系统工程，涉及育种、田间管理、采收运输等诸多环节。兵团机采棉生产农艺技术、农机装备与生产各项流程之间的匹配，需要机采棉生产主体将棉花生产的各个流程与农艺技术、农机装备进行合理搭配，使得机采棉生产技术集成体系得以优化升级。机采棉生产相关主体需要使不同主体所拥有的资源禀赋得以更好的协调，使个体或者组织目标得以更好实现，使整个机采棉技术集成体系中的参与主体与组织得以高效协同。兵团机采棉生产技术集成体系的构建需实现各生产环节技术的匹配与协同。

（3）以降低生产成本为途径，提升植棉效益。棉花生产成本的攀升主要体现在生产资料价格与劳动力成本上涨两个方面，在我国农业生产要素价格不断提高的背景下，兵团棉花种子、地膜、化学药剂、肥料等棉花生产资料价格不断上涨。另外，兵团各植棉师采棉劳动力季节性稀缺导致采棉时节用工成本居高不下，这两种生产成本的上涨均具有黏性，短时间内难以有效降低。此种现实条件制约下，兵团机采棉生产技术集成体系构建需通过从播种到采收的全程机械化操作，减少大量的劳动力投入，较大幅度降低棉花生产成本，以实现植棉收益的提升。

2. 兵团机采棉生产技术集成体系构建内容　兵团机采棉生产技术集成体系构建涉及品种选育到采收运输的全过程棉花生产技术，一般来讲，机采棉生产主体将至少两项生产技术联结成为一个有机整体，使得各项生产技术得以更好的发挥、机械设备功效得以更好施展以及整个生产技术系统得以不断优化升级的集合过程。兵团机采棉生产技术集成体系构建应当包含品种选育、土地平整、精准播种、中耕施肥、植株保护、机械收获以及打模运输等内容，其装备设施配备、核心技术以及配套技术如表 10-8 所示。

表 10-8　兵团机采棉装备设施及技术集成体系

环节	装备设施配备	核心技术	配套技术
品种选育	棉花品种选育实验室	生物工程技术 物理诱变技术	棉花细胞工程技术 棉花基因工程技术 远缘杂交技术 航天棉种诱变技术
土地平整	棉杆粉碎还田机、液压垂直翻转犁、翻转双向超深耕犁、深松机械、残膜回收机械	土地平整技术	棉杆粉碎还田技术 深松耕技术规程 残膜回收技术
精准播种	2BMJ 系列气吸式精量铺膜播种机、双膜覆盖精量播种机、2BMJ-12 超窄行精量铺膜播种机	精量播种技术	导航技术 株行距配置农艺技术
中耕施肥	3ZF 系列中耕施肥机、运输罐车、液体肥生产线	中耕施肥技术	水肥一体化统筹 有机液体肥技术
植株保护	风送式喷雾机、吊杆式喷雾机、智能无人机	化学药剂调配	棉株株型化学调控技术 化学打顶技术 脱叶催熟农艺技术
机械收获	约翰迪尔系列采棉机、凯斯系列采棉机、贵航平水采棉机	水平摘锭滚筒	采棉机田间火情预警技术
打模运输	6MDZ10 打模机、7CBXM10 运模机	打模、运输技术与相关操作规程	卸花地点、棉模雨布 棉模系绳、棉模监管

（1）继续加强品种研发力度，选育适宜机采的优质棉种。结合新疆地区自然资源禀赋限制与采棉机技术参数特点，通过以棉花细胞工程、棉花基因工程为代表的生物工程技术，以棉花三系及远缘杂交为代表的棉种杂交技术，以航天诱变为代表的物理诱变技术进行针对性的棉花品种种质资源创制，选育出兵团各个植棉师适宜的优质、高产机采棉

品种。

（2）加快推进棉田平整工作，形成适合大规模机采的棉田地块。借助国家高标准基本农田建设契机，结合兵团土地地块规模较大优势，对在兵团范围内对土地进行土地平整，能够为大型联合播种机、大型喷药装备以及大型采棉机等农用机械的进入提供便利条件，提高大型农机具的作业效率，发挥其对劳动力的替代优势，提高兵团机采棉的劳动生产率。

（3）结合棉花精量播种技术，推进稀播高株种植理念转变。传统的以密植为核心的株行距配置模式不利于籽棉质量提升，应当继续推进株行距配置模式为"一膜三行"株行距配置模式，该模式能够通过精量播种降低了棉种成本，稀播的株行距配置模式能够使棉株个体长势更旺从而提升籽棉品质，加之各行之间宽度更大，更加有利于提升脱叶催熟效果，降低棉花机采含杂率。

（4）深化水肥统筹技术改革，向有机液体肥施用方向发展。推广使用有机液体肥水肥一体化，是全面提升肥料施用效率，降低土壤污染，转变传统粗放型农业发展方式，促进兵团农业可持续发展的重要选择。通过提高肥料利用率，从而节省肥料投入成本、增加产量，节本增效综合作用显著。另外，可以增加土壤有机质含量、改良土壤结构、提高土壤理化性状、促进棉花植株生长、增强棉株抗虫抗病性能、进一步提升籽棉品质。

（5）结合机采棉对棉株株型要求，优化化学药剂调控规程。棉花机械化采收要求棉株第一果枝较高、果枝较短、棉花植株株行紧凑，针对不同生态区棉花种植品种，通过缩节胺在棉花苗期不同阶段、不同剂量以及不同气候条件下的施用结果，总结出与棉花种植品种配套的化学药剂施用配比与操作规程。推广化学打顶技术，降低劳动力投入成本。探索稀播种植模式下，适宜的脱叶催熟剂施用剂量，为后续采摘过程有效降低籽棉含杂率打好基础。

（6）引进与研发采棉机械并举，形成兵团棉花高效机采模式。兵团大型采棉机多为美国进口，国产采棉机研发投入不足，兵团机采棉生产技术集成体系也必须解决大型采棉机具国产化问题。结合科研院所与高校科研力量，进行技术攻关，吸收国外采棉机优点，在模仿的基础上进一步创新，形成我国具备自主知识产权的大型采棉研发生产体系。另外，针对棉花机械采收过程中极易发生籽棉阴燃问题，推广应用采棉机配套田间火灾预警系统，有效避免由于籽棉阴燃引发火灾造成的损失。

（7）配套打模运输装备，确保籽棉在田间不混入各类杂质。为了解决兵团棉花在机械采收装卸的过程中由于操作不当、流程不衔接造成残膜等异性纤维混入，造成籽棉污染的问题，配套籽棉打模运输设备，在棉花经机械采收后直接打包成模块，直接运输到堆放场地，确保籽棉品质。

（六）相应配套与保障措施

1. 加快兵团机采棉生产设备升级　做好播前棉田土地整理机械研发，确保棉杆粉碎还田、土地翻耕机械、深松耕机械以及残膜回收等播前技术措施顺利进行。积极引进具备苗床平整、滴灌带铺设、精量播种、种孔覆土镇压等多项工序联合作业的作物精量播种机械，加快兵团棉花精量播种全面推进，减少棉种损失、提高棉种利用率，从而降低生产成本。研发改造适宜兵团优质棉花种植资源株型特性的采棉机具，加大国产产棉机研发，摆脱对国外进口采棉机的依赖。优化加工清理工艺环节，降低籽清、皮清过程中对绒长的损失，提高皮棉品质，进而提升兵团棉花的市场竞争力。

2. 提升兵团机采棉生产信息化水平　棉花生产的现代化离不开生产信息化水平的提升，按照兵团棉花播种机械精确对行作业的标准，利用计算机技术、电子技术、通信技术以及 GPS 信息控制技术，完成棉花播种过程中的自动导航驾驶。提升棉花田间苗情检测与调节能力，利用卫星遥感技术，检测棉花生长情况，利用水肥一体化统筹系统、无人机等技术做好水肥、药剂的及时施用，确保棉株生长发育全过程做到营养充足、长势良好。针对棉花采摘时，大型采棉机在收获过程中摘锭旋转、伸缩等动作与棉杆的摩擦容易引发植棉阴燃，对每台大型采棉机应当配备火情监测传感器，及时预防有可能发生的火情。在兵团范围内推广乌斯特智能化在线系统，实现棉花加工在线实时监测与远程控制。

3. 完善兵团机采棉生产社会服务体系　兵团机采棉社会化服务体系的完善应当以全程机械化服务为核心，完善兵团机采棉生产社会化服务体系，首先应当提高农机社会化服务组织程度，将农机具、资金、技术、人才进行整合，满足兵团职工在棉花生产全过程中对农机具的需求，提高农业机械使用率，带动兵团棉花生产全程机械化的发展。强化兵团机采棉生产社会化服务队伍建设，提高社会化服务能力，保持从业服务人员的相对稳定，提高兵团机采棉农机服务队伍的整体素质。在服务人员管理过程中，做到绩效考核与收入挂钩，做到权、责、利有效结合，并同时对从业人员进行针对性培训，提升从业人员服务技能。

4. 促进机采棉产业扶持政策出台　棉花生产是事关国计民生的重要产业，对机采棉全产业各个环节均需要国家政策给予支持，以激励兵团机采棉各参与主体做出符合兵团机采棉可持续发展的决策。在生产环节依法解决品种多乱杂问题，增加对适宜机采品种和机采种植技术的研发资金投入，增加对残膜回收技术的补贴，支持国产采棉机的开发与应用、提高购买国产采棉机购买补贴标准，将机采棉的采收、清理加工设备纳入国家农机补贴名录，加快机采棉质量追溯体系建设。

在纺织企业需求发生新变化的市场需求影响下，兵团机采棉生产的目标在于产业层面的"提质增效"。构建与优化兵团机采棉技术集成体系、提升农艺农机装备水平、增强各生产环节契合度是实现兵团机采棉优质高效生产的前提。应当从提高籽棉生产环节管理水平，培育兵团机采棉生产专业化组织，建立兵团机采棉高效采收服务体系以及提升兵团机采棉质量监控机制为构建方向。以质量提升为主要目标、兼顾高产，各生产环节技术匹配协同，降低生产成本提升植棉效益为构建原则，构建从品种选育到采收运输的全过程棉花生产技术集成体系。

参考文献

布鲁斯．阿伦，尼尔．多赫提，基思．韦格尔特，等，2009. 阿伦 & 曼斯菲尔德管理经济学［M］. 北京：中国人民大学出版社.

曹慧，秦富，2006. 集体林区农户技术效率及其影响因素分析——以江西省遂川县为例 [J]. 中国农村经济（7）：13 - 21

陈丽珍，王术文，2005. 技术扩散及其相关概念辨析 [J]. 现代管理科学（2）：56 - 57.

陈永潮，2011. 农机社会化服务体系建设的思考 [J]. 农机化研究（5）：241 - 244.

迟国泰，隋聪，齐菲，2010. 基于超效率 DEA 的科学技术评价模型及其实证 [J]. 湘潭大学学报（哲学社会科学版）（2）：66 - 71.

戴思锐，1998. 农业技术进步过程中的主体行为分析 [J]. 农业技术经济（1）：12 - 18.

邓福军，陈冠文，余渝，等，2010. 兵团棉业科技进步 30 年 [J]. 新疆农垦科技（6）：3 - 6.

董景荣，2009. 技术创新扩散的理论、方法与实践 [M]. 北京：科学出版社.

郭梦雅，2017. 基于超效率 DEA 的广东省物流效率研究 [D]. 深圳：深圳大学.

郭犹焕，王雅鹏，凌远云，等，2013. 农业技术经济学 [M]. 北京：高等教育出版社.

韩荣青，潘韬，刘玉洁，等，2012. 华北平原农业适应气候变化技术集成创新体系 [J]. 地理科学进展（11）：1537 - 1545.

黄光群，韩鲁佳，刘贤，等，2012. 农业机械化工程集成技术评价体系的建立 [J]. 农业工程学报（16）：74 - 79.

黄杰，熊江陵，李必强，2017. 集成的内涵与特征初探 [J]. 科学学与科学技术管理（7）：21 - 23.

蒋远胜，邓良基，文心田，2009. 四川丘陵地区循环经济型现代农业科技集成与示范——模式选择、技术集成与机制创新 [J]. 四川农业大学学报（2）：228 - 233.

孔令英，李万明，2010. 新疆兵团棉花产业发展及战略选择 [J]. 农业经济（11）：21 - 22.

孔令英，刘追，2012. 新疆兵团棉花产业大企业集团培育研究 [J]. 中国棉花，39（2）：12 - 15.

李冉，杜珉，2012. 我国棉花生产机械化发展现状及方向 [J]. 中国农机化（3）：7 - 10.

李思，2011. 基于 DEA 及超效率 DEA 模型的农业信息化评价研究 [J]. 湖北农业科学（3）：1292 - 1294.

李同升，王武科，2008. 农业科技园技术扩散的机制与模式研究——以杨凌农业示范区为例 [J]. 世界地理研究（1）：53 - 59.

李卓，2008. 产业集聚下的技术扩散研究 [D]. 济南：山东大学.

梁平，梁彭勇，2009. 中国农业技术进步的路径与效率研究 [J]. 财贸研究（3）：43 - 46.

廖志高，2004. 技术创新扩散速度模型及实证分析 [D]. 成都：四川大学.

林海，2008. 新疆北疆棉花超高产栽培技术指标研究 [D]. 杨凌：西北农林科技大学.

林兰，2010. 技术扩散理论的研究与进展 [J]. 经济地理，30（4）：1233 - 1239.

刘璨，于法稳，2007. 中国南方集体林区制度安排的技术效率与减缓贫困——以沐川、金寨和遂川 3 县为例 [J]. 中国农村观察（3）：6 - 25.

刘辉，李小芹，李同升，2006. 农业技术扩散的因素和动力机制分析——以杨凌农业示范区为例 [J]. 农业现代化研究（3）：178 - 181.

马述忠，刘梦恒，2016. 农业保险促进农业生产率了吗？[J]. 浙江大学学报（人文社会科学版）（11）：131 - 144.

孟月，2007. 企业技术集成流程分析及绩效评价研究 [D]. 天津：天津大学.

皮龙风，齐清文，梁启章，等，2015. 精准农业中的流程再造研发及其技术集成 [J]. 农业现代化研究，

36（6）：1112 - 1117.

邱建华，贺灵，2013. 基于超效率 DEA 模型的企业技术创新效率研究 [J]. 湘潭大学学报（哲学社会科学版）（1）：94 - 104.

任艳红，2012. 基于 DEA 的四川省水产品流通效率评价成都 [D]. 成都：西南交通大学.

史金善，季莉娅，2008. 农业龙头企业技术创新扩散运行机制剖析 [J]. 科技管理研究（12）：484 - 486.

宋美珍，2010. 我国棉花栽培技术应用及发展展望 [J]. 农业展望（2）：50 - 55.

孙莉，张清，陈曦，等，2005. 精准农业技术系统集成在新疆棉花种植中的应用 [J]. 农业工程学报（8）：83 - 88.

谭淑豪，曲福田，2006. 土地细碎化对中国东南部水稻小农户技术效率的影响 [J]. 中国农业科学（12）：46 - 60.

谭砚文，凌远云，李崇光，2002. 我国棉花技术进步贡献率的测度与分析 [J]. 农业现代化研究，23（5）：344 - 346.

田笑明，李雪源，吕新，等，2016. 新疆棉作理论与现代植棉技术 [M]. 北京：科学出版社.

王娟，董承光，孔宪辉，等，2013. 新疆生产建设兵团机采棉育种研究及展望 [J]. 中国棉花，40（4）：7 - 8.

王力，2013. 新疆兵团农业现代化的进程分析与模式选择——对农垦系统农业现代化实现路径的思考 [J]. 农业经济问题（4）：93 - 101.

王力，毛慧，2014. 植棉农户实施农业标准化行为分析——基于新疆生产建设兵团植棉区 270 份问卷调查 [J]. 农业经济问题（9）：72 - 78.

王力，张杰，赵新民，2013. 棉花经济：挑战与转型 [M]. 北京：中国农业出版社.

谢占林，2015. 机采棉加工主要工序对棉花品质指标影响程度比较研究 [D]. 乌鲁木齐：新疆大学.

熊彼特，1990. 经济发展理论 [M]. 北京：商务印书馆.

徐立华，2001. 我国棉花高产、高效栽培技术研究现状与发展思路 [J]. 中国棉花，28（3）：5 - 8.

杨普云，梁俊敏，李萍，等，2014. 农作物病虫害绿色防控技术集成与应用 [J]. 中国植保导刊（12）：65 - 68.

喻树迅，2016. 棉花生产规模化、机械化、信息化、智能化和社会服务化发展战略研究 [J]. 中国工程科学（18）：138 - 148.

喻树迅，姚穆，马峙英，等，2016. 快乐植棉 [M]. 北京：中国农业科学技术出版社.

喻树迅，周亚立，何磊，2015. 新疆兵团棉花生产机械化的发展现状及前景 [J]. 中国棉花，42（8）：1 - 47.

曾刚，丰志勇，林兰，2008. 科技中介与技术扩散研究 [M]. 上海：华东师范大学出版社.

战明华，吴其苗，俞来友，1999. 浙江省绍兴县种粮大户投入产出结构和技术效率分析 [J]. 农业技术经济（5）：58 - 67.

张杰，杜珉，王力，等，2016. 政策调整、产业转型中的新疆棉花经济 [M]. 北京：经济管理出版社.

张杰，刘林，2013. 新疆兵团机采棉与手采棉经济效益比较研究 [J]. 农业现代化研究（5）：372 - 375.

张杰，王太祥，2015. 新疆机采棉经济绩效与农户行为研究 [M]. 长春：吉林大学出版社.

赵会薇，2013. 机采棉品种选育现状 [J]. 中国种业（9）：18 - 19.

赵战胜，丁变红，吴新明，等，2017. 新疆早熟棉区不同品种的机采棉机采性状的研究 [J]. 江苏农业科学（21）：252-254.

赵芝俊，张社梅，2005. 农业技术进步源泉及其定量分析 [J]. 农业经济问题 (S)：70-74.

中国农业科学院棉花研究所，2013. 中国棉花栽培学 [M]. 上海：上海科学技术出版社.

Iansiti M，West J，1999. From physics to function：an empirical study of research and development performance in the semiconductor industry [J]. The Journal of Product Innovation Management (16)：385-399.

Sharunugam K R，Venkataramani Atheendar，2006. Technical efficiency in agricultural production and Its determinants：an exploratory study at the district level [J]. Indian Journal of Agricultural Economies，2 (61).

Richard G，Lipsey，2002. Some implications of endogenous technological change for technology policies in developing countries [J]. Economics of Innovation and New Technology.

Gee S，1981. Technology transfer, innovation, and international competitiveness [M]. John Wiley & Sons.

Williams F，Gibson D，1990. Technology transfer：A communication perspective [M]. Newbury Park.

附录
新疆机采棉提质增效调查问卷和作业指南

一、制约棉花和机采棉提质增效的因素

（一）制约棉花提质增效的因素

1. 各团棉花品种不统一，部分品种棉花本身纤维长度不够，导致加工后纤维长度较短。

解决方案：各团集中使用经过大田检验品质好的棉种，不能因为各团利益而影响整个兵团棉花品质。

2. 吐絮期不够集中，落叶剂喷施后仍有部分棉桃没有开始吐絮，农户要进行二次采收，导致机械采收时，地里有绿叶会影响籽棉品质。

解决方案：田间棉花85％以上吐絮后进行喷施落叶剂，主要是一次机采完成，尽量不追求二次采收，兵团对棉花收购的价格逐渐偏向品质较好的，使农户主动关心棉花品质。

3. 籽棉中会混入地膜等"三丝"，影响籽棉品质。

解决方案：从整个棉花生产链上对残膜进行防治，整地时减少土壤内残膜、清除田间地头上的残膜，采收时注意残膜混入，田间转运时尽量避免籽棉落地。

4. 部分加工厂仍然对收购的棉花实行统一工序、同一流程进行加工，使优质的原棉产量较少。

解决方案：实行因花配车，通过智能监控系统自动匹配棉花加工工序，最大限度减少清理加工机械对棉花纤维的破坏。

（二）影响机采棉提质增效的因素

问：你知道影响机采棉提质增效的因素有哪些？

答：首先是棉花品种，要培育适合机采的棉花品种。

问：品种哪些方面影响机采棉质量呢？

答：品种的生育期要适中，要在123天以内，北疆早熟棉区气候类型多样，早春气温回升慢，常有倒春寒发生，秋季降温快，对品种的早熟性要求较高，外来品种很难在本区种植，生产上的品种以自育为主，目前生产上亟需120天左右的早熟机采棉品种，品种的生育期短，可有效降低因霜期提前积温不足而造成的产量损失。一般在秋季喷施脱叶剂之前，棉田的自然吐絮率要在30％以上。品种的早熟性好可实现早收获早轧花，提高采净率，减少清地劳动力。

问：除生育期外，还有哪些指标影响提质增效？

答：棉花的纤维品质，生产上要求适合机采的棉花纤维品质要达到"双30"的指标。即纤维上半部平均长度要达到30毫米，断裂比强度要达到30厘牛/特克斯，这样可以提高皮棉等级可减少棉花在采收和加工过程中纤维长度损失，降低皮棉短纤维含量。

适合机械采收的品种，生育期在123天以内，纤维上半部平均长度≥30毫米，断裂比强≥30厘牛/特克斯，马克隆值3.7~4.6，还要求品种株型紧凑，吐絮畅而集中，含絮力适中，抗病、抗逆、抗倒伏性要好，另外衣分要在39%以上，产量要高，种植这样的机采棉品种才能实现提质增效的目标。

问：是不是有了适合机械采收的品种就可以实现提质增效的目标了？

答：不是这样的，适合机采的品种很关键，但适合机采的配套技术也很关键，在生产中任何影响采收率、采净率、纤维品质的因素都会影响机采棉的效益。

问：哪些机采棉配套的农艺技术会影响机采棉品质？

答：机采种植模式、肥水管理、脱叶剂等综合配套的农艺技术。目前新疆引进的采棉机技术较为成熟，但适宜机采的品种、综合农艺技术还没有实现最佳配套，造成采净率、采收率、采收品质等存在很大不足。据专家判断，采用极高种植密度可能是最主要原因。虽然高密度是获得新疆棉花高产的基本技术，但导致群体过密，叶片不容易落到地面，籽棉杂质含量极高，清花次数增加，纤维变得更短。其次，地膜覆盖，美棉、澳棉都不搞地膜覆盖，没有残膜问题，我国有，而且这是致命问题。再就是，当前技术不规范，水多肥大，营养体旺盛，也是杂质含量高的原因之一。

因此，影响机采棉提质增效的原因有品种方面、配套农业技术方面还有机采棉清理加工方面的原因。

二、棉花提质增效的团场情况调研问卷

_____团场机采棉生产技术经济效益情况调查

（一）近年棉花生产种植情况

附表1　棉花生产种植情况

调查项目	年份			
	2016年	2017年	2018年	2019年
总耕地面积（亩）				
棉花种植面积（亩）				
职工棉花平均种植面积（亩/人）				
机采面积（亩）				
单产（千克/亩）				
售价（元/千克）				
生产平均总成本（元/亩）				

（二）主栽、辅栽品种生产情况与质量指标

附表 2　团场种植品种情况

指标	品种				
	主栽品种	辅栽品种一	辅栽品种二	试验品种一	试验品种二
种植面积（亩）					
棉种亩均成本（元/亩）					
单产水平（千克/亩）					
棉花平均纤维长度（毫米）					
断裂比强度（厘牛/特克斯）					
马克隆值 A 级比例（%）					
马克隆值 B 级比例（%）					
马克隆值 C 级比例（%）					
含杂率（%）					
长度整齐度（%）					
短绒率（%）					
收购价格（元/千克）					
保苗率（%）					

（三）不同农艺技术效益对比

附表 3　不同株行距配置模式效益比较

指标	株行距配置模式			
	一膜三行	一膜六行	其他模式	其他模式
播种密度（株/亩）				
播种行间距（行距，株距）				
播种面积（亩）				
保苗率（%）				
种子成本（元/亩）				
播种成本（元/亩）				
水肥费用（元/亩）				
打顶成本（元/亩）				
采收成本（元/亩）				
其他物化成本（元/亩）				
棉花平均纤维长度（毫米）				
断裂比强度（厘牛/特克斯）				
马克隆值 A 级比例（%）				
马克隆值 B 级比例（%）				
马克隆值 C 级比例（%）				
含杂率（%）				
单产水平（千克/亩）				
收购价格（元/千克）				

附表 4　地膜采用与覆膜方式效益比较

指标	地膜			降解膜	不覆膜
	0.008 毫米普通膜	0.01 毫米加厚膜	0.012 毫米加厚膜		
购买成本（元/千克）					—
亩均用量（千克/亩）					—
有无补贴及来源（元/亩）					
需搂膜次数（次/年）					—
残膜回收率（%）					—
保苗率（%）					

附表 5　采用不同播种技术的效益比较

指标	播种技术		
	普通播种	精量播种	其他
种植品种			
种子成本（元/亩）			
其他生产成本（元/亩）			
单产水平（千克/亩）			
保苗率（%）			

附表 6　不同打顶时间（6 月 20 日至 7 月 10 日）效益比较

指标	打顶时间				
棉花平均纤维长度（毫米）					
断裂比强度（厘牛/特克斯）					
马克隆值 A 级比例（%）					
马克隆值 B 级比例（%）					
马克隆值 C 级比例（%）					
单产水平（千克/亩）					

附表 7　不同打顶模式效益比较

指标	打顶模式		
	机械打顶	人工打顶	化学打顶
亩均成本（元/亩）			
棉花平均纤维长度（毫米）			
断裂比强度（厘牛/特克斯）			
马克隆值 A 级比例（%）			
马克隆值 B 级比例（%）			
马克隆值 C 级比例（%）			
单产水平（千克/亩）			

附表 8　水肥运筹改善前后成本收益比较

指标	水肥改善	
	水肥运筹改善前	水肥运筹改善后
水肥运筹的技术环节		
用水量（米³/亩）		
水价（元/米³）		
各类肥料施用折价（元/亩）		
棉花平均纤维长度（毫米）		
断裂比强度（厘牛/特克斯）		
马克隆值 A 级比例（%）		
马克隆值 B 级比例（%）		
马克隆值 C 级比例（%）		
单产水平（千克/亩）		

附表 9　化学调控技术优化成本收益比较

指标	化调优化	
	化调优化前	化调优化后
化学调控的技术环节		
使用激素种类		
激素与药剂成本（元/亩）		
吐絮率（%）		
棉花平均纤维长度（毫米）		
断裂比强度（厘牛/特克斯）		
马克隆值 A 级比例（%）		
马克隆值 B 级比例（%）		
马克隆值 C 级比例（%）		
单产水平（千克/亩）		

附表 10　机械采收方式成本收益比较

指标	采收方式	
	棉箱堆放式采棉机	打包式采棉机
含杂率（%）		
回潮率（%）		
采收成本（元/亩）		

（四）机采棉作业

附表 11　自有采棉机作业基本情况

自有采棉机总台数（台）				
自有采棉机作业量占比（%）				
采棉机机型				
台数（台）				
购买单价（元/台）				
采棉机作业效率（亩/小时）				

附表 12　租用采棉机作业基本情况

租用采棉机作业量占比（%）				
采棉机机型				
采棉机作业效率（亩/小时）				

（五）团场技术人员对近年推广的各项新型技术评价

三、棉花提质增效的棉农成本收益调查问卷

棉农成本收益问卷调查

1. _____师_____农场_____连

2. 户主年龄_____岁，民族_____，家庭总人口_____人，其中植棉劳动力_____人

3. 近年来您家的植棉情况：

附表 13　植棉情况登记表

	2017 年	2018 年
总耕地面积（亩）		
转入土地面积（亩）		
机采面积（亩）		
播种密度（株/亩）		
地膜使用类型及价格（常规膜、降解膜）		

（续）

	2017 年	2018 年
收获密度（株/亩）		
品种（品名，单价）		
单产（千克/亩）		
售价（元/千克）		
主要交售等级（1～6 级）		
植棉总收益（元/亩）		

附表 14　植棉总成本（元/亩）

		2017 年		2018 年	
		一膜三行	一膜六行	一膜三行	一膜六行
植棉总面积					
植棉总成本					
1. 土地承包费					
2. 种子费（常规棉、杂交棉）					
3. 肥料	化肥				
	基肥				
	叶面肥				
4. 地膜					
5. 滴灌带					
6. 农药	除草剂				
	杀虫剂				
	杀菌剂				
	调节剂（缩节胺等）				
	脱叶剂				
	打顶剂				
7. 灌溉（水费）平价＋高价					
8. 机械作业费	犁地				
	耙地				
	平地				
	中耕				
	施肥				
	打药				

（续）

		2017 年		2018 年	
		一膜三行	一膜六行	一膜三行	一膜六行
8. 机械作业费	机采				
	拉运				
	打杆				
	搂膜				
9. 雇工费用	播种				
	放苗				
	定苗				
	拔草				
	打顶费用				
	采摘费用				
	其他				
10. 保险费					
11. 技改等其他费用					

4. 您使用的品种是否为新品种

（1）是　　（2）否

5. 您在使用棉种时，是否了解它的特点

（1）是　　（2）否

6. 影响您选择品种的因素是（按重要程度依次排序填写 3 项）

（1）产量　　（2）品种的适应性和抗逆性　　（3）品种价格　　（4）棉花质量　　（5）政府补贴

7. 政府、农机推广站对品种的宣传力度

（1）没有宣传　　（2）很少　　（3）一般　　（4）宣传比较多　　（5）宣传力度很大

8. 您认为所选用的新品种是否会增加您的收益

（1）是　　（2）否

9. 您在棉花生产年度内获得农技人员指导次数＿＿＿＿次

10. 未来您将如何调整棉花种植面积

（1）增加　　（2）减少　　（3）不变

11. 您在棉花采收过程中是否愿意采用机采的方式

（1）愿意　　（2）不愿意

12. 如果不种植棉花，您打算种什么

（1）小麦　　（2）玉米　　（3）瓜果蔬菜　　（4）流转土地　　（5）其他

13. 是否获得棉花良种补贴　　（1）是　　（2）否；

　　　该补贴是否影响您对品种的选择　　（1）是　　（2）否

四、棉花提质增效加工厂成本收益调查问卷

（一）轧花厂加工情况

附表 15　轧花厂加工情况登记表

平均年加工籽棉量（吨）		籽棉收购加工费用（元/吨）	
年实际加工能力（吨）		加工成本（元/吨）	
历史年最高加工量（吨）		加工利润（元/吨）	
历史年最低加工量（吨）		年均收益（元/吨）	

（二）棉花加工质量情况

附表 16　轧花厂加工情况登记表

指标	2016 年	2017 年	2018 年	2019 年
平均纤维长度（毫米）				
马克隆值				
平均长度整齐度（%）				
平均断裂比强度（厘牛/特克斯）				

（三）机械采收清理参数间对应关系

附表 17　清理参数间对应关系

含杂率（%）	需籽清次数（次）	绒长损失（毫米）	需皮清次数（次）	绒长损失（毫米）

附表 18　不同籽清、皮清次数对质量的影响

籽清次数（次）	绒长损失（毫米）	皮清次数（次）	绒长损失（毫米）

（四）棉花加工系统优化效益情况

附表 19　棉花加工系统优化效益情况登记表

指标	控制系统优化	
	智能系统优化前	智能系统优化后
棉花纤维损伤（毫米）		
短绒率（％）		
皮棉含杂率（％）		
能耗（千瓦时/吨）		
加工效率（吨/小时）		

（五）籽棉收购标准与章程（请附件说明）

（六）2017 年加工原始数据（请传电子文件）

（七）对目前棉花颜色级质量标准的改革意见

五、棉花提质增效的农业科学研究所调研问卷

_____农业科学研究院（所）机采棉生产相关试验调查

（一）品种培育与筛选

附表 20 试验品种种植情况

指标	品种				
	试验品种一	试验品种二	试验品种三	试验品种四	试验品种五
品种试验地					
种植面积（亩）					
棉种亩均成本（元/亩）					
单产水平（千克/亩）					
棉花平均纤维长度（毫米）					
断裂比强度（厘牛/特克斯）					
马克隆值					
保苗率（%）					

（二）配套农艺技术研究

附表 21 不同株行距配置模式效益比较

指标	株行距配置模式			
	一膜三行	一膜六行	其他模式	其他模式
种植品种				
播种密度（株/亩）				
播种行间距（行，株距）				
试验面积（亩）				
种子成本（元/亩）				
播种费用（元/亩）				
水肥费用（元/亩）				
打顶费用（元/亩）				
采收费用（元/亩）				
其他物化费用（元/亩）				
棉花平均纤维长度（毫米）				
断裂比强度（厘牛/特克斯）				
马克隆值				
保苗率（%）				
单产水平（千克/亩）				
收购价格（元/千克）				

附表 22　不同打顶时间（6 月 20 日至 7 月 10 日）效益比较

指标	打顶时间				
棉花平均纤维长度（毫米）					
断裂比强度（厘牛/特克斯）					
马克隆值					
含杂率（%）					
单产水平（千克/亩）					

附表 23　不同打顶模式效益比较

指标	打顶模式		
	机械打顶	人工打顶	化学打顶
亩均成本（元/亩）			
棉花平均纤维长度（毫米）			
断裂比强度（厘牛/特克斯）			
马克隆值			
含杂率（%）			
单产水平（千克/亩）			

附表 24　化学调控技术优化成本收益比较

指标	化调优化	
	化调优化前	化调优化后
化学调控的技术环节		
使用激素种类		
激素与药剂成本（元/亩）		
吐絮率（%）		
单产水平（千克/亩）		
棉花平均纤维长度（毫米）		
断裂比强度（厘牛/特克斯）		
马克隆值		

六、机采棉品种选择指南

（一）品种选择的总体要求

机采棉品种在适合当地气候及土壤环境的前提下，在早熟、高产、抗病基础上，遗传品质要达到优质棉标准，生育期适宜，抗病性强，吐絮集中，对脱叶剂敏感，株型符合机采农艺要求。所选品种必须是国家或新疆维吾尔自治区审定通过的品种。

（二）品种选择的具体标准

1. 适应性强　保证该品种在当地有良好的适应性。

2. 优质高产　一是内在品质好。遗传品质应达到：纤维长度在 30 毫米及以上，断裂比强度在 30 厘牛/特克斯及以上，马克隆值 3.5～4.9，长度整齐度在 85％以上，长度、细度、强度和整齐度要匹配。二是稳产性好。单铃重 5.5 克以上，正常情况下单产高于或等于当地主推品种。

3. 早熟抗病　一是生育期：北疆 125 天以内，南疆 135 天以内，早熟性好（霜前花率在 90％以上）；二是形态抗虫、抗枯萎病（枯萎病情指数＜10）、耐黄萎病（黄萎病情指数＜30）、抗倒伏。

4. 吐絮集中　棉花自开始吐絮到吐絮完成达到 95％的天数＞40 天；含絮力适中，壳薄，棉铃破口性好，机械采收时不掉絮。

5. 符合机采农艺要求　株型以"紧凑-较紧凑"型为好、叶片大小适中；第一果枝节位高度 18～20 厘米或更高，中上部结铃好，对脱叶剂敏感，果枝夹角较小，易采摘。

6. 纯度高、品质好　棉种纯度达到 97％以上，经过硫酸脱绒精选后的棉种净度不低于 99％，加工精选后的棉种发芽率 93％以上，健籽率 95％以上，含水率 12％以下，破碎率 3％以下。

七、机采棉种植模式和田间管理作业指南

（一）播前准备

头一年棉花收获后即可进行基施肥和犁地，平地处理，南疆地区做好秋春灌，保墒压碱工作。当年播种前提前准备好棉种，并做好棉种催芽处理和包衣处理，播种前选好播种日期，联系好播种机，播前喷施除草剂防除杂草。

1. 播前土地准备

土地要求：土地平坦、集中连片种植，单位面积应在 50 亩以上，棉田长度应在 500 米左右（不多于 1 200 米），且有行车道直通棉田。

全层基施肥和犁地：翻地前亩深施尿素 5 千克、重过磷酸钙 12 千克，为保证施肥质量必须做到不重不漏，耕翻深度 28～30 厘米，病虫严重的地块每隔 3～5 年深翻一次，深翻深度 50～55 厘米，正常地块不需要。

平地：犁后土地平整，平地做到"齐平松碎净墒"，有条件的地块可以每隔 3～5 年深松一次，深松深度 45～50 厘米。

秋春灌：南疆平地后及时秋耕冬灌或茬灌秋耕，茬灌亩灌水量 100～150 米³ 左右，秋冬灌亩灌水量 100～200 米³，若收获较晚来不及可来年进行春灌，春灌亩灌水量 100～200 米³ 左右。做到灌水均匀，不重不漏。北疆不需要。

2. 播前种子准备　播前按照机采棉品种选择指南提前购买好合适的棉种，选用质量达到国家标准的种子。选择当年或前 1～2 年的种子，不可选择 3 年以上种子，种子要当年包衣使用。北疆应选生育期 120 天左右的机采棉品种。南疆应选择生育期 130～135 天的机采棉品种。要求籽粒饱满均匀，加工精选后健籽率＞95％、发芽率＞90％、含水率＜12％、纯度＞95％，净度＞98％，残酸＜0.15％，破籽率＜3％。

棉种包衣前需晒种 1～2 天（但不可强光下长时间暴晒）或进行温水浸泡 0.5～1 小时。若种子已包衣，明确包衣剂类型，为后期管理提供参考，若包衣剂不符合实际地块情况，可以再次选择适合的包衣剂进行 2 次包衣，包衣剂最好选用含有杀菌剂和杀虫剂的复合成分，若种子没有包衣，应选择适合的包衣剂进行包衣。包衣后再次晾晒棉种 3～5 天，确保播种质量。若包衣以后的种子当年没有用完，第二年发芽率会下降，第二年再次使用时要加大下种量。若当年计划种子有较多剩余，剩余的种子不要包衣存放，来年包衣后可以继续使用。

3. 播前喷施除草剂准备　早春解冻后再次清洁田间秸秆、杂草，整修地头地边，化学除草亩用 150～200 克施田补进行土壤处理（不可轻易使用其他除草剂，例如丙炔氟草胺、龙草净等，易产生药害），并严格控制药量，与 30～40 千克的水混合，及时耙地，耙深 3.0～3.5 厘米。程序是插线—打药对角耙—直耙后收地边一圈—待播。耙地机械必须带压膜辊搂捡田中残膜，达到耙后土地平整、细碎、无杂草、无残膜的整地标准。

（二）种植模式

1. 行距配置

常规品种：推荐实行 2.05 米宽膜，一膜六行的（10＋66）厘米宽窄行配置，株距（9～10）厘米或一膜三行的 76 厘米等行距配置，株距 5.6～6 厘米，一膜三行三带（新模式）。

杂交品种：推荐实行 2.05 米宽膜，等行距 76 厘米，株距 9.5 厘米，一膜三行三带配置模式。

实际行距与规定行距相差不超 2 厘来，行距一致性合格率和邻接行距合格率应达 95％以上。

2. 种植密度

常规品种：采用高密度种植、播种株数不超过 1.9 万株/亩，实收株数 1.3 万～1.4 万株/亩。

杂交品种：采用低密度种植，播种株数 1.1 万株左右/亩，收获株数 7 000～8 000 株/亩。

（三）播种出苗

膜下 5 厘米地温 3～5 天内稳定通过 12℃时即可播种。北疆播期在 4 月 12～25 日为最佳，南疆期在 4 月 1～20 日为最佳，采用棉花铺膜播种一体机，进行膜上精量点播（1 穴1 粒），可一次性完成滴灌毛管铺设、铺膜、播种、覆土等作业。选取 0.01 毫米厚、2.05 米宽的地膜，覆土方式可选择正封土或侧封土，在膜上铺设 3 条滴灌毛管，每根滴头滴灌毛管管理 1 行（三行）或 2 行（六行），要正对种子行，播种量应控制在每亩 1.5～2 千克之间。播种时要求播行端直，接行准确，下籽均匀，膜面平展，压膜严实，覆土适宜。单粒每穴率 95％以上，错位率低于 3％，空穴率小于 2％；播种深度 1.5～2 厘米，覆土厚度 1～1.5 厘米。对于风口和沙性较重的棉田可采取滴灌带浅埋的方法，防止受风灾的影响。检查铺膜质量，接好断头，压好膜边，封好无土膜孔，清扫膜面，补齐地头、地边。

可有效预防春季低温、风灾、雨害等自然灾害对出苗的影响。及时铺设干、支、毛管，注意干、支、毛管的连接，防止漏水。对干播湿出的地块，棉种播完后要尽快安装棉田滴灌系统，并在48小时内完成滴水出苗，每亩用水量控制在20~25米³，浸润深度达到30厘米。待出苗后，检察错位苗，待苗高5~10厘米时人工封土或用机械封土，要求正对苗行封土，1~3天内完成，膜上苗行封土厚度1~1.5厘米，宽度2.5~3厘米，做到膜孔封土严实，保持膜面光洁。苗期管理目标达到全、齐、匀、壮，促壮苗早发。

（四）中耕

完成播种作业后，若是正封土地块，遇到降水天气的棉种在露芽前，要及时中耕破除种行板结，提高出苗率。及时的中耕能起到疏松土壤，破除板结，增加土壤通透性，提高地温，消灭杂草的作用。特别是对北疆来讲，春季温度变化比较大，而且经常下雨，必须进行破板结，破板结的时候，棉花一定是刚发芽，还没有顶土的时候才能做，如果已经顶土了，就需要人工去破。经过中耕的棉田水分就朝下走，土壤比较干了，地温就可以上来，第一遍中耕大概的幅宽在35~40厘米，深度大概在12~14厘米，第二遍中耕可以适当增加深度到16厘米。第二遍中耕可以适当增加深度到22厘米。中耕过程中要求不拉沟、不拉膜、不埋苗、土壤平整、松碎、镇压严实。深度在12~16厘米，尽量增加中耕宽度但保证距离棉苗5~10厘米（不伤苗）。苗期低温阴雨天气频发时，需加强中耕作业，以提高地温、促进壮苗早发育。

（五）化学调控

为防止植株生长过旺影响产量，需要在不同时期喷施缩节胺化控。化控可以采取机车喷洒，也可以尝试无人机喷施。两种方式区别在于水量不同，若选择无人机喷施，应选择正规厂家，中型以上无人机。

棉花全生育期，一般需要喷施缩节胺5~6次左右以达到最佳的化学调控作用。第一次在棉花苗期显行后进行化学调控，根据品种和长势不同，每亩用缩节胺0.5~1.0克；第二次在棉花生长到两叶期时进行化学调控，每亩用缩节胺1.5~2.0克；第三次化学调控在浇头水前进行，每亩用缩节胺在2~3克；第四次在打顶前3天左右进行化学调控，每亩缩节胺用量为8~10克；第五次在打顶后5天左右进行化学调控，每亩缩节胺用量为10~15克，若植株没能控住，还要进行第六次化调；第六次化调在打顶后12天左右进行，每亩缩节胺用量为15~18克，同时，化调次数及用量遵循"早、轻、勤"的原则，尽量在进水前3天喷施，还需综合考虑品种、长势长相、气候条件等因素进行调整。

要坚持在滴水前2~3天化控，防止棉花进水后旺长。为避免出现"高脚棉"（第一果枝高度＞30厘米）或"矮脚棉"（第一果枝高度＜15厘米），当主茎日增长量平均＜0.8厘米时，要采取"促"的措施；主茎日增长量＞1.0厘米，要采取"控"的措施，以确保第一果枝节位高在18~20厘米。

苗期为防止植株生长较弱影响产量，必须在不同时期喷施叶面肥。叶面肥可以采取机车喷洒，也可以尝试无人机喷施。两种方式区别在于水量不同，若选择无人机喷施，应选择正规厂家，中型以上无人机。通常苗期可以喷施1~2次叶面肥，第一次在一片真叶时喷施，第二次在 3 片真叶时喷施。每次叶面喷施尿素 150 克/亩，磷酸二氢钾 150～200 克/亩，锌肥 200～300 克/亩，芸薹素内酯 10 克/亩。

（六）肥水管理

适当控制肥水，推广节水节肥和水肥协同调控技术。以水带肥，磷、钾肥后移，后期减氮肥，适时停水、停肥促早熟。少量多次施肥灌水，可根据天气情况选择昼夜交替灌溉。

水肥运筹，以促早熟为主。棉花全生育期滴水次数及灌水量：生长期滴水 8～10 次，总滴水量为 350～380 米³/亩。具体滴水量及滴肥量如下：4 月，出苗水 25～30 米³/亩；6 月，滴水 3 次，正常年份第一次滴水在 6 月上旬开始，滴水量 30 米³/亩，第二次、第三次滴水量 30～35 米³/亩；7 月，滴水 3～4 次，每次滴水量 35～45 米³/亩；8 月初：滴水 2～3 次，每次滴水量 25～30 米³/亩。

棉花全生育期亩投入总肥量（不包括基肥）80～100 千克，折合标肥 160～200 千克，全生育期亩投入总肥量 80～90 千克，折合标肥 180 千克，$N：P_2O_5：K_2O＝1：0.5：0.45$，折合纯 N 26 千克/亩，纯 P_2O_5 13 千克/亩，纯 K_2O 12 千克/亩。播种前撒施有机肥腐植酸 20 千克/亩，补施微肥锌肥 1 千克/亩做基肥，6 月上旬灌头水时就开始随水滴施，根据棉花需肥规律低-高-低，每 7～10 天左右随水滴施一次混合肥，共滴肥 10 次，保证做到肥随水走。每次随水施肥可选择以滴灌液体专用肥为主，包括滴灌液体专用肥 5～8 千克/亩，腐植酸 3 千克/亩，尿素 2～3 千克/亩，也可选择固体肥为主，包括尿素 1～5 千克/亩，磷酸二氢钾 1～3 千克/亩，盛花期和盛铃期带 2 次微肥（含硼、锌、锰较多）200～300 克/亩。

适时停水停肥。防止棉花出现贪青晚熟或早衰，影响机采和产量，须适时停水停肥。一般情况下建议：8 月 20 日停肥，停水时间，北疆不晚于 8 月 25 日，南疆不晚于 8 月底，原则上，最后一水应在吐絮初期。

（七）打顶整枝

以"枝到不等时，时到不等枝"为原则，北疆棉田 6 月底便可进行打顶工作，7 月 5 日前必须完成打顶工作，复打顶 7 月 15 日前结束。南疆 7 月 5 日可进行打顶工作，7 月 15 日前必须完成打顶工作，复打顶 7 月 20 日前结束。棉花打顶方式以人工打顶为主，前期打掉顶心，后期打掉一叶一心。若棉田长势较旺，开始打顶就坚持一叶一心。先打长势偏旺棉田，后打长势偏弱棉田。打顶时带上拾花袋，将打下的顶尖带出田外深埋。7 月下旬，对长势偏旺、顶部果枝和下部叶枝伸长较多的棉田，有条件的开展打除旁心和"脱裤腿"等整枝工作，8 月 1～5 日以花为界剪除无效花蕾和旁心。条件好的棉田和经验丰富的棉农可以选择化学药剂打顶，但一定要按规范操作，推荐使用氟节胺、土优塔、智控专家等。打顶后单株平均保留果枝 7～10 台，形成"叶面积适中，棉铃上中下、内外围分布合理，以内围铃为主"的株型，棉株高度控制范围：北疆 70～80 厘米，南疆 80～90 厘米。

（八）病虫害防治

依据病虫害防治技术规程，在棉花全生育期还需加强综合植保工作，绿色植保，可通过秋季清洁条田和秋耕冬灌降低病虫基数；用杀虫剂和杀菌剂处理棉种；使用杀虫灯、性诱剂、保护利用天敌等方式控制病虫危害；切实做好病虫联防和合理利用天敌，综合防治。严格指标，慎重用药，不随常普治，喷施药剂以拖拉机喷药为主，条件好的棉田和经验丰富的棉农可以选择化无人机喷药，但一定要按规范操作，确保植保效果。使产量损失不超过 3％。

棉铃虫防治：要早，要准。严防一代"降基数"，主防二代"降虫口"，不放松三代"保产量"，坚持做到"药打卵高峰，治在二龄前"。主要措施有：①频振式杀虫灯诱杀；②早春铲埂除蛹；③杨枝把；④种植诱集带诱杀；⑤控制棉花徒长、喷施磷酸二氢钾、降低棉铃虫产卵量；⑥将打顶后的顶尖带出田外处理；⑦达到防治指标时应用选择性药物防治。

棉叶螨防治：要早，要狠。一是早春渠道、林带、地头地边早防治；二是棉田早调查，做到治早、治少，防治在点片，采取"查、抹、摘、拔、除、打"综合措施；三是达到防治指标，选择用药。

棉蚜防治：要忍。一是开展冬季室内花卉灭蚜；二是早调查，做好中心株、中心片防治工作；三是防止棉花徒长；四是利用、保护好天敌，选择用药。

棉蓟马防治。一是要提前防治；二是要找准防治时间，在春秋两季都要做好防治。

防治目标为：棉蓟马，危害多头率在 3％以下；棉铃虫，直径 2 厘米以上蕾铃虫蛀率在 2％以下；棉蚜，棉花卷叶株率不超过 10％；棉叶螨，红叶不连片，严重红叶株 10％以下。

（九）科学使用脱叶催熟剂

严格落实喷施机具技术状态。喷施脱叶剂作业的拖拉机必须为高地隙拖拉机，性能可靠，前后行走轮必须安装分禾器。喷雾机的检修和保养应符合相关技术要求。亦可尝试无人机喷洒脱叶剂。

严格落实脱叶剂使用措施。选用三证（农药登记证、生产许可证、质量标准证）齐全的脱叶剂，药液的配方视棉田情况在规定范围内自定，药液应由植保员进行配制或监管。

脱叶剂的使用时间和次数。拖拉机打药坚持"絮到不等时，时到不等絮"的原则。北疆于 9 月 1～5 日（正常年份 9 月 1 开始喷施）日平均温度 18℃以上（但最低温度≥14℃时，吐絮在 30％以上）时使用脱叶利。南疆推后 7～10 天，于 9 月 10～20 日（正常年份 9 月 10 日开始喷施）采用离地隙拖拉机施药，行车速度 3.5 千米/小时。条件好的棉田和经验丰富的棉农可以选择无人机喷药，但一定要按规范操作。对低密度种植棉田，采用脱吐隆、瑞脱隆，9 月 1～5 日，一次喷施完成脱叶催熟。效果不好，可在 6～7 天后进行 2 次喷施。对高密度种植棉田，建议喷施两遍脱叶剂。使用瑞脱隆：第一遍亩用量为瑞脱隆 25～30 克＋乙烯利 80 克＋助剂；第二遍亩用药量为瑞脱隆 12～15 克；两次喷药时间间隔 6～7 天。使用脱吐隆：第一遍亩用量为脱吐隆 13～15 克＋乙烯利 70 克＋拌宝；第二道亩用量为脱吐隆 12～15 克；两次喷药时间间隔 6～7 天。正常生长、早熟品种的棉田用药量可适量偏少，贪青晚熟、药量可偏大。正常年份喷药时间：第一次在 9 月 1～5 日，第二次在 9 月 10 日前结束，两次用药间隔 5～7 天。重播的棉花可适当延后喷施脱叶剂。

脱叶剂喷施作业技术要求。将脱叶剂按规定要求配制好。根据原先在地头标记好的标杆，进地作业。采用梭形行进，不重不漏。作业开始后随即检查喷药的质量，查看植株上下叶片是否喷到药物。作业时，保持直线行驶，注意观察喷杆是否距棉花顶部距离一致；喷雾压力、油门、车速是否保持稳定；喷头有无堵塞现象。如有故障，及时停车排除。亩喷量控制：以"正常棉田适量偏少、过旺棉田适量偏多，早熟品种适量偏少、晚熟品种适量偏多，喷期早的适量偏少、喷期晚的适量偏多，群体冠层结构过大棉田可适量偏多"为原则。低密度种植棉田在 30～40 千克水量，高密度种植棉田在 40～45 千克水量。药液要喷到棉株的上、中、下部，叶片受药均匀，受药率≥95％。在正常作业的第一个行程后必须校正喷药量。根据已喷面积和用药量，计算实际亩喷药量与要求药量是否相符，若有差异应进行调整。为减少喷施第一遍脱叶剂后棉叶挂在棉株上，可在喷施第二遍脱叶剂时在喷雾机上加装有效装置，使棉花采收时落叶率达 93％以上。严禁提早施用脱叶剂，北疆地区不允许在 8 月下旬时使用，南疆、东疆推后 7～10 天；严禁脱叶剂和除草剂混合使用。

适量使用催熟剂。棉花催熟药剂可用乙烯利，一般与脱叶剂混合后同步喷洒；乙烯利用量一般为 80～100 克/亩，但需根据棉桃吐絮现况酌情增减，早熟吐絮率高的棉田可以不使用。完成脱叶催熟后，棉田落叶率应在 93％以上，吐絮率达 95％以上。

（十）采收与收地

收获前准备。全田吐絮前提前停水，拔除田间杂草，平整机车路，安排好拉运车辆及拉运路线。一般面积较小、劳动力充足时采用人工采摘方式，反之采用机械收获，无论哪种收获方式，坚持早收获，多次收获原则，减少浪费，增加产量。

机采棉田待棉花自然吐絮率达到 25％～40％左右，且连续 3～5 天平均气温在 18℃以上时，一般于 9 月 1～5 日，喷施 40％的乙烯利 100～120 克/亩、脱吐隆 10～15 克/亩。若天气不好药效差可在 9 月 12～16 日再喷施一次 40％的乙烯利 120～150 克/亩、脱吐隆 15～18 克/亩。若药后 10 小时内遇中到大雨应当补喷。吐絮达到 90％以后开始第一次采摘，吐絮达到 100％以后开始第二次采摘，争取采净率达 100％。

若为手采棉田可不用催熟，长势偏旺，实在需要催熟一般在枯霜前 25 天左右，且连续 3～5 天内最高气温在 18℃以上时，喷施 40％的乙烯利 100～120 克/亩催熟。施药要求喷洒均匀，尽可能喷在棉铃上。组织好劳力，于 9 月上中旬全田吐絮率达到 20％左右开始第一遍采收，采摘要严格分级，做到"四白四分、六不带"，防止混收降低等级。之后每隔 10～15 天采收一次，直到采摘干净。

棉花收获后，及时捡拾残膜，收回滴灌带，粉秆还田，为来年生产做好准备。

（十一）严格控制棉田残膜和周边塑料袋污染

严格地膜质量标准。推广应用 0.01 毫米的加厚地膜，禁止使用 0.008 毫米的超薄膜。

停水后和采收前要揭净棉田残膜，回收滴灌带，回收率要达到 95％以上。

采棉机下地前，彻底清理棉田地头地边、挂枝的残膜及周边的塑料食品袋和包装材料等，达标（即田间和周边没有残膜和塑料制品）后方能开展机采。机采结束后，继续清理棉田多年遗留的残膜，避免再次污染。

机采籽棉要减少转运次数，转运和存放的环境应干净整洁。

尝试使用可降解聚乙烯地膜或生物降解膜代替塑料薄膜。

八、机采棉的采收作业指南

（一）机采总体要求

1. 采收条件　棉田内及周边杂草、残膜、障碍已清除，地面滴灌带已处理好；棉田脱叶率≥93％、吐絮率≥95％；人工拾净地头 15～20 米范围内的吐絮棉花。可先采收吐絮早、土壤水分少、脱叶效果好的棉田。

2. 含杂率　采收籽棉含杂率＜12％。

3. 回潮率　采收籽棉回潮率，前期采摘控制在 10％以内，后期控制在 12％以内。籽棉的回潮率＞12％时，停止采收。

由于清晨时和天黑后空气湿度会超过 90％，因此，新疆地区早上 11 点前或天黑后，不适宜进行机械采收。同时，杜绝在下雨天或下雨后棉花上的雨水未干透时进行采摘。

4. 采净率　原则上只进行一次机采作业，采净率≥93％。特殊情况可采收二遍，但两次采摘的籽棉不得混合。

5. 质量管理　一是防止异纤、尘土杂质和油污棉等混入籽棉；二是分类堆放，采收籽棉按不同回潮率或不同品种等，分区堆放，防止混杂加工，影响品质一致性。

6. 防止火灾　除防止外来火种外，还要严格监测棉垛内温度变化，防止发生霉变、引起火灾。

（二）采摘前的田间准备

1. 田间清理　一是清除棉田及周边的各种杂草，捡拾残膜、杆，把地里、田边、地头、林带上缠绕的残膜、滴灌带及化纤编织袋彻底清理干净；二是用土压实支管处的残膜和滴灌带，务必清除棉田内因拆除棉田灌溉中心管时带出的地膜、滴灌带，达到棉田内外无飘移的残膜、残带，棉田内清洁无杂草。要打棉模的地块，不仅拔净棉杆，还要将地膜清理干净，经检查合格后采棉机组方可进地作业。

2. 地头两端　组织人工采摘宽度 15～20 米，并采摘不规则地边。有道路可供采棉机组回转的，可以不用人工采摘。

3. 地块检查　由检查人员在机车进地前对地块进行检查，主要内容有：棉田清洁质量和脱叶率、吐絮率等情况。

（三）采摘机组的准备

1. 机组人员　驾驶操作人员必须经过专业技术培训，持有效驾驶证方可上岗。

2. 运棉车的准备　根据条田棉花产量、运输距离和采棉机工作效率配备运棉车，保证及时拉运。一般情况按每台五行以上大型采棉机配4辆运棉车，如配有打膜机的，则运棉拖车减半。

3. 作业前其他物资准备 每台采棉机配置的4辆运棉车应准备一张白色棉布（尺寸比运棉车箱长4米，比运棉车箱宽4米）。

（四）机械采收

1. 采收前合理制定采棉机行走路线，以减少撞落损失。尽量不错行漏行作业。有倒伏情况的棉田要与倒伏方向相向而采。

2. 采棉机组按要求准备完毕后，进入田间作业，作业速度控制在3.5千米/小时。以正常工作状况前进50米后停车，在已采收地中测定棉花的采净率、棉箱内棉花的回潮率及含杂情况。如不符合要求，进行相关调整。籽棉回潮率超标对提高棉花加工质量、降低加工成本、防止棉花霉变极为不利，因此，当箱内籽棉的回潮率＞12％时，停止采收。正常作业时，采棉机应保持直线前进，操作规范，不漏采、不重采。打膜前，必须先将采摘的籽棉卸车后，再用抓棉机将棉花装入打膜机打膜。

3. 压紧板与摘锭的调整间距要与采收要求相吻合，间隙在3～6毫米内调整，并始终保持压紧板与摘锭的间隙不变。压紧板的张紧度应视挂枝棉和落地棉的多少适当调整。

4. 对采净率＜93％的，应查明原因，及时改正。

（五）卸棉管理

1. 运棉车应停在空地中间，采棉机卸棉时应防止棉花卸到地面，杜绝地膜、滴灌带、沙土等杂质混入棉花。棉花卸到地头地边。

2. 为减少采棉机与杂质结合、防止杂质混入棉花，不允许将未清理好的地块进行采收。

3. 若遇特殊情况需将棉花卸到田间地头，必须选择地势较高，无地膜、滴灌带，四周无杂草，无残膜、无滴灌带、无编织袋、无砖瓦、无石块的地方，并且地表面上必须铺设白色纯棉篷布。

（六）机采籽棉的质量管理

1. 防止尘土 一是采棉机进地采摘时间根据当天天气及露水情况由跟机人员确定，严格控制水分；二是采棉机将籽棉倒在地头，必须铺设垫布，以防混入地膜和尘土，如果当日无法装运，应备有盖布，严禁使用化纤布；三是对不能及时交售的棉花集中、分户存放，并做到棉垛底有垫布，上有盖布，以防风吹雨淋、混入尘土和杂质。

2. 应用机采棉"三模"系统 有条件的，采用机械打模、运模和开模。把采棉机采摘的籽棉，经打模机打成棉模，用运模车直接运到加工厂，在加工厂进行开模喂入加工系统。可以有效防止"三丝（毛发、有色棉纤维丝、化纤丝）"的混入，也是确保机采棉质量的有效措施。

3. 籽棉堆放场地油污棉的防止 拉运棉膜车辆在装膜前，必须彻底清理干净棉膜车上链条的油污，防止污染籽棉；对进厂机车底部必须安装兜油布，防止车辆漏油滴到厂区地面，产生油污棉。厂区地坪发现油污棉，应立即拣拾干净，并把油污擦净，防止再产生油污棉。随时检查机械喂棉处周围是否有油污，发现后应立即清理。注意观察机械输送籽棉行走时，是否出现卸车不注意带进的油污棉，发现后应立即挑拣干净，防止进入下一道工序。设备经过维修后，开机前要检查、清理所有机器周围油污点和油污棉。车间所有机械旁不能有油污点和油污棉。防止油污棉进入机器。

4. 籽棉堆放场地的生产机械（铲车）的管理　在向自动喂入设备喂物时。运棉机一定要制动几下，使能够掉下的棉花不会掉在铲车行走的通道上。铲车行走通道不能再有籽棉，如有籽棉必须及时清扫干净，严禁铲车前后轮碾压籽棉。

5. 机采籽棉的分类堆放　机采籽棉入场前应严格标明籽棉的回潮率和品种等，以此为依据分垛堆放。同时，要严格监测籽棉内温度变化，防止发生霉变。

（1）根据水分不同分类堆放。按照籽棉回潮率不同，把机采籽棉分为 5 个类型进行堆放，即 5.3%～7.0% 的为一类，7.0%～11.1% 的为一类，11.1%～13.6% 的为一类，13.6%～16.3% 的为一类，大于 16.3% 的为一类。

（2）根据不同品种等分类堆放。一是按早熟、晚熟品种分开堆放：一个品种成一垛，不可混品种堆垛；二是按早采、晚采堆放：若是分两次采收的，则第一、第二次采摘的籽棉，要分开堆放；三是枯、黄萎病棉等要单独堆放。

九、机采棉加工作业指南

（一）加工人员管理要求

1. 进入厂区所有人员必须戴工作帽，本厂员工必须穿工作服。在岗工作人员的非工作物品必须放入个人的存物箱内，以防不慎被卷入机器产生无数有色织物混入棉包。若发现有色织物已被卷入机器，应立即停机，彻底清理，确认机器内无有色织物后再开机生产。

2. 籽棉堆放场地、机械喂花、轧花机等处必须设置存放异性纤维的"三丝桶（箱）"。籽棉场工作人员要配带拾花兜，随时检查卸车籽棉是否有异性纤维，发现后应立即清理干净。机械喂棉处，每条生产线每个生产班次要安排 4～6 人配带拾花兜，随时注意观察即将进入工作线上的籽棉中是否有异性纤维，发现后要立即拣拾干净，以防进入轧花生产线。

（二）机采籽棉加工前的要求

1. 做好籽棉的品质检验与记录　机采籽棉进厂应严格执行"车车检"制度，对进厂机采籽棉检测其品质（颜色级、纤维长度、马克隆值）和含杂率、回潮率等指标，做好记录，并按品质、水分相近原则和不同品种等分垛堆放。

2. 籽棉预处理　进厂籽棉严禁边卸车边加工。要按照籽棉 7.0%～11.1% 和回潮率不同，进行分类预处理：将 5.3%～7.0% 分别堆 5～7 天后加工，确保籽棉回潮率的一致性；3.6%～16.3% 和 >16.3% 的机采籽棉，则要进行烘干处理并及时加工，防止籽棉发热霉变造成损失。

籽棉付轧前，再次采集分类存放的籽棉品质和回潮率信息，据此设置合理的加工工艺和设备参数，做到"因花配车"。

（三）机采棉的加工工艺流程

1. 机采棉加工工艺

籽棉三丝清理：籽棉烘干至 5.3%～7.0% 的回潮率—籽棉清理（清理道数，可根据机采棉采摘质量而定）—籽棉加湿到 7.0%～8.7% 的回潮率—籽棉轧花—皮棉清理（一道气流式、一道或二道锯齿式）—皮棉调湿至 8.0%～8.8% 的回潮率—皮棉打包—棉包信息采集与自动标识。

注意事项： 加工过程中可根据不同的清理次数，最大限度地减少籽棉、长纤维中的原有杂质（天然杂质和外附杂质）如沙土、碎棉确保加工后的棉纤维保有原有物理功能（长度、整齐度、强度、色泽等），严格控制落棉损失。并做好落棉外的清理锯齿工作，以减少衣分损失。

在加工棉模时，应把品质和含杂率、回潮率比较相近的分为同类，集中加工，确保皮棉质量的一致性。

2. 关键环节的加工技术

（1）控制好籽棉回潮率　实践证明，籽棉回潮率在 5.3%～7.0% 时，清理效果最好；籽棉回潮率在 7.0%～8.7% 时，锯齿轧花机运转最正常，纤维断裂率最低，产量最高，质量最好。

（2）控制好籽棉烘干温度　根据付轧籽棉的回潮率高低、含杂率多少，选择不同的烘干温度和烘干时间。

意见一：当籽棉回潮率在 9.3%～15.0% 时，烘干温度应控制在 80～130℃，最高不得超过 147℃。

意见二：当籽棉回潮率在 15.0% 以上时，烘干温度应控制在 130～140℃，最高不超过 140℃。

意见三：当籽棉回潮率在 8.7%～9.3%，烘干温度应控制在 80～120℃，最高不超过 120℃。

意见四：当籽棉回潮率在 8.7% 以上时，烘干温度正常控制在 80～140℃，最高不得超过 180℃。否则棉纤维表面蜡质层将被破坏，棉纤维失去光泽。

（3）控制好棉籽毛头率　合理控制轧花机车速，减少加工过程对棉纤维的拉力和损伤程度，以达到最佳加工质量。轧花时，棉籽毛头率应控制在 4%～6%，轧花机上、下排杂质的排量应控制在 50%～55%，皮棉中短纤维含量控制在 12% 以下；轧花机上部格条栅和尘棒与 U 形齿条辊之间间距调整到最佳位置，减少冲击力对籽棉纤维的损伤。

注意事项： 轧花设备做到"三光、二畅、一净"。轧花机工作箱籽棉卷运转正常，无破槽，不跳籽，黑白条均匀，棉籽排放均匀不断线。不定时检查清理轧花机到皮清机管道的工作，确保皮棉到皮清机尘笼网面厚薄均匀一致，清理后的皮棉质量达标。

（4）控制好皮棉清理速度和次数　皮棉通过风送进入气流皮清机、锯齿皮清机梳理、清理杂质；气流皮清机排杂刀间隙在保证不排皮棉情况下，最大限度排除皮棉中的杂质；合理控制锯齿皮清机辊转速，将其调整到线速度 21～22 米/秒为宜；对皮棉的清理，应在气流清理一次的基础上，严格控制锯齿清理次数，锯齿反清是开一道还是开两道，要根据所加工籽棉的含杂率多少确定，最终要以清理前后棉纤维长度损伤≤0.5毫米、短纤指数≤12％为标准。

注意事项：皮棉清理机设备操作人员开机前要认真检查皮棉道、尘笼、四通阀（或五道阀）等部位，清除残留成团、成条的缠挂棉。检查皮棉清理机的排杂情况及不孕籽含棉率情况，及时调整各部件间隙，同时检查螺丝、给棉板、刺条滚筒的运行状态，以免在清理过程中产生新的棉结、索丝，影响皮棉质量；及时清理排杂刀堆积的不孕籽和灰尘，防止二次回到皮棉中，影响皮棉加工质量。

（5）控制好皮棉加湿　皮棉回潮率在8.5％时，打包机损伤少，能耗低，压模密度高，节省包装物料，且不易崩包。因此，要在皮棉打包前，采用皮棉管道水气喷雾技术（即热遥空气）为皮棉调湿，把皮棉回潮率控制在：

意见一：8.0％～8.5％；意见二：7.5％～8.5％。

（6）在线实时采集棉花信息并自动标识　棉花信息是棉花产业链信息的源头，是连接产业链各环节的桥梁和纽带，可以为后续物流跟踪、质量追溯、终端纺织配棉等环节提供详实、准确的基础信息。因此，打包时要在线实时采集棉花信息，打包后用自动刷唛系统对棉包进行自动标识。

3. 机采棉的智能加工工艺管控系统　机采棉加工智能监管控系统是做到因花配车、提高棉花加工质量、减少用工和提高生产效率的重要手段，也是机采棉加工工艺的发展趋势。在线监测加工过程中的皮棉品质，随时监测皮棉的质量状况，发现加工质量未达到预期要求时，及时调整加工工艺和设备运行参数，保证成包皮棉的质量。因此，有条件的加工企业与棉机制造企业联合合作，在已有的棉花加工在线监测管控系统的基础上，围绕"测""管""控"等关键技术，研发出智能控制，实现棉花加工信息化传输、智能化管控、全方位视频监管，探索出适合我国国情的机采棉智能加工工艺管控系统。

十、某轧花厂皮棉加工质量管理、考核办法

（一）皮棉加工质量考核办法

1. 皮棉加工质量要求

主要负责人：_____　具体负责人：_____

（1）根据本厂的具体情况，制定相应的安全、质量、产量挂钩的工资制度，把加工质量的各项指标分解开来与产量工资比例结合进行考核，以提高职工的积极性，强化职工的安全意识和质量意识。

（2）严格按轧花工艺流程操作，努力提高皮棉质量：

a. 白棉三级达到94％以上；

b. 重量符合率达到98％（含98％）；

c. 衣分符合率达到99％以上；

d. 皮棉中异纤含量低于0.2克/吨。

（3）水杂检验，棉检员要跟班测水杂。水杂比例必须每10包测1次，并做好记录。

（4）轧花厂加工好的皮棉按标准进行编批堆放，每批93包或者186包，每包（227±10）千克。棉包内严禁混入油污棉、尘笼棉和地绞棉等，棉包两头刷唛要标识齐全、清晰工整，不得漏刷或涂改，无断丝露白，缝包针脚不得大于1寸（3.33厘米）3针。

（5）轧花机采棉时所有清花设备全部开正常工作，如果有设备损坏，必须停机修理，修理好后开机轧花。

（6）开机轧花前必须将棉花清理设备及运棉管道清理干净，开机后保证每小时清理一遍所有要清理设备，所有吸杂通道必须保持畅通。

（7）必须每天检查各个排杂刀间隙。

（8）严格控制试机棉及等级皮棉残批数量，试机棉数量每条生产线控制在10吨以内，残批数量相同等级控制在186包以内。

2. 考核办法

（1）安全第一，将安全放在首位，在轧花期间分阶段给予安全奖励，每10天为一个安全阶段，没有发生人身、机械和火灾事故的，加工一个合格包，每包奖励0.2元。如发生事故，将取消当天班次所有奖励。

（2）质量奖励办法：

a. 白棉三级达到94%以上；

b. 重量符合率达到98%（含98%）；

c. 衣分符合率达到99%以上；

d. 皮棉中异纤含量低于0.2克/吨。

达到以上检测标准，给予0.4元/包的奖励。达不到以上检测标准，将取消奖励。

（3）轧花工随时掌握机器运转情况控制毛头率大小，同时配合棉检员掌握车速，提高皮棉加工质量减少疵点，如不听棉检员安排私自提高车速造成籽棉和皮棉等级不相符，扣当日全额工资。造成机器堵塞、损坏和电机烧毁，照价赔偿，并罚款200元。本区域卫生要干净，不干净扣当日30%工资。

（4）打包工随时掌握打包机运转情况，无漏油现象，做到套包要整齐，确保六面八角十二棱，无漏油、无断丝，计量准确，如发现一项，扣打包工当日10%工资；超重、超轻包不计产量工资。保持本区卫生，不干净扣当日30%工资。

（5）各班组在机械设备运转正常情况下，提高设备运转率达80%以上，每班功效不少于22吨皮棉。超额完成每吨奖励10元，完不成每吨处罚20元。

（6）取样工要准确无误，取样时要两刀口的样各占一半留样。留样袋必须一袋一个条码，不得遗漏；如交检验机构发现无条码的，扣当日30%工资。刷唛清晰，码单和棉包所有信息一致，数码上下要对齐，如发现一项违反规定处罚2元/包；区域卫生不干净者扣当日30%工资。

（7）缝包工要按要求缝包，一寸三针，无露白现象，包头要平整，如发现露白、不平整，一处处罚2元/包，区域卫生不干净者扣当日30%工资。

（8）清弹工随时掌握机械运转情况，要做到出来多少清理多少，不准将没有清的不孕籽拉出车间；清好的清弹棉随时打包，不能在车间堆放，如发现一项违反规定的扣当日10％工资；区域卫生不干净扣当日30％工资。

（9）叉车拉包堆放要一条线，不能有倒放现象，确保皮棉无露白，包面要干净整洁，如发现一项违反规定的扣车主2元/包。

（10）以上环节出现问题，扣带班班长当日50％工资。

在整个轧期完工后，各个环节不出问题，职工每人奖励500元，奖励带班班长1 000元。

（二）皮棉加工成本管理考核办法

1. 严格控制轧花成本　手采棉和机采棉皮棉加工成本要求严格控制在545元/吨和660元/吨（不含折旧）以内。

2. 加工成本考核　严格按照农场确定的加工成本标准管理，皮棉加工成本结余部分的50％作为对轧花厂管理人员的奖励，超出部分由轧花厂干部全额承担（不含折旧）。

（三）定损耗管理考核办法

1. 损耗控制　为了确保棉花丰产丰收，公、私利益不受损害，轧花厂在籽棉收购和加工过程手采棉和机采棉加工损耗严格控制在1％以内。

2. 考核办法　轧花厂收购的籽棉数量＋皮棉＋棉籽＋清弹棉＋试机棉＋短绒等；相符率达到100％以上。

（四）短绒出绒率管理考核办法

1. 短绒不允许对外承包，加工费按短绒计算1 300元/吨。

2. 短绒出绒率达到10％以上；一道绒出绒率应严格控制在1.5％～2％。加工短绒率低于10％的指标，承包人赔偿2 000元/吨。

3. 轧花厂的所有短绒必须经清绒机清理后方可打包，在销售过程中由于质量问题出现的价格差异，以农场平均销售价格为基数，差额部分全部由承包人承担，从加工费中扣除。

4. 短绒车间如发生着火现象，对损失的短绒在加工费中全额扣除。

（五）清弹棉

1. 清弹棉不允许对外承包，已承包的，合同到期后收回。

2. 清弹棉质量。清弹棉应控制在皮棉产量的2.5％以内，以农场平均销售价格为基数，差额部分全部由承包人承担，从加工费中扣除。

（六）回收棉

回收棉承包严格控制其产量，应控制在清弹棉产量的35％以内，超出部分全部归农场所有，不许按比例参与分成。

后　记

自 2016 年 4 月开始，新疆农垦科学院承担了新疆兵团重大科技项目"兵团机采棉提质增效关键技术研究与集成示范项目"（项目编号：2016AA001），项目总经费 1 130 万元。项目共分为 4 个课题："适宜机采的不同生态区棉花品种筛选与评价""机采棉配套农艺技术研究与示范""机采棉田间生产机械装备研制与棉花加工技术优化"和"机采棉提质增效关键技术集成示范与效益评价"。参加单位涉及石河子大学、塔里木大学、兵团种子管理站、第一师农业科学研究所、第六师农业科学研究所、第七师农业科学研究所、石河子农业科学研究院、第一师八团、第六师芳草湖农场、第七师一二五团、第八师一四九团、石河子职业技术学院、新疆天鹅现代农业机械装备有限公司等兵团棉花产业的主要科研和示范单位，具有很好的代表性。项目以机采棉提质增效为核心，开展过程设计到了棉花生产的各个环节，研究内容涵盖广，联系紧密。项目完成后达到以下目标：①制定适宜机采的棉花区域规划图；②筛选并提出不同生态区适宜机采的推荐品种；③制定出不同生态区机采棉栽培关键技术的规程；④形成机采棉加工技术规程；⑤项目完成时，不同生态区示范面积 200 万亩，纤维长度和断裂比强度达到"双 29"的占比达 70% 以上，原棉品级较项目实施前提升 0.5 个等级，异性纤维含量控制在0.3 克/吨以下。将进一步提升兵团棉花产业在新疆和国内市场的竞争力，将进一步筑牢兵团棉花在新疆乃至全国棉花生产、加工以及相关产业的领先地位。

项目组全体同仁兢兢业业、共同奋斗、排除万难。历经 5 年多的不懈努力，不负兵团农业科技主管部门的重托，在 2021 年 7 月通过了兵团科技局组织的项目验收。本书主要是以课题四"机采棉提质增效关键技术集成示范与效益评价"（项目编号：2016AA001-4）内容为主，总结概括了课题 1 至课题 4 内容。截至 2021年 7 月，通过项目课题 4 近 5 年的实施，已建立 4 个示范区（兵团第一师八团、第六师芳草湖农场、第七师一二五团、第八师一四九团），示范面积达 306.32 万亩，取得经济效益 3.7 亿余元。通过示范带动，此项科技成果已辐射 21 个团场及县（七团、九团、十团、十二团、三十团、四十四团、四十九团、五十三团、一〇五团、一二一团、一二三团、一二五团、一二九团、一三〇团、一三三团、一四一团、一八四团、阿瓦提县、阿拉尔农场、共青团、新湖农场、土墩子农场等），示范推广面积近 527.69 万亩，取得经济效益近 5.6 亿元。总计推广应用面积 834.01 万亩，取得经济效益 9.3 亿元。形成机采棉提质增效因素分析报告 6 份，发表论文 21 余篇，撰写（翻译）著作 3 部，获得专利 7 项，形成技术规程 2 套。培养研究生 6 名（其中博士 2 名，硕士 4）；技术骨干 20 余人。培训 26 场，培训农工 3 000 余人。形成机采棉提质增效研究与开发团队 1 个。制作科普图册台历 2 000 余份，视频光盘 500 余份，效果显著。为项目组 5 年多的辛勤工作画上了一个圆满句号。

为此，项目组决定把项目的科技成果推向更广阔的地区，为科技兴农贡献一份力量，由项目组主持人及主要完成人执笔，完成了这部书稿。实现兵团棉花提质增效需要全社会的共同努力，希望本书能够为兵团棉花产业化发展提供科学依据和参考。书中提出的技术理念、方法、措施是基于开展本项目研发而得出的结论，局限性在所难免，恳请各位读者不吝赐教，使棉花提质增效技术在新疆大地上结出丰硕的成果，并发扬光大。

编　者

2021 年 10 月

图书在版编目（CIP）数据

新疆机采棉提质增效关键技术效益评价及体系构建 /
刘景德，陈兵，余渝主编. —北京：中国农业出版社，
2022.6

　　ISBN 978-7-109-29560-5

　　Ⅰ.①新… Ⅱ.①刘… ②陈… ③余… Ⅲ.①棉花—
采收—农业机械化 Ⅳ.①S562

中国版本图书馆 CIP 数据核字（2022）第 099812 号

中国农业出版社出版

地址：北京市朝阳区麦子店街 18 号楼

邮编：100125

责任编辑：郭银巧　　文字编辑：马迎杰

版式设计：杜　然　　责任校对：吴丽婷

印刷：中农印务有限公司

版次：2022 年 6 月第 1 版

印次：2022 年 6 月北京第 1 次印刷

发行：新华书店北京发行所

开本：787mm×1092mm　1/16

印张：20.25

字数：470 千字

定价：98.00 元